彩色插图 2-1 犊牛岛

彩色插图 3-1 荷斯坦母牛

彩色插图 3-2 荷斯坦公牛

彩色插图 3-3 红白花荷斯坦公牛

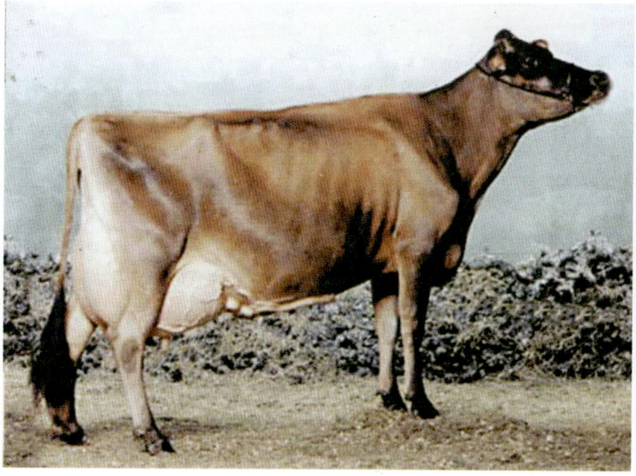

彩色插图 3-4 娟姗牛

彩色插图 3-5 西门塔尔牛

彩色插图 3-6　三河牛

彩色插图 3-7　中国草原红牛

彩色插图 3-8　新疆褐牛

彩色插图 3-9　夏洛来牛

彩色插图 3-10　利木赞牛

彩色插图 3-11　皮埃蒙特牛

彩色插图 3-12　安格斯牛

彩色插图 3-13　比利时蓝白花牛

彩色插图 3-14　德国黄牛

彩色插图 3-15　秦川牛

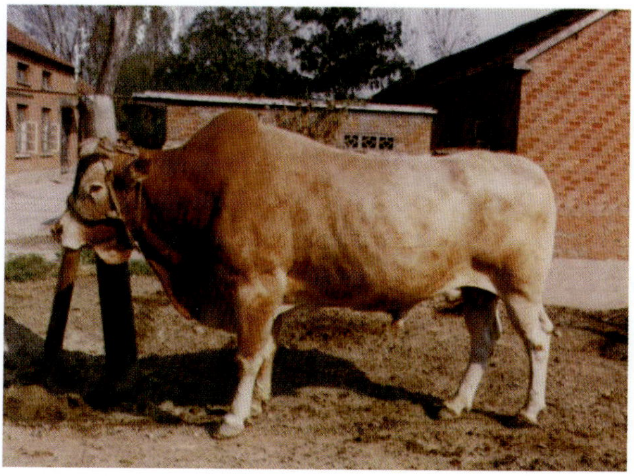

彩色插图 3-16　南阳牛

彩色插图 3-17　晋南牛

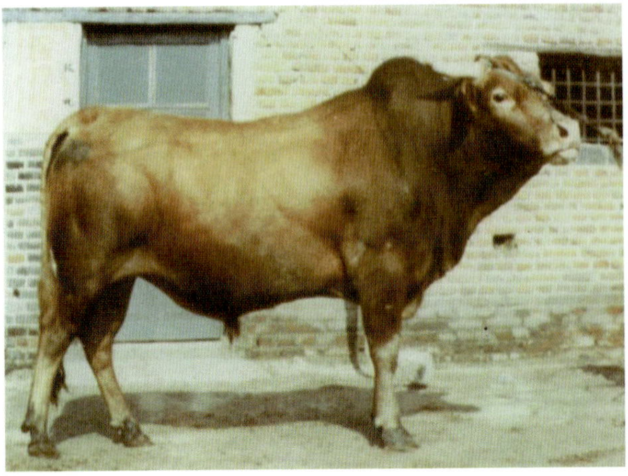

彩色插图 3-18　鲁西牛

彩色插图 3-19　延边牛

彩色插图 3-20　蒙古牛

彩色插图 3-21　中国水牛

彩色插图 3-22　青海高原牦牛

彩色插图 4-1　青贮原料切短图

彩色插图 4-2　青贮窖装填、压实

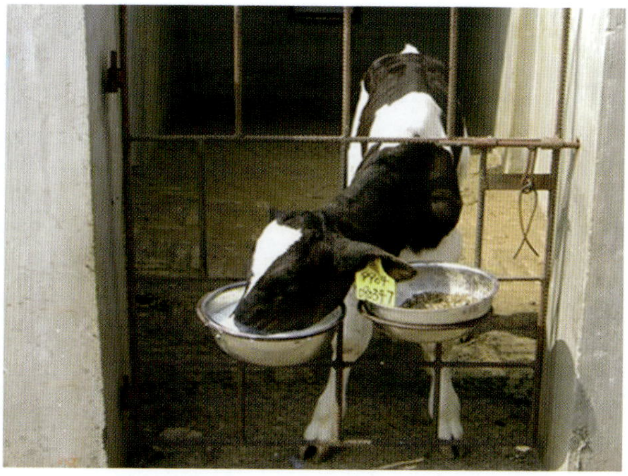

彩色插图 5-1　犊牛的饲喂

彩色插图 5-2　育成运动场

彩色插图 5-3　奶牛舍内的风扇设施（1）

彩色插图 5-3　奶牛舍内的风扇设施（2）

彩色插图 5-4　待挤区喷淋作业

彩色插图 5-5　固定式日粮搅拌机

彩色插图 5-6　牵引式日粮搅拌喂料车

彩色插图 5-7　立式自走式搅拌车

彩色插图 5-8　卧式自走式搅拌车

彩色插图 6-1　架子牛的汽车运输

彩色插图 6-2　肉牛舍

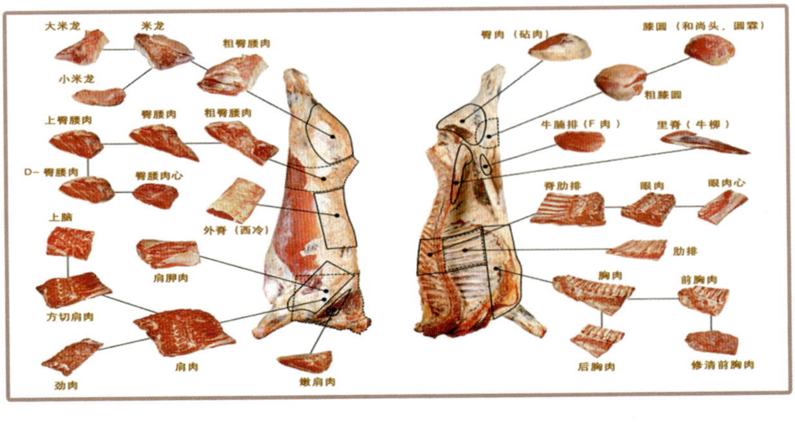

彩色插图 6-3　牛肉分割部位图

“十二五”职业教育国家规划教材
经全国职业教育教材审定委员会审定

牛 生 产

第 2 版
（畜牧兽医及相关专业用）

宋连喜　田长永　主编

中国农业大学出版社
·北京·

内 容 简 介

教材以养牛生产的工作环节顺序组织单元内容，更贴近于生产实际。全书共分为 9 个项目，依次为牛场筹划、牛场建设、品种选择、饲料配制、奶牛饲养管理、肉牛饲养管理、牛群繁殖、疾病防治和牛场经营管理。教材以规模牛场的现代生产工艺学习为主体，同时兼顾中小型牛场传统生产工艺的学习。将全混合日粮(TMR)饲养技术和奶牛散栏饲养工艺等新知识、新技术和新工艺贯穿教材的全程。教材广泛吸纳了行业企业一线养牛专家的意见和建议，并以“行业标准衔接”等形式将行业标准及职业标准融入教材。教材在每个项目前均设立了“思维导图”、“知识目标”、“技能目标”，项目后设立了“学习自测”、“课外学习指要”等模块。每个学习任务又包括“任务描述”、“任务分析”、“任务实施”及“知识拓展”等模块，适于“做中学”和“做中教”，有利于理实一体化教学模式的开展。

本教材可供高职高专院校畜牧兽医类专业学生使用，也可作为养牛生产技术人员的培训教材或参考书。

图书在版编目(CIP)数据

牛生产/宋连喜，田长永主编. —2 版. —北京：中国农业大学出版社，2014.6(2019.6 重印)

ISBN 978-7-5655-0955-1

Ⅰ.①牛…　Ⅱ.①宋…②田…　Ⅲ.①养牛学-职业教育-教材　Ⅳ.①S823

中国版本图书馆 CIP 数据核字(2014)第 089479 号

书　　名　牛生产　第 2 版

作　　者　宋连喜　田长永　主编

策划编辑　康昊婷　　**责任编辑**　冯雪梅

封面设计　郑　川　　**责任校对**　王晓凤　陈　莹

出版发行　中国农业大学出版社

社　　址　北京市海淀区圆明园西路 2 号　　**邮政编码**　100193

电　　话　发行部 010-62818525，8625　　读者服务部 010-62732336

　　　　　　编辑部 010-62732617，2618　　出　版　部 010-62733440

网　　址　http://www.cau.edu.cn/caup　　**e-mail** cbsszs@cau.edu.cn

经　　销　新华书店

印　　刷　北京鑫丰华彩印有限公司

版　　次　2015 年 4 月第 2 版　2019 年 6 月第 2 次印刷

规　　格　787×1 092　16 开本　21.75 印张　538 千字　彩插 3

定　　价　54.00 元

中国农业大学出版社
“十二五”职业教育国家规划教材
建设指导委员会专家名单
（按姓氏拼音排列）

第2版编审人员

主　编　宋连喜（辽宁农业职业技术学院）
　　　　田长永（辽宁农业职业技术学院）
副主编　刘海霞（江苏农牧科技职业学院）
　　　　孙淑琴（辽宁农业职业技术学院）
　　　　牛华锋（杨凌职业技术学院）
　　　　李桂伶（辽宁水利职业学院）
参　编（按姓氏笔画排序）
　　　　田万有（辽宁大北农牧业科技有限责任公司）
　　　　吕丹娜（辽宁农业职业技术学院）
　　　　陆明海（黑龙江农垦职业技术学院）
　　　　贺殿方（鞍钢实业集团乳业有限公司）
　　　　郭全奎（甘肃畜牧工程职业技术学院）
　　　　贾富勃（辽宁农业职业技术学院）
审　稿　刘文奇（北京市奶业协会秘书长）
　　　　梁　坤（哈尔滨良种奶牛繁育中心）

第1版编审人员

主　编　宋连喜（辽宁农业职业技术学院）

副主编　闫明伟（黑龙江畜牧兽医职业学院）

王云洲（山东畜牧兽医职业技术学院）

谢献胜（江苏畜牧兽医职业技术学院）

编　委　（按姓氏笔画排序）

田长永（辽宁农业职业技术学院）

刘海霞（江苏畜牧兽医职业技术学院）

孙淑琴（辽宁农业职业技术学院）

李桂伶（沈阳农业大学高等职业技术学院）

罗守冬（黑龙江生物科技职业学院）

薄　涛（辽宁职业学院）

綦　颖（沈阳农业大学）

审　稿　刘文奇（北京市奶业协会秘书长）

路福五（辽宁农业职业技术学院）

第2版前言

本教材为普通高等教育“十一五”国家级规划教材、辽宁省精品教材，自 2007 年出版发行以来已连续印刷 5 次。在“十二五”职业教育国家规划教材遴选中再次被列为国家级规划教材。

本教材是畜牧、兽医专业的核心课程教材。教材以《教育部关于“十二五”职业教育教材建设的若干意见》为指导，以《高等职业学校专业教学标准（试行）》为依据，对教材的内容进行了大量的更新与补充，对体例结构也做了彻底调整，以更好适应理实一体化教学模式的需要。教材以规模牛场的现代生产工艺学习为主体，同时兼顾了中小型牛场的传统生产工艺。

在内容体系设计上，是以养牛生产工作环节组织项目内容，按企业经营管理流程安排学习内容和学习顺序，更贴近于生产实际。全书共分为 9 个项目，依次为牛场筹划、牛场建设、品种选择、饲料配制、奶牛饲养管理、肉牛饲养管理、牛群繁殖、疾病防治和牛场经营管理。

在编写体例结构上，依照职业教育的行动导向和任务驱动的原则，设立了“思维导图”、“知识目标”、“技能目标”、“任务描述”、“任务分析”、“任务实施”、“知识拓展”、“学习自测”和“课外学习指要”等模块，适于学生“做中学”和教师“做中教”。

在内容选取上，充分吸纳了养牛行业发展的新知识、新技术、新工艺和新方法，全混合日粮（TMR）饲养技术已成为我国目前大中型奶牛企业和大型肉牛企业的主要饲养管理工艺，而精粗料分开饲喂的传统饲喂工艺将逐渐被取代。全混合日粮（TMR）饲养技术和奶牛散栏饲养工艺技术贯穿了教材的全程。同时，强化了养牛业中的动物福利知识和牛场废弃物处置技术，将绿色经济和循环经济等现代产业理念和技术融入教材中，对牛场建设和环境控制内容进行了重点修订。此外，本次教材修订进一步强化了行业企业养牛专家的参与度，广泛吸纳了一线专家的意见和建议，并以“国家标准衔接”、“行业标准衔接”等形式充分体现了课程内容与职业标准的对接。根据职业教育人才成长规律和中高职协调发展的要求，教材更侧重于牛生产技术指导和管理岗位，着重于学生的技术推广和生产经营管理能力培养，有效实现了中高职课程内容的衔接。

本教材的编写提纲由宋连喜主编提出，经中国农业大学出版社和教育部职教司审核，编委会讨论通过后正式分工编写。项目一由宋连喜和李桂伶共同编写，项目二由郭全奎负责编写，项目三由牛华锋负责编写，项目四由刘海霞负责编写，项目五由孙淑琴、李桂伶和宋连喜共同编写，项目六由陆明海负责编写，项目七由孙淑琴和贺殿方共同编写，项目八由贾富勃、田万有负责编写，项目九由田长永、吕丹娜共同编写，书中插图由田长永、吕丹娜负责编写和描绘。书稿形成后，由宋连喜、田长永负责统稿。北京市奶业协会秘书长刘文奇副总畜牧师，哈尔滨良种奶牛繁育中心梁坤高级畜牧师担任了本书的主审。

由于编写时间较紧，加之编著者业务水平和经验有限，不尽完善及谬误之处，还希望得到专家的斧正和同行的指点。

编 者

2014 年 3 月

第1版前言

本教材是根据《教育部关于加强高职高专教育人才培养工作的意见》、《教育部关于以就业为导向深化高等职业教育改革的若干意见》、《关于全面提高高等职业教育教学质量的若干意见》及《关于加强高职高专教育教材建设的若干意见》的精神和要求进行编写的。

当前，我国高等教育的教材建设已远远落后于教学改革和课程体系改革对教材的要求，特别是高等职业教育的教材建设更是跟不上改革的步伐，已成为制约我国高等职业教育改革的一个重要因素。加强教材建设已成为当前我国高等职业教育改革的一项重要工作。在这种形势之下，编者结合多年教学研究和课程体系改革的经验及成果，特组织编写了本教材。

牛生产是畜牧兽医类专业的主要专业课之一。本教材是教育部"十一五"国家级高职高专规划教材。教材依据高职教育的人才培养目标和人才培养模式的基本特征要求，围绕养牛生产岗位群的需要，以"应用"和"能力培养"为主线，兼顾学生后续发展能力培养，按岗位要求构建教材内容体系，理论知识突出其应用性和为实践的服务性，实践内容突出能力培养，并注重生产与管理内容有机结合，充分体现了职业教育特色。

在内容体系安排上，打破了按学科体系设计教材内容的习惯，以养牛的实际生产环节顺序组织设计单元内容。以养牛生产方向及规模的论证为起点，按企业实际生产流程来设计教材内容和教学顺序，更贴近于生产实际。为了给学生一个养牛岗位的整体知识概念，本教材内容上注重实际操作技能和职业岗位能力的需要，使学生有效掌握养牛生产的具体操作技能和整体驾驭专业知识的能力。同时，也有利于学生应职岗位能力、创业能力和创新精神的培养。教材在内容选取上，充分体现了实用性、针对性、先进性和科学性的原则，加大了实践教学的内容，特别是新增了"牛场筹划"和"牛场经营管理"等方面的相关知识，以满足养牛生产一线对既懂技术又懂管理的复合型人才的需求。

在相关教学内容设计上，充分考虑已有的国家职业资格证书制度，将国家职业资格鉴定的相关内容引入教材中来。在教材编写过程中，也充分考虑了我国地域辽阔、地区间存在较大差异，本书虽按70学时编写，但各地可根据具体情况在讲授内容的广度、深度及学时分配上做适当调整，一部分内容可作为学生的自学材料。

本教材便于学生自学，每章前均有本章的"知识目标"和"技能目标"，每章后均有"本章小结"和"复习思考题"等模块，有助于学生更准确地把握各章的知识结构、内容重点和学习目标，便于学生课外自学，充分体现了高等职业教育的特点和以教师为主导、以学生为主体的教学理念。

本教材的编写提纲由宋连喜主编提出，经中国农业大学出版社和教育部高等教育司审核，并经所有参编人员讨论通过后正式分工编写。第一和第十章由宋连喜负责编写，第二章由綦颖和李桂伶共同编写，第三章由闫明伟和薄涛共同编写，第四章由闫明伟负责编写，第五章由刘海霞负责编写，第六章由宋连喜和孙淑琴共同编写，第七章由王云洲负责编写，第八章由孙淑琴负责编写，第九章由谢献胜负责编写，实训指导及书中插图由田长永负责编写和描绘。书稿形成后，由宋连喜负责统稿。北京市奶业协会秘书长刘文奇高级畜牧师担任了本书的主审。

本教材编写过程中，参阅了大量的国内外有关研究成果，对所涉及的专家学者表示衷心感谢！同时，本教材的编写和出版工作，也得到了中国农业大学出版社的大力支持和各参编单位的热心帮助，刘文奇秘书长在百忙中仔细审订了书稿，路福五教授参与了审订工作，蒋锦标教授对本书提出了宝贵意见，在此一并表示诚挚的谢意。

由于编写时间较紧，加之编著者业务水平和经验有限，不尽完善及谬误之处，敬请大家批评指正。

编　者

2007 年 3 月

目 录

项目一 牛场筹划

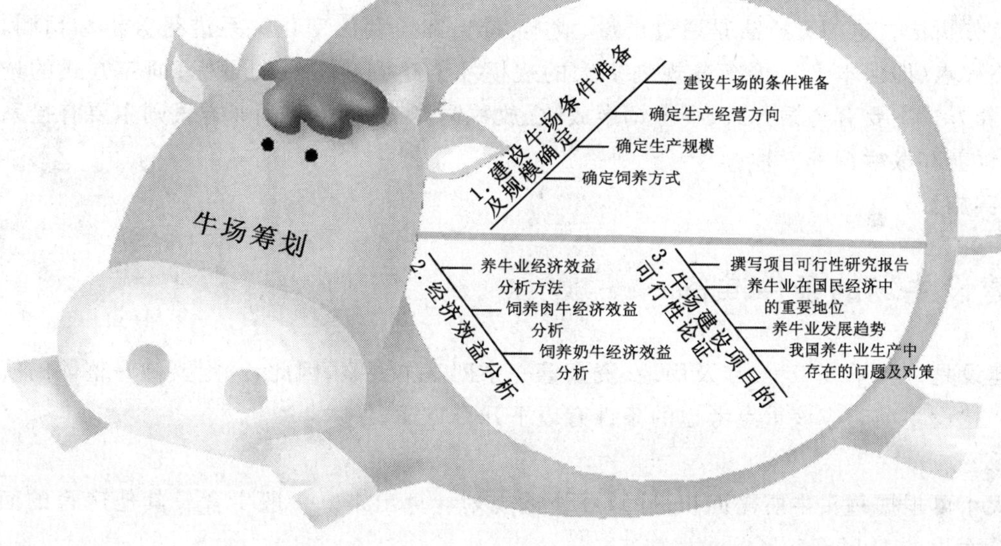

知识目标

- 了解牛场建设所需要的基础条件。
- 熟悉牛场建设项目可行性研究报告的写作格式及内容。
- 熟练掌握养牛业经济效益分析方法。

技能目标

- 使学生具备基本的牛场建设筹划组织能力。
- 培养学生的信息收集、整理、归纳和总结分析能力。

牛场筹划是进行养牛生产的前期准备阶段。筹划工作做得是否科学、周密将直接影响牛场投产以后的生产效率及经济效益、社会效益和生态效益。因此,在建场初期,一定要认真做好调研、整体规划和科学论证工作。

任务1 建设牛场条件准备及规模确定

【任务描述】

该任务主要包括建设牛场的条件准备、生产经营方向的确定、生产规模的确定和饲养方式的选择。牛场筹划是进行养牛生产的前期准备阶段，建设牛场的条件准备及规模确定又是牛场筹划的前期重点工作。

【任务分析】

建设牛场的条件准备主要包括场地、资金、饲料资源、市场需求、技术水平、牛品种资源、社会化服务体系及劳动力资源等；生产经营方向的确定，一般是以经济类型进行的划分，生产中主要是指奶牛生产和肉牛生产；适度规模经营的决策，一般都采用效益盈亏平衡点分析法，又称为保本点分析法。这种分析法是通过产量、成本、价格和盈利的变化关系进行分析和预测，找到盈亏临界点（即保本点），再衡量规划多大的规模才能达到多盈利的目标；饲养方式的选择，肉牛饲养方式主要有舍饲方式、半舍饲半放牧、放牧饲养三种，奶牛饲养方式则主要有拴系饲养、散放饲养和散栏饲养三种。

【任务实施】

一、建设牛场的条件准备

牛场建设是一项系统工程，涉及用地、资金等一系列基本要素，因此，一定要做好整体的统筹与规划。建设牛场时应该重点考虑的条件有以下几个方面。

1.场地

牛场大小可根据每头牛所需面积，并结合长远规划计算出来。一般牛舍及其他房舍的面积为场地总面积的15%～20%。

2.资金

发展养牛业需要的资金量较大，特别是奶牛业，相对于饲养其他家畜来讲，资金周转率较低，生产周期较长，因此，一定要有必要的资金保证。

3.饲料资源

饲料是养牛最基本的条件。牛是以粗饲料为主的草食家畜，每天都需要采食大量的饲草，所以建牛场一定要有丰富的饲料资源作保证。为此，要了解当地或附近能否种植牧草和青饲玉米，有无野青草资源、农作物秸秆、粮食或其他作物加工的副产品可以利用。为节省运输费用，粗饲料最好就近取材。若按亩产粗饲料6 000 kg计算，则每头奶牛年需耕地2 000 m^2。

4.市场需求

建牛场一定要考虑到其产品的销售渠道及市场需求状况。规模饲养奶牛首先要考虑附近有无乳品加工厂收购原料奶；其次要考虑一定距离范围内的牛奶用户，通过对附近居民的数量和结构及居民收入水平、购买力、饮食习惯等的调查进行预测。此外，还要了解当地的牛奶销售价格。

5. 技术水平

养牛生产是一门科学，只有根据牛的生长发育规律和消化生理特点，施以科学的饲养管理技术，才能获得最佳的经济效益。例如，要使奶牛保持旺盛的食欲、良好的繁殖性能、健康的机体和持续的高产稳产状态，就一定要有先进的技术作保障。

6. 牛品种资源

养牛生产中要想获得理想的经济效益，首先要有充足的优良肉牛和奶牛品种。奶牛场在生产开始时要以引进良种牛为主，以后逐渐过渡到以改良本地牛为主。在肉牛生产上，可以用国内的一些优质黄牛品种，与国外引进的良种肉牛进行杂交改良。

7. 社会化服务体系

经济条件好，社会化服务程度高，价格体系健全，对规模化养牛有利。社会化服务项目主要包括产前的市场信息、产中的技术指导与疫病防治及产后的产品销售等。

8. 劳动力资源

要有必要的劳动力资源。目前，我国农村有大量的剩余劳动力，可以办规模家庭饲养场，既可利用劳动力，又可提高农民收入。

二、确定生产经营方向

在牛场筹划时，首先要确定的就是牛场的经营方向。养牛业作为一项产业，包括几种生产方向，从主要方向上来讲有四个：一是奶牛生产，二是肉牛生产，三是牦牛生产，四是种公牛生产。目前，我国的种公牛站一般都是由国家投资兴建，种质较好，技术水平高，一般牛场饲养种公牛的已极为少见。另外，牦牛生产由于受自然环境条件的制约，具有明显的区域局限性。因此，在投资养牛业时主要是从前两者中进行选择。

确定养牛场的生产经营方向，应从以下两个方面进行综合分析，并做出选择。

一是首先要了解市场的需求信息和国家有关宏观政策信息，以此为依据，预测国内外牛乳、肉、皮及其加工产品的市场发展情况及价格。

二是要根据场地、资金状况、饲料资源状况、产品销售渠道、品种资源情况、技术力量、生产设备、劳动者的职业和技术素质、防疫条件、机械化程度、社会化服务水平及信贷条件等情况来进行综合分析比较。

三、确定生产规模

只有经营方向正确，经营规模适度，才能进行养牛资源与生产的最佳配置，从而取得最佳效益。选择适度规模经营，即是“在一定条件下”选择最佳规模经营，此时其经营成本最小而效益最大。对于生产者来说，找到这个“适度规模”是至关重要的。适度规模的确定一般都采用效益盈亏平衡点分析法，又称为保本点分析法。运用该方法确定适度规模，首先要将生产成本划分为固定成本和变动成本。固定成本是指不受产量和销售变化所影响的那部分成本，包括基本工资、管理费和固定资产折旧费等。变动成本是指畜禽产品的直接成本而言，如饲料成

本、购买畜禽的成本和其他物质消费成本等，这些成本都随产量、销售量和价格的变化而变化。即

$$总成本=固定成本+变动成本$$

1.首先找出保本点规模

用产出指标确定规模时，企业的产出量不应低于盈亏临界点产量。此时，所取得的收入既补偿了固定成本，又补偿了变动成本。公式为：

$$保本点产销量\times单位产品售价=固定成本+变动成本 \tag{1-1}$$

即
$$保本点产销量=\frac{固定成本+变动成本}{单位产品售价} \tag{1-2}$$

因为，
$$变动成本=单位产品变动成本\times保本点产销量 \tag{1-3}$$

将式(1-3)代入式(1-1)得

$$保本点产销量=\frac{固定成本}{单位产品售价-单位产品变动成本} \tag{1-4}$$

如果企业根据历史的或已知的资料计算出单位产品变动成本，即可利用(1-4)式确定保本点产销量，它是养牛业生产规模的下限。

2.确定安全规模产销量

根据盈亏平衡分析法，企业的经营安全率一般要在30%以上，其经营状态才是安全的。因此，常把经营安全率为30%的产量或销售量，称为“安全规模”产销量。

(1)经营安全率

$$经营安全率=\frac{现实产销量-保本点产销量}{现实产销量}\times100\%$$

经营安全率是反映企业经营状况的重要指标。经营安全率越大，盈利的安全性越大。一般可按表1-1-1中的数值判定畜牧企业的经营安全状态。

表1-1-1　企业经营安全状态的数值

经营安全率	30%以上	25%～30%	15%～25%	10%～15%	10%以下
经营状态	安全	较安全	不太安全	要小心	危险

(2)安全规模临界点产销量

根据
$$30\%=\frac{现实产销量-保本点产销量}{现实产销量}\times100\%$$

得出，现实产销量$=\frac{10}{7}$保本点产销量，即产量或销量必须在$\frac{10}{7}$保本点产销量以上，才能有较稳定的经济效益。

3.最大可能销售量规模

最大可能销售量规模是指企业经过开拓市场，或是社会需要量增大之后，给企业提供的最大可能的销售量决定的规模。它应是养牛企业生产规模的上限。

4.现有条件下的最大生产能力

现有条件下的最大生产能力是指一个生产单位，根据已有的资金、技术、设备、管理能力等而具备的最大生产能力。在现有条件下，固定费用不变，产量越大，则单位成本越低。而产量只能增加到最大生产能力允许的量上。如果最大可能的生产能力生产的产品都能正常销售出去，则此时发挥了企业最大生产能力，也可将其视为适度规模。

当然，这里无论是最大生产能力，还是最大销售量，作为最佳规模，它的生产量起码应在经营安全率为30%的产量以上。如果低于这个产量，就不能保证有稳定的盈利，当然就更谈不上最佳规模了。

5.制定目标利润的生产规模

有目标利润的生产量可按下面公式计算：

$$实现目标利润的产销量=\frac{固定成本+目标利润}{单位产品售价-单位产品变动成本}$$

这个产量应低于或等于生产单位的最大可能销售量，否则，目标利润无法实现。

现举例说明奶牛养殖项目效益盈亏平衡点分析法：

某奶牛场生产消毒鲜奶供应市场，其总固定成本为67.27万元，每千克消毒奶的生产成本为1.25元，每千克消毒奶的售价为2.8元，设计年产量为60万kg。求其保本点产销量，并对该项目的经营状态进行分析。

题解如下：

$$单位产品(每千克消毒奶)的变动成本=单位产品生产成本-\frac{固定成本}{总产量}$$

$$=1.25-\frac{672\ 700}{600\ 000}=0.13(元)$$

$$保本点产销量=\frac{固定成本}{单位产品售价-单位产品变动成本}$$

$$=\frac{672\ 700}{2.8-0.13}=251\ 685(kg)$$

该项目保本点的消毒奶产销量为251 685 kg。

$$经营安全率=\frac{现实产销量-保本点产销量}{现实产销量}\times 100\%$$

$$=\frac{600\ 000-251\ 685}{600\ 000}\times 100\%=58.05\%$$

经营状态为安全状态。

若该奶牛场试图获得40万元的利润，还可以求出目标利润产量：

$$目标产量=\frac{固定成本+目标利润}{单位产品售价-单位产品变动成本}$$

$$=\frac{672\ 700+400\ 000}{2.8-0.13}=401\ 500(kg)$$

该奶牛场若试图获得40万元的利润，即其消毒奶的销售量应为401 500 kg。

四、确定饲养方式

(一)肉牛饲养方式选择

选择肉牛饲养方式要根据饲养规模及现有基础条件因地而宜。主要有以下三种方式：

1.舍饲方式

舍饲饲养根据拴系与否又有下面两种喂养形式：

(1)拴系饲养　是用缰绳将牛在舍内拴成一排，位置固定，食槽是连续式的通槽。优点是能造成牛的错觉而竞争采食，同时减少运动，有利于牛增重。

(2)散放饲养　以10～15头牛为一圈散放在舍内，每头牛占有面积4 m^2 左右，多头牛共用一个食槽，昼夜有料，自由采食和饮水。其优点是省劳力，易管理，牛易争食，增重效果较好。

2.半舍饲半放牧

多用于繁殖母牛群，可利用春、夏、秋季节放牧饲养，冬季改为圈养。育肥牛一般在前期放牧育肥，后期圈养强化育肥。该方式适于家庭小规模饲养。

3.放牧饲养

主要适于大饲养场和广大牧区。利用天然草场、草山和草坡放牧饲养，不喂或少喂精料，降低饲养成本，节省人工。放牧一般主要是在春、夏、秋三季进行。牛群大小应根据地区特点和条件而定，宽敞草场以100～120头为宜，山区草场以20～30头好。

放牧饲养方法主要有固定放牧和轮牧两种。固定放牧是最粗放的饲养方法，春季将牛群赶进牧场，一直到秋季。轮牧是先将草场划成放牧场和割草场，再将放牧草场划分为若干小区，然后依小区的数目和放牧的持续时间在各小区轮流放牧。轮牧次数应根据草场类型、气候和管理条件而定，一般草场每年可轮牧2～4次，差的草场可轮牧2次。

(二)奶牛饲养方式选择

奶牛在舍饲条件下，主要有以下三种饲养方式：

1.拴系饲养

作为较为传统的饲养方式，在我国应用非常普遍，尤其是中小型奶牛场。这种饲养方式的主要特点是每头牛都有固定的牛床，除运动外，饲喂、饮水和挤奶都在牛床完成。这种饲养方式的优点是，可以针对个体进行细致的饲养管理、繁殖配种，疾病的发现和治疗等非常方便，容易发挥奶牛个体的生产潜力，对饲养人员定额管理也比较容易。缺点是不利于机械化，劳动生产率低，劳动强度大，每个饲养员只能管理10～15头奶牛，在我国目前劳动力成本较低的情况下有一定优势。而在劳动力成本较高的英美等发达国家，拴系式饲养仅对少于70头奶牛的小牧场最为合适，超过这个规模，散放或散栏饲养则更为经济。

2.散放饲养

20世纪60年代，欧美国家开始出现一种完全散放式的饲养方式。这种饲养方式比较适合干燥温暖地区。奶牛可以完全自由活动，采食、运动在同一区域。采用这种饲养方式的优点：牛群规模容易调整；奶牛容易获得新鲜的空气和充足的光照；牛舍造价较低，设备投资少，劳动力需求少。其缺点：管理粗放，尤其是牛体卫生较差，生产效率不高，效益并不理想。

3. 散栏饲养

随着饲养设备的机械化，饲料供应、粪便处理及挤奶等工艺环节均可依靠设备自动处理。结合拴系式饲养和散放饲养的优势，出现了散栏饲养（即隔栏式散放饲养）。这种方式是将奶牛的生产区划分为饲喂区、休息区、待挤区和挤奶区等，用于集中进行某一生产环节。根据生产阶段和生产性能将奶牛分群，除了在挤奶和饲喂时根据需要对奶牛进行一段时间的固定外，其余时间均任其自由活动。散栏饲养的最大特点是在奶牛休息区设置自由卧栏，牛舍空间利用更合理高效。散栏式饲养的优点是，便于针对群体饲养，便于实行机械化和自动化，养殖规模容易调整，易于保持牛体干净。同时，也更有利于控制环境温度。缺点是在强调了群体生产水平发挥的同时，不易做到个别饲养。因此，对体型外貌、生产力水平相对一致的牛群最为有利。

任务 2 经济效益分析

【任务描述】

经济效益分析是在投资估算的基础上，对其生产成本、收入、税金、利润、贷款偿还年限、资金利润率和内部效益率等进行计算后，对建设项目是否可行做出的结论性方案。项目经济效益分析是项目可行性研究的一个重要环节，是项目实施前期进行科学决策的重要内容。本任务主要包括养牛业经济效益分析方法、饲养肉牛经济效益分析和饲养奶牛经济效益分析。

【任务分析】

在经济效益分析中一定要注意基本建设过程中和生产经营过程中的经济核算。前者主要是核算基本建设项目的投资额与年盈利额之比，计算出投资回收期，该部分内容在此不作陈述。而生产经营过程中的经济核算又分为资产核算和生产成本核算。生产成本核算主要是核算牛只的成本和盈利。因此，经济效益的分析主要包括资产核算、成本核算和盈利核算三个方面。经济核算的目的，在于用最少的物质消耗和劳动消耗，尽可能地降低养牛成本，提高产品质量，获得最大经济效益。该任务主要是使学生重点掌握饲养肉牛和饲养奶牛的经济效益分析方法。

【任务实施】

一、养牛业经济效益分析方法

经济效益的分析主要包括资产核算、成本核算和盈利核算三个方面。

（一）资产核算

资产是指企业拥有或控制的能以货币计量的经济资源。资产核算主要是对固定资产和流动资产的核算。

1. 固定资产

指价值较高、使用年限较长、多次投入生产过程，但在生产过程中，其物质形态保持不变的劳动资产。主要包括：生产用固定资产，如畜舍、挤乳器等；非生产用固定资产，如办公室、职工宿舍、食堂等；未使用的固定资产。

固定资产折旧费主要是提取固定资产基本折旧费和固定资产大修理折旧费。养牛生产企业在对固定资产折旧时一般多采用平均年限法。它是按固定资产预计使用年限平均计算折旧的方法。固定资产的净残值率一般按照固定资产原值的3%～5%确定。公式为：

$$年折旧率=\frac{1-预计净残值率}{折旧年限}$$

$$月折旧率=\frac{年折旧率}{12}$$

$$月折旧额=固定资产原始价值\times月折旧率$$

2.流动资产

(1)流动资产的概念与内容　流动资产是指可以在一年内或长于一年的一个营业周期内变现或者运用的资产。内容主要包括：货币资产（库存现金、银行存款和其他货币资产）；结算资金（应收票据、应收账款和预付货款等）；存货（饲料、兽药、低值易耗品、幼畜等）；短期投资和待摊费用等。企业流动资产总值即货币资产、结算资金、存货、短期投资和待摊费用等总和。

(2)流动资产的核算指标

①流动资产平均占用额：即一定时期流动资产余额的平均数。

$$月度流动资产平均占用额=\frac{月初占用额+月末占用额}{2}$$

$$年度流动资产平均占用额=\frac{全年各月平均占用额之和}{12}$$

②流动资产周转速度：即一定时期内周转的快慢程度。它反映流动资产利用率的经济指标。主要有3种指标来表示：

a.流动资产的周转次数：

$$周转次数=\frac{计算期销售收入总额}{计算期流动资产平均占用额}$$

b.流动资产的周转周期：即流动资产每周转一次所需要的天数。在年度内，周转次数愈多，周转天数愈短，则流动资产周转愈快，流动资产运用效果愈好，反之，则差。

$$周转周期（天数）=\frac{计算期天数}{周转次数}=\frac{流动资产平均占用额\times计算期天数}{计算期销售收入总额}$$

c.流动资产占用率：即在一定时期内完成单位金额（元）周转所占用的流动资产。在我国的实际生产过程中，一般以销售收入总额（总产值）作为流动资产周转数额。流动资产占用率愈低，则流动资产运用效果愈好，反之，则差。

$$流动资产占用率=\frac{计算期流动资产平均占用额}{计算期销售收入总额}\times100\%$$

(二)成本核算

畜产品成本是指畜牧企业在一定时期的生产经营活动中为生产和销售产品而花费的全部费

用。畜产品成本核算是经济核算的中心内容，是畜牧企业实行经济核算不可缺少的基础工作。

1. 成本核算的项目

直接成本：包括工资和福利费、饲料费、燃料动力费、牛群医药费、产畜摊销费（即种畜和产畜的折旧费）、固定资产折旧费、固定资产大修理折旧费、低值易耗品等费用。

间接成本：包括共同生产费（利息支出、产品销售方面的费用等）和企业经营管理费（管理人员的工资、福利费，经营中的水电费、办公费和车旅费等）。其需要按一定比例分摊到各种牛群成本中去。

2. 成本核算的程序及方法

核算的一般程序为：

确定核算对象→归集费用→分配间接费用→计算总成本→

计算主要产品成本和副产品成本→计算主要产品单位成本

根据成本项目核算出畜群的费用以后，结合各畜群饲养头数、活重、增重、主副产品产量等资料，便可计算各畜群的饲养成本和产品成本。在养牛生产中一般要计算牛群的饲养头日成本、单位牛奶成本、育肥牛增重单位成本、断奶幼牛活重单位成本及主要产品单位成本等，其计算公式如下：

$$\text{牛群饲养头日成本}=\frac{\text{该牛群饲养期总费用}}{\text{该牛群饲养累计头日数}}$$

$$\text{单位牛奶成本}=\frac{\text{成年母牛群全年饲养费用}-\text{犊牛价值}}{\text{全年牛奶产量}}$$

$$\text{育肥牛增重单位成本}=\frac{\text{该牛群饲养期总费用}}{\text{该期间内的净增重量}}$$

$$\text{断奶幼牛活重单位成本}=\frac{\text{产畜群饲养费用}+\text{幼牛饲养费用}}{\text{断奶幼牛活重量}}$$

$$\text{主要产品单位成本}=\frac{\text{该牛群饲养费用}-\text{副产品价值}}{\text{该牛群主要产品总产量}}$$

（三）盈利核算

1. 盈利

盈利是销售收入减去销售成本以后的余额，它包括税金和利润。盈利又称税前利润。牛场自产留用的产品，应视同销售，计入销售收入。

$$\text{盈利}=\text{总收入}-\text{总成本}=\text{税金}+\text{利润}$$

2. 利润

利润是企业在一定期间的经营成果。利润为负数时，表示亏损，应按规定的程序弥补。通常，年度发生亏损可用下一年度的利润弥补；不足时可延续五年内以税前利润弥补。

3. 税金

税金是国家根据事先规定的税种和税率向企业征收的、上交国家财政的款项。税金是国家宏观调控的重要经济手段之一。畜牧业主要应上交以下几种税金：农牧业税、产品税、营业税、资源税和所得税等。

二、饲养肉牛经济效益分析

1.总支出部分

(1)饲料费用,包括牛群消耗的各种饲料。上年库存的饲料折款列入当年开支;年底库存结余的饲料应折款列入下年度开支;饲料库存之差列入开支或收入。架子牛育肥的饲料费支出占总成本的20%左右。

(2)生产人员和管理人员的工资、奖金及福利待遇按年实际支出计算。

(3)固定资产折旧,其中包括:

房屋折旧费:是指牛舍、库房、饲料加工间、办公室和宿舍。砖木结构折旧年限一般为20年,土木结构一般为10年。各牛场可根据当地折旧有关规定处理。

设备折旧费:是指产仔箱,饲料生产、饲料加工机械,折旧年限为10年。拖拉机、汽车折旧年限为15年。

(4)燃料费、水电费。

(5)医疗费,指兽药和防疫费用等。

(6)产畜摊销费,即种畜和产畜的折旧费。一般公牛从能授精开始,母牛从产犊开始计算。一般公牛摊销年限为8年,母牛为10年。其计算公式:

$$\text{产畜摊销费}=\frac{\text{产畜原价值}-\text{净残值}}{\text{使用年限}}$$

(7)运输费。

(8)引种费,如购进架子牛的费用。架子牛育肥生产中的架子牛成本占总成本的75%左右。

(9)共同生产费,母牛群、公牛群等分摊到牛舍(车间)一级的间接生产费用。

(10)维修费,包括大修理折旧费和日常修理费。

(11)低值易耗费,指百元以下零星开支,如购买工具、劳保用品等,按年度实际开支计算。

(12)对外联系的差旅费、招待费,按年度实际支出计算。

(13)其他开支,如垫草、利息、经营税及人员培训费等。

2.总收入部分

(1)全年商品牛总产量是指1月1日至年末出售商品牛的总重量。

(2)全年出售商品牛的总收入是指1月1日至年末出售商品牛收入的总和,未出售的应盘点(盘查清点)总数折价列账。

(3)全年出售种牛的收入总和。

(4)全年淘汰牛收入的总和。

(5)全年肥料收入的总和。

(6)牛只盘点总数折价,减去上年盘点总数的折价,核算出增值收入。

3.总效益部分

全年的总收入减去全年的总支出即为全年的总效益。肉牛专业饲养户的效益分析原则上也可按照上述方法进行计算,但专业户在牛的房舍、青粗饲料的供应及劳动力成本等方面可以减少部分支出,若再加上科学的饲养管理,一定会取得更好的经济效益。

三、饲养奶牛经济效益分析

(一)规模奶牛场成本核算与利润分析

奶牛场饲养成本投入可分为直接饲养成本和间接饲养成本两大部分。直接饲养成本指奶牛每天所消耗的饲粮的实际成本;而间接饲养成本包括人员工资、工资附加费、固定资产折旧、燃料动力费、制造费用、辅助生产成本等为完成生产所发生费用的成本投入。为便于分析,将奶牛的饲养阶段划分为后备期和成母牛期(即投产期)两部分,现以饲养 724 头中国荷斯坦奶牛的某奶牛场为例进行成本分析。

1.奶牛后备期的日粮统计及成本核算

初孕牛的饲养天数是根据其投产月龄推算而来的,因该牛场初孕牛投产月龄 1991—2000 年 10 年平均为 26.66 个月(即 800 d),故该饲养期平均为 260 d。由于各年度奶牛场的饲料单价及人员工资等存在较大差异,因此,饲养日粮单价按 2002 年该场实际单价为准(成母牛同),奶牛各期的间接饲养成本投入也按 2002 年该场年终财务报表统计为准(成母牛同)。详见表 1-2-1、表 1-2-2。

表 1-2-1 某牛场后备牛直接饲养成本统计表(10 年平均值) kg/(头·d)

畜别	饲料名称					犊牛食奶量	头日成本/元	饲养天数/d	合计/元
	混合饲料	苜蓿干草	苜蓿草粉	青贮	多汁料				
犊牛	0.92	0.58	0.71	0.94	—	2.77	6.38	180	1 148.4
小育成牛	1.45	3.49	0.70	8.10	0.72	—	5.49	180	988.2
大育成牛	1.88	4.60	0.65	12.21	0.33	—	7.25	180	1 305.0
初孕牛	2.48	5.50	—	13.01	0.16	—	8.22	260	2 137.2
饲料单价/(元/kg)	1.188	0.53	0.53	0.18	0.125	1.60	—	—	—
总计	—	—	—	—	—	—	—	800	5 578.8

表 1-2-2 某牛场后备牛间接饲养成本统计表 元/(头·d)

项目	人员工资	工资附加费	固定资产折旧	燃料动力费	药费	制造费用	成本	饲养天数/d	合计/元
犊牛	0.48	0.12	0.23	0.34	0.30	0.06	1.53	180	275.4
小育成牛	0.36	0.10	0.23	0.34	0.36	0.20	1.59	180	286.2
大育成牛	0.40	0.09	0.32	0.18	0.25	0.20	1.44	180	259.2
初孕牛	0.40	0.09	0.32	0.18	0.25	0.15	1.39	260	361.4
总计	—	—	—	—	—	—	—	800	1 182.2

2.后备期的利润分析

表 1-2-1 和表 1-2-2 的统计结果表明,一头奶牛从出生至投产止的饲养费用投入为 6 761 元(5 578.8+1 182.2)。若加上犊牛出生的基金价(如某牛场为 2 500 元),一头奶牛从出生到

投产时的价值在 9 261 元左右。该场初孕牛投产后转入成母牛的转入价(转入固定资产价格)为 4 954.77 元,而剩余部分在当年生产利润中冲减。

3. 成母牛饲养成本核算

通过对 1991—2000 年 10 年的统计结果及 2002 年的统计(表 1-2-3)表明,成母牛每头每天的直接饲养成本在 20～22 元。

4. 成母牛年利润分析

表 1-2-3 和表 1-2-4 的统计结果(仅按 2002 年)表明,成母牛的每头每天成本投入为 31.20 元。在 2002 年,该场成母牛日单产 24.37 kg,则年单产为 8 895 kg。因此,每千克牛奶的成本应为 1.28 元。按该场鲜奶收购价 1.70 元/ kg 来计算。该场每千克牛奶的利润为 0.42 元,年利润为 3 735.90 元。由于奶牛的维持需要是相对恒定的,分解到牛奶单产中的份额随着单产的提高而减少。另外,由于养牛生产是一个循环往复的过程。因此,可不计算某头牛的基金价或转入价,仅按其后备期的饲养成本投入 6 761 元来计算,该牛要生产 22 个月才能完成其在后备期的投入,之后的产奶才是真正意义上的利润。所以,不断提高奶牛的单产和延长成母牛的有效利用年限可以获得更高的经济效益。

表 1-2-3　某牛场成母牛直接饲养成本统计表　　kg/(头·d)

年份	饲料名称						头日成本/元
	混合饲料	油渣	豆饼	苜蓿干草	青贮	多汁料	
10 年平均	11.41	1.38	0.18	5.11	19.39	3.15	21.79
2002 年	11.32	0.70	0.14	4.15	18.69	7.10	20.82
饲料单价/(元/kg)	1.188	0.95	1.85	0.53	0.18	0.125	—

表 1-2-4　某牛场 2002 年成母牛间接饲养成本统计表　　元

饲养头日	人员工资	工资附加费	固定资产折旧	燃料动力费	药费*
119 486	384 445.88	7 779.25	260 703.39	66 940.80	82 898.92
头日成本	3.22	0.07	2.18	0.56	0.69
饲养头日	制造费用	其他直接费	辅助生产成本	合计	
119 486	9 355.69	80 733.57	256 196.66	1 239 154.16	
头日成本	0.83	0.68	2.15	10.37	

* 药费包括防检疫及育种费用。

(二)奶牛专业户的成本核算与利润分析

农户养殖奶牛一般以存栏 5～10 头为宜。这种小规模的养殖场不需要特殊的设备和大型的场房,因此,管理成本较低。现以某奶牛专业户为例进行经济效益分析。

1. 饲养成本

在正常饲养管理条件下,年产鲜奶 5 000 kg/头,其直接饲养成本(即饲料成本)为 4 300 元/头,间接饲养成本为 530 元/头(不计人员工资),每头奶牛每年折旧为 1 000 元(按 1 头奶牛原价值 1 万元,使用期限 10 年计算),年总饲养成本为 5 830 元/头。详见表 1-2-5 和表 1-2-6。

表 1-2-5 某奶牛专业户成年奶牛直接饲养成本统计表

项　目	饲料名称				
	青贮饲料	干草	秸秆	根块类饲料	精饲料
饲料量/[kg/(头·牛)]	6 000	1 000	2 000	1 000	2 500
单价/[(元/kg)]	0.1	0.3	0.1	0.2	1.2
总价值/[元/(头·牛)]	600	300	200	200	3 000

表 1-2-6 某奶牛专业户每头成年奶牛间接饲养成本统计表

费用种类	防疫费	水电费	配种费	治疗费	奶牛折旧
总价值/元	40	40	150	300	1 000

2. 利润分析

年产鲜奶 5 000 kg/头，按 1.8 元/kg 计算，则鲜奶收入为 9 000 元/头，年产公犊牛出生价为 200 元/头，母犊牛收入为 4 000 元/头，则生公、母牛犊时的年纯利润分别为 3 370 元/头和 7 170 元/头。若 10 头规模奶牛场，按年产公、母犊牛各占 1/2，则该养殖场年纯收入可达 5 万元。

总之，奶牛的支出部分的项目与肉牛基本相同。只是多在挤奶、贮奶和运奶等方面的支出上。还有一点不同的是成年奶牛利用年限一般为 10 年，购牛款按 10 年摊销。奶牛的收入部分主要包括出售牛奶、犊牛、被淘汰牛及牛粪等项目。奶牛生产成本投入大，资金周转周期长，一般需 5 年左右时间，特别是规模化奶牛场。项目经济效益分析是项目可行性研究的一个重要环节，是项目实施前期进行科学决策的重要内容。

任务 3　牛场建设项目的可行性论证

【任务描述】

可行性研究报告，是在制订生产、建设或研究开发计划的前期运用相关的科学技术和经济管理学科的原理，分析论证某个项目切实可行而提出的一种书面报告。对拟开展项目的技术适用性、经济合理性进行综合研究。可行性报告要求以全面、系统的分析为主要方法，经济效益为核心，围绕影响项目的各种因素，运用大量的数据资料论证拟建项目是否可行。当项目的可行性研究完成了系统分析之后，会对整个项目可行性研究提出综合分析评价，并提出建议。

【任务分析】

可行性研究是决定项目能否成立的前提。进行项目可行性论证除作为投资决策的依据外，还可以作为引用外资、筹划银行贷款以及与合作伙伴签订协议的重要依据。一般应从建设规模、工艺路线、设备选型、环境影响、资金筹措、盈利前景等方面，从技术、经济、工程等角度对项目进行调查研究和分析比较，并对项目建成以后可能取得的财务、经济效益及社会环境影响进行科学预测，为项目决策提供公正、可靠、科学的投资咨询意见。

编制优秀可行性研究报告关键要素是首先做好项目投资的方案设计。可研报告的主要任务是对预先设计的方案进行论证，因此，必须通过设计研究方案、研究思路、研究方法，最后明确研究对象。项目方案的设计应该遵循注重系统性和逻辑性的原则。报告涉及的内容以及研究分析所引用的数据，必须绝对真实可靠，注明可供查询的数据来源，不许有任何偏差及失误。该任务主要是使学生熟悉牛场建设项目可行性研究报告的写作格式及内容，不断提高信息收集、整理、归纳和总结分析能力。

【任务实施】

撰写项目可行性研究报告

(一)项目可行性研究报告写作内容及格式

由于投资的项目不同，可行性研究本身所包括的内容也不尽一致，但从总体上说，可行性研究报告的主要内容及写作格式基本相似。现以国家发改委畜牧养殖及畜产品加工项目可行性研究报告的编写为例加以介绍。

1.总论

主要包括项目背景、项目概况和问题与建议。项目背景包括项目名称、承办单位概况、可行性研究报告编制依据、项目提出的理由与过程；项目概况包括拟建地点、建设规模与目标、主要建设条件、项目投入总资金及效益情况和主要技术经济指标等；项目建设的必要性可从产业政策及行业、区域发展规划角度、从完善农业产业链条角度、从结构调整及农民增收角度、从节能减排、可持续发展角度、从解决企业自身存在的问题角度进行分析。

2.市场预测

主要包括产品市场供应预测、产品市场需求预测、产品目标市场分析、价格现状与预测、产品市场竞争力分析和市场风险分析等。产品市场竞争力分析，要从主要竞争对手情况、产品市场竞争优劣势和产品目标市场占有份额的角度加以分析。

3.建设规模与产品方案

建设规模主要包括建设规模方案、产业化关联度分析及比选推荐建设规模方案。产品方案主要是介绍产品品种、质量、年产量等。

4.场址条件

项目建设地点选址要直观准确，要落实具体地块位置并对与项目建设内容相关的基础状况、建设条件加以描述，不能以项目所在区域代替项目建设地点。具体内容包括场址地点与地理位置、场址占地面积和场址建设条件。

5.技术方案、设备方案和工程方案

技术方案主要包括工艺流程选择、工艺流程图、牛群周转图表、饲料消耗定额、用水定额、粪尿量、物料平衡；设备方案包括主要设备清单；工程方案主要包括主要建筑物的建筑特征及结构方案、建筑安装工程量及“三材”用量估算、主要建筑工程一览表。

6.原材料、燃料供应

主要包括牛源供应、饲料供应和燃料供应等。在每项中要对品种、年需要量、价格、来源及运输方式等进行具体介绍。

7. 项目总体布置

主要包括项目构成、公用辅助工程、项目建设目标(包括项目建成后要达到的生产能力目标或业务能力目标)、总体布局、项目总体发展规模、生产模式及拟达到的技术指标和经济指标。多以总体布置图及其主要技术经济指标表来表示。

8. 节能、节水措施

主要包括节能方案、节能措施、节水措施和水耗指标分析等。

9. 环境影响评价

主要包括项目所在地环境现状、项目产生的污染物对环境的影响、环境保护设施与投资和环境影响评价。需征地的建设项目,项目可行性研究报告中必须附国土资源部门核发的建设用地证明或项目用地预审意见和规划部门规划意见书以及环保部门的批复。

10. 项目组织管理与运行

主要包括项目建设期组织管理机构与职能,项目建成后组织管理机构与职能、运行管理模式与运行机制、人员配置及专业技术人员培训等;同时要对运行费用进行分析,估算项目建成后维持项目正常运行的成本费用,并提出解决所需费用的合理方式方法。

11. 项目实施进度

根据确定的建设工期和勘察设计、仪器设备采购(或研制)、工程施工、安装、试运行所需时间与进度要求,选择整个工程项目最佳实施计划方案和进度安排。项目实施进度以表格形式表示较好。

12. 投资估算与资金筹措

依据建设内容及有关建设标准或规范,分类详细估算项目固定资产投资并汇总,明确投资筹措方案。投资估算主要包括建设投资估算、流动资金估算和项目投入总资金估算表;资金筹措是指资本金筹措和债务资金筹措。

13. 效益分析

对项目建成后的经济与社会效益测算与分析。特别是对项目建成后的新增固定资产和生产能力,以及经济效益、社会效益和生态效益等进行量化分析。经济效益分析应简要列出项目单位自身获得的销售(营业)收入、利润、税金等绝对指标及财务内部收益率、财务净现值、投资回收期等相对指标。社会效益和生态效益可从项目实施为本地区解决就业情况、为社会提供种畜及对当地主导产业发展、产业结构调整带来的影响等方面进行分析。

14. 财务评价

主要包括项目财务评价、农户收支状况分析和财务评价结论等内容。项目财务评价要从财务评价基础数据与参数选取、销售收入估算(编制销售收入估算表)、成本费用估算(编制总成本费用估算表)、编制财务评价报表和财务评价指标等方面进行分析。

15. 风险分析

重点从项目主要风险因素识别、风险程度分析、防范和降低风险措施等方面进行分析。

16. 结论与建议

首先对推荐方案进行总体描述,然后再对推荐方案的优缺点及主要争论与分歧意见进行陈述,最后给出结论与建议。

17. 附图、附表及附件

附图主要是指场址地理位置图和项目总体布置图;报告后面一定要附有表格。除可研报告编制需要提供的工程量、设备清单、财务评价报表等表格外，为便于评审汇总，还应附以下两类表格：一是项目基本情况表，二是项目建设内容、规模及投资估算明细表。

附件主要是指有关证明材料，例如项目建议书（初步可行性研究报告）的批复文件、环保部门对项目环境影响的批复文件、主要原材料供应的意向性协议、项目资金来源的承诺函、土地主管部门对场址的批复文件、国内外市场需求情况调研和预测报告、水源质量鉴定文件、承担单位法人证明、有关配套条件及技术成果证明等。各种附图、附表和附件等有关证明材料一定要真实、齐全。

（二）项目可行性研究的形式及程序

1.项目可行性研究报告的类型

根据项目属性的不同，可分为政府立项审批项目、产业扶持项目、银行贷款项目、融资投资项目、中外合作项目及境外投资项目等。可行性研究报告根据用途不同，常分为以下几种类型：一是用于申请国家政策资金或政府补贴的可行性研究报告；二是用于银行贷款的可行性研究报告；三是用于境外投资项目核准的可行性研究报告；四是用于融资、对外招商合作的可行性研究报告；五是用于企业项目投资、工程建设指导的可行性研究报告。政府审批核准用可行性研究报告侧重关注项目的社会经济效益和影响；融资用可行性研究报告侧重关注项目在经济上是否可行。

2.项目可行性论证应遵循的原则

一是必须考虑遵循市场经济规律，应与国家、地区的国民经济发展规划相一致；二是必须从本地区的实际出发，发挥地区优势，合理利用当地资源；三是必须坚持技术、经济、社会、生态等效果相统一的原则；四是必须处理好农与牧、当前与长远、局部与全局的关系。

3.项目可行性研究的方法

可行性研究必须着重从技术、经济两方面进行。技术的可行性研究是投资项目能否成立的前提。经济上的可行性分析则着眼于投资效益，在方法上侧重于市场调查和市场预测，计算产品成本，进行盈亏论证。大型的综合性项目的可行性研究，一般由专业部门或设计单位组织有关专家（包括行业资深专家、注册会计师、造价师、咨询师）共同研究完成。小型项目也可以由有经验的投资者依据以下主要程序来完成。

4.项目可行性研究的程序

（1）任务提出　提出可行性论证的目的、要求、进行论证研究的现有条件和存在的问题。

（2）调查研究　收集与奶牛或肉牛项目有关的技术经济情报资料，特别是要对实施地区的自然环境、生态条件、社会条件、经济条件进行调查，掌握产品的市场行情，预测国内外的市场前景，准确把握问题，正确地制订决策计划，提出项目可以实施的理由和条件。

（3）确定决策目标　从现实条件出发，综合考虑各方面的因素，经过充分论证，确定项目建设目标。目标概念要明确，内容要具体，尽可能数量化，并对实现目标的前提条件应有明确规定。

（4）拟订备择方案　把项目建设目标同实施地区的具体条件相结合，从不同的角度设计出几个可行性方案。对每一个备择方案均需精心设计，严格论证，具体计算，为评价选优提供依据。

（5）评价选优，优化决策　根据生产上可行、技术先进、经济有效的原则，综合比较各备择项目建成后的经济效益、社会效益和生态效益，权衡各自的利弊，客观公正地从中筛选出最佳方案，并对其进行补充修订，最后完成可靠性论证报告。

总之，可行性研究必须对项目的投资提供技术、经济方面的依据作充分的论证，数据资料要详尽，可靠性要高，做到具有科学性、真实性、准确性和可操作性。

【知识拓展】

一、养牛业在国民经济中的重要地位

牛是一种具有多种经济价值的反刍家畜，在世界上分布最广，头数最多。养牛业是畜牧业的主要组成部分。

(一)发展养牛业是发展节粮型畜牧业的客观需要

粮食问题，是保证一个国家稳定的最基本的问题。人畜争粮的矛盾在我国显得则更为突出。解决这一矛盾的行之有效的办法就是大力发展节粮型畜牧业，充分发挥草食家畜的生产潜力。牛是反刍家畜，具有特殊结构的消化系统和生理机能，有极强的粗纤维分解能力。因此，牛能比其他畜禽更有效地利用以秸秆为主的粗饲料。此外，牛能利用尿素等非蛋白含氮物。经瘤胃—肝脏氮素循环，产生菌体蛋白。

(二)发展养牛业是农业产业化结构调整的需要

畜牧业水平程度是农业现代化的标志，畜牧业承前启后，前连种植业，后接加工业，是大农业的主要角色。我国畜牧业已经成农业中产业化、市场化特征最突出和最具活力的产业。畜牧业产业结构调整的核心是大力发展草食家畜，走节粮型畜牧业道路，而养牛业则是节粮型畜牧业的重要组成部分。从世界肉类生产结构来看，牛肉产量占肉类总产量的比重长期保持在30%左右，而我国2010年仅占8.24%。2012年，我国人均奶类消费量只有32.4 kg，不到全球平均水平的1/3。可见，我国肉类食品结构仍然是极不合理的。现代农业产业结构中效益最高的牛奶和牛肉产业，在我国却是最落后的产业。

农业现代化的重要标志之一是畜牧业总产值占农业总产值的50%以上，其中养牛业占有相当比重。目前，畜牧业产值占农业产值的比重：丹麦90%、瑞典79%、法国56%，美国、意大利、西班牙等国也都超过50%。而我国畜牧业产值占农业总产值的比重大数是1/3（2012年）。农业产业结构调整的核心问题是发展畜牧业，提高畜牧业产值在农业总产值中的比重。从产值结构来讲，农业现代化国家的农业中处于第一位的是奶牛，占总产值的20%左右；第二位的是牛肉，也占20%左右。养牛业产值占畜牧业产值的比例：德国、美国为60%，挪威、瑞典、芬兰占80%，新西兰、瑞士、丹麦达90%以上。而我国奶牛在农业中所占比例约为3%，养牛业所占农业产值比例不足20%。我国养牛业与畜牧业发达国家还存在较大的差距，发展潜力巨大。大力发展养牛业可有效促进我国农业现代化进程。

(三)养牛业可实现农村经济可持续发展

“高效、生态、安全”是当今社会对现代畜牧业提出的基本要求。退耕还林，林间种草、荒山荒坡栽种优质林草，为发展现代设施养牛提供良好的饲料来源。在为农户带来丰厚收入的同时,也提供了大量的有机肥料,进而又有效推动了高效种植业发展,实现"林草—养牛—高效种植业"的良性循环和农村经济的可持续发展。大力发展人工草,不但可以增加土壤中的有机质,改良土壤结构,提高土壤肥力,而且可以避免水土流失,改善生态环境。西方国家农业、环境问题专家把人工牧草称为"绿色黄金",是通往现代农业的桥梁。发展养牛业可以有效转化农副产品,把原本放火烧掉的秸秆转变为奶和肉。同时,还可以增加有机肥,减少或不使用化肥农药,促进绿色食品发展。

此外,大力发展养牛业对增加农民收入,改善人们膳食结构,提高国民体质,带动食品、皮草、医药和饲料等加工业及第三产业发展,都具有重要意义。

二、养牛业发展趋势

随着科学技术的不断发展,高新技术广泛应用于养牛生产。因此,养牛生产水平不断提高。当前,世界养牛业呈现出以下发展趋势。

(一)乳用牛品种向单一化、大型化方向发展,单产不断提高

世界著名的奶牛品种,主要有荷斯坦牛、娟姗牛、更赛牛、爱尔夏牛和瑞士褐牛等。由于荷斯坦奶牛具有产奶量高、生长发育快、生产每单位牛奶所需的饲料费用低、瘦肉率高,并且荷斯坦牛具有广泛的适应性和风土驯化能力。所以,目前荷斯坦牛已成为世界各国发展奶牛的首选品种,并在奶牛中饲养的比例不断增加,其他奶牛品种则日渐减少。大多数国家,如美国、加拿大、荷兰、丹麦、澳大利亚、新西兰、日本、以色列等国,饲养比例均占奶牛饲养总量的90%以上。我国除了草原牧区外,在大中城市郊区和大部分农区发展奶牛业同样有单一发展荷斯坦品种的趋势。近几年,新增的奶牛群中95%以上是荷斯坦牛及其杂交改良品种,西门塔尔牛、新疆褐牛、三河牛及草原红牛等品种所占比例越来越小。当前,我国养牛业得到国家的空前重视,市场发展潜力巨大。

因此,从品种结构上来讲,越来越单一化、大型化,以荷斯坦牛为主。从育种角度来看,由单纯重视乳脂率而转为同时也重视乳蛋白率和干物质含量。奶牛业发达国家奶牛数量不断减少,而个体单产则不断提高,其总产奶量仍然保持稳定或有所增加,已由数量和质量并重的局面转为以提高质量为主。

(二)肉用牛品种大型化、产肉性能增强、肥育方式转向节粮型

在肉牛业中,近年从原来发展体型较小、易肥、中早熟的海福特、安格斯、短角牛等英国品种转向欧洲大陆的大型品种,尤其以法国的夏洛来、利木赞,意大利的契安尼娜、皮埃蒙特,瑞士的西门塔尔等品种发展很快,这些品种具有体型大、增重快、瘦肉多、脂肪少的特点。近年国外对肉牛质量指标的一致要求是肥育期短,上市年龄早,瘦肉和优质肉比例大,日增重大,饲料报酬高。由于大型良种的推广,产肉性能不断提高。据有关资料表明,肉牛的平均日增重已达到1.5~2.0 kg,每千克增重所需饲料从7.8 kg降至3.5 kg。

节粮型肉牛肥育方式随着粮食紧缺和价格上涨,世界各国特别是人多地少的国家日趋重视,充分利用粗饲料进行低精料饲养。因此,进一步开展秸秆等粗饲料的加工,充分利用草场和农副产品发展肉牛生产,将逐渐成为肉牛业的发展方向。采取设施肥育肉牛,便于人工控制

温度和牛的活动范围,有利于催肥。同时大大减少了畜牧业对粮食的依赖程度。

(三)乳肉兼用牛品种发展迅速

近年来,各国都非常注重"向奶牛要肉",即把乳用品种的淘汰牛、奶公犊用来肥育,奶、肉兼得。欧洲共同体国家所产牛肉的45%,日本所产牛肉的55%都来自奶牛。荷兰90%用于生产牛肉的牛来自乳用品种,该国红白花牛占35%左右,与黑白花牛相比,产奶量低,但更适宜用作肉牛饲养。奶牛在荷兰一般于5次生产后就被淘汰,或直接肥育,或利用肉用公牛精液对奶牛进行人工授精,从而产出很多杂交牛。由于荷斯坦牛体型较大,强度育肥在体内不易贮积脂肪,胴体瘦肉率高,饲料转化率高。为此,利用奶牛生产优质牛肉,已成为国外肉牛业发展的一大特点。

同时,欧洲多数国家由于受土地资源的限制,乳肉兼用品种牛,如西门塔尔牛、丹麦红牛等也得到了大力发展,乳肉兼用牛可以有效节省肉用母牛的饲养费用,更适合人多、地少的国家饲养。我国也非常重视乳肉兼用牛的发展,西门塔尔牛在我国内蒙古、吉林、辽宁等地区养殖量在不断增加。利用我国乳肉兼用牛品种哺育奶公犊,然后进行架子牛肥育也已成为我国肉牛发展的一种成功模式。

(四)胚胎生物技术将被广泛应用,并向产业化方向发展

将现代高新技术应用于奶牛业生产中,并向产业化方向发展,是奶业发达国家的普遍趋势。在发达国家,奶牛的繁育工作已广泛应用现代胚胎生物工程技术,以胚胎移植为基础,结合同期发情、超数排卵、活体采卵、体外受精、胚胎收集、性别鉴定、胚胎分割、胚胎克隆、胚胎冷冻保存等组装形成奶牛高效快速繁育技术体系。胚胎生物技术的推广和产业化应用加快了良种繁育体系的完善,提高奶牛繁殖潜力,使优秀种牛的遗传基因得以最大限度的发挥。我国也已经构建完善了超数排卵和胚胎移植核心群育种方案(MOET),使良种母牛繁殖率提高了20倍,大大缩短了育种的进程,取得显著的育种效益。可以说,胚胎生物技术的成熟,是繁殖技术的又一次"革命"。以胚胎生物技术为代表的高新技术产业化是奶牛业生产新的经济增长点。

(五)生产方式向规模化、专业化、集约化方向发展,效益不断提高

实践证明,奶牛生产要有一定的规模才能形成明显的效益。小型奶牛场不便于采用机械化、现代化信息管理手段,不利于降低生产成本。因此,养牛业发达国家奶牛场数量日趋减少,但平均户(场)养奶牛头数有所增加,日益趋向于扩大饲养规模,提高机械化、自动化水平。1990年美国的奶牛场数量为19.4万个,每个奶牛场存栏奶牛51头,经过20年的发展到2010年美国的奶牛场数量减少到5.31万个,减少了72.6%,而平均每个牛场饲养的成母牛头数却提高到172头,养殖规模增加了2.4倍。存栏数超过2 000头的超大规模牛场数量增加幅度非常大,2001年时只占总牛场的0.3%,奶牛存栏和产奶量只占总数的12%和13%,但是到了2009年该规模牛场数量已经占总数的1%,奶牛存栏和产奶量分别占到了总数的30%和31%。在美国户养2 000~5 000头肉牛为中等规模,大户则养20万头以上,提供美国市场70%以上的牛肉。经营方式从原先的粗放型向规模化集约型转变。由于采取这些措施,增强了抗风险能力,并获得较高的经济效益。

我国奶牛业的发展也正紧随着“规模效益发展”这一国际潮流，原先3～5头规模的散户饲养模式正逐渐通过养殖小区和家庭牧场等过渡模式向集约型养殖场方向发展。近年来，新建的养殖小区都达到了户均养殖50头、小区累计1 000头的规模。此外，全混合日粮（TMR）饲喂技术将成为未来规模牛场采用的主要饲养管理工艺。

（六）计算机技术被广泛应用，饲养管理更加科学化

目前，在发达国家奶牛场正趋向采用计算机信息管理系统，除建立起数据库管理系统、监测记录挤奶量、饲料供应、营养配方、繁殖、育种等信息资料外，还建立了奶牛个体识别系统，在牛体上安装微型电子感应标识，可随时释放信息，准确地测报奶牛所在方位、健康状态、各项生理指标及所需的营养成分和数量，并能根据生产性能自动设计、自动提供合理的日粮配方、自动给料、监测发情、提供适时配种时间等。在牛舍内安装一套电子程控设备，即可有效地保持舍内湿度、温度和空气流通，为奶牛生产创造一个理想的环境，有利于生产性能的发挥。由机械化或电脑程控自动完成饲养、挤奶操作、清粪等全部生产过程。尤其在挤奶方面可完成自动计量、自动脱落挤奶杯，并有多功能的电子显示器即时显示出牛奶中的体细胞数等生理、生化指标，牛奶则通过密闭管道系统进入冷却贮奶罐，同时由微机管理系统完成全部挤奶数据记录。乳品质量按照HACCP系统严格质量管理体系，在美国、日本等国家已成功地采用机器人代替人工挤奶操作。我国一些大型奶牛场已为建立计算机信息管理系统努力创造条件，这是奶牛生产管理发展的必然趋势。

（七）杂交优势被充分利用，高档牛肉生产呈快速发展趋势

牛肉在许多国家食用的肉类中所占的比例很大，而世界各地对牛肉的要求也不一样。目前，以英国、德国、意大利、法国等为代表的欧洲国家要求少含或不含脂肪，即瘦肉比较多的牛肉；以日本、韩国及东南亚国家为代表的亚洲国家要求脂肪比较多、比较肥的牛肉；以美国、加拿大、巴西为代表的美洲国家要求高档牛肉中含有适度脂肪。世界各国已充分利用杂交优势培育出了一些各具特色的肉用或兼用品种牛，供不同国家或地区使用。原苏联研究了100多个牛的杂交组合，证明杂交后代比纯种牛多产肉10%～15%。美国也证明，两品种杂交后代的产肉力比纯种牛提高15%～20%。在发展中国家，大量引进高产品种与当地牛进行杂交改良，以提高生产力。

随着世界经济的发展，人类食品结构发生了很大变化，牛肉消费量增长，特别是高档牛肉消费增加。高档牛肉要求较高，在大理石纹等级、成熟度上有较高标准和特殊评价。为了适应高档牛肉生产的需要，一些发达国家如美国、日本、加拿大及欧洲经济共同体都制定了牛肉分级标准。雪花牛肉分级标准已于2012年在国家农业标准委员会获得正式立项，意味着国家优质牛肉将得到保护，将有效带动国内肉牛行业发展。目前不同国家按需要不同，都在积极开展优良品种的选育工作，以生产适销对路的高档牛肉。

（八）水牛生产将由役用向乳用方向快速发展

在2001年第六届世界水牛大会上，水牛专家和学者一致提出：“现代水牛业应是奶用为主，肉用为辅的发展趋势”。近十年来，世界奶业的持续发展中，水牛奶的产量增长趋势更快，各国对奶水牛产业高度重视。1994年至2002年世界水牛奶产量增长了49%，年平均增长

6.2%，奶水牛头数增长了26%，年增长率3.2%。印度作为世界第二大产奶国其水牛奶产量占到了奶总产量的50%以上。2003年中国科学院张新时院士向国务院递交的"中国发展奶水牛业的建议"，引起中央领导的重视并做出批示。该建议提出我国应快速发展奶水牛业。当前，国家有关部门正在针对相关问题，制定解决方案和水牛奶业发展规划，我国奶水牛的发展将进入一个新的历史时期。

三、我国养牛业生产中存在的问题及对策

（一）我国养牛业生产中存在的问题

1.良种牛数量不足，生产力水平低

我国奶牛的良种数量不足，单产水平低。在2004年底全国奶牛存栏量为1 108万头，其中真正属于优良品种的荷斯坦奶牛还不到1/3，其余全是改良奶牛。而发达国家的良种覆盖率接近100%。美国、以色列等国成年母牛平均单产则达8 500 kg，加拿大全国平均年单产水平达到7 628 kg。瑞典、丹麦、法国、日本等国平均也在6 500 kg以上，我国2～3头牛才相当于其他国家1头高产奶牛。我国农区养殖的许多奶牛是荷斯坦牛与我国地方母牛的低代次杂交改良牛。此外，在内蒙古、新疆等地的牧区，还饲养着100多万头乳肉兼用型牛，主要包括新疆褐牛、草原红牛、三河牛和西门塔尔牛等，我国多年来几乎没有对这些品种进行以乳用为目的的系统选育。奶牛良种繁育和推广体系不健全，机制不完善。

我国肉牛的良种化程度更低，肉牛及良种杂交改良肉牛仅占我国牛群的15%。在我国肉牛生产过程中，大批引进了世界上优秀肉牛的品种，但主要是用来进行经济杂交生产商品肉牛，没有注意培育自己的民族品牌牛种，至今我国还没有一个真正属于自己的肉牛品种。而自己本国的优质地方品种纯种牛却有相当一部分到了濒临灭绝的地步。此外，在传统的农区，优良本地品种母牛的数量正在大幅度下降，基础母牛的存栏量呈连年下滑趋势，牛源不足将成为我国未来肉牛业发展的一个重要瓶颈。2000—2010年世界活牛存栏量上升了8.67%，而同期我国活牛存栏量从12 353.2万头下降到10 626.4万头，下降比例为13.98%。全国各地均不同程度地出现了"牛荒"。肉牛生产水平低，牛肉质量差。主要表现在牛的生产周期长，出栏率低，出栏牛的屠宰体重小，个体产肉量少。因此，产品竞争力不强，尤其是出口牛肉缺乏竞争力。高档牛肉在市场上的占有率偏低。

2.专业人才匮乏，饲养管理技术水平低

从事养牛业和牛产品开发的专业人才匮乏。目前，在养牛场从事一线生产人员技术水平偏低，专业人才少，往往是靠经验主义，而没有真正做到科学的饲养管理。对规模化养牛场饲养管理技术的开发应用已经成为发达国家提高养牛生产效率的重要手段。尤其是计算机技术、机械设备自动化技术的迅速发展，极大地推动了养牛饲养管理水平的提高。我国养牛业科技发展滞后，导致了生产效率低下。饲养管理技术水平低，已成为制约我国养牛业发展的重要因素之一。

3.青贮饲料数量不足，质量不高，粗饲料加工不合理

目前，我国奶牛用的优质牧草和饲料作物十分缺乏，饲草加工、调制、贮存技术薄弱。同时，天然草地由于长期过度利用，退化沙化极为严重，大部分草场已经处于急需减轻利用强度

的状况。我国的饲料工业生产结构也不尽合理，奶牛专用饲料仅占工业饲料总产量的3%左右，而欧美发达国家这个比例可达到30%以上。搭配合理、营养全面的配合饲料入户率低，导致我国奶牛饲养水平低，技术含量不高。秸秆是我国农区养牛业的主要粗饲料，特别是肉牛养殖中使用更为广泛。但粗饲料的加工调制技术却严重滞后。

4.产品质量问题突出，奶业质量安全亟待提高

由于饲料质量较差，加之我国奶牛品种的原因，直接导致了原料奶营养价值不高。黑龙江、内蒙古等省(区)乳脂率可达3.4%～3.6%，其他各省大多在3.0%～3.2%之间徘徊。我国80%以上的个体散养户仍采用手工挤奶。在原料奶主产区虽然采用了机械挤奶，但仍然存在管理水平低、设备不能及时保洁等问题，致使我国原料奶生产卫生条件差，细菌数量偏高、杂质较多。欧盟94/46/EEC规定，每毫升牛奶细菌总数不得高于1.0×10^5，体细胞数不得高于4.0×10^5，我国国家标准对原料奶的细菌总数和体细胞总数的要求低于国外发达国家水平。“三鹿奶粉事件”的副效应，使国产婴儿奶粉仍然难以取得人们的信赖。我国的婴儿奶粉市场以国外品牌为主体的现状仍然改观不大。

在肉牛屠宰环节中，私屠乱宰现象严重，企业自律性差。由于市场没有有效的监督机制，目前牛肉注水问题还很严重。我国牛肉分级标准还处于起步阶段，《牛肉等级规格》(NYT 676—2010)对大理石花纹分成了5个等级标准，而日本的牛肉的大理石花纹则细分成了12个等级。牛肉分级标准的滞后性将致使中国牛肉自主品牌在市场上缺乏优势。我国活牛及牛肉市场主要在国内，出口及深加工数量有限。

5.奶类加工制品品种单调、品质不高，企业规模偏小

与发达国家的奶业相比，我国乳制品加工企业规模偏小。现在，我国有乳品企业1 500多家，其中，属大型企业的有内蒙古伊利、蒙牛、上海光明、辽宁辉山、黑龙江完达山和北京三元等。在我国千余家乳品企业中，日处理鲜奶能力在100 t以下的中小型乳品厂仍占90%以上，绝大部分处于低产量、低质量和低效益的三低状态。加拿大乳制品加工业相对集中，15%的工厂由三大加工企业所有，其加工量占加拿大产奶总量的71%。2002年，在加拿大食品监测机构登记的乳制品加工企业有292个。目前，我国乳制品主要有液态奶、奶粉、奶酪、冰淇淋、发酵乳等，但鲜奶的50%仍用于生产奶粉，其中，主要是加糖奶粉，由小型乳品厂生产，质量差。液体奶主要是巴氏消毒奶，约8.8×10^5 t，占液体奶的60%；UHT奶比例低，生产所需设备几乎全部进口；发酵奶的发展速度很快，但大部分中、小型乳品企业的技术含量低，导致发酵奶品种单调，风味、质量差。干酪、奶油、脱脂奶粉等乳制品生产比重不足5%。

6.社会化服务体系不够完善，产业化组织程度还较低

我国奶牛仍然以农户分散养殖为主，到2011年全国100头以上奶牛规模养殖比重仅为33%，户均饲养规模为3～7头，生产方式落后，技术与管理水平低。全国716家乳制品加工企业，乳制品总产量达到2387万吨，但在鲜奶的加工处理过程中小型乳品企业仍然占有较大比例。这种产业化现状不利于良种、饲料、环境工程、防疫和乳品加工等先进技术的组装应用和产业的升级换代，导致奶业发展的科技含量不高。目前我国奶业科技贡献率不足50%，远远低于欧美等发达国家70%～80%的水平。

7.我国奶牛业生产中疾病发病率过高，成年母牛的更新率过快

成年奶牛的空怀率和死淘率偏高，高产奶牛使用年限偏低。乳房炎和繁殖疾病发病率过高。根据刘文奇等的调查，北京市46个国有牛场成母牛更新率为22.48%，最高的达到

42.86%。由于生殖疾患导致更新的占25.03%，最高的牛场达到71.43%，淘汰牛平均胎次仅为3.3胎，最低的牛场平均仅为2胎。这已严重影响了养牛业的经济效益。

8. 奶牛生产、乳品加工及销售部门之间的利益分配不均，严重制约了我国奶业产业化的进程

数据显示，在整个产业链中，奶牛养殖生产、乳品加工、销售三个环节的投入比通常为7.5∶1.5∶1，而利润比为1∶3.5∶5.5，奶农环节成本最高，利润却最低，风险也最大。奶牛养殖企业与乳制品加工企业及销售部门没有形成利润共同体，在利益分享和风险承担过程中，奶牛养殖企业一直处于被动地位。这是因为我国奶业产业链是割裂的，生产者是农户、牧户、农牧场，加工者是乳品商业企业，各自代表不同的利益集团。由于原料奶收购、加工及运销的地区垄断性，使加工者实际上掌握着原料奶的定价权，这便使生产者的利益往往得不到有效的维护和保证。在市场经济条件下，如果缺乏约束和协调机制，很可能成为影响这些地区奶业稳定发展的重要因素之一，从而严重制约我国奶业产业化的进程。

(二)推进我国养牛业健康快速发展应采取的措施

1. 加大育种力度，积极开展良种牛繁育体系建设

品种的使用是养牛业快速发展的前提。采用现代生物技术加快推进品种培育与改良，尽快提高良种覆盖率。在引进国外优良肉牛品种的同时，要充分利用我国的优良地方品种积极培育中国自己的本地优良肉牛品种，打造成世界良种品牌，与国际肉牛业接轨。日本的和牛及韩国的韩牛便是成功的典范。在加强肉牛良种繁育体系建设过程中，现在需要的是引入杂交，改良本国牛种生长速度慢的缺点，保持其口感好、肉质鲜嫩的优秀品质，不要搞盲目的级进杂交。要在原有品种特性的基础上加强本品种选育与提高，实现地方良种牛的保护与商品开发同步，积极建立地方母本牛繁育养殖体系。

2. 加强奶业基础性研究，为奶业发展提供科技支撑

科技进步是推动奶业发展的强大动力。因此，必须加强奶业基础技术研究，加强奶业科技人才队伍建设。要充分利用“863”计划、“973”计划、“948”计划和农业科技跨越计划等，加强奶业技术的自主研发。重点加强奶牛良种快速繁育关键技术、奶牛营养需要与饲料安全高效利用技术、乳品质量安全监测关键技术、疾病快速诊断和防疫技术的研发；充分发挥国家现代奶牛产业技术体系项目的科技平台作用；加强与发达国家的技术交流和合作，同时要加大养牛业急需人才的培养力度。

3. 加强奶源基地建设，夯实奶业发展基础

奶源基地建设是奶业发展的基础。要根据大城市、东北、华北、西北、南方奶业产区的布局，科学规划奶源基地，充分发挥各奶业产区的优势，立足于不同奶业资源条件、市场潜力和龙头加工企业的规模实力，因地制宜，建设高水平的奶源生产基地，促进奶源生产向专业化、规模化、区域化发展，提高奶牛生产水平。因此，要重点做好以下几方面的工作：创新养殖模式，实现规模化养殖；推进品种改良，提高良种覆盖率；加强疫病防治，防范奶业风险；改善饲料品种结构，提高饲养水平；重视环境保护，发展循环经济。

4. 尽快建立和完善相关制度和法规，确保牛奶和牛肉食品的安全

政府要加大市场的监管力度，严厉打击走私、制假和贩假行为。要加强原料奶质量控制，严格执行奶牛饲养规范，实行标准化生产，推广机械挤奶；建立质量监测网络，将原料奶和乳制品质量管理纳入法制化、规范化管理轨道；建立权威的第三方监测机构，对奶业生产各环节的

产品进行检测,为加强管理和监督提供依据;推行奶业生产企业质量认证,如 GMP,GAP 和 HACCP,加强行业自律,树立企业诚信形象;建立市场准入制度,督促牛奶和牛肉食品经销企业建立和落实商品质量进货检查验收制度。

5. 加快乳品加工企业改造与技术升级,积极开发新产品

要从体制、机制与政策上对乳品加工企业予以支持,尽快打造一批具有国际竞争力的企业集团。因此,要进一步整合资源,扩大企业经营规模;加快企业技术改造与设备更新;实施品牌战略,增强市场竞争力,逐步形成具有较强国际竞争力的世界知名品牌。同时也要积极开发新产品,提高乳品质量,我国市场应以开发液态奶系列和酸奶系列为主攻方向,乳品消费大国,其液态奶大都超过 80%。2013 年国内知名乳品企业兼并重组速度明显加快,力度在不断加强。

6. 建立奶农和乳制品企业共同利益关系,提高产业化经营水平

产业化经营是建立奶农与加工企业利益共享、风险共担经营机制的有效途径。在产业化过程中,首先要发挥龙头企业的作用,引导龙头企业带动牛奶生产、优化奶业结构、开拓奶业市场、运用奶业科技的作用,密切与奶农的关系,为建立奶农与乳制品加工企业共同利益关系构筑平台;二是要提高奶农组织化程度。引导推进奶业合作社、奶农协会和专业服务组织的建设,把分散的奶农组织起来,形成有机群体,提高组织化程度,使其成为连接奶农和乳制品加工企业的纽带;三是采取多种形式建设奶农与企业利益共享机制。通过建立合同或合约,使龙头企业与奶农的经济利益连接在一起,形成风险共担、利益均沾的一体化关系,实现产业化经营。

7. 加强政策倾斜和投入力度,为养牛业发展创造良好环境

政策支持是养牛业健康发展的根本保证。建立完整的政策保护体系,完善相关法律与标准体系建设,为养牛业发展创造良好的环境条件。因此政府需要加强对养牛业的投入,扶持建立养牛保险制度。牛的饲养存在疫病、自然灾害和市场等多重风险,应采取国家、地方和牛养殖者共同出资的办法,建立养牛保险制度,增强抵御风险的能力。

8. 加强宣传,引导消费,积极开拓市场

积极引导消费,拓宽消费渠道,提高居民消费水平,是奶业健康发展的关键。首先,要加强宣传,科学引导消费。各种媒体要把宣传奶类营养知识,作为一项重要的工作内容长期坚持不懈;二是要积极开拓市场。企业必须及时把握市场脉搏,分析研究消费热点,掌握现代消费者的消费观念和消费口味,调整乳品结构,满足不同群体的消费需要。健全销售网络,强化服务。培养青少年食用乳品的习惯,积极拓展广大农村市场,并争取走出国门。

【学习自测】

一、选择题

1. 根据盈亏平衡分析法,企业的经营安全率一般要在____以上,其经营状态才是安全的。

A. 30%　　B. 40%　　C. 20%　　D. 50%

2. 一般牛舍及其他房舍的面积为场地总面积的____。

A. 5%～10%　　B. 10%～15%　　C. 15%～20%　　D. 20%～25%

3. 若按亩产粗饲料 6 000 kg 计算,则每头奶牛年需耕地____ m^2。

A. 1 000　　B. 2 000　　C. 3 000　　D. 4 000

4. 砖木结构的牛舍折旧年限一般为 20 年,土木结构的一般为____年,拖拉机、汽车折旧年限为____年。

A. 8　12　　B. 10　15　　C. 15　20　　D. 15　15

5. 一般公牛摊销年限为____年，母牛为____年。

A. 5 8　　B. 8 8　　C. 8 10　　D. 10 15

6. 牛场固定资产的净残值率一般按照固定资产原值的____确定

A. 1%～2%　　B. 3%～5%　　C. 5%～10%　　D. 10%～13%

7. 奶牛生产成本投入大，资金周转周期长，一般需____年左右时间，特别是规模化奶牛场。

A. 2　　B. 3　　C. 4　　D. 5

8. 农业现代化的重要标志之一是畜牧业总产值占农业总产值的____以上，其中养牛业占有相当比重。

A. 30%　　B. 40%　　C. 50%　　D. 60%

二、判断题

1. 对奶牛而言，在现有条件下，固定费用不变，产量越大，则单位成本越低。（ ）

2. 对牛场而言，无论是最大生产能力，还是最大销售量，作为最佳规模，它的生产量起码应在经营安全率为30%的产量以下。（ ）

3. 轮牧次数应根据草场类型、气候和管理条件而定，一般草场每年可轮牧2～4次，差的草场可轮牧2次。（ ）

4. 利润是销售收入减去销售成本以后的余额，它包括税金和盈利。（ ）

5. 我国水牛生产将由役用向肉用方向快速发展，我国肉水牛的发展将进入一个新的历史时期。（ ）

6. 乳用牛品种向单一化、大型化方向发展，单产不断提高。从品种结构上来讲，越来越单一化、大型化，以荷斯坦牛为主。从育种角度来看，由单纯重视乳蛋白率而转为同时也重视乳脂率和干物质含量。（ ）

三、综合测试

1. 为什么说不断提高奶牛的单产和延长成母牛的有效利用年限可以获得更高的经济效益？

2. 结合学习，谈谈我国养牛业的未来发展趋势是什么？

3. 结合家乡的实际，写一份牛场建设项目的可行性研究报告。

4. 某奶牛场生产消毒鲜奶供应市场，其总固定成本为67.27万元，每千克消毒奶的生产成本为1.25元，每千克消毒奶的售价为2.5元，设计年产量为5.8×10^5 kg。试求其保本点销售量，并对该项目的经营状态进行分析；若该奶牛场计划获得45万元利润，试求出其目标利润产量。

【课外学习指要】

1. 关于印发《国家农业综合开发产业化经营财政补助项目龙头企业可行性研究报告编写参考大纲》的通知（国农办[2010] 188号）.

2. 靳胜福. 畜牧业经济与管理. 2版. 北京：中国农业出版社，2010.

3. 中国牛网 http：www.chinacattle.com.

4. 中国奶业协会 http：//www.dac.com.cn.

5. 荷斯坦俱乐部 http：//www.hesitan.com.

6. 中国养殖网 http：//www.chinabreed.com .

7. 中国牛业网 http：//www.caaa.cn/association/cattle.

项目二 牛场建设

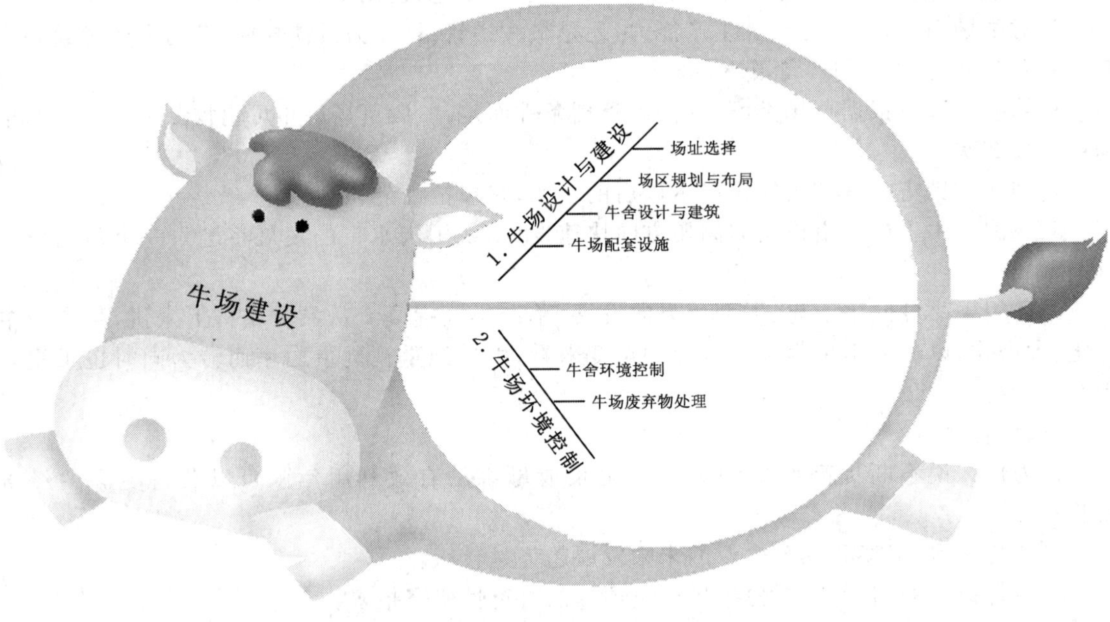

知识目标

- 了解国家有关畜禽养殖污染防治的法规及行业标准。
- 掌握牛场场址选择目标及基本要求。

技能目标

- 具备牛场规划与平面布局的能力。
- 能够依据生产需要进行基本的牛舍平面设计。
- 会制订牛舍环境控制及牛场废弃物处置方案。

良好的环境是实现牛场高效运行的基础条件。对牛场进行科学的设计与建设是实现养牛现代化必不可少的一个重要环节。按照投资少、利用率高、经济适用、便于机械化作业的原则，根据不同生产类型牛的饲养特点和不同地区的自然环境、气候条件，因地制宜地建好牛场，对保持牛体健康、提高牛场养殖效益、保护生态环境都具有重要意义。

任务1 牛场设计与建设

【任务描述】

牛场设计与建设是进行牛生产的基础,主要包括场址选择、场区规划与布局、牛舍设计与建筑、牛场配套设施配备等内容。

【任务分析】

学习本任务要密切联系前导课程牧场规划设计,了解牛的生活习性,并结合牛场生产工艺选择场址进行牛场的设计与建造。本任务主要是掌握设计与建设好牛场的主要技术措施。

【任务实施】

一、场址选择

(一)牛场选址目标

理想的牛场场址应该能够在一定程度上满足下列要求。一是可保证场区具有较好的小气候;二是有利于场区及舍内环境的控制;三是便于严格执行各项卫生防疫制度和措施;四是与牛场所采用的生产工艺流程适应,便于合理组织生产;五是有利于提高设备利用率和工作人员的劳动生产率。

(二)选址基本要求

牛场场址选择应符合本地区农牧业生产发展总体规划、土地利用发展规划,城镇建设发展规划和环境保护规划的要求。新建场址周围应具备就地无害化处理粪尿、污水的足够场地和排污条件,取得土地使用证明并通过牛场建设环境影响评价。选择场址应遵守珍惜土地和合理利用土地的原则,不应占用基本农田,尽量利用荒地建场。分期建设时,选址应按总体规划需要一次完成,土地随用随征,预留远期工程建设用地。场址的选择应根据经营方针、饲养管理方式(是舍饲还是放牧)、地形、土质、水源、电源以及居民点,进行全面的调查了解。

1.地势、地形

场地应当地势高燥,最低应高出当地历史洪水线以上。其地下水位应在2 m以下,这样的地势,可以避免雨季洪水的威胁,减少土壤毛细管水上升而造成的地面潮湿。要向阳背风,以保证场区小气候温热状况能够相对稳定,减少冬春季风雪的侵袭。特别是要避开西北方向的风口、长形谷地和雷击区。牛场的地面要平坦稍有坡度,以便排水,防止积水和泥泞。地面坡度以1%～3%较为理想,最大坡度不得超过25%。场区面积可根据规模、饲养管理方式、饲料贮存及加工等来确定。要求布局紧凑,尽量少占地,并留有余地为将来发展。牛场地形要开阔整齐,理想的是正方形或长方形,尽量避免狭长形或多边形。

2. 土质

场地土壤透气、透水、吸湿、抗压性等，会直接或间接影响环境卫生，以及牛体健康。沙壤土最适合建场，其透气、透水性良好，持水性小，雨后不会泥泞，有利于牛舍及运动场的清洁与卫生，有利于防止蹄病的发生。沙土次之，黏土最不适合。

3. 水源

水源要清洁、充足，水质良好，未被污染，水质要符合《生活饮用水标准》(GB 5749)，并易于取用和防护，保证生活、生产等用水，切忌在严重缺水或水源严重污染地区建场。

4. 饲料

饲料费用一般占养牛成本的70%左右。因此在选择场址时，应考虑饲料的就近供应，特别是青粗饲料应尽量由当地供应，或本场计划出饲料地自行种植，以避免因大量粗饲料长途运输而提高饲养成本。

5. 用电条件

牛场生产、生活用电都要求有可靠的供电条件。通常牛场要求有Ⅱ级供电电源。在Ⅲ级以下供电电源时，则需自备发电机，以保证场内供电的稳定可靠。为减少供电投资，应尽可能靠近供电线路，以缩短新线路铺设距离。

6. 卫生防疫

牛场的选择必须遵循社会公共卫生准则。使牛场不致成为周围社会的污染源，同时也不受周围环境所污染。牛场与牛场之间要有一定的距离。场区距铁路、高速公路、交通干线不小于500 m；距居民区不小于1 000 m，并且应位于居民区及公共建筑群常年主风向的下风向或侧风向处。远离其他畜禽养殖场，周围1 500 m以内无化工厂、畜产品加工厂、畜禽屠宰厂、医院、兽医院等容易产生污染的企业和单位。要远离公共水源。

7. 牛场用地面积估算

用地面积包括牛舍、道路、办公和生活区，饲草料贮存与供应区，粪污处理区，挤奶厅与加工间以及绿化带等。由于牛场规模不同及各地养牛水平、技术和经济条件的不同建筑用地面积也有所不同。大型规模牛场不同种类牛群平均占地面积的参数见表2-1-1。

表2-1-1　不同牛占有场地面积参数　　m^2/头

泌乳牛	育成牛	犊牛	肉用繁殖母牛	育肥牛
160～200	80～100	30～40	100～150	30～40

【行业标准链接】

关于畜禽养殖场禁止建设区域的规定

国家环境保护总局出台的“畜禽养殖业污染防治技术规范(HJ/T 81—2001)”中明确规定在下列区域内禁止建设畜禽养殖场：生活饮用水水源保护区、风景名胜区、自然保护区的核心区及缓冲区；城市和城镇居民区，包括文教科研区、医疗区、商业区、工业区、游览区等人口集中地区；县级人民政府依法划定的禁养区域；国家或地方法律、法规规定需特殊保护的其他区域。

二、场区规划与布局

(一)牛场生产工艺选择

生产工艺是牛场设计和建造的基础。牛场建筑物的种类与形式、设施设备的选择与配备、场内各建筑物及设施的布局均与饲养管理工艺密切相关。因此,在进行牛场规划、设计和建设之前,必须确定牛场所要采用的生产工艺,特别是饲养管理工艺。

牛场的生产工艺是指牛生产过程中所采用的管理方式和技术措施,包括牛场采用的生产模式、牛群的组成与周转方式、饲草饲料的饲喂方式、饮水方式、挤奶方式、清粪方式、犊牛哺乳方式等。此外,也包括配种、称重、去角和防疫等具体技术措施。明确牛场的牛群结构是进行牛场规划、设计与建设的另一个必要条件。在配备牛场所需的设施时,要根据牛群结构中的计划数再加上10%的安全系数,以此来确定牛场中各类牛所需设施的计算基数。

(二)牛场分区规划

牛场分区规划时,首先从人畜保健的角度出发,考虑场址地势和当地全年主风方向,合理安排各区位置(图2-1-1),以建立最佳生产联系和环境卫生防疫条件,通常把牛场分为管理办公区、辅助生产区、生产区、粪污处理及隔离区。各区内分别建设相应的各种设施。各区之间用围墙和绿化隔离带明确分开,各区之间建立相互联系的各种通道。

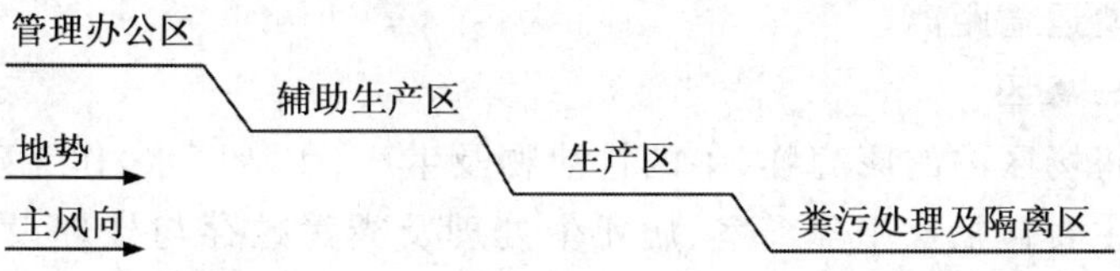

图2-1-1 牛场各区按地势、风向布局示意图

1. 管理办公区

管理区是牛场管理部门所在地,是经营活动与社会联系的场所。安排在上风向,处于场区最前端。要靠近大门口,便于对外联系和防疫隔离。通常包括办公室、会议室、接待室、培训教室、门卫室、消毒更衣室、工作人员休息室、厕所、场区道路、围墙和大门等设施。管理区与生产区应加以隔离,工作人员进入生产区要经过更衣消毒方能进入,外来办事人员只能到达办公区,参观人员只能通过封闭的参观走廊参观。为了减少投资,该区建设规模不宜过大,够用即可。

出于防疫的需要,加之目前交通设施比较发达,所以,场区内最好不设职工食堂和宿舍等生活设施。如果确实有必要,可将这一区域放在牛场外附近单独建设。

2. 辅助生产区

辅助生产区内主要建设有牛生产的辅助设施,包括精料库、青贮窖、干草棚、饲料加工调制车间、库房、机修间、锅炉房、配电房(包括备用发电机房)、水井与泵房、地磅房等设施。辅助生产区可布署于管理办公区和生产区之间,在生产区的西北角或北侧较好,也可布署于生产区的侧面,在主导风的上风口处。

辅助生产区必须与生产区相连，可有效缩短运输距离，但二者之间最好能用围墙隔开。辅助生产区必须有与外界相连的道路，以方便各种饲料原料的运进。对于采用 TMR 饲喂技术的牛场，青贮窖、干草棚、精饲料库、精饲料加工车间最好能够临近建设，以便于 TMR 的制作。日粮供应系统最好与泌乳牛舍靠近。因为泌乳牛是奶牛场中比例最高的牛群，也是采食量最大的牛群。这样布局可以缩短日常管理中日粮运输的距离，降低饲养成本。采取传统饲喂方式的牛场，饲料库、青贮窖、干草及块根饲料存放处应在牛舍较近的地方，应处在上风处，并充分考虑火灾和其他灾害。

3. 生产区

生产区是牛场的核心和主体，置于辅助生产区的后面，其后面或东侧面与粪污处理区相连。相互间用围墙隔开，入口处设有车辆消毒池和人员消毒更衣室。主要包括泌乳牛舍、干奶牛舍、青年牛舍、育成牛舍、断奶犊牛舍、哺乳犊牛舍、产房、挤奶厅、运动场与凉棚、兽医室、配种室等设施。对于生产规模较大和综合性的牛场，应将种畜、幼畜、商品群分开饲养，在生产区内应进一步规划小区，不能混杂交错配制。

生产区内中间设净道，用于饲料的运进；两边设污道，用于粪便的运出。牛场生产区牛舍布局必须与本场生产工艺流程相适应。一般产房与户外犊牛栏、干奶牛舍和泌乳牛舍相邻，户外犊牛栏和断奶犊牛舍相邻，断奶犊牛舍与育成牛舍相邻，育成牛舍与青年牛舍相邻，配种室和兽医室与挤奶厅和产房靠近，挤奶厅建在各泌乳牛舍中间，布局多呈“H”形，牛舍长轴一般为东西向，泌乳牛舍最好以对称排列，这样布局可方便各类牛的周转及生产管理。各牛舍之间要保持 10～30 m 的距离，布局整齐，以便防疫和防火。但也要适当集中，以节约水电线管道，缩短饲草饲料及粪便运输距离。

4. 粪污处理及隔离区

其主要功能是将场区内的废弃物（牛的排泄物及生产、生活废水）作无害化处理、短期贮存及病牛隔离治疗。主要包括病牛隔离室、病死牛处理及粪污贮存与处理设施。根据项目的需要，还可建设有机肥加工厂或沼气发酵生产装置，以牛粪为原料生产特种有机复合肥或沼气。粪污处理区一定要处于场区的最后面，设在生产区外围下风向和地势低处，与生产区保持 300 m 以上的间距。以围墙与生产区隔开，并向场区外单独开门，以便经无害化处理的牛粪、废水和其他相关产品的直接运出。处理病死牛的尸坑或焚尸炉更应严格隔离，距离牛舍要保持在 500 m 以上距离。

（三）牛场平面布局

根据牛场规划，搞好场区布局，可有效改善场区环境、节省建筑材料和提高劳动效率。牛场布局应在满足经营管理和生产要求的前提下，总体布局要本着因地制宜、统筹安排和长远规划、紧凑整齐、美观大方，提高土地的利用率和节约基本建设投资的原则来设计，以保证养殖环境的净化和畜产品的安全。牛场建筑物布局要使各建筑物在功能关系上建立最佳联系。运送饲料和鲜奶的道路与装运牛粪的道路应分设，并尽可能减少交叉点。牛舍平行对称布局可保证道路的最短距离。

由于我国地处北纬 20°～50°，太阳高度角冬季小，夏季大，为使牛舍达到“冬暖夏凉”，所以最好采取南北向修建，即牛舍长轴与纬度平行，这样有利于牛舍冬季的采光，又可防止夏季太阳光的强烈照射。因此，在全国各地均以南北向配置为宜，并根据纬度的不同有所偏向东或偏向西，偏角不宜超过 30°。为了不影响通风和采光，两建筑物的间距应大于其高度的 1.5～2 倍。粪污清除和气流应沿新生犊牛→围产期奶牛→断奶犊牛→育成牛→青年牛→泌乳牛→干乳牛方向移动。散栏式饲养奶牛场平面布局示意图见图 2-1-2、图 2-1-3。育肥牛场的平面布局，以图 2-1-4 为例，该图为饲养 600 头育肥牛而设计，宽 144 m，中央通道长 130 m，占地 18 700 m^2，若饲养 600 头牛，平均每头牛占地 31.2 m^2，属密集型饲养。

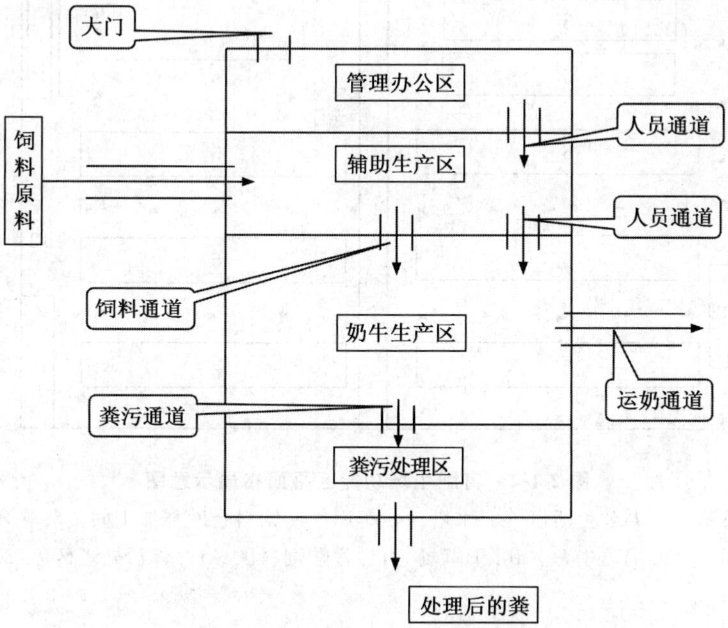

图 2-1-2　散栏饲养奶牛场功能区平面布局示意图 A

（刘国民，奶牛散养饲养工业及设计，2007）

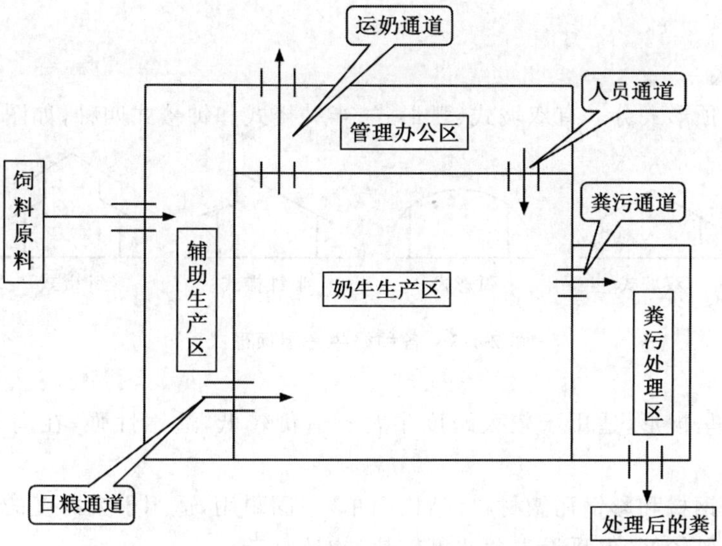

图 2-1-3　散栏饲养奶牛场功能区平面布局示意图 B

（刘国民，奶牛散养饲养工业及设计，2007）

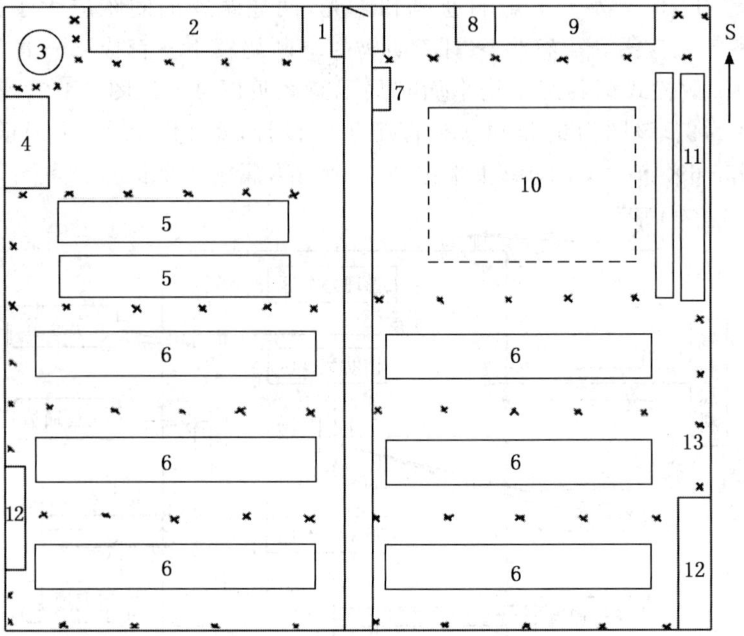

图 2-1-4　育肥牛场功能区平面布局示意图

1.大门消毒室　2.办公生活区　3.水塔　4.车库　5.饲料仓库与加工间　6.牛舍　7.地磅　8.兽医室　9.隔离牛舍　10.干草场　11.青贮饲料区　12.粪污处理区　13.植树

三、牛舍设计与建筑

(一)奶牛舍

1.奶牛舍形式

(1)按牛舍屋顶形式分　有双坡式、弧形式、半钟楼式和钟楼式四种,如图 2-1-5 所示。

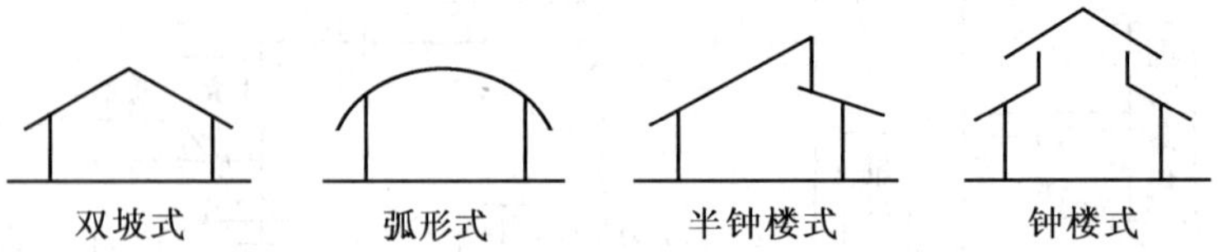

图 2-1-5　各种奶牛舍屋顶形式

双坡式:屋顶呈楔形,适用于较大跨度牛舍。造价较低,适用性强,在南北方均用得较为普遍。

弧形式:采用钢材和彩钢瓦做材料,结构简单,坚固耐用,适用于大跨度的牛舍。

半钟楼式:通风较好,但夏天牛舍北侧较热,构造复杂。

钟楼式:通风良好,适合于南方地区,但构造比较复杂,耗料多,造价高。

(2)按饲养方式分　为拴系式和散栏式牛舍。

①拴系式牛舍 是一种传统而普遍使用的牛舍。每头牛都有固定的牛床，用颈枷或链条拴住牛只。其优点是饲养管理可以做到精细化。而缺点是费事、费时，难于实现高度的机械化，劳动生产率较低。一般每头牛的牛床面积为 1.5～2.0 m^2。拴系式牛舍内布局可分单列式、双列式和四列式等。牛群 20 头以下者可采用单列式，20 头以上者多采用双列式。双列式牛舍内分对头式和对尾式两种，一般认为对尾式比较理想。有利于通风采光和减少疾病的传染。如图 2-1-6 所示。

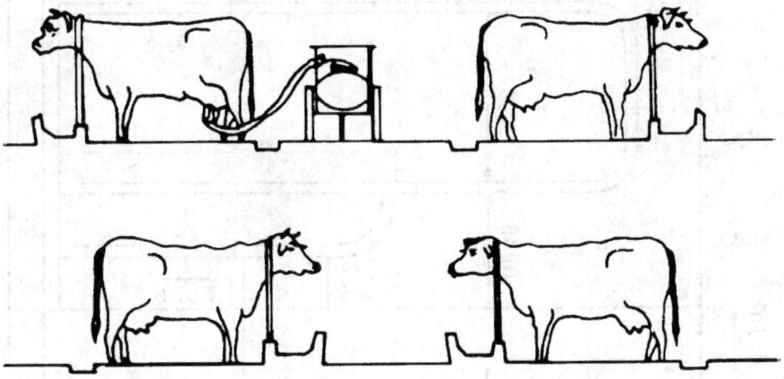

图 2-1-6 对头式、对尾式牛舍示意图

（尚书旗，设施养殖工程技术，2001）

②散栏式牛舍 分采食区、休息区和挤奶区，便于规模化生产，可大幅度提高劳动效率；同时牛舍内部设备简单，造价低，减少褥草消耗（大约节省 75%）。奶牛在散栏式牛舍内可在采食区和休息区自由活动。不足是不易做到个别饲养，由于共同使用饲槽和饮水设备，传染的机会多。由于饲养管理群体化，目前，国内新建的机械化奶牛场大多采用散栏式饲养，这是现代奶牛业的发展趋势。

散栏式牛舍的总体布局应以奶牛为中心，通过对粗饲料、精饲料、牛奶、粪便处理四个方面进行分工，逐步形成四条生产线。建立公用的兽医室、人工授精室、产房和供水、供热、排水、排污、道路等。

散栏式牛舍由于牛群移动频繁，泌乳牛都在挤奶厅集中挤奶，生产区内各类牛舍要有一个统一的布局，要求牛舍相对集中，并按泌乳牛舍、干奶牛舍、产房、犊牛舍、育成牛舍顺序排列，使干奶牛、犊牛与产房靠近，而泌乳牛与挤奶厅靠近。

散栏式牛舍可分为房舍式、棚舍式和阴棚式。房舍式牛舍适合于北方。一般屋脊上有钟楼式或其他形式的排气设置。棚舍式牛舍适于气候较温暖的地区。四边无墙，只有屋顶，形如凉棚，通风良好。荫棚式牛舍适于天气热而雨量又不太多，土质和排水好，有较大运动场的地区。饲槽设在运动场较高地段。

散栏式牛床排列，可根据规模大小设计成单列式、双列对头式或双列对尾式、三列式和四列式。其他内部设施可参考拴系牛舍。

由于散栏式牛床与饲槽不直接相连，为了方便牛卧息，牛床一般较通道高 15～25 cm，边缘呈弧形，常用垫草的牛床面可比床边缘稍低些，以便用垫草或其他垫料将之垫平。如不用垫料的床面可与边缘齐平，并有 4%的坡度，以保持牛床的干燥。牛床的隔栏由 2～4 根横杆组成，顶端横杆高 1.2 m，底端横杆与牛床地面的间隔以 35～45 cm 为宜。隔栏的式样主要有大间隔隔栏(图 2-1-7)、稳定短式隔栏(图 2-1-8)等。牛舍内走道的结构视清粪的方式而定。一般为水泥地面,并有 2%~3%的斜度,走道的宽为 2.0~4.8 m。采用机械刮粪的走道宽应与机械宽相适应,采用水力冲洗牛粪的走道应用漏缝地板,漏缝间隔为 3.8~4.4 cm。饲架将休息区与采食区分开,散栏式饲养大多采用自锁式饲架,其长度可按每头牛 65 cm 计。

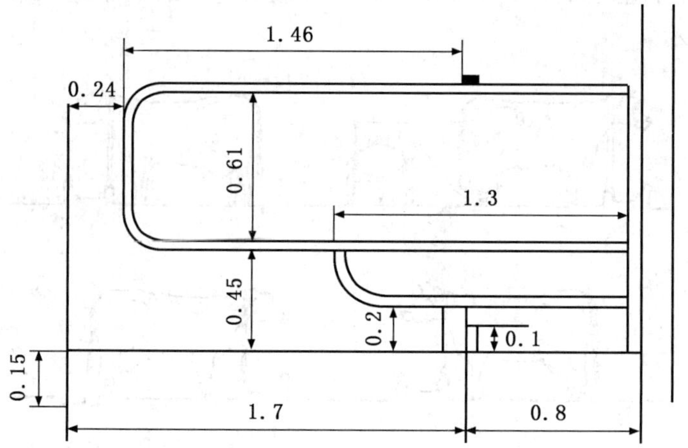

图 2-1-7　大隔隔栏及牛床示意图(单位:m)

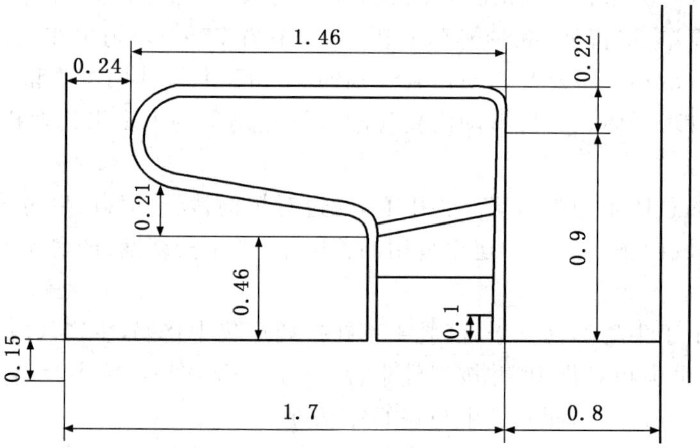

图 2-1-8　稳定短式隔栏及牛床示意图(单位:m)

2.奶牛舍内的主要设施

(1)牛床　牛床是奶牛采食、挤奶和休息的场所,应具有保温、不吸水、坚固耐用、清洁、消毒方便的特点。牛床的排列方式应根据牛场规模和地形条件而定,可分为单列式、双列式和四列式等。牛床要求长宽适中,牛床过宽过长,牛活动余地过大,牛的粪尿易排在牛床上,影响牛体卫生;过短过窄,会使牛体后躯卧入粪尿沟且影响挤奶操作。牛床的坡度应适当,并要高于舍内地面 5 cm,以利于冲洗和保持干燥。坡度通常为 1°~1.5°,但不要过大,否则奶牛易发生子宫脱和脱跨。北方寒冷,地面潮凉,牛床上应铺硬质木板、橡皮或塑料材料做面层,木板表面刨糙，防止奶牛滑倒。散栏式牛床，成年奶牛的长度为 2.2～2.5 m，青年母牛的长度为 1.6～1.8 m，宽度均为 1.1～1.2 m。拴系式牛床的尺寸参数见表 2-1-2。

表 2-1-2 拴系式牛床尺寸参数表 cm

牛群类别	长度	宽度
成年奶牛	170～190	110～120
围产期牛	180～200	120～130
青年牛	150～160	110～120
育成牛	160～170	100
犊牛	120	90

(2)隔栏　为防止奶牛横卧在牛床上，牛床上应设有隔栏，通常用弯曲的钢管制成，隔栏的一端与颈枷的栏杆连在一起，另一端固定在牛床的 2/3 处，隔栏高 80 cm 由前向后倾斜。

(3)食槽　在牛床前面设置固定的通长食槽，食槽需坚固光滑，不透水，稍带坡，以便清洗消毒。为适应牛舌采食的行为特点，槽底壁呈圆弧形为好，槽底高于牛床地面 5～10 cm。一般成年牛食槽尺寸见表 2-1-3 和图 2-1-9。实施全混合日粮(TMR)饲喂技术时，一般不设这种高位食槽。

表 2-1-3 奶牛饲槽尺寸参数 cm

奶牛	槽上部内宽	槽底部内宽	近牛侧沿高	远牛侧沿高
成母牛	65～75	40～50	25～30	55～65
青年母牛和育成牛	50～60	30～40	25～30	45～55
犊牛	30～35	25～30	20～25	30～35

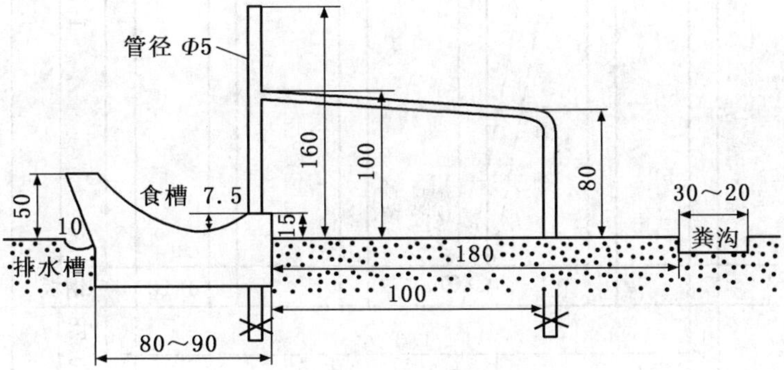

图 2-1-9 牛床栏及食槽侧面示意图(单位:cm)

(4)饮水设备　国外现代化牛场，大多采用自动饮水装置，安装在颈枷旁边。我国大中城市郊区的规模奶牛场也相继采用。一般每 2 头牛提供 1 个，设在两牛栏之间。采用自动饮水即清洁卫生，又可提高产奶量。供水能力可按每头存栏奶牛每日供水 300～500 L 设计。

(5)喂料通道　位于饲槽前，通道宽应便于人工和机械操作，其宽度一般为 1.2～1.4 m，坡度为 1°。目前，TMR 饲喂技术已经在我国养牛生产中大量应用，因此，在设计牛舍通道时要充分考虑 TMR 设备的使用，饲喂宽度一般为 4～4.8 m。

(6)中间过道　中间过道与粪尿沟相连，是清粪尿、奶牛出入和进行挤奶作业的通道。中间过道要有一定的宽度，便于作业一般宽 1.6～1.8 m。路面最好有大于 1°的坡度，呈鱼脊式并划菱形槽线防滑。

(7)粪沟　牛床和中间过道之间设有粪尿沟，明沟沟沿做成圆钝角，沟宽 30～35 cm，以板锹能放进沟内为宜，沟深 5～15 cm，沟底向下水道方向倾斜，约 6°的坡度。国外常由于采用盖有栅格板的宽粪沟，作为牛床的延长部分，因此牛床的长度较短。德国为 1.45～1.57 m，美国只有 1.4～1.5 m。此情况下粪沟的栅格板与牛床位于同一平面。牛的后蹄可踏在栅格板上，并有 60%的粪便可排泄在上面，所以清粪工作显著减少，而且牛体也较清洁。现代化奶牛舍粪尿沟多采用漏缝地板，或安装链刮板式自动清粪装置，链刮板在牛舍往返运动，可将牛粪直接送出牛舍。

(8)颈枷　颈枷的作用是把牛固定在牛床上，便于起卧休息、采食和挤奶，又不至于随意乱动，以免前肢踏入饲槽，后肢倒退至粪尿沟。要求坚固、轻便、光滑、操作方便。常见颈枷有硬式和软式两种。硬式用钢管制成，如图 2-1-10 所示。软式多用铁链，其中主要有以下两种形式：

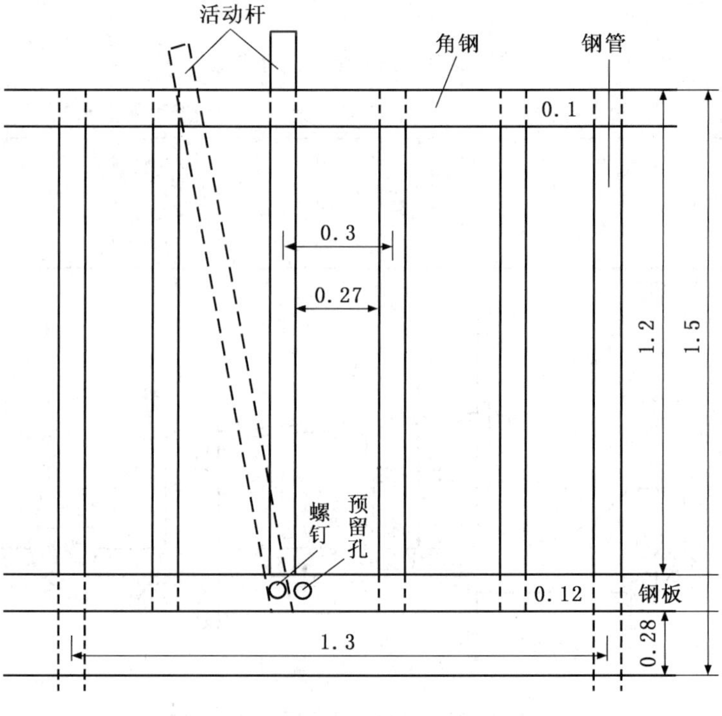

图 2-1-10　成年牛颈枷示意图(单位:m)

直链式：这种颈枷由两条长短不一的铁链构成。长链长 130～150 cm，下端固定在饲槽的前壁上，上端则拴在一条横梁上。短铁链(或皮带)长约 50 cm，两端用 2 个铁环穿在长铁链上，并能沿长铁链上下滑动。使牛有适当的活动余地，采食休息均较方便。见图 2-1-11。

横链式：也由长短不一的两条铁链组成，为主的是一条横挂着的长链，其两端有滑轮挂在两侧牛栏的立柱上，可自由上下滑动。用另一短链固定在横的长链上套住牛颈，牛只能自如地上下左右活动，而不至于拉长铁链而导致抢食。见图 2-1-12。

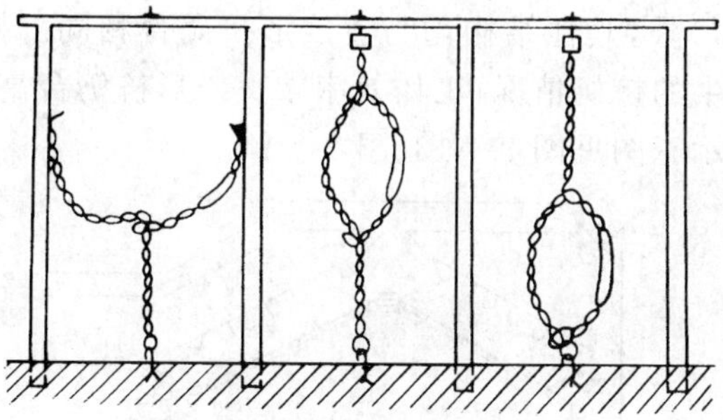

图 2-1-11　直链式颈枷(单位:m)

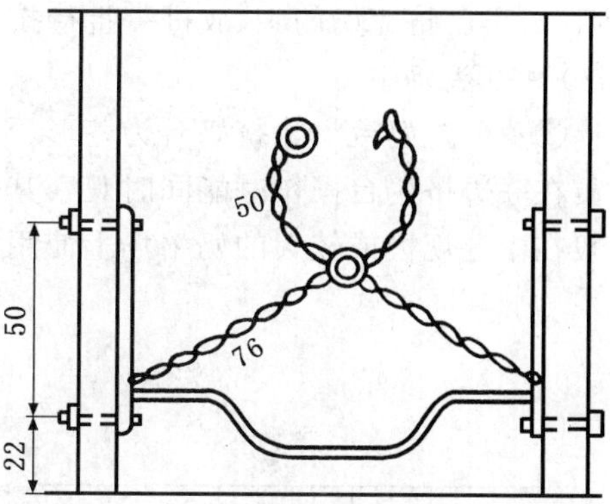

图 2-1-12　横链式颈枷(单位:m)

(9)门　可保证牛舍的通风采光，位于牛舍两端和两侧面，不设门槛，坐北朝南的牛舍，东西门对着中央通道，百头成年乳牛舍通到运动场的门不少于 2～3 个，门向外开。运料门和清粪门分开。不同牛舍门的尺寸如表 2-1-4 所示。

表 2-1-4　不同牛舍门的尺寸

m

奶牛	门宽	门高
成年牛、青年牛	2.2～2.4	2.0～2.2
育成牛、犊牛	1.4～1.6	2.0～2.2

(10)窗　能满足良好的通风换气和采光。窗户总面积一般为牛舍占地面积的 8%，窗户面积与舍内地面面积比为:成年牛 1∶12，育成牛、初孕牛和犊牛 1∶(10～14)。一般窗户宽为 1.5～3 m，高 1.2～2.4 m，窗台距地面 1.2 m。为了冬季保暖，北方地区牛场的窗户比南方的要小一些。

3. 挤奶厅

挤奶厅是奶牛规模化生产中重要配套设备。挤奶厅挤奶是散栏饲养工艺的重要特点。挤奶厅包括待挤区、挤奶操作台、贮奶间、设备间和贮藏室等部分。挤奶厅建设应根据挤奶设备的选型来决定。挤奶设备的选型主要是由饲养规模和投资额度决定的。挤奶设备的栏位数与成母牛数和饲养管理水平有关。如 500 头成年母牛的牛场，成母牛产犊间隔为 400 d，干奶期 60 d，围产后期的 15 d 在产房饲养，则平均每天需要在挤奶厅挤奶的牛为 402 头。假定日挤奶 3 次，每次真正用于挤奶的时间为 3 h，每次每头牛挤奶用时 10 min，则挤奶设备要有 22 个栏位。根据挤奶设备的栏位数来设计待挤区面积，大约每头牛 1.4 m^2，待挤区应外低内高，便于待挤区的清洗。此外，还要考虑到设备的故障率，必要时要有备用方案。挤奶厅进口处无拐角。往返于挤奶厅的单向奶牛走廊宽度为 0.8～0.9 m，以防止奶牛在运动途中转身。

采用厅式挤奶机可提高牛奶质量和劳动效率。分固定式和转动式。前者又有直线形和菱形两种类型，后者根据母牛站立的方式则有串联式、鱼骨式和放射形几种类型。

(1)固定式挤奶台

①直线形挤奶台　将牛赶进挤奶厅内的挤奶台上，成两旁排列，挤奶员站在厅内两列挤奶

台中间的地槽内，不必弯腰工作，先完成一边的挤奶工作后，接着去进行另一边的挤奶工作。随后，放出已挤完奶的牛，放进一批待挤奶的母牛。此类挤奶设备经济实用，平均每个工时可挤 30～50 头奶牛。

②菱形挤奶台　除挤奶台为菱形（平行四边形）外，其他结构均与直线形挤奶台相同。挤奶员在一边挤奶台操作时能同时观察其他三边母牛的挤奶情况，工作效率较直线形挤奶台高，一般在中等规模或较大的奶牛场上使用。挤奶台示意图见图 2-1-13、图 2-1-14。

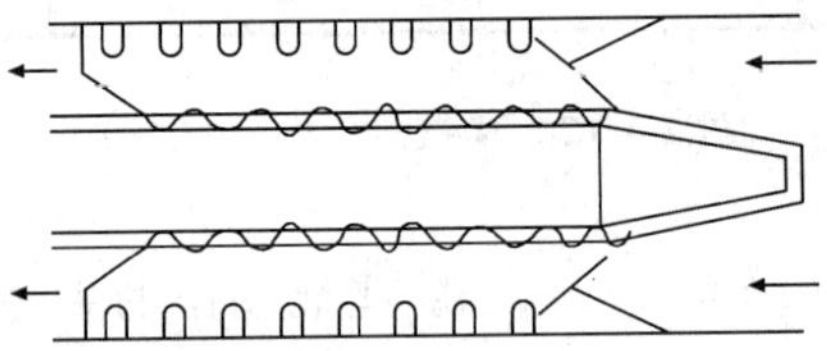

图 2-1-13　直线形挤奶台

（邱怀，现代乳牛学，2002）

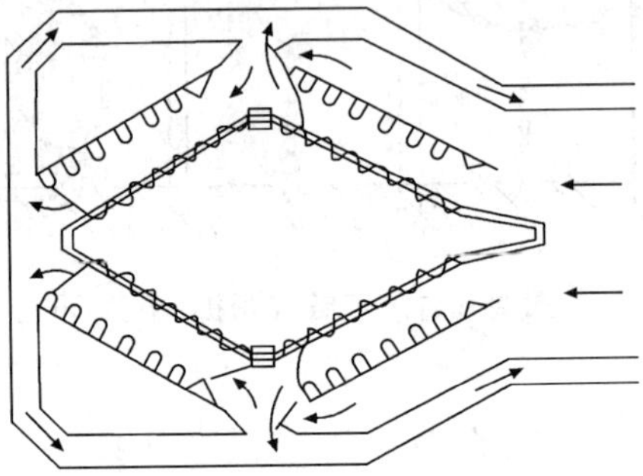

图 2-1-14　菱形挤奶台

（邱怀，现代乳牛学，2002）

（2）转动式挤奶台

①串联式转盘挤奶台　串联式转盘挤奶台（图 2-1-15）是专为一人操作而设计的小型转盘。转盘上有 8 个床位，牛的头尾相继串联，牛通过分离栏板进入挤奶台。根据运转的需要，转盘可通过脚踏开关开动或停止。每个工时可挤 70～80 头奶牛。

②鱼骨式转盘挤奶厅　这一类型与串联式转盘挤奶台基本相似，所不同的是牛呈斜形排列，似鱼骨形，头向外，挤奶员在转盘中央操作，这样可以充分利用挤奶台的面积（图 2-1-16）。一人操作的转盘有 13～15 个床位，两人操作则有 20～24 头牛，配有自动饲喂装置和自动保定装置。其优点是机械化程度高，劳动效率高，省劳力，操作方便。但设备造价高。

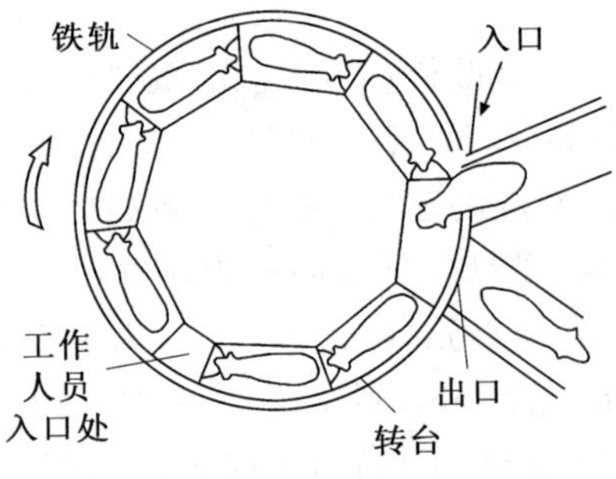

图 2-1-15　串联式转盘挤奶台

（邱怀，现代乳牛学，2002）

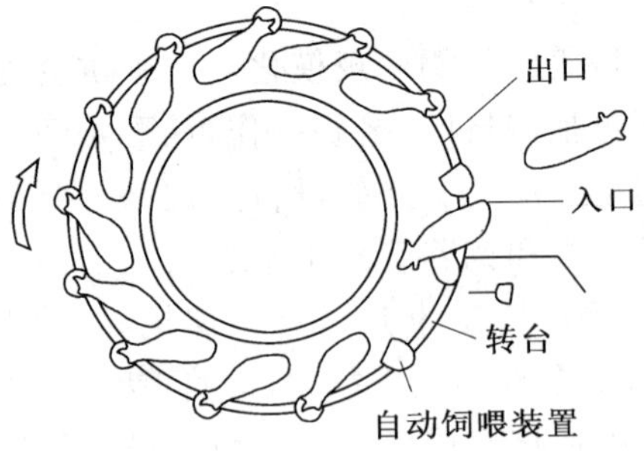

图 2-1-16　鱼骨式转盘挤奶台

（邱怀，现代乳牛学，2002）

4. 奶牛舍建筑结构要求

（1）地基　土地坚实，干燥，可利用天然的地基。应防止地基下沉塌陷和建筑物发生裂缝倾斜，要具备良好的清粪排污系统。

(2)地面 要求致密坚实,防滑,平坦,有弹性,有足够的抗机械和抗酸碱腐蚀能力,便于清洗消毒,排水良好 一般要求舍内地面要高出舍外 15 cm。

(3)墙壁 要厚、防水、防火,具有良好的保温和隔热性能,便于清洗和消毒。多采用砖墙并用石灰粉刷。砖墙厚 50~75 cm,从地面算起应抹 100 cm 高的墙裙。土坯墙、土打墙等从地面算起应砌 100 cm 高的石块。

(4)顶棚 能防风、雨、太阳辐射;要求质轻、耐用、防水、防火、隔热、保温;能抵抗雨雪、强风等。距地面为 350~380 cm。北方地区要求保温,南方则要求防暑、防雨并通风良好。

(5)屋檐 距地面为 280~320 cm,过高不利于保温,过低不利于光照和通风。

(二)肉牛舍

1.拴系式

目前国内采用舍饲的肉牛舍多为拴系式,尤其高强度育肥肉牛。拴系式饲养占地面积少,节约土地,管理比较精细,牛只活动少,饲料报酬高。拴系式牛舍内部排列,与奶牛舍相似,也分为单列式、双列式和四列三种。双列式跨度 10~12 m,高 2.8~3.0 m;单列式跨度 6.0 m,高 2.8~3.0 m。每 25 头牛设一个门,其大小为(2.0~2.2) m×(2.0~2.3) m,不设门槛。母牛床(1.8~2.0) m×(1.2~1.3)m,育成牛床(1.7~1.8)×1.2 m;送料通道宽 1.2~2.0 m,除粪通道宽 1.4~2.0 m,两端通道宽 1.2 m。

最好建成粗糙的防滑水泥地面,向排粪沟方向倾斜 1%。牛床前面设固定水泥槽,饲槽宽 60~70 cm,槽底为 U 字形。排粪沟宽 30~35 cm,深 10~15 cm,并向暗沟倾斜,通向粪池。图 2-1-17 为双列式育肥牛舍示意图。

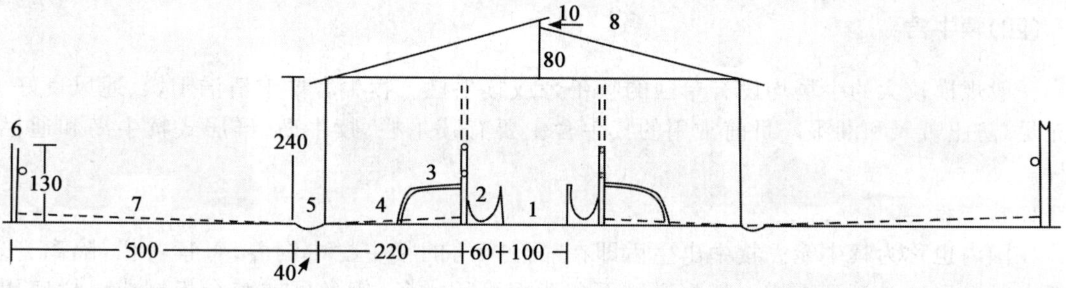

图 2-1-17 双列式育肥牛舍示意图(单位:m)

1.饲喂道 2.食槽 3.隔栏 4.牛床 5.排污沟 6.拴牛栏及铁环 7.休息场 8.顶棚开缝

(陈幼春,实用养牛大全,2007)

2.围栏式

围栏式又叫无天棚、全露天牛舍。是按牛的头数,以每头繁殖牛 30 m^2、幼龄肥育牛 13 m^2 的比例加以围栏,将肉牛养在露天的围栏内,除树木土丘等自然或饲槽外,栏内一般不设棚舍或仅在采食区和休息区设凉棚。肉牛这种饲养方式投资少、便于机械化操作,适用于大规模饲养。

(三)塑料暖棚简易牛舍

塑料暖棚简易牛舍是北方常用的一种经济实用的单列式半封闭牛舍,牛舍的朝向,直接影响牛舍的自然采光及防寒。根据北方地区冬季寒冷且时间长，风多且偏西北这一特点，故牛舍坐北朝南为好，有利于保温。一年中最冷的时间是在大寒前后，西北早晨比傍晚寒冷得多或是早晨多雾的地区，太阳的辐射强度在 9～10 时以后才能达到较大值，因此，牛舍的建筑朝向为南向偏西 5°～10°为最好。如图 2-1-18 所示，其跨度为 5.44 m，前墙高 1.5 m，后墙高 1.6 m，房脊高 2.72 m，牛舍棚盖后坡长，后坡约占舍内面积的 70%，要求严实不透风。前坡约占牛舍面积的 30%，冬季覆盖塑料薄膜。相应的塑料薄膜要选透光性好的聚氯乙烯类薄膜，厚度以 80～100 μm 为宜。塑料薄膜在每年春天要卸下清洗、妥善保管以供来年使用。后墙 1 m 高处，每隔 3 m 设有一个 30 cm×50 cm 通风窗孔，棚顶每隔 5 m 有一个 50 cm×50 cm 的可开闭天窗。牛舍一端建饲料调制间和饲养员值班室，另一端设有牛出入门。每栋牛舍之间要保持 10 m 以上的距离。

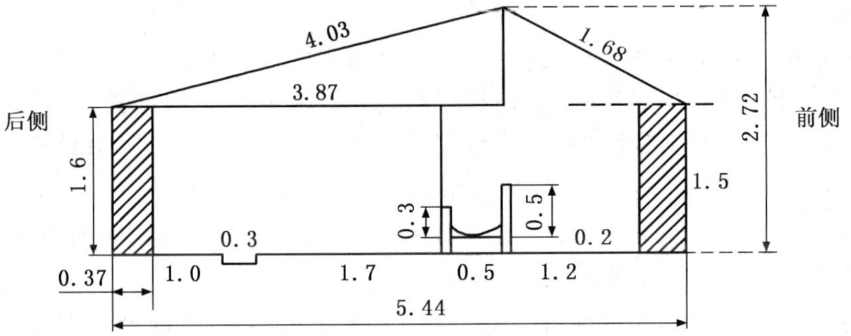

图 2-1-18 塑料暖棚简易牛舍示意图(单位:m)

(四)犊牛舍

一般规模较大的牛场均设有单独的犊牛舍或犊牛栏。犊牛舍要求清洁干燥、通风良好、光线充足，防止贼风和潮湿。目前常用的犊牛舍主要有犊牛栏、犊牛岛、群居式犊牛岛和通栏等数种。

1. 犊牛栏

在国内也称为犊牛笼。犊牛出生后即在靠近产房的犊牛栏中饲养，每犊一栏，隔离管理，一般一月龄后才过渡到通栏。犊牛栏侧面和背面可用木条、钢丝网或胶合板制成。栏底用木条制成漏缝地板，铺有垫草，且离地至少 3 cm，以利于排水和排尿，并定期清扫地面。犊牛栏设有饮水、采食的设施。以便犊牛喝奶后，能自由饮水、采食精料和干草，犊牛栏的设计尺寸详见表 2-1-5。

表 2-1-5 犊牛栏的设计尺寸

项目	体重＜60 kg	体重＞60 kg
每个栏推荐面积/m^2	1.70	2.00
每个栏面积(至少，/m^2)	1.20	1.40
栏长(至少，/m)	1.20	1.40
栏宽(至少，/m)	1.00	1.00
栏高(至少，/m)	1.00	1.10

2. 犊牛岛

也称为犊牛小屋，已被证明是培育犊牛的一种良好方式。一个犊牛岛饲养一头犊牛。常见的犊牛岛长、宽和高分别为 2.0 m、1.5 m 和 1.5 m。南面敞开，东、西、北及顶面由侧板、后板和顶板围成，在后板设一个 15 cm ×15 cm 的开口，以便夏季将其打开形成纵向通风。见彩色插图 2-1。国外在市面上可以买到由塑料或玻璃钢(玻璃纤维)制成的犊牛岛。在犊牛岛内铺有稻草、锯末等垫料，并保持干燥和清洁，为犊牛提供一个舒适的休息环境。在犊牛岛南面设有运动场，运动场由直径为 1.0～2.0 cm 的金属丝网或镀锌管围成栅栏状，栅栏间距 8～10 cm，围栏前设哺乳桶和干草架，以便犊牛在小范围内活动、采食和饮水。

犊牛岛应设在地势平坦、排水良好的地方。当犊牛转出后，应对犊牛岛进行清洗和消毒，并将其放置在干净的地方，以切断病原菌的生活周期。犊牛岛的数量要足够多，以保证在下一头犊牛使用前至少有两周的空置时间。犊牛岛坐北朝南，也可随季节或地区不同而调换方向。夏季犊牛岛应放置在阴凉处，以防热应激。

四、牛场配套设施

1. 运动场

运动场一般设在牛舍南侧为好，牛可从牛舍直接进入运动场，运动场是牛休息、运动的场所，地面最好用三合土夯实或立砖地面，并有 1°～5°的坡度，靠近牛舍处稍高，东西南稍低且设有排水沟。

(1)面积　在拴系饲养工艺下，运动场面积要求详见表 2-1-6。运动场可按 50～100 头的规模用围栏分成小的区域。进行散栏饲养的牛所需要的运动场面积相对可以小些，每头成年母牛为 10～15 m^2 左右。

表 2-1-6　每头牛所需要的运动场面积　　m^2

成年乳牛	青年牛	育成牛	犊牛
20～25	15～20	10～15	5～10

(2)围栏　场四周设围栏，栏高 1.5 m 左右，栏柱间距离 1.5～2 m。围栏可用废钢管焊接，也可用水泥柱作栏柱，再用钢筋串联在一起。围栏门宽 2 m。

(3)饮水槽、补饲槽　场边应设补饲槽和饮水槽，补饲槽的大小、长度根据牛群大小而定，以免相互争食、争饮而打斗。饮水槽按每头牛 20 cm 计算水槽的长度，槽宽 70 cm，槽深 60 cm，水深不超过 40 cm，槽底离地面至少高 40 cm，槽底向场外开排水孔，以便经常清洗，保持饮水新鲜、清洁。也可设置自动饮水装置。进行散栏饲养时，在运动场可不设补饲槽和饮水槽。

2. 凉棚

一般建在运动场中间，常为四面敞开的棚舍建筑，建筑面积按每头成年乳牛 4～5 m^2，青年牛、育成牛 3～4 m^2 计算。高度以 3.5 m，宽 5～8 m 为宜。凉棚一般为东西走向。棚柱采用钢管、水泥柱、水泥电杆等，顶棚支架可用角铁或木架等。棚顶应隔热防雨，可用石棉瓦、水泥板、金属板、木板、油毡等材料，顶部涂上反射率高的涂料以减少太阳辐射热的吸收。实施散栏饲养时可不设凉棚。

3. 乳品处理间

奶牛场所生产的牛乳一般需经过初步处理方可出场，故凡有条件的牛场均应建立乳品处理间，其至少包括两部分，即乳品的冷却处理部分和贮藏、洗涤及器具消毒部分。

4. 精饲料库及精料加工间

一般采用举架较高平房，墙面应用水泥抹1.5 m高，防止饲料受潮和鼠害。规模化奶牛场应建有原料仓库和成品库，原料库房一般存放牛场3～4个月的精料量，精料成品库能存放牛场近一个月的精料饲喂量。饲料加工车间要远离饲养区，配套的饲料加工设备应能满足牛场饲养的要求。配备必要的草料粉碎机、饲料混合机械。

5. 干草棚及草库

确定干草棚建设规模的主要依据是牛场的饲养量，根据各类牛群的存栏数和日采食干草量来确定全场的年需要量，一般是以年采购一次来计算。干草棚的设计与建造要重点考虑的是防火问题，其次是防水和防潮。距离配电室要远一些，草棚上方和附近不能有供电线路通过。尽可能地设在下风向地段，与周围房舍至少保持50 m以上距离，单独建造。有充足的消防水源，建有可靠的消防配套设施。

6. 青贮窖或青贮池

确定青贮窖建设规模的依据和方法与干草棚相似，但要注意的是有些地区青贮的制作可以一年两季。位置适中，地势较高，防止粪尿等污水浸入污染，同时要考虑出料时运输方便，减小劳动强度。一般1 m^3 青贮窖容积可贮青玉米600～800 kg。每次使用青贮窖前都要进行清扫、检查、消毒和修补。青贮窖的容积应保证每头牛不少于7 m^3。

7. 人工授精室

包括采精及输精室、精液处理室、器具洗涤消毒室。采精及输精室应卫生、光线充足；精液处理室的建筑结构应有利于保温隔热，并与消毒室药房分开，以防影响精子的活力。

8. 消毒池

一般设在牛场或生产区入口处，便于人员和车辆通过时消毒。常用钢筋水泥筑成。供车辆通行的消毒池长4 m、宽3 m、深0.1 m；供人员通行的消毒池长2.5 m、宽1.5 m、深0.05 m。消毒液应保证经常有效。在场门两侧还应设有人员往来的紫外线消毒走廊。

9. 兽医室、病牛舍

兽医室大小根据实际情况灵活设计，病牛隔离室可按牛场存栏量的2%～5%设计，要求地面平整，易于清洁消毒。应设在牛场下风向，而且相对偏僻一角，便于隔离，减少空气和水的污染传播。

10. 产房

产房的建设主要是应方便于对临产母牛和产后母牛的特殊照顾和护理。产房内应设置接产用的产栏。在我国北方地区，产房内还要设犊牛保育栏。产房的地面要特别注意防滑处理。产房的栏位数应根据牛场繁殖母牛存栏数和母牛在产房停留的时间来确定，对于全年均衡产犊的牛场来说，产栏数按成年牛数量的12%～15%安排较为适宜。产房的位置应与兽医室和配种室靠近，以便于工作。另外，产房需要有人值夜班，故产房需设值班室。

11. 贮粪场和污水池

大小应根据每天平均排出粪尿和冲污污水量而定。一般成年牛70～120 kg，育成牛50～

60 kg，犊牛 30～50 kg。一般设在牛舍的北面，离牛舍有一定的距离，且方便出粪，方便运输和排放。粪场面积约 500 m^2，三面有 1 m 高的砖墙或石墙。贮尿污水池要有 1 000 m^3，最好是筑塘贮污水，过多时也可排放。

12. 牛场绿化

绿化是整个牛场建设的一部分，应有统一的计划和方案。场内绿化应把遮阴、改善小气候和美化环境结合起来考虑。在牛舍、运动场四周以种植树干和树冠高大的乔木为主。牛场的主要道路两旁可种植乔木或灌木与花草结合起来。此外，还应利用一切可以栽种场地、边角地种植各种常绿灌木花草，以净化空气和美化环境。夏季良好空气质量和环境可以有效减少蚊蝇和其他昆虫对牛只的骚扰，提高奶牛的舒适度。

13. 消防设施

必须具有经济合理、安全可靠的消防设施。各牛舍的防火间距为 12 m，草垛与牛舍及其他建筑物的间距应大于 50 m，且不在同一主导风向上。草料库、加工车间 20 m 以内分别设置消火栓，可设置专用的消防泵与消防水池及相应的消防设施。消防通道可利用场内道路，应确保场内道路与场外公路畅通。

【知识拓展】

选择场址时应考虑的重点问题

1. 通风问题

通风是牛场选址最重要的要求之一。场址不当，炎热、潮湿的天气会严重影响牛的舒适性及生产。在选择场址时，应同时考虑牛场内各建筑物的规划布局，将场址与规划布局同时进行综合考虑。因为牛场的地理位置与场内建筑物的布局两种因素共同形成场区内的小气候，场址的某些不完善可通过适当的布局加以克服，因此，在保证牛场基本生产工艺的前提下，应以将牛舍建造在尽可能最大限度地利用自然通风的位置作为考虑的第一重点。有时候牛舍所需的自然风会被附近的一些障碍物所阻挡，比如挤奶厅、地面青贮窖等，这样的情况要尽可能避免。牛舍应该建造在没有围墙、无任何障碍物的地方，其地势应为整个场区的高点，这样既有利于牛舍的自然通风，也有利于排水，保持牛舍和运动场的干燥。

牛舍始终敞开的一侧应避免直接面对冬季凛冽的寒风。因此，牛舍通常朝南或东的方向敞开。有时临近的建筑物会使风产生偏转而进入牛舍，风也能旋转着进入两侧长轴山墙敞开着的牛舍。旋转的风可以沿牛舍内的后侧墙形成贼风。防风墙和坚固的舍内隔离物可以帮助解决这些问题。

2. 环境问题

牛场在生产中会产生大量污染物，包括粪便和污水、室外运动场和青贮窖产生的杂物、臭味和噪声等。这些污染物如处理不当，首先会对牛场自身的整个生产系统及环境造成不良影响，进而对周边环境造成影响。当对一个牛场进行选址的时候，应当充分考虑粪污的收集、贮存、处理和运出利用系统的建造是否方便，排水是否畅通。解决排污与排水问题的关键是牛场场址与周边环境之间的相对高度和场区内各建筑物地平之间的相对高度。因此，在选址和规划设计过程中必须对整个地形状况进行实际测量，对各点的相对高度进行详细核实，这点是非常重要的。

牛场的排水系统应实行雨(雪)水和污水收集输送系统分离,在场区内外设置的污水收集输送系统,不能采取明沟布设。

3.运输问题

选择牛场的场址和考虑牛场建设布局时还要注意到运输的问题,包括牛场与外界的运输和场内运输两个方面。牛场与外界的运输主要是饲草、饲料的运进和产品的运出(奶牛场和乳品加工企业布局合理,供奶半径不要太长),主要与牛场的选址有关。场内运输主要是饲草饲料由加工地点或仓库向牛舍的分配,此外还有牛群的周转及泌乳牛每日来往于牛舍与挤奶厅之间的行走,主要与场内的布局有关。泌乳牛每日来往于散栏牛舍与挤奶厅之间的行走道路会关系到奶牛行走的能量消耗和肢蹄的健康,其原则是尽量缩短距离和方便,应给予充分重视。

4.成本问题

牛场的选址在一定程度上会影响牛场建设和运行的成本。这主要涉及土地使用费用,场外场内运输道路,供电、给排水、排污方案,周边青粗饲料资源,工程的土方量,各建筑物的基础深度等一系列问题。这些问题在选择场址时就应给予一定的考虑,并做出大致预算。此外还应考虑工程施工的难易程度及相应的费用等问题。考虑到今后的发展,空间上应留有余地。

5.政策问题

牛场的建设涉及土地使用、卫生安全、环境保护、建筑设计、行业和地方发展规划等诸多方面的法律法规和政策方面的问题。在选址之前,应仔细查阅、研究所有可能与奶牛场建设有关的国家、行业、地方性法律、法规等文件,以避免所选场址与之相悖,同时应与相应的地方政府行政主管部门(如土地局、农业局、畜牧局、环保局、规划局、城建局、设计局、水利局、项目办等)取得联系,获取指导性意见,以便在选址中少走弯路。

在选址与规划设计过程中应邀请与牛场生产有关的专家和建设施工部门的专业人士参与,这样将会使你的牛场既能达到预定的建设目标,又能节省大量建设资金。

现代化牛舍是牛生产体系中的一个重要组成部分。世界上很少有在布局、建筑、设施、结构等各个方面完全相同的两个牛场,这充分说明了牛场的设计与建造必须根据各方面的实际情况综合考虑。没有唯一的最好设计,每一个设计都包含着均衡和折中。难的是把许多设计标准与满足功能、适用与易于建造等几个方面有机地结合起来。有时对某些设计原则不得不做些妥协。不过如果能把设计原则给出优先次序,即不管基于什么原因——决定保留哪些,去掉哪些原则,就会容易很多。要建造和管理一个成功的牛场,需要利用各种资源,多方进行学习、借鉴和咨询,细心规划、策划和设计。一个成功的管理者应带领其团队共同努力以实现牛场的设计和建设目标。所有的建造计划必须请相应的地方畜牧业发展主管部门和地方政府部门进行审核。

任务2　牛场环境控制

【任务描述】

牛场环境会对牛生产过程产生巨大影响,控制牛场环境的有效措施,主要包括两个大方面，一是控制好牛舍内环境，二是加强牛场废弃物处置。

【任务分析】

牛舍环境控制，主要是从气温、气湿、通风、光照、噪声以及有害气体控制等方面来实施；牛场废弃物处置主要针对牛场粪污处置和病死牛处置来进行。国家对畜禽养殖场的养殖污染防治力度在不断加大。畜禽养殖场养殖污染的防控问题将是未来养殖场必须解决的一项任务。

【任务实施】

一、牛舍环境控制

牛生产不但需要优质、全价的日粮和科学的管理，还需要适宜的环境条件。良好的环境条件，有利于牛的生长发育，能使其生产潜力得到充分发挥；反之，则会破坏牛的生产力，重者会给牛群带来毁灭性的灾难。对牛生长和生产产生影响的环境因素很多，其中，影响较大的是气温、气湿、通风、光照、噪声以及有害气体等因素。

(一)温度控制

牛通过自身的体温调节保持最适的体温范围以适应外界的环境。体温调节就是牛借助产热和散热过程进行的热平衡。环境温度高于或低于牛的适宜温度都会给其生长发育和生产力的发挥带来不良影响。奶牛舍适宜温度见表 2-2-1。牛舍内温度控制主要从以下几个方面进行。

表 2-2-1 奶牛舍内适宜温度、最高温度和最低温度 ℃

牛别	最适宜	最低	最高
成母牛舍	9～17	2～6	25～27
犊牛舍	10～18	4	25～27
产房	15	10～12	25～27
哺乳犊牛舍	12～15	3～6	25～27

(引自：黄昌澍，家畜气候学，1989)

1. 防寒保暖

(1)加强牛舍的保温设计　通过加强牛舍的隔热设计与施工，以提高牛舍的保温能力。牛舍屋顶与天棚、墙壁、地面等外围结构的隔热设计，基本上是通过选择导热系数小的材料和确定合理的结构来实现的。在牛舍外围结构中，失热量最多的是屋顶与天棚。可采用的保暖材料有炉灰、锯末、膨胀珍珠岩、玻璃棉、聚苯乙烯泡沫塑料、聚氨酯板等。墙壁是牛舍的主要外围结构，失热仅次于屋顶。为提高墙壁的热阻值，可用空心砖代替普通砖，或建空心墙体或在空心墙中填充隔热材料，都可以大大提高墙的热阻值。对于有窗牛舍可通过设置双层门窗、北侧和西侧尽量少设门窗、外门加设门斗等措施来减少通过门窗的失热。在牛舍建造过程中，提高施工质量，防止外围结构透气，做好防潮工作，是实现设计热阻的保证。

(2)加大饲养密度　在不影响饲养管理及舍内卫生状况的前提下，适当加大牛的饲养密度。增大饲养密度等于增加热源，是一种行之有效的辅助性防寒保暖措施。

(3)铺设垫草　是寒冷地区常用的一种简便易行的防寒措施。铺垫草不仅可以改进冷硬地面的使用价值,而且可以提高牛体周围温度,同时还可防潮。

(4)控制潮湿度　防止舍内潮湿是间接保温的有效办法。潮湿不仅可加剧牛舍结构的失热,同时由于空气潮湿不得不加大通风换气,而冬季通风会加大牛舍的失热。

(5)控制气流,防止贼风　在设计施工中应保持结构严密,防止冷风渗透;组织通风换气时降低气流速度;入冬前做好封门、封窗、粉刷、抹墙、设置挡风障等工作。

(6)利用温室效应　充分利用太阳辐射和玻璃及某些透明塑料的独特性能形成的温室效应,建筑塑料棚舍,以提高简易牛舍的舍温。

2.防暑降温

(1)遮阳　牛舍遮阳可采用加长屋顶出檐、在窗户上设置水平或垂直的遮阳板或绿化遮阳等措施。绿化遮阳可以种植树干高、树冠大的乔木,为窗口和屋顶遮阳;也可以搭架种植爬蔓植物,在南墙窗口和屋顶上方形成绿荫棚。

建造凉棚也有利于牛只防暑。凉棚设置时应采取长轴东西朝向配置,棚下面积应大于凉棚投影面积。若跨度不大,棚顶可采用单坡、南低北高的形式,可使棚下棚影面积增大、移动小。凉棚的高度视牛体高和当地气候条件而定,通常为3.5 m;潮湿多云地区宜较低,干燥地区可较高。另外,顶部刷白色、底部刷黑色较为合理。

(2)加强通风　在自然通风牛舍设置地脚窗、天窗(钟楼或半钟楼式)、通风屋脊、屋顶风管等;应使进气口均匀布置,使各处牛只都能享受到凉爽的气流;进气口正对设置,使气流通畅,加大流速;缩小跨度,使舍内易形成穿堂风;在自然通风不足时,应及时安装风扇。

(3)喷淋和喷雾　用机械设备(喷头或钻孔水管)向牛体或舍内空气喷水,借助汽化吸热而达到增加牛体散热或降低空气温度的目的。喷淋较适用于牛体蒸发降温,喷雾较适用于空气蒸发降温。需要注意的是喷淋和喷雾都应间歇进行,不应连续喷。因为皮肤喷湿后,应使之蒸发,才能起到散热作用。地面洒水是传统的降温办法,有一定的效果,但费水、费力,而且易使舍内湿度升高。

(4)湿帘通风　湿帘通风系统的主要部件是用麻布、刨花或专业蜂窝状纸等吸水、透气材料制作的蒸发垫,由水管不断往蒸发垫上淋水,将蒸发垫置于机械通风的进风口,气流通过时,水分蒸发吸热,降低进舍气流的温度。在干旱的内陆地区,湿帘通风降温系统被认为是最好的蒸发降温办法之一。

(二)湿度控制

空气湿度对牛体机能的影响,主要是通过水分蒸发影响牛体散热,干扰牛体热调节。在一般温度环境中,空气湿度对牛体热调节没有影响。但在高温和低温环境中,湿度升高将加剧高温或低温对牛生产性能的不良影响,一般来说,空气湿度在55%～85%时,对牛体的直接影响不太显著,但高于90%则对奶牛危害较大。所以,牛舍内的空气湿度不宜超过85%。

牛舍湿度控制首先要科学选择场址,把牛舍修建在高燥的地方;牛舍的墙基和地面应设防潮层;对已建成的牛舍应待其充分干燥后再使用,同时,要加强牛舍保温,勿使舍温降至冰点以下;设计好排污系统,及时清除粪尿,减少水分蒸发;在饲养管理过程中尽量减少作业用水,合理使用饮水器;保持舍内通风良好,在保证温度的情况下尽量加强通风换气,及时将舍内过多的水汽排出。

(三)通风控制

气流通过对流作用,使牛体散发热量。牛体周围的冷热空气不断对流,带走牛体所散发的热量,起到降温作用。在一定范围内,对流速度越快,牛体散热越多,降温效果越明显。在高温或低温情况下,风速对产奶量影响非常显著。据人工气候室的实验,环境温度在10℃、相对湿度为65%时,风速(0.2～4.5 m/s)对荷斯坦牛、娟姗牛、瑞士褐牛的产奶量、饲料消耗和体重没有影响;而在高温或低温情况下,风速对产奶量的影响十分明显。牛舍内通风可以通过自然通风和机械通风两种方式进行。大型封闭舍,尤其无窗舍,无论自然通风还是机械通风,设置进、排气管时均需注意以下问题:一是进、排气管设置要均匀,并保持适当间距,使两管之间无死角区,但也应防止重复进气与排气;二是进、排气管内均设置调节板,以调节气流的方向和通风换气量;三是进、排气口间应保持一定距离,以防发生"通风短路",即新鲜空气直接从进气口到排气口,不经过活动区而直接被排出。

(四)光照控制

一般条件下,牛舍常采用自然光照,为了生产需要也采用人工光照。生产上要求乳牛舍的采光系数(牛舍窗户的有效采光面积和舍内地面面积之比)为1∶12;肉牛舍为1∶16;小牛舍为1∶(10～14)。

1.自然采光

自然采光时光线主要是通过窗户进入舍内的。因此自然采光设计的主要任务是通过合理设计窗户的面积、位置、形状和数量,以保证牛舍的自然光照标准,并尽量使舍内光照均匀。窗户面积愈大,进入舍内的光线愈多。窗户的数量、形状和布置,应根据当地气候、牛舍的跨度,结构要求等,全面考虑防寒、防暑、通风等因素,合理进行确定。

2.人工照明

以荧光灯等人工光源实现舍内光照要求。在生产实践中可通过人工光照控制光周期,对牛生产性能产生影响。

(五)噪声控制

噪声能够干扰牛的正常生理机能,造成多种器官损伤,引发一些疾病。过强的噪声,如超过90 dB的噪声,会引起牛体内多种器官的功能失调和紊乱,造成抗病力降低,生产性能下降;而突发的噪声,极易造成牛的惊恐,在当前高度集约化的状态下,影响更为严重,它能引起牛的狂奔,甚至造成撞伤。因此,要选好场址,远离噪声源,搞好场区绿化,利用植物吸收声波;场内进行合理规划,尽量减少机动车辆进入生产区;饲料加工和设备维护场所离牛舍尽可能远些等。

(六)有害气体及尘埃控制

牛规模化生产中,牛舍内有害气体主要来自呼吸、排泄物和生产中的有机物分解,主要为氨、二氧化碳和硫化氢等。这些有害气体常会造成牛大量发病,生产性能严重降低。因而必须采取多种措施对有害气体加以控制。牛舍空气中有害气体标准含量见表2-2-2。

牛舍有害气体控制应合理选择牛场场址,牛场选择在远离污染源且通风较顺畅的地方;科学设计牛舍，舍内设置良好排水系统、清粪设施和通风系统，及时清除粪尿污物；合理组织通风换气；科学配置日粮，在饲料中使用添加剂等。

表 2-2-2　牛舍空气中有害气体标准含量

舍别	二氧化碳/%	氨/(mg/m³)	硫化氢/(mg/m³)
成乳牛舍	0.25	20	10
犊牛舍	0.15～0.25	10～15	5～10
育肥幼牛舍	0.25	20	10

二、牛场废弃物处置

(一)粪污处置

养牛生产中产生的粪污，会对空气、水、土壤、饲料等造成污染，危害环境，因此对养牛场的粪污处理要引起足够的重视，养牛生产所有的废弃物不能随意弃置，不能抛之于土壤、河道而污染周围环境，酿成公害，应加以适当的处理，合理利用，化害为利，并尽可能在场内或就近处理解决。

1. 牛粪的处理

牛舍内粪便应尽快清出牛舍，牛舍中的清粪方式有人工清粪、拖拉机清粪、刮板式清粪及水冲式清粪等。选择应根据牛粪的含水量、牛舍的类型及经济效益等确定。牛粪收集后运输到粪污处理区，采用好氧处理、厌氧消化和高温发酵等途径来处理。

(1)堆肥发酵处理　牛粪的发酵处理是利用各种微生物的活动来分解粪中的有机成分，可以有效地提高这些有机质的利用率。在发酵过程中形成的特殊理化环境也可基本杀灭粪中的病原体，主要方法有：充氧动态发酵、堆肥处理、堆肥药物处理，其中堆肥方法处理简单，无须专用设备，处理费用低。

(2)牛粪的有机肥加工　相对于传统牛粪便处理，有机肥为养殖场创造极其优良的牧场环境，实现优质、高效低耗生产，改善产品质量，提高效益。利用微生物发酵技术，将牛粪便经过多重发酵，使其完全腐熟，并彻底杀死有害病菌，使粪便成为无臭、完全腐熟的活性有机肥，广泛应用于农作物种植、城市绿化以及家庭花卉种植等。牛粪的有机肥加工流程见图 2-2-1。

(3)生产沼气　利用牛粪有机物在高温(35～55℃)厌氧条件下经微生物(厌氧细菌，主要是甲烷菌)降解成沼气，同时杀灭粪水中大肠杆菌、蠕虫卵等。沼气做能源，发酵的残渣又可作肥料，因而生产沼气既能合理利用牛粪，又能防治环境污染。牛粪尿厌氧发酵利用过程见图 2-2-2。除严寒地区外我国各地都有用沼气发酵开发粪尿污水综合利用的成功经验。但我国北方冬季为了提高产气率往往需给产气罐加热，主要原因是沼气发酵在 15～25℃时产气率较低，从而加大沼气成本。

(4)蚯蚓养殖综合利用　利用牛粪养殖蚯蚓近年来发展很快，日本、美国、加拿大、法国等许多国家先后建立不同规模的蚯蚓养殖场。我国目前已广泛进行人工养殖试验和生产。

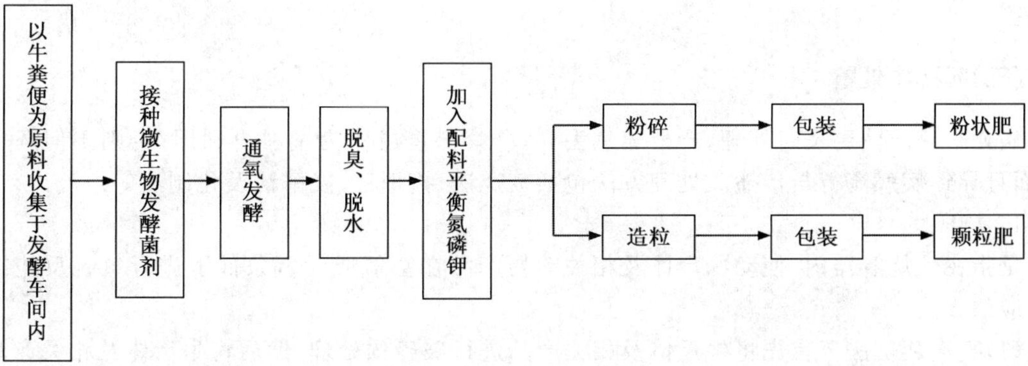

图 2-2-1　牛粪的有机肥加工流程示意图

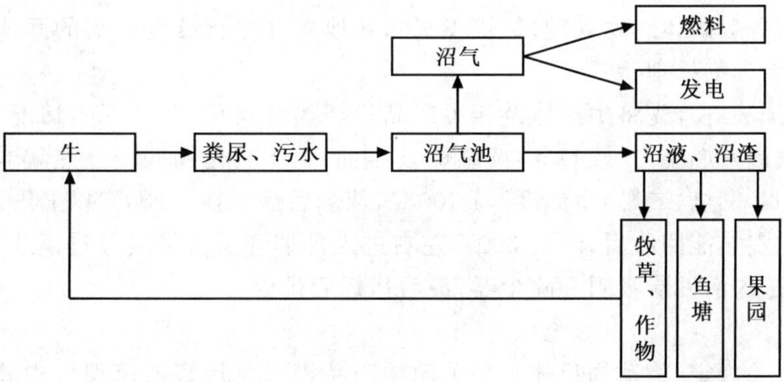

图 2-2-2　牛粪尿厌氧发酵利用生态系统

2. 污水的处理

养牛业的高速发展和生产效率的提高，养牛场产生的污水量大大增加，尤其是奶牛养殖场，这些污水中含有许多腐败有机物，也常带有病原体，若不妥善处理，就会污染水源、土壤等环境，并传播疾病。养牛场污水处理的基本方法有物理法、化学处理法和生物处理法。

(1)物理处理法　是利用物理作用，将污水中的有机污染物质、悬浮物、油类及其他固体物分离出来。常用方法有：固液分离法、沉淀法及过滤法等。固液分离法首先将牛舍内粪便清扫后堆好，再用水冲洗，这样既可减少用水量，又能减少污水中的化学好氧量，给后端污水处理减少很多麻烦；利用污水中部分悬浮固体其密度大于 1 的原理使其在重力作用下自然下沉，与污水分离，此法称为沉淀法。固形物的沉淀是在沉淀池中进行的，沉淀池有平流式沉淀池和竖流式沉淀池两种；过滤法主要是使污水通过带有空隙的过滤器使水变得澄清的过程。养牛场污水过滤时一般先通过格栅，用以清除漂浮物(如草末、大的粪团等)之后，污水进入过滤池。

(2)化学处理法　是根据污水中所含主要污染物的化学性质，用化学药品除去污水中的溶解物质或胶体物质，如混凝沉淀用三氯化铁、硫酸铝、硫酸亚铁等混凝剂，使污水中的悬浮物和胶体物质沉淀而达到净化目的。还可以用含氯消毒剂对污水进行消毒处理。

(3)生物处理法　是利用微生物的代谢作用，分解污水中的有机物的方法，净化污水的微生物大多是细菌，此外，还有真菌、藻类、原生动物等。主要有氧化塘、活性污泥法、人工湿地处理。

(二)病死牛处置

病死牛只尸体要及时处理,严禁随意丢弃,严禁出售或作为饲料再利用,否则不但环境污染,而且导致疾病流行与传播。处理方法包括焚烧法、掩埋法、发酵法及化制法等。

1. 焚烧法

是指在焚烧容器内,使动物尸体及相关动物产品在富氧或无氧条件下进行氧化反应或热解反应的方法。

(1)直接焚烧法　首先将牛尸体及相关产品进行破碎预处理;然后将牛尸体及相关产品或破碎产物,投至焚烧炉本体燃烧室,经充分氧化、热解,产生的高温烟气进入二燃室继续燃烧,产生的炉渣经出渣机排出。燃烧室温度应≥850℃;二燃室出口烟气经余热利用系统、烟气净化系统处理后达标排放;最后对焚烧炉渣与除尘设备收集的焚烧飞灰应分别收集、贮存和运输。焚烧炉渣按一般固体废物处理;焚烧飞灰和其他尾气净化装置收集的固体废物如属于危险废物,则按危险废物处理。

(2)炭化焚烧法　首先将牛尸体及相关产品投至热解炭化室,在无氧情况下经充分热解,产生的热解烟气进入燃烧(二燃)室继续燃烧,产生的固体炭化物残渣经热解炭化室排出。热解温度应≥600℃,燃烧(二燃)室温度≥1 100℃,焚烧后烟气在1 100℃以上停留时间≥2 s;烟气经过热解炭化室热能回收后,降至600℃左右进入排烟管道。烟气经过湿式冷却塔进行"急冷"和"脱酸"后进入活性炭吸附和除尘器,最后达标后排放。

2. 掩埋法

是指按照相关规定,将动物尸体及相关动物产品投入化尸窖或掩埋坑中并覆盖、消毒,发酵或分解动物尸体及相关动物产品的方法。

(1)直接掩埋法　应选择地势高燥,处于下风向的地点。应远离动物饲养场(饲养小区)、动物屠宰加工场所、动物隔离场所、动物诊疗场所、动物和动物产品集贸市场、生活饮用水源地。应远离城镇居民区、文化教育科研等人口集中区域、主要河流及公路、铁路等主要交通干线。掩埋坑体容积以实际处理牛的尸体及相关产品数量确定。掩埋坑底应高出地下水位1.5 m以上,要防渗、防漏。坑底撒一层厚度为2～5 cm的生石灰或漂白粉等消毒药。将牛尸体及相关产品投入坑内,最上层距离地表1.5 m以上。生石灰或漂白粉等消毒药消毒。覆盖距地表20～30 cm,厚度不少于1～1.2 m的覆土。

(2)化尸窖法　牛场的化尸窖应结合本场地形特点,宜建在下风向。乡镇、村的化尸窖选址应选择地势较高,处于下风向的地点。应远离动物饲养场(饲养小区)、动物屠宰加工场所、动物隔离场所、动物诊疗场所、动物和动物产品集贸市场、泄洪区、生活饮用水源地;应远离居民区、公共场所,以及主要河流、公路、铁路等主要交通干线。化尸窖应为砖和混凝土,或者钢筋和混凝土密封结构,应防渗防漏。在顶部设置投置口,并加盖密封加双锁;设置异味吸附、过滤等除味装置。投放前,应在化尸窖底部铺撒一定量的生石灰或消毒药。投放后,投置口密封加盖加锁,并对投置口、化尸窖及周边环境进行消毒。当化尸窖内牛尸体达到容积的3/4时,应停止使用并密封。

3. 发酵法

是指将动物尸体及相关动物产品与稻糠、木屑等辅料按要求摆放,利用动物尸体及相关动物产品产生的生物热或加入特定生物制剂，发酵或分解动物尸体及相关动物产品的方法。

发酵堆体结构形式主要分为条垛式和发酵池式。处理前，在指定场地或发酵池底铺设20 cm厚辅料。辅料上平铺牛尸体或相关产品，厚度≤20 cm。覆盖20 cm辅料，确保牛尸体或相关产品全部被覆盖。堆体厚度随需处理牛尸体和相关产品数量而定，一般控制在2～3 m。堆肥发酵堆内部温度≥54℃，1周后翻堆，3周后完成。辅料为稻糠、木屑、秸秆、玉米芯等混合物，或为在稻糠、木屑等混合物中加入特定生物制剂预发酵后产物。

4. 化制法（高温分解法）

是指在密闭的高压容器内，通过向容器夹层或容器通入高温饱和蒸汽，在干热、压力或高温、压力的作用下，处理动物尸体及相关动物产品的方法。

（1）干化法　首先将牛尸体及相关产品进行破碎预处理。然后将牛尸体及相关产品或破碎产物输送入高温高压容器。处理物中心温度≥140℃，压力≥0.5 MPa（绝对压力），时间≥4 h（具体处理时间随需处理牛的尸体及相关产品或破碎产物种类和体积大小而设定）。加热烘干产生的热蒸汽经废气处理系统后排出。最后将加热烘干产生的牛尸体残渣传输至压榨系统处理。

（2）湿化法　首先将牛尸体及相关产品进行破碎预处理。然后将牛尸体及相关产品或破碎产物送入高温高压容器，总质量不得超过容器总承受力的4/5。处理物中心温度≥135℃，压力≥0.3 MPa（绝对压力），处理时间≥30 min（具体处理时间随需处理牛的尸体及相关产品或破碎产物种类和体积大小而设定）。高温高压结束后，对处理物进行初次固液分离。最后将固体物经破碎处理后，送入烘干系统；液体部分送入油水分离系统处理。高温高压的蒸汽使尸体的脂肪熔化，分离出的脂肪可作为工业原料，其他可作为肥料。最大可能地利用生物资源。

这种方式投资大，适合于大型牛场。在中小型牛场比较集中的地区，也可建立专门的处理厂，处理周围各个牛场的死畜，不仅能消除传染病隐患，而且牛场也节省了一笔投资，规模化生产也能给处理场带来效益。

畜禽养殖业的环境污染问题已引起国家的高度重视。因此，对养牛场的废弃物一定要认真做好处理，目前对养牛场废弃物的处理原则是：所有的废弃物不能随意弃置，不能弃之于土壤、河道而污染周围环境，酿成公害，应加以适当处理，合理利用，化害为利，并尽可能在场内或就近处理解决。但是，这些废弃物处理必然增加牛场成本投入，影响牛场经济效益，政府在加大废弃物处理监管力度的同时，也一定会通过政策、资金及技术等方面措施来规范牛场废弃物处理。

【法规链接】

国家正式出台《畜禽规模养殖污染防治条例》

为了进一步强化畜禽养殖场和养殖小区的养殖污染防治力度，在2013年10月8日国务院第26次常务会议上正式通过了《畜禽规模养殖污染防治条例》（中华人民共和国国务院令 第643号），于2014年1月1日起施行。条例中明确指出："未建设污染防治配套设施、自行建设的配套设施不合格，或者未委托他人对畜禽养殖废弃物进行综合利用和无害化处理的，畜禽养殖场、养殖小区不得投入生产或者使用。"

【行业标准链接】

关于从事病死动物无害化处理工作人员防护的规定

农业部制定的《病死动物无害化处理技术规范》(农医发[2013]34 号)中对工作人员自我防护做出了明确要求:"动物尸体的收集、暂存、装运、无害化处理操作的工作人员应经过专门培训,掌握相应的动物防疫知识;工作人员在操作过程中应穿戴防护服、口罩、护目镜、胶鞋及手套等防护用具;工作人员应使用专用的收集工具、包装用品、运载工具、清洗工具、消毒器材等;工作完毕后,应对一次性防护用品作销毁处理,对循环使用的防护用品消毒处理。"

【学习自测】

一、填空题

1. 牛场与主干公路、铁路至少应相距____ m,距居民区不小于____ m,并且应位于居民区及公共建筑群常年主风向的____风向或侧风向处。

2. 我国牛舍建筑物的朝向以采用________为宜。

3. 奶牛舍按屋顶形式可分为双坡式、____式、____式和____式四种。

4. 为便于规模化生产,散栏式奶牛舍可分为采食区、____区和____区。

5. 牛场分区规划时,首先从____的角度出发,考虑场址地势和当地全年主风方向,通常将牛场分为管理办公区、____区、____区和____区。

6. 粪污处理区一定要处于场区的最后面,设在生产区外围____风向和地势低处,与生产区保持____ m 以上的间距。处理病死牛的尸坑或焚尸炉更应严格隔离,距离牛舍要保持在____ m 以上距离。

7. 病死牛只尸体要及时处理,严禁随意丢弃,严禁出售或作为饲料再利用。病死牛只尸体要及时处理,处理方法包括焚烧法、____法、____法及____法等。

8. 为满足牛的光照需求,生产上要求乳牛舍的采光系数为____;肉牛舍为____;小牛舍为 1∶(10～14)。

9. 散栏式牛床,成年奶牛的长度为____ m,青年母牛的长度为____ m,宽度均为____ m。

10. 各牛舍的防火间距为____ m,草垛与牛舍及其他建筑物的间距应大于____ m,且不在同一主导风向上。

二、判断题

1. 进行牛场设计时,运送饲料和鲜奶的道路与装运牛粪的道路应分设,并尽可能减少交叉点。 (　　)

2. 选择牛场场址时,地面坡度以 1%～3%较为理想,最大坡度不得超过 35%。 (　　)

3. 为了不影响通风和采光,两建筑物的间距应大于其高度的 5 倍。 (　　)

4. 犊牛舍要求清洁干燥、通风良好、光线充足,防止贼风和潮湿。 (　　)

5. 运动场是牛休息、运动的场所,每头成年牛所需运动场面积应不少于 5 m^2。 (　　)

三、综合测试

1. 建设牛场时应如何选择场址?场区内的布局应如何规划?

2.影响牛舍环境的主要因素有哪些？应如何进行控制？

3.如何有效控制牛场废弃物对环境的污染？

【课外学习指要】

1.NY/T 1567—2007 标准化奶牛场建设规范.

2.《奶牛标准化规模养殖生产技术规范(试行)》(农办牧[2008]3 号).

3.《畜禽规模养殖污染防治条例》(中华人民共和国国务院令 第 643 号·2013 年).

4.《病死动物无害化处理技术规范》(农医发[2013]34 号).

5.《病死及死因不明动物处置办法(试行)》(农医发[2005]25 号).

6.GB 16548—2006 病害动物和病害动物产品生物安全处理规程.

7.GB 18596—2001 畜禽养殖业污染物排放标准.

8.HJ/T 81—2001 畜禽养殖业污染防治技术规范.

9.NY/T 2079—2011 标准化奶牛养殖小区项目建设标准.

10.刘国民.奶牛散栏饲养工艺及设计.北京:中国农业出版社,2007.

项目三 品种选择

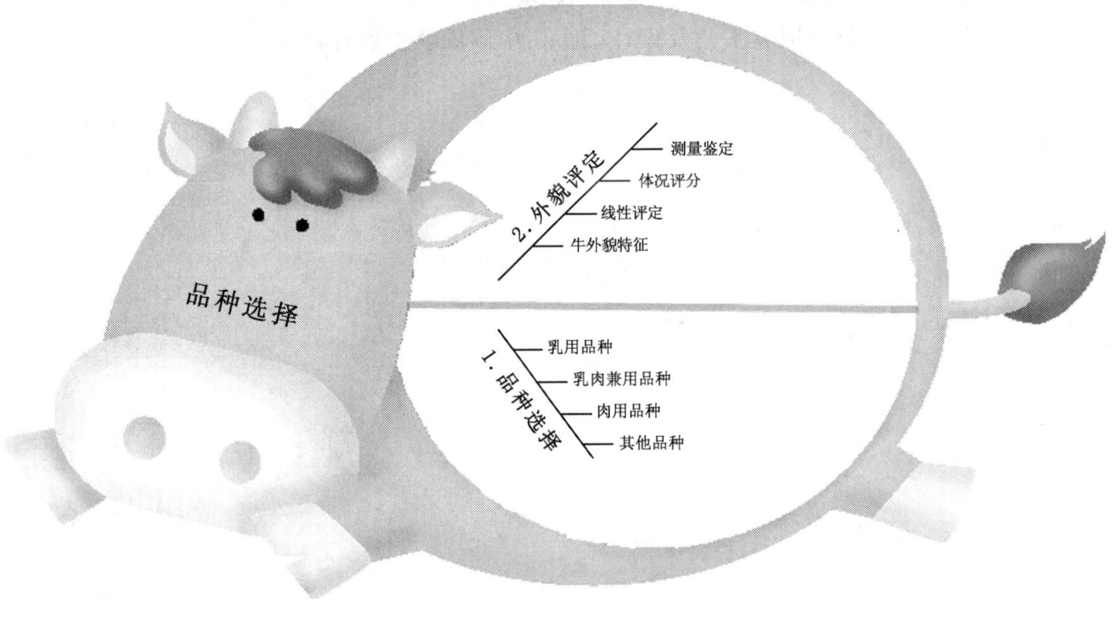

知识目标

- 了解主要牛品种的经济类型、产地及生产性能。
- 掌握牛品种特征和外貌评定方法。

技能目标

- 能准确识别牛的品种，并能合理利用引进牛品种积极开展杂交改良。
- 根据生产方向不同能正确选择适宜品种，并能依据个体的体型外貌准确选择出理想的牛只。

美国农业部1996年对美国50年来畜牧生产中各种科学技术所起作用进行了总结，其结论是品种的作用居各项技术之首。因此，正确的品种选择和准确的外貌评定，是实现养牛生产良好经济效益的前提条件。

任务1　牛品种选择

【任务描述】

每个品种牛都有各自独特的外貌特征，根据外貌特征对牛的经济类型和品种名称进行准确识别，并依据生产经营方向和当地的实际条件对理想牛品种做出正确的选择。

【任务分析】

正确的品种选择是实现牛场良好经济效益的重要条件。根据主要的奶牛、肉牛、水牛、牦牛及兼用牛品种的外貌特征，能对每个品种牛进行准确识别，并通过对各品种牛生产性能、产地与分布、引种与利用及适应性等情况的掌握，同时结合生产方向及牛场的实际，能对理想品种做出正确选择。本任务的重点是使学生能对不同经济类型中主要的牛品种进行准确识别，并能结合生产实际对理想的牛品种做出正确选择。

【任务实施】

在养牛生产中，品种的选择应适合生产方向，适应养牛场生产的环境条件。按照经济用途不同，可把牛品种分为乳用型牛、肉用型牛和兼用型牛。

一、乳用牛品种识别

世界奶牛品种中专门化乳用牛品种不多，就产奶水平而言，荷斯坦牛是目前世界上最好的奶牛品种，数量最多、分布最广。而娟姗牛则以高乳脂率著称于世。

(一)荷斯坦牛

荷斯坦牛原产于荷兰北部的北荷兰省和西弗里生省。荷斯坦牛在各国经过长期的风土驯化和系统选育，或与当地牛杂交，育成了具有各自特征的荷斯坦牛，并冠以该国的名称，如新西兰荷斯坦牛、加拿大荷斯坦牛、中国荷斯坦牛等。一个多世纪以来，由于各国对荷斯坦牛的选育方向有所不同，牛群状况也各有特点，形成了乳用和乳肉兼用两大类型。其培育经历了2 000多年的历史，为最悠久的奶牛品种。荷斯坦牛是世界第一大品种牛。是世界各国发展奶牛业的首选品种。

1.乳用型荷斯坦牛

美国、加拿大、以色列、澳大利亚和日本等国的荷斯坦牛均属此类型。

(1)外貌特征　被毛细短，毛色以黑白花为主，间或有红白花或黄白花(彩色插图3-1,3-2,3-3)，界限分明、额部多有白星(三角星或广流星)，腹下、四肢下部及尾尖为白色。体格高大，结构匀称，皮薄骨细，皮下脂肪少，乳静脉粗大而多弯曲，乳房特别大，且结构良好，后躯较前躯发达，侧望体躯呈楔形，具有典型的乳用型外貌。犊牛初生重为40～50 kg。成年乳用型荷斯坦牛体尺和体重见表3-1-1。

表 3-1-1 成年乳用型荷斯坦牛体尺和体重

性别	体高/cm	体长/cm	胸围/cm	管围/cm	体重/kg
母	135	170	195	19	650～750
公	145	190	226	23	900～1 200

(2)生产性能　乳用型荷斯坦牛产奶量为各乳牛品种之冠。母牛平均年产奶量一般为6 500～7 500 kg,乳脂率 3.6%～3.8%。美国 2000 年登记的荷斯坦牛平均产奶量达9 777 kg,乳脂率为 3.66%,乳蛋白率为 3.23%。创世界个体最高纪录者,是美国一头名叫 Muranda Oscar Lucinda-ET 牛,于 1997 年 365 d 2 次挤奶产奶量高达 30 833 kg。创终身产奶量最高纪录是美国加利福尼亚州的 1 头奶牛,在泌乳的 4 796 d 内共产奶 189 000 kg。产肉性能一般,屠宰率为 48%～53%。

(3)荷斯坦牛的缺点　乳脂率较低,不耐热,高温时产奶量明显下降。因此,夏季饲养,尤其南方要注意防暑降温。

2. 兼用型荷斯坦牛

荷兰本土的荷斯坦牛群基本上都属此类,欧洲国家如德国、法国、丹麦、瑞典、挪威等国的荷斯坦牛也属此类型。

(1)外貌特征　兼用型荷斯坦牛的全身肌肉较乳用型丰满,皮下脂肪较多,体格较小,四肢短而开张,肢势端正,体躯宽深略呈矩形,尻部方正且发育好;乳房附着良好,前伸后展,发育均称呈方圆形,乳头大小适中,乳静脉发达。毛色与乳用型荷斯坦牛相似。其体重比乳用型略小,公牛体重为 900～1 100 kg、母牛 550～700 kg,犊牛初生重平均 35～45 kg。母牛平均体高126.4 cm,体长 156.1 cm,胸围 197.1 cm,管围 19.1 cm。

(2)生产性能　兼用型荷斯坦牛的平均产奶量比乳用型低,年平均产奶量 4 500～6 000 kg,但乳脂率比乳用型高,一般为 3.8%～4.0%。产肉性能较好,屠宰率可达 55%～60%。

3. 红白花荷斯坦牛

红白花荷斯坦牛与黑白花荷斯坦牛属同一来源。目前,在美国、英国、荷兰、德国、加拿大、丹麦、意大利等国均有一定数量红白花荷斯坦牛,我国部分奶牛场中也存在红白花荷斯坦牛个体。红白花荷斯坦牛的产奶性能虽不及黑白花,但也很高。丹麦 1985—1986 年度 5 050 头红白花母牛 305 d 的平均产奶量为 5 970 kg,乳脂率 3.9%。该牛还具有较强的耐热性。

【资料卡】

父母均为黑白花的荷斯坦牛所生的犊牛中为何会有红白花个体

主要是由于荷斯坦牛存在红色隐性基因所致。目前,世界上许多优秀荷斯坦种公牛都含有红白花荷斯坦牛的红色基因,由于红色基因为隐性,在红色基因没有得到纯合的情况下,犊牛的毛色将表现为黑白花,如果含红色隐性基因的黑白花母牛用含红色隐性基因的黑白花公牛精液配种,就可能使红色基因纯合,生下的犊牛表现出红白花特征。

(二)中国荷斯坦牛

中国荷斯坦牛原名为中国黑白花牛，是我国产奶最高、数量最多、分布最广的奶牛品种，也是目前我国唯一的乳用牛品种。

1.外貌特征

该牛毛色同乳用型(见荷斯坦牛)。由于各地引用的荷斯坦公牛和本地母牛类型不同，以及饲养环境条件的差异，中国荷斯坦牛的体格不够一致，就体型而言，可分为南方型和北方型，北方型荷斯坦牛的体格较大。中国荷斯坦牛品种标准(GB/T 3157—2008)对生长发育各主要阶段，即出生、18 月龄和 24 月龄的体尺、体重指标做出了明确规定。犊牛初生重不低于 36 kg。详见表 3-1-2。

表 3-1-2　中国荷斯坦牛不同月龄阶段的体尺和体重

月龄/个	性别	体高/cm	体长/cm	胸围/cm	体重/kg
24	母	≥135	≥145	180	≥650
	公	≥143	—	—	≥720
18	母	≥130	≥140	≥175	≥390

2.品种形成

是引用国外各类型的荷斯坦牛公牛与各地黄牛杂交，种经过长期选育而成。早在 19 世纪 40 年代，我国即从国外引入荷斯坦牛，最初由荷兰、德国及俄国引入，后又从日本、美国引入。由于世界上荷斯坦牛所产的红白花牛也可以列入荷斯坦牛品种中，考虑到国际贸易需要和为了保留红色基因的存在，1992 年将中国黑白花牛正式更名为“中国荷斯坦牛”。现已分布全国各地。

3.生产性能

(1)泌乳性能　中国荷斯坦牛品种标准规定，在正常饲养管理条件下，头胎母牛 305 d 产奶量不低于 5 000 kg，经产母牛 305 d 产奶量不低于 6 000 kg，乳脂率不低于 3.4%，乳蛋白率不低于 2.9%。据中国奶牛协会 1984 年统计，注册登记的 21 905 头品种牛中，305 d 各胎次平均产乳量为 6 359 kg，平均乳脂率为 3.56%。在京、津、沪等大中城市附近及重点育种场，其全群年平均产乳量在 9 000 kg 以上。创我国个体产奶最高纪录者是北京东郊农场 1 059 号牛，其 305 d 产奶量为 16 090 kg。

(2)产肉性能　据测定，未经育肥的淘汰母牛屠宰率为 49.5%～63.5%，净肉率为 40.3%～44.4%；6、9、12 月龄牛屠宰率分别为 44.2%、56.7%、54.3%；经育肥 24 月龄的公牛屠宰率为 57%。

4.选育方向

加强适应性的选育，特别是抗热、抗病能力的选育，重视牛的外貌结构和体质，提高优良牛在牛群中的比率，稳定优良的遗传特性。对牛的生产性能选择，仍以提高产奶量为主，并具有一定肉用性能，注意提高乳脂率和乳蛋白率。

(三)娟姗牛

娟姗牛是英国培育的专门化小型奶牛品种，是英国政府颁布法令保护的珍贵牛种。以乳脂率高、乳房形状好而闻名，此外，还以耐热、性成熟早、抗病力强而著称。

1. 外貌特征

娟姗牛体型小而清秀，轮廓清晰，头小而轻，两眼间距宽，额部稍凹陷，耳大而薄。角中等大小，琥珀色，角尖黑，向前弯曲。颈细小，有皱褶，垂皮发达。鬐甲狭窄，肩直立，胸深宽，背腰平直，腹围大，尻长、平、宽。乳房发育匀称，形状好，乳静脉粗大而弯曲，乳头略小。后躯较前躯发达，体型呈楔形。娟姗牛被毛细短而有光泽，毛色有灰褐、浅褐及深褐色，以浅褐色为最多。鼻镜及舌为黑色，嘴、眼周围有浅色毛环，尾尖为黑色。见彩色插图 3-4。

娟姗牛体格小，成年公牛活重为 650～750 kg，母牛为 340～450 kg。犊牛初生重为 23～27 kg；成年母牛体高 113.5 cm，体长 133 cm，胸围 154 cm，管围 15 cm。

2. 原产地

娟姗牛原产于英吉利海峡的娟姗岛，是英国的一个古老的奶牛品种。娟姗岛气候温和、多雨，年平均气温 10℃左右，牧草茂盛，奶牛终年以放牧为主。娟姗牛早在 18 世纪已闻名于世，19 世纪被欧美各国引入。

3. 生产性能

娟姗牛一般年平均产奶量为 3 500～4 000 kg。乳脂率平均为 5.5%～6.0%，是奶牛中少有的高乳脂率品种。英国 1 头娟姗牛一个泌乳期最高产奶量为 18 929.3 kg，创造了娟姗牛产奶的世界最高纪录。乳脂肪球大，易于分离，乳汁黄色，风味好，适于制作黄油。

4. 引种与利用

娟姗牛被世界各国广泛引种，在美国、英国、加拿大、日本、新西兰、澳大利亚等国均有饲养。我国于 19 世纪中叶引入娟姗牛，由于该品种适应炎热的气候，所以，在我国南方地区可列为今后引种的较佳选择。2002 年经农业部批准，广州市奶牛研究所承担了建设我国首个娟姗牛原种场的任务。目前，辽宁辉山乳业集团在辽宁义县建有全国最大的娟姗牛种群繁育基地，存栏数量已超过 1 万头。

(四)其他乳用品种牛

目前，世界分布较多的乳用品种牛还有英国的爱尔夏牛、更赛牛和德国的安格勒牛，均为中型乳用品种牛。

二、乳肉兼用牛品种识别

(一)西门塔尔牛

1. 外貌特征

西门塔尔牛毛色多为黄白花或淡红白花，头、胸、腹下、四肢下部、尾帚多为白色(彩色插图 3-5。)。额与颈上有卷毛。角较细，向外上方弯曲。后躯较前躯发达，体躯呈圆桶状。四肢强壮，大腿肌肉发达。乳房发育中等。成年公牛活重平均为 800～1 200 kg，母牛 600～750 kg。犊牛初生重为 30～45 kg。

2. 原产地

原产于瑞士西部的阿尔卑斯山区，主要产地是西门塔尔平原和萨能平原。是瑞士数量最多的牛品种。为世界著名的大型乳、肉、役兼用品种。加拿大的西门塔尔牛又称加系西门塔尔牛，属于肉乳兼用品种。

3.生产性能

西门塔尔牛的乳用和肉用性能均较好。泌乳期平均产奶量在4 000 kg以上，乳脂率4%。周岁内平均日增重0.8～1.0 kg，肥育后公牛屠宰率65%左右，瘦肉多，脂肪少，肉质佳。成年母牛难产率为2.8%。适应性强，耐粗放管理。我国目前约有中国西门塔尔牛30 000余头，核心群平均产奶量已突破4 500 kg。

4.引种与利用

西门塔尔牛是改良我国黄牛范围最广，数量最多，杂交效果最成功的牛种。杂交后代无论是体型、产奶量还是产肉量均有显著提高。目前，西门塔尔牛是世界第二大品种牛，总头数达4 000万头，其头数仅少于荷斯坦牛。中国西门塔尔牛于2001年10月通过国家品种审定。在我国北方及长江流域各省设有原种场。西门塔尔牛是我国发展乳肉兼用型牛的首先品种。

(二)国外其他乳肉兼用牛品种

见表3-1-3。

表3-1-3 国外其他乳肉兼用牛品种

品种	原产地	外貌特征	生产性能	主要特点及利用
瑞士褐牛	瑞士阿尔卑斯山区，主要在正瓦莱斯山区。瑞士的第二大牛品种	被毛为褐色，由浅褐、灰褐至深褐色，在鼻镜四周有一浅色或白色带，鼻、舌、角尖、尾帚及蹄黑色。头宽短，额稍凹陷。体格略小于西门塔尔牛成。年公牛体重1 000 kg，母牛500～550 kg。初生重35～38 kg	年产奶量5 000～6 000 kg，乳脂率4.1%～4.2%，18月龄活重可达485 kg，屠宰率50%～60%。1999年，美国乳用瑞士褐牛305 d平均产奶量达9521 kg	成熟较晚，一般2岁配种。耐粗饲，适应性强，全世界约有600万头。对"新疆褐牛"育成起到了重要作用
丹麦红牛	丹麦的默恩、西兰及洛兰等岛屿	被毛为红或深红色，公牛毛色通常较母牛深。鼻镜浅灰至深褐色，蹄壳黑色，部分牛只乳房或腹部有白斑毛。乳房大，发育匀称。体格较大，体躯深长。成年公牛体重1 000～1 300 kg，成年母牛体重650 kg。犊牛初生重40 kg	美国2000年53 819头母牛的平均产奶量为7 316 kg，乳脂率4.16%；最高单产12 669 kg，乳脂率5%。丹麦红牛也具有良好产肉性能。屠宰率一般为54%	以乳脂率、乳蛋白率高而著称，1984年我国首次引进丹麦红牛30头，用于改良延边牛、秦川牛和复州牛，效果良好
乳用短角牛	英国英格兰东北部的诺森伯兰、达勒姆、约克和林肯等郡	分有角和无角两种。角细短，呈蜡黄色，角尖黑。被毛多为红色或酱红色，少数为红白沙毛或白毛，部分个体腹下或乳房部有白斑，鼻镜为肉色，眼圈色淡。成年公牛体重900～1 200 kg，母牛600～700 kg，犊牛初生重32～40 kg	305 d产奶量2 800～3 500 kg，乳脂率3.5%～4.2%。1998年1头乳用短角牛在365 d日挤奶2次情况下产奶15 913 kg，乳脂率2.8%，乳蛋白率3.4%，创个体单产最高纪录	我国于1913年首次引入，主要用于改良蒙古牛，对"中国草原红牛"的育成起到了重要作用

续表 3-1-3

品种	原产地	外貌特征	生产性能	主要特点及利用
蒙贝利亚牛	法国东部的道布斯县。法国第二大奶牛品种	被毛具有明显的“胭脂红色花斑”，有色毛主要分布在颈部、尾根与坐骨端，其余部位多为白色。体型高大，成年公牛体重 900～1 100 kg，成年母牛体重 650～750 kg，后躯发达，乳房发育好。犊牛初生重，公牛 46.0 kg，母牛 42.4 kg	2001 年，法国 374 869 头蒙贝利亚牛平均产奶量 6 110 kg，乳脂率 3.88%，乳蛋白 3.24%。24 月龄公牛体重 531.1 kg，母牛 416.2 kg。14～15 月龄屠宰，日增重可达 1.20～1.35 kg	1987 年我国从法国引进该牛 169 头，分别饲养于吉林、北京、四川、新疆及内蒙古，用于改良本地黄牛杂交后代

(三)国内乳肉兼用牛培育品种

见表 3-1-4。

表 3-1-4　国内乳肉兼用牛培育品种

品种	原产地及分布	外貌特征	生产性能	主要特点及培育过程
三河牛	原产于内蒙古呼伦贝尔草原的三河地区。主要分布在呼伦贝尔盟及邻近地区的农牧场。目前，大约有 11 万头	被毛为界限分明的红白花，头白色或有白斑，腹下、尾尖及四肢下部为白色。角向上前方弯曲。体格较大，平均活重公牛 1 050 kg，母牛 547.9 kg。犊牛初生重公牛 35.8 kg，母牛 31.2 kg。见彩色插图 3-6	平均年产乳量为 2 500 kg 左右，在较好的饲养条件下可达 4 000 kg。乳脂率 4.10%～4.47%。产肉性能良好，2～3 岁公牛屠宰率为 50%～55%	耐粗饲，耐严寒，抗病力强。生产性能不稳定，后躯发育欠佳。是我国培育的第一个乳肉兼用品种，含西门塔尔牛的血统。1986 年 9 月 3 日通过验收，并由内蒙古区政府批准正式命名“三河牛”
中国草原红牛	原产于吉林、辽宁、河北和内蒙古。主要分布于吉林白城地区、内蒙古赤峰市、锡林郭勒盟南部和河北张家口地区。目前，大约有 14 万头	毛色多为深红色，少数牛腹下、乳房部分有白斑，尾帚有白毛。全身肌肉丰满，结构匀称。乳房发育较好。成年公牛体重 825.2 kg，成年母牛体重 482 kg。犊牛初生重，公犊 31.9 kg，母犊 30.2 kg。见彩色插图 3-7	泌乳期 220 d，平均产奶量 1 662 kg，乳脂率 4.02%，最高个体产奶量为 4 507 kg。18 月龄的阉牛，经放牧育肥，屠宰率为 50.8%。短期催肥后屠宰率为 58.1%	耐粗抗寒，适应性强。生产性能不稳定，后躯发育欠佳。1985 年 8 月 20 日，经农牧渔业部授权吉林省畜牧厅，在赤峰市对该品种进行了验收，正式命名为“中国草原红牛”。含有乳肉兼用型短角牛血统
新疆褐牛	原产于新疆伊犁、塔城等地区。主要分布于全疆南北。现有牛数约 45 万头	被毛为深浅不一的褐色，额顶、角基、口轮周围及背线为灰白色或黄白色。肌肉丰满。头清秀，嘴宽。角大小中等，向侧前上方弯曲，呈半椭圆形。成年公牛体重 951 kg，母牛 431 kg。见彩色插图 3-8	舍饲条件下平均产乳量 2 100～3 500 kg，高的可达 5 162 kg，乳脂率 4.03%～4.08%。放牧条件下，2 岁以上牛的屠宰率为 50%以上	适应性好，耐严寒和酷暑，抗病力强，宜于放牧，体型外貌好。但其生产性能尚不稳定。1983 年经新疆畜牧厅评定验收并命名为“新疆褐牛”。含有瑞士褐牛血统

续表 3-1-4

品种	原产地及分布	外貌特征	生产性能	主要特点及培育过程
科尔沁牛	主产于内蒙古东部地区的科尔沁草原。1994 年末约有 8.12 万头	被毛为黄（红）白花，白头，体格粗壮，结构匀称，胸宽深，背腰平直，四肢端正，后躯及乳房发育良好，乳头分布均匀。成年公牛体重 991 kg，母牛 508 kg。犊牛初生重38～42 kg	280 d 产奶量 3 200 kg 乳脂率 4.17%，高产达 4 643 kg。在常年放牧加短期补饲条件下 18 月龄屠宰率为 53.3%，经短期育肥屠宰率可达 61.7%	适应性强、耐粗抗寒、抗病力强、宜于放牧。于 1990 年通过鉴定，由内蒙古区政府正式验收命名为“科尔沁牛”。以西门达尔牛为父本，蒙古牛、三河牛为母本，采用育成杂交方法培育而成

三、肉用牛品种识别

据估计，全世界约有 60 多个专门化肉牛品种，其中英国 17 个，法、意、美、前苏联各 11 个。这里不含兼用品种和我国黄牛品种。世界上主要的肉牛品种，按体型大小和产肉性能，大致可分为两大类：一是中、小型早熟品种，主要品种有海福特牛、安格斯牛等；二是大型品种，主产于欧洲大陆，代表品种有夏洛来牛、利木赞牛、契安妮娜牛、皮埃蒙特牛等。现将我国引进的主要肉用牛品种介绍如表 3-1-5 所示。

表 3-1-5 我国引进的主要肉用牛品种

品种	原产地	外貌特征	生产性能	杂交改良效果
夏洛来牛	原产于法国中西部到东南部的夏洛来省和涅夫勤地区。是世界闻名的大型肉用牛品种	被毛白色或乳白色，皮肤常带有色斑。全身肌肉特别发达，骨骼结实，四肢强壮。头小而宽，嘴端宽、方，角圆而较长，并向前方伸展。颈粗短，胸宽深，肋骨方圆，背宽肉厚，体躯丰满呈圆桶状，后臀肌肉发达，并向后和侧面突出。成年公牛体重 1 100～1 200 kg，母牛 700～800 kg。见彩色插图 3-9	最显著的特点是生长速度快，瘦肉率高，耐粗饲。在良好的饲养条件下，6 月龄公犊可达 250 kg。日增重可达 1.4 kg。屠宰率为 60%～70%，胴体瘦肉率为 80%～85%。该牛纯种繁殖时难产率高达 13.7%。夏洛来牛肌肉纤维比较粗糙，肉质嫩度不够好	我国于 1964 年和 1974 年，先后从法国引进该牛，主要分布在东北、西北和南方部分地区，与本地黄牛杂交，夏杂后代体格明显加大，增长速度加快，杂种优势明显
利木赞牛	原产于法国中部利木赞高原。数量仅次于夏洛来牛，为法国第二大品种。目前有 54 个国家引入利木赞牛，属于大型肉用牛品种	被毛为红色或黄色，口、鼻、眼圈周围、四肢内侧及尾帚毛色较浅，角为白色，蹄为红褐色。头较短小，额宽，胸部宽深，体躯较长，后躯肌肉丰满，四肢粗短。成年公牛平均体重 1 100 kg，母牛 600 kg。在法国公牛活重可达 1 200～1 500 kg，母牛达 600～800 kg。见彩色插图 3-10	产肉性能高，胴体质量好，眼肌面积大，前后肢肌肉丰满，出肉率高。10 月龄体重即可达 408 kg，哺乳期平均日增重为 0.86～1.0 kg。8 月龄小牛即可具有大理石花纹的肉质。难产率极低，一般只有 0.5%	我国于 1974 年开始从法国引入，主要分布在黑龙江、辽宁、山东、安徽、陕西、河南和内蒙古等地，与本地黄牛杂交，杂种优势显著

续表 3-1-5

品种	原产地	外貌特征	生产性能	杂交改良效果
皮埃蒙特牛	原产于意大利北部皮埃蒙特地区。属大型肉用牛品种。是目前国际公认的终端父本。主要分布在我国山东、河南、黑龙江、北京和辽宁	被毛灰白色，鼻镜、眼圈、肛门、阴门、耳尖、尾帚等为黑色。犊牛出生时被毛为浅黄色，以后慢慢变为白色。中等体型，皮薄，骨细。全身肌肉丰满，外形很健美。后躯特别发达，双肌性能表现明显。公牛体重不低于1 000 kg，母牛平均为500～600 kg。公母牛的体高分别为150 cm和136 cm。见彩色插图3-11	牛生长快，肥育期平均日增重1.5 kg。生长速度为肉用品种之首。肉质细嫩，瘦肉含量高，屠宰率一般为65%～70%，胴体瘦肉率达84.13%。脂肪和胆固醇含量低	我国于1986年引进皮埃蒙特牛冻精和冻胚，现已在全国12个省推广应用，杂交效果良好。皮杂后代生长速度达到国内肉牛领先水平
契安尼娜牛	原产于意大利中西部的契安娜山谷。是目前世界上体形最大的肉牛品种，含有瘤牛血统	被毛白色，尾帚黑色，除腹部外，皮肤均有黑色素。犊牛出生时，被毛为深褐色，在60日龄时逐渐变为白色。成年牛体躯长、四肢高、体格大、结构良好，但胸部深度不够。成年公牛体重1 500 kg，母牛800～1 000 kg。体高公牛184 cm，母牛150～170 cm	契安尼娜牛生长强度大，一般日增重均在1 kg以上，2岁内日增重可达2.0 kg。产肉多而品质好，大理石纹明显，适应性好，繁殖力强且很少难产	该牛与南阳黄牛进行杂交，契南一代日增重在1.0 kg以上，屠宰率为60%，但骨量大，且牛肉嫩度变差
海福特牛	原产于英格兰西部的海福特郡。世界上最古老的中小型早熟肉牛品种	体躯毛色为橙黄色或黄红色，具有“六白”特征，即头、颈垂、鬐甲、腹下、四肢下部及尾尖为白色。分为有角和无角两种。公牛角向两侧伸展，向下方弯曲，母牛角向上挑起。颈粗短，体躯肌肉丰满，呈圆桶状，背腰宽平，臀部宽厚。肌肉发达，四肢短粗	在良好条件下，7～12月龄日增重可达1.4 kg以上。一般屠宰率为60%～65%。18月龄公牛活重可达500 kg以上	我国于1974年首批从英国引入海福特。海杂后代生长快，抗病耐寒，适应性好
安格斯牛	原产于英国的阿伯丁、安格斯和金卡丁等郡。是英国最古老的小型肉用牛品种之一。占美国肉牛总数的1/3	安格斯牛无角，头小额宽且表现清秀，体躯宽深，呈圆桶状，背腰宽平，四肢短，后躯发达，肌肉丰满。被毛为黑色，光泽性好。近些年来，美国、加拿大等国家育成了红色安格斯牛。公牛体重700～900 kg，母牛500～600 kg。见彩色插图3-12	增重性能良好，平均日增重约为1.0 kg。肉牛中胴体品质最好，屠宰率60%～70%。难产率低	早熟，耐粗饲，放牧性能好，性情温顺，耐寒，适应性强。是国际肉牛杂交体系中最好的母系
比利时蓝白花牛	分布在比利时中北部。是荷斯坦牛血统中唯一被育成纯肉用的专门品种	毛色为白身躯中有蓝色或黑色斑点，色斑大小变化较大。鼻镜，耳缘，尾巴多黑色。个体高大，体躯呈长筒状，体表肌肉醒目，肌束发达，“双肌”特征明显，头部轻，尻微斜。公牛体重1200 kg，母牛700 kg。见彩色插图3-13	犊牛早期生长速度快，最高日增重可达1.4 kg。屠宰率65%	我国于1996年引入比利时蓝白花牛，用于肉牛配套系的父系

续表 3-1-5

品种	原产地	外貌特征	生产性能	杂交改良效果
德国黄牛	原产于德国和奥地利。德国数量最多，系瑞士褐牛与当地黄牛杂交育成的	毛色为浅黄色、黄色或淡红色。体型外貌近似西门塔尔牛。体格大，体躯长，胸深，背直，四肢短而有力，肌肉强健。母牛乳房大，附着结实。成年公牛体重1 000～1100 kg，母牛700～800 kg。见彩色插图3-14	年产奶量达4 164 kg，乳脂率4.15%。初产年龄为28个月，难产率低。平均日增重0.985 kg。平均屠宰率62.2%，净肉率56%	1996年和1997年，我国先后从加拿大引进该牛，其适应性强，生长发育良好

四、中国黄牛品种识别

中国黄牛是我国固有且长期以役用为主，除水牛、牦牛以外的群体总称。广泛分布于全国各地，我国黄牛按地理分布区域和生态条件，分为中原黄牛、北方黄牛和南方黄牛三大类型。中原四大黄牛是指秦川牛、南阳牛、鲁西牛、晋南牛。北方黄牛的典型代表是蒙古牛和延边牛。产于东南、西南、华南、华中和台湾的黄牛均属南方黄牛，南方黄牛的典型代表是温岭高峰牛。

我国黄牛品种，大多具有适应性强、耐粗饲、牛肉风味好等优点，但大都属于役用或役肉兼用体型，体型较小，后躯欠发达，成熟晚、生长速度慢。

现将我国黄牛主要品种介绍如下（表3-1-6），其他黄牛品种可参阅《中国牛品种志》。

表3-1-6 中国黄牛主要品种

品种	原产地	外貌特征	生产性能	杂交效果
秦川牛	因产于陕西关中的“八百里秦川”而得名。现群体总数约80万头	属大型牛，骨骼粗壮，肌肉丰厚，体质强健，前躯发育良好，具有役肉兼用牛的体型。角短而钝、多向外下方或向后稍弯。毛色多为紫红色及红色。鼻镜肉红色。部分个体有色斑。蹄壳和角多为肉红色。公牛颈上部隆起，鬐甲高而厚，母牛鬐甲低，荐骨稍隆起。缺点是后躯发育较差，常见有尻稍斜的个体。见彩色插图3-15	在中等饲养水平下，18月龄时的平均屠宰率为58.3%，净肉率为50.5%	全国有21个省、自治区曾引进秦川公牛改良本地黄牛，效果良好
南阳牛	河南省南阳地区白河和唐河流域的广大平原地区。现有145万头	毛色以深浅不一的黄色为主，另有红色和草白色，面部、腹下、四肢下部毛色较浅。体型高大，结构紧凑，公牛多为萝卜头角，母牛角细。鬐甲较高，肩部较突出，公牛肩峰8～9 cm，背腰平直，荐部较高，额部微凹，颈部短厚而多皱褶。缺点是部分牛胸欠宽深，体长不足，尻部较斜，乳房发育较差。见彩色插图3-16	产肉性能良好，15月龄育肥牛屠宰率55.6%，净肉率46.6%，眼肌面积92.6 cm^2	全国22个省已有引入，杂交后代适应性、采食性和生长能力均较好

续表 3-1-6

品种	原产地	外貌特征	生产性能	杂交效果
晋南牛	主产于山西省西南部的运城、临汾地区。现有66万余头	毛色以枣红为主，红色和黄色次之。鼻镜粉红色。体型粗大，体质结实，前躯较后躯发达。额宽，顺风角，颈短粗，垂皮发达，肩峰不明显，胸宽深，臀端较窄，乳房发育较差。部分母牛有尻尖斜的缺点。见彩色插图 3-17	18月龄时屠宰，屠宰率53.9%。经强度肥育后屠宰率59.2%。眼肌面积79.00 cm^2	曾用于四川、云南、陕西、甘肃、安徽等地的黄牛改良，效果良好
鲁西牛	主产于山东省西南部的菏泽、济宁地区。目前总头数40多万	毛色以黄色为主，多数牛具有“三粉”特征，即眼圈、口轮、腹下与四肢内侧毛色较浅，呈粉色。公牛多平角或龙门角；母牛角多形多样，以龙门角居多。公牛肩峰宽厚而高。垂皮较发达。尾细长，尾毛多扭生如纺锤状。体格较大，但日增重不高，后躯欠丰满。见彩色插图 3-18	抗结核和焦虫病能力强，但耐寒力较差。18月龄育肥，公、母牛平均屠宰率为57.2%，净肉率为49.0%，眼肌面积89.1 cm^2	现已遍及山东全省，作为母本与利木赞牛和西门塔尔牛杂交的效果较好
延边牛	主产于吉林省延边朝鲜族自治州及鸭绿江一代朝鲜族聚集的水田地区。总数约21万头	公牛头方额宽，角基粗大，多向外后方伸展成一字形或倒八字形。母牛角细而长，多为龙门角。毛色为深浅不一的黄色，鼻镜呈淡褐色，被毛长而密。胸部宽深，皮厚而有弹力。公牛颈厚隆起，母牛乳房发育良好。见彩色插图 3-19	18月龄育肥牛平均屠宰率57.7%，净肉率47.2%，眼肌面积75.8 cm^2	耐寒、耐粗，抗病力强，适应性良好。善走山路。适宜做杂交母本
蒙古牛	原产于蒙古高原地区。广泛分布于我国北方各省区。主产区总数约300万头	毛色多样，但以黑色、黄色者居多。头短宽、粗重，角长，向上前方弯曲。垂皮不发达。鬐甲低下。胸较深，背腰平直，后躯短窄，尻部倾斜，四肢短，蹄质坚实。皮肤较厚。见彩色插图 3-20	中等膘情的成年阉牛，平均屠宰率为53.0%，净肉率44.6%，眼肌面积56.0 cm^2	耐干旱和严寒能力强，发病率低。适宜做杂交母本
温岭高峰牛	原产于浙江省温岭市城南、松门、温西和大溪等地。黄岩、玉环、乐清等邻县有少量分布	毛色为黄色或棕黄色，眼圈、嘴环、腹下、四肢内侧及下部，常有少量灰白色细毛，有的牛背中线黑。尾帚黑色。鼻镜呈青灰色。公牛角粗壮而开张，角质基部粗糙，角尖黑而光滑发亮，呈“横担角”或“龙门角”；母牛角细短、多向前上方伸展。肩峰高耸，峰高达10～18 cm，前躯发达，肌肉结实，骨骼粗壮，但后躯肌肉欠丰满。公牛头大额宽，眼球圆大凸出，耳向前竖立，耳壳薄而大、内侧密生白毛。公牛颈粗大，肉垂发达，颈侧皮肤略有皱褶。早熟、繁殖力强，后躯发育不良	3岁阉牛的平均屠宰率为51.0%，净肉率为46.3%，优质肉切块达36.0%，骨肉比为1∶6.0，眼肌面积60.3 cm^2。肌肉纤维细嫩，多汁	温岭高峰牛是濒危品种，要注意保种

五、水牛品种识别

水牛是热带、亚热带地区特有的畜种，主要分布在亚洲地区，约占全球饲养量的90%。水牛具有乳、肉、役多种经济用途，适于水田作业。水牛奶营养丰富，脂肪、干物质及总能量都高于荷斯坦牛牛奶。水牛按其外形、习性和用途常分成两种类型，即沼泽型水牛和河流型水牛。沼泽型水牛有泡水和滚泥的自然习性。这类水牛细胞染色体核型为$2n=48$。体型较小，生产性能偏低，适应性强，以役用为主。主要分布于中国、泰国、越南、缅甸、老挝、柬埔寨、马来西亚、菲律宾、印尼和尼泊尔等国家，沼泽型水牛一般以产地命名；河流型水牛原产于江河流域地带，习性喜水。这类水牛细胞染色体核型为$2n=50$。体型大，以乳用为主。也可兼作其他用途。这类水牛主要分布于印度、巴基斯坦、保加利亚、意大利和埃及等国家。

20世纪80年代我国开始在农村进行奶水牛推广试点，已引进了世界著名的乳用水牛品种摩拉水牛和尼里-拉菲水牛用于改良我国南方水牛。大力发展水牛奶业，培育中国乳肉兼用水牛新类群，是我国水牛业的未来主要发展方向。中国奶业协会内正式设立了奶水牛专业委员会。主要水牛品种介绍见表3-1-7。

表3-1-7 主要水牛品种

品种	原产地及分布	外貌特征	生产性能	主要特点
摩拉水牛	原产于印度西北部。饲养有摩拉水牛3 000万头，占其水牛总数的47%	毛色通常为黑色，尾帚为白色，被毛稀疏。角短、向后向上内弯曲，呈螺旋形。尻部斜，四肢粗壮。公牛头粗重，母牛头较小、清秀。公牛颈厚，母牛颈长薄，无垂皮和肩峰。乳房发达，乳头大小适中，距离宽，乳静脉弯曲明显。我国繁育的摩拉水牛成年公、母牛体重分别为969.0 kg和648 kg	平均泌乳期为251～398 d，泌乳期平均产奶量1 955.3 kg。个别好的母牛305 d泌乳期产奶量达3 500 kg。公牛在19～24月龄育肥165 d，日增重平均为0.41 kg；屠宰率为53.7%	耐热、耐粗饲、抗病力强、适应性强。但摩拉水牛性情偏于神经质，应加强调教和培育。我国于1957年开始从印度引进摩拉水牛，数量有逐年上升的趋势。南方各省均有饲养，尤其以广西较多
尼里-拉菲水牛	原产于巴基斯坦旁遮普省中部的尼里河与拉菲河流域一带。约占全国水牛总头数的70%	外貌近似摩拉水牛。毛色为黑色，部分为棕色。特征性外貌为玉石眼（虹膜缺乏色素），前额、脸部、鼻端、四肢下部有白斑，尾帚为白色。角短，角基粗，角向后朝上卷曲，呈螺旋状。头较长，前额突出。体躯深厚，体格粗壮。前躯较窄，后躯宽广，侧望呈楔形。乳房发达，乳头粗大且长，乳静脉显露、弯曲。尾端达飞节以下。成年公、母牛体重分别为800 kg和600 kg	平均泌乳期为316.8 d，泌乳量为2 262.1 kg，平均日产奶7.1 kg，最高日产量达18.4 kg，优秀个体泌乳量可达3 400～3 800 kg。与巴基斯坦原产地选育的核心牛群平均泌乳量基本相近。公牛在19～24月龄育肥168 d，平均日增重0.43 kg；屠宰率、净肉率分别为50.1%、39.3%	耐粗饲、群性好、耐热和抗病力强、适应性强。其体态比原产地水牛更加丰满，性情也更温驯。1974年，巴基斯坦政府赠送给中国政府50头尼里-拉菲水牛，分配给广西、湖北各25头。据1988年不完全统计，尼里一拉菲水牛在中国已发展到209头

续表 3-1-7

品种	原产地及分布	外貌特征	生产性能	主要特点
中国水牛	主要分布于淮河以南的水稻产区，其中广西、云南、广东、贵州、四川数量最多	全身被毛深灰色或浅灰色，且均随年龄增长而毛色加深为深灰色或暗灰色，被毛稀疏。前额平坦而较狭窄，眼大突出。角左右平伸，呈新月形或弧形。颈下和胸前多有浅色颈纹和胸纹，皮粗糙而有弹性。鬐甲隆起，肋骨弓张，背腰宽而略凹。腰角大而突出，后躯差，尻部斜。尾粗短，着生较低，四肢粗短。见彩色插图3-21	宜于水田作业，使役年限一般为12年。泌乳期8～10个月，泌乳量500～1 000 kg，乳脂率7.4%～11.6%。乳蛋白率为4.5%～5.9%。肉用性能较差，屠宰率46%～50%，净肉率35%左右	中国水牛属沼泽型。湖北的滨湖水牛、四川的德昌水牛、云南的德宏水牛和广西的西林水牛为典型代表。我国水牛数量约为2 280.9万头，仅次于印度和巴基斯坦，我国有18个省区有水牛分布

六、牦牛品种识别

1. 牦牛的外貌特征

牦牛外貌粗野，体躯强壮，头小颈短，嘴较尖，胸宽深，鬐甲高，背线呈波浪形，四肢短而结实，蹄底部有坚硬的突起边缘，尾短而毛长如帚，全身披满粗长的被毛，尤其是腹侧丛生密而长的被毛，形似“围裙”，粗毛中生长绒毛。有的牦牛有角，有的无角。毛色主要以黑色居多，约占60%，其次为深褐色、黑白花、灰色及白色。公母牦牛两性异相，公牦牛头短颈宽，颈粗长，肩峰发达。母牦牛头尖，颈长角细，尻部短而斜。成年公牦牛体重为300～450 kg，母牦牛为200～300 kg。

2. 牦牛的分布与分类

中国是世界上牦牛数量最多的国家，现有牦牛1 377.4万头，约占世界牦牛总头数的92%，主要分布在我国青藏高原、川西高原和甘肃南部及周围海拔3 000 m以上的高寒地区，其中青海480万头、四川400万头、西藏380万头、甘肃90万头、新疆22万头、云南5万头。其次是蒙古国，约有牦牛60万头。我国饲养牦牛历史悠久，已形成10个优秀的类群。分别是四川的九龙牦牛、麦洼牦牛，甘肃的天祝白牦牛，青海的高原牦牛（彩色插图3-22）、环湖牦牛，西藏的帕里牦牛、亚东牦牛、高山牦牛、斯布牦牛，新疆的巴州牦牛及云南中甸牦牛等。

3. 牦牛的生物学特性与经济价值

牦牛比普通牛胸椎多1～2个，荐椎多1个，肋骨多1～2对，胸椎和荐椎大1～2倍，胸部发达，体温、呼吸、脉搏等生理指标也比普通牛高。因此，其能很好地适应高寒地区的环境条件。牦牛常被誉为“高原之舟”。牦牛作为原始品种，具有产乳、毛、肉、皮、绒等多种经济用途，也作为役力。牦牛毛和尾毛是我国传统特产，以白牦牛毛最为珍贵。在高原寒冷的特殊环境条件下，牧民的生存与牦牛息息相关。

4. 牦牛的生产性能

成年牦牛的屠宰率为55%，净肉率41.4%～46.8%，眼肌面积50～88 cm^2。泌乳期3.5～6个月，产奶量240～600 kg，乳脂率5.65%～7.49%。剪毛量，公牛产毛3.6 kg，绒

0.4～1.9 kg，母牛产毛 1.2～1.8 kg，绒0.4～0.8 kg。负载 60～120 kg，日行走 15～30 km。母牦牛多为 3 岁配种，4 岁产犊，并且多数是两年产一犊，少数为三年两产。

【知识拓展】

犏牛、牦犏牛

牦牛体细胞染色体数（$2n=60$），黄牛体细胞染色体数（$2n=58$）。牦牛与黄牛间可进行种间杂交，以牦牛为母本产生的后代称为犏牛或黄犏牛，反向杂交的后代称为牦犏牛。杂种后代中 1～3 代的雄性均不育，但雌性可育，第四代杂种公牛有正常生育能力，但不宜作种用。对牦牛的杂交目前不存在改良育种问题，除杂交后代不能正常生育外，黄牛无法适应高原气候，不能直接引进也是一项重要原因。

【行业公告】

21 个牛品种入选国家级畜禽遗传资源保护名录

根据《畜牧法》第十二条的规定，农业部确定了八眉猪等 159 个畜禽品种为国家级畜禽遗传资源保护品种。国家级畜禽遗传资源保护名录中牛品种为 21 个，依次为：九龙牦牛、天祝白牦牛、青海高原牦牛、独龙牛（大额牛）、海子水牛、富钟水牛、德宏水牛、温州水牛、延边牛、复州牛、南阳牛、秦川牛、晋南牛、渤海黑牛、鲁西牛、温岭高峰牛、蒙古牛、雷琼牛、郏县红牛、巫陵牛（湘西牛）、帕里牦牛。

摘自《中华人民共和国农业部公告（第 2061 号）》

任务 2　牛外貌评定

【任务描述】

体型外貌本身并无直接的经济效益，但某些体型外貌性状与生产性能之间存在一定的关系，现在各国已在奶牛饲养中将体型外貌评定纳入到生产性能测定体系中。本次任务主要包括体尺测量、体重测量、奶牛体况评分和奶牛线性评定，以完成牛种用价值和经济价值评定。

【任务分析】

不同品种间，生产性能差异较大，而同一品种的不同个体，由于遗传基础不同，使得个体间生产性能也存在明显差异。体型外貌是体躯结构的外部表现，外部表现又是以内部器官的发育程度为基础的，在一定程度上能反映其器官功能、生产性能和健康状况，反映牛的生产潜力，是选购理想个体牛的重要依据。该任务是在理想品种确定后，根据其与生产力表现相关性状，即体型外貌、整体结构、生产性能、繁殖能力、适应性等来进行优秀个体牛只的选择。

【任务实施】

一、体尺测量和体重测定

在进行牛体尺测量和体重估测时，要求被测牛只端正的站立于宽敞平坦、明亮的场地，四肢直立，头自然前伸，姿势正常。正确的使用测量工具，动作迅速、操作正确，要求每个部位测定 2 次，取其平均值，做好记录。

（一）体尺测量

体尺测量是测量鉴别的重要内容之一，是进行牛体活重估测的基础性工作，它能准确反映牛主要部位的发育情况，弥补肉眼鉴别的缺陷，能有效提高初学者的鉴别能力。体尺测量所用的测量工具主要有测杖、卷尺、圆形测量器、测角计等。测量体尺数据后一定要注明所用测具。

1. 测量前准备

测量时牛要站立自然且正直，场地平坦，光线充足，并事先校正测量器械。由于测量的目的不同，测量项目亦不同，一般奶牛要求至少测量三高、三围、三宽和三长。

2. 常见体尺的测量部位

（1）体高　从鬐甲最高点至地面的垂直距离（测量工具：测杖）。

（2）体斜长　从肩端前缘至坐骨结节后缘的距离，简称体长。估测体重时需要用软尺紧贴皮肤量取。（测量工具：测杖或卷尺）。

（3）胸围　沿肩胛骨后缘处体躯垂直周径，其松紧度以能插入食指和中指上下滑动为准（测量工具：卷尺）。

（4）管围　左前肢掌骨上 1/3（最细）处的水平周径（测量工具：卷尺）。

（5）腰高　两腰角连线中点到地面的垂直距离。也称为十字部高（测量工具：测杖）。

（6）荐高　荐骨最高点至地面的垂直距离（测量工具：测杖）。

（7）腹围　腹部最粗部分的垂直周径。用卷尺量取（测量工具：卷尺）。

（8）胸宽　两侧肩胛骨后缘处量取最宽处的水平距离（测量工具：测杖或圆形测量器）。

（9）腰角宽　两腰角外缘之间的距离。也称十字部宽（测量工具：测杖或圆形测量器）。

（10）体直长　肩端前缘向下引垂线至坐骨结节后缘向下所引垂线之间的水平距离（测量工具：测杖）。

（11）髋宽　两侧髋关节之间的直线距离（测量工具：测杖或圆形测量器）。

（12）尻长　腰角前缘到坐骨结节后缘的直线距离（测量工具：测杖）。

3. 体尺指数的计算与分析

体尺指数，又称体态结构指数，是体尺指标之间的数量关系，是整理和分析体尺材料的一种方法，反映各部位是否发育完全，是否匀称和符合某一生产类型、品种特征。用于表达不同体躯部位的相对发育程度，反映牛的体态特征及可能的生产性能。它的计算一般是用某一常用体尺做基数，如体高与其他体尺之比，以百分率表示。

（1）体长指数 肉用牛的体长指数一般大于乳用牛，胚胎发育不全的牛，该指数高于品种的平均值，如果生后发育受阻，则指数低于平均值，该指数随着年龄增大而增大。

$$体长指数=\frac{体长}{体高}\times 100\%$$

（2）胸围指数 该指数多用于役用牛，它表示役用牛役用能力的大小。

$$胸围指数=\frac{胸围}{体高}\times 100\%$$

（3）胸宽指数 该指数说明胸部深宽的相对发育。一般役用牛和肉牛较奶牛大。

$$胸宽指数=\frac{胸宽}{胸深}\times 100\%$$

（4）管围指数 该指数表示体躯骨骼的相对发育情况，役牛的管围指数最大，奶牛次之，肉牛最小。

$$管围指数=\frac{管围}{体高}\times 100\%$$

（5）体躯指数 该指数表示体躯的发育程度。一般肉牛、役牛的体躯指数大于奶牛。

$$体躯指数=\frac{胸围}{体长}\times 100\%$$

（6）肢长指数 该指数说明牛的四肢的相对长度，奶牛肢长指数较大，随年龄增长逐渐降低。四肢特别长是牛在生长发育期发育不良的指标之一；四肢特别短则为牛仔胚胎发育不良的特征之一。

$$肢长指数=\frac{体高-胸深}{体高}\times 100\%$$

（7）髋胸指数 该指数说明前后躯在宽度上的相对发育。一般役牛和肉牛较奶牛大，公牛较母牛大，随年龄的增大而逐渐缩小。

$$髋胸指数=\frac{胸宽}{腰角宽}\times 100\%$$

（8）尻高指数 该指数说明前后躯在高度上的相对发育。尻高指数随年龄增长而下降。如果成年牛该指数较高则说明该牛犊牛培育阶段发育不良。

$$尻高指数=\frac{尻高}{体高}\times 100\%$$

体尺指数依牛的品种、类型不同而异，这是因为外形与机能是相关的。机体各部位在不同生长发育阶段其发育是不平衡的，因此，其体尺指数也随年龄的增长而变化。不同类型牛的体尺指数有明显差别，见表 3-2-1。

表 3-2-1　不同类型牛的体尺指数

指数名称	肉用型（短角牛）	肉乳兼用型（西门塔尔牛）	乳用型（荷斯坦牛）	役用牛（秦川牛）
体长指数	122.5	118.4	120.8	112.72
胸宽指数	73.6	68.8	61.8	56.37
管围指数	13.9	15.1	14.6	13.52
体躯指数	132.5	121.3	118.2	121.70
肢长指数	42.2	48.2	45.7	48.71
髋胸指数	83.5	85.5	80.2	86.57
尻高指数	102.5	103.2	100.9	99.59

(二)体重测定

体重是反映牛发育情况的重要指标，对种公牛、育成牛和犊牛尤为重要。母牛应测定其泌乳高峰期的体重，并应扣除胎儿的重量。测定牛体重最准确的方法是直接用地磅称重，缺乏直接称重条件时，可利用测量的体尺进行估算。

1. 实测法

也叫称重法，实在平台式地磅上称重。这种方法最为准确。犊牛每月测重一次，育成牛每3个月测重一次，成年牛根据生产需要进行测定。每次称重均应在清晨空腹进行，而成母牛应在挤奶之后进行，连称 3 d，取其平均数。

2. 估测法

用体尺测量计算体重的方法。估重的方法很多，使用的公式不同，要求测量的体尺也各异。估测法所得的结果会与实际称重结果有一定的差异，一般认为与实际相差5%以内即为合格。各年龄牛可采用以下公式进行估测：

6～12月龄奶牛体重(kg)＝胸围^2(m)×体斜长(m)×98.7

16～18月龄奶牛体重(kg)＝胸围^2(m)×体斜长(m)×87.5

成年奶牛、乳肉兼用牛体重(kg)＝胸围^2(m)×体斜长(m)×90

成年肉牛、肉乳兼用牛体重(kg)＝胸围^2(m)×体直长(m)×100

黄牛体重(kg)＝胸围^2(cm)×体斜长(cm)/11 420

水牛体重(kg)＝胸围^2(m)×体斜长(m)×80＋50

二、体况评分

奶牛体况评分，即膘情评定，是检查牛只膘情的最简单有效的办法，它反映了奶牛身体能量储备状态，是衡量奶牛营养代谢正常与否、饲养效果及健康状况的标尺。奶牛体况评分是当今奶牛饲养管理中的一项实用技术，是作为调整日粮及饲喂量的重要依据，是保证牛只健康、增重和增加产奶量的有效措施之一。

(一)评分部位与方法

奶牛体况评分主要是根据目测和触摸牛的尾根、尻角(坐骨结节)、腰角(髋结节)、脊柱(主要是椎骨棘突和腰椎横突)及肋骨等关键骨骼部位的皮下脂肪蓄积情况而进行的直观评分。评定时,将奶牛拴于牛床上,评定人员通过对奶牛评定部位的目测和触摸,结合整体印象,对照标准给分。评定时牛体应自然舒张,否则肌肉紧张会影响评定结果。具体评定方法如下:

首先,观察牛体躯的大小、全貌、肋骨的显露程度和开张程度,观察牛体整体丰满程度。

其次,从牛体后侧观察尾根周围的凹陷情况,然后再从侧面观察腰角和尻部的凹陷情况和脊柱、肋骨的丰满程度。同时,还需要考虑被毛光泽及顺逆、腹部的凹陷度。

最后,触摸尻角、腰角、脊柱、肋骨以及尻部皮下脂肪的沉积情况。操作要点为:

①用拇指和食指掐捏肋骨,检查肋骨皮下脂肪沉积情况。过肥的奶牛,不易掐住肋骨。

②用手掌在牛的肩、背、尻部移动按压,以检查其肥度。

③用手指和掌心掐捏腰椎横突,触摸腰角和尻角。如肉脂丰厚,检查时不易触感到骨骼。评定时,侧重于尾根、尻角、尻部及腰角等部位的脂肪和肌肉沉积情况,结合肋骨、脊柱及整体印象,达到准确、快速、科学评定的目的。

(二)评分标准

奶牛体况评分标准应本着准确、实用、简明、易操作的原则加以制定。现介绍国外奶牛体况评分标准,仅供参考。本标准采用5分制,具体评分标准见表3-2-2。

表3-2-2　奶牛体况评分标准

体况评分	腰椎	腰椎骨横切面(尻部凹陷后观)	腰骨和坐骨结节(尻部凹陷侧观)	尾根凹陷后观及侧观	整　体
1 严重过瘦	 尖峰状	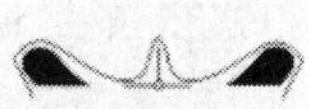 深度凹陷	 深度凹陷	 凹陷很深呈"V"形	极度消瘦 皮包骨样
2 骨架显露	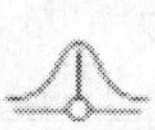 脊突明显	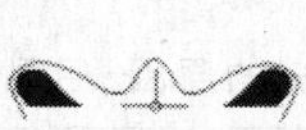 明显凹陷	 凹陷明显	 凹陷明显呈"U"形	瘦但不虚 弱骨骼轮 廓清晰
3 体况适中	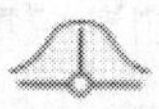 脊突不明显	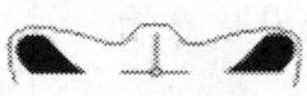 略有凹陷	 较少凹陷	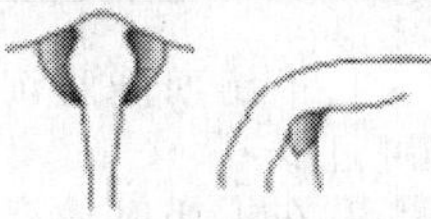 凹陷很少 稍有脂肪沉着	全身骨节 不明显胖 瘦适中
4 骨架 不显露	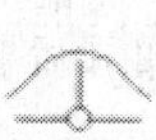 稍呈圆形	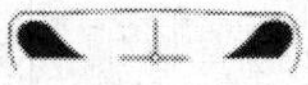 较平坦	 稍圆	 脂肪沉着明显 凹陷更小	皮下脂肪 沉积明显

续表 3-2-2

体况评分	腰椎	腰椎骨横切面（尻部凹陷后观）	腰骨和坐骨结节（尻部凹陷侧观）	尾根凹陷后观及侧观	整　体
5 严重过肥	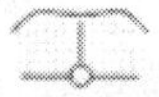 脊突埋于脂肪中	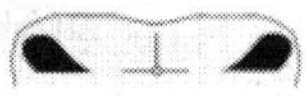 圆滑	 丰满呈圆形	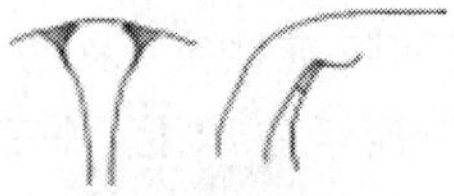 皮下脂肪沉积明显	过度肥胖

注：引自 A. J. Edmondson，I. J. Lean，C. O，Weaver，T. Farver and G. Webster.“黑白花奶牛的体况评分图”，奶牛科学学报，总期第 72 期，68～78 页，1989 年

（三）评定时期及适宜体况

成母牛体况评分的时间，理想状况下是每月进行 1 次。在实际应用中，一般在产犊时、泌乳高峰期、泌乳中期、泌乳后期和干奶中期进行 5 次体况评分。后备母牛一般在 6 月龄、初次配种和产前 2 个月时进行评定。各时期的适宜体况评分和调整措施详见表 3-2-3、表 3-2-4。奶牛在不同时期应有其合适的体况，以使其产奶能力最大限度发挥，同时又能保证繁殖消化机能的正常以及奶牛健康不受影响。如果奶牛的体况评分不符合要求时，要及时调整日粮结构和管理措施。

表 3-2-3　奶牛各时期适宜体况评分

奶牛阶段	评定时间	适宜体况评分
成母牛	产犊（围产期）	3.5
	泌乳高峰期	2.75～3.0
	泌乳中期	3.0～3.25
	泌乳后期	3.25～3.5
	干奶中期	3.5
后备牛	6～12 月龄	2.0～3.0
	第一次配种	2.5～3.0
	产犊（分娩期）	3.5

表 3-2-4　奶牛各关键时期过高或过低体况的原因、后果和措施

阶段	评分	原因	后果	措施
产犊	＞3.5	1. 干奶期脂肪沉积过多 2. 在干奶时体况过肥 3. 干奶期太长	1. 食欲差 2. 乳热症发病率高 3. 亚临床或临床性酮病发病率高 4. 脂肪肝发病率高 5. 胎衣滞留发病率高 6. 潜在产奶性能不能充分发挥	1. 降低干奶期日粮能量水平 2. 降低泌乳后期日粮能量水平 3. 将干奶时间限为 60 d
	＜3.0	1. 干奶期掉膘 2. 在干奶时体况过瘦	1. 意味着在营养不足时可动用的体脂肪储存不足 2. 奶蛋白率可能会降低	1. 增加日粮能量、蛋白水平 2. 增加泌乳后期日粮能量水平

续表 3-2-4

阶段	评分	原因	后果	措施
泌乳高峰期	＞3.0	产奶量潜力未发挥	影响产奶量	提高日粮蛋白水平
	＜2.0	1.在产犊时奶牛太瘦 2.在泌乳早期失重过多	1.不能达到潜在产奶高峰 2.第一次配种受胎率低	1.检查奶牛进食量和饲养措施 2.提高日粮能量水平
泌乳中期	＞3.5	1.产奶量低 2 饲养高能日粮时间太长 3.易见于采用 TMR 饲喂方式的未分群牛场	1.进入泌乳后期可能会太肥 2.下一胎次酮病及脂肪肝发病率高	1.降低日粮能量水平或采用泌乳后期日粮 2.检查日粮蛋白水平 3.提早将牛转至低产牛群饲养
	＜2.5	泌乳早期失去的体况未能及时得以恢复	影响产奶和繁殖性能	提高日粮能量水平或按泌乳早期能量水平进行饲养，避免过早降低日粮能量浓度
泌乳后期	＞4.0	日粮中精料过多，能量水平太高	1.干奶及产犊时过肥 2.难产率高 3.下一胎次的泌乳早期食欲差，掉膘快 4.下一胎次酮病及脂肪肝发病率高 5.下一胎次繁殖率低	减少精料比例，降低日粮能量水平
	＜3.0	1.泌乳中期日粮能量水平偏低 2.泌乳早期奶牛失重过多	1.长期营养不良 2.产奶量低，牛奶质量差	1.检查日粮中能量、蛋白是否平衡 2.提高泌乳中期日粮能量水平
干奶期	＞4.0	1.泌乳后期日粮能量水平过高 2.未能及时配种	由于储存在骨盆内的脂肪会堵塞产道，难产率高	1.调整泌乳后期日粮能量水平 2.考虑淘汰 3.如已出现脂肪肝，应在干奶期减少能量摄入
	＜3.0	泌乳后期未能达到理想体况	产犊时体况差，为维持产奶及牛奶质量，动用了过多的体脂储存	1.提高泌乳后期日粮能量水平 2.提高干奶期日粮能量水平

上述情况适用于牛群中的多数母牛，但事实上奶牛的个体特性也比较突出，某些牛的骨骼天生比较明显或尾根较粗隆；有个别牛只天生就难育肥，尽管很瘦，但泌乳和繁殖性能依然正常，这些牛应区别对待。

三、体型线性评定

国际上通用的线性评定方法有两类：一类是美国、日本、荷兰等国家采用的 50 分制；另一类是加拿大、英国、德国、法国等采用的 9 分制。9 分制线性评定评分方法相比 50 分制评分方法而言，相对容易掌握，易于推广。因此，目前世界多数国家趋于使用9分制。美国是世界上最早采用奶牛线性评定的国家。国际上一般线性评定的性状数量是29个，其中主要性状15个，次要性状14个。主要性状是那些具有经济价值、变化性强、结合起来可以作为选择种公牛依据的性状。次要性状的确定是为进一步估计其经济和遗传价值的研究收集更多信息。各国情况不同，可根据本国选育方向和要求自行确定。中国奶牛协会(现为中国奶业协会)育种委员会于1994年7月制定了《中国荷斯坦牛体型线性鉴定实施方案(试行)》，1996年5月对部分性状的评分标准又进行了必要调整。2003年中国奶业协会育种委员会决定在全国推广使用9分制线性评定方法。

现将中国荷斯坦牛体型线性鉴定性状和标准(张文志、董杰、惠小强，2006)分述如下：

(一)评定方法

1.结构与容量

本部位包括6个描述性状，9个缺陷性状，占牛只体型总评分的18%。

(1)体高　测定部位为十字部到地面的垂直高度，本性状为可度量性状，在现代奶牛的机械化与集约化管理中起一定的作用，体高过高与过低的奶牛均不适于规范化管理。通常认为，奶牛的最佳体高为145～150 cm，最佳评分7～9分。注意事项：评定该性状时，要认清十字部，找好固定参照物进行估测。评分标准见表3-2-5、图3-2-1。

表3-2-5　体高评分标准　cm

项目	1分	2分	3分	4分	5分	6分	7分	8分	9分
标准(30月龄以下)	130	132	135	137	140	142	145	147	150
标准(30月龄以上)	132	135	137	140	142	145	147	150	152
功能分	57	64	70	75	85	90	95	100	95
加权分	8.55	9.60	10.50	11.30	12.75	13.50	14.25	15.00	14.25

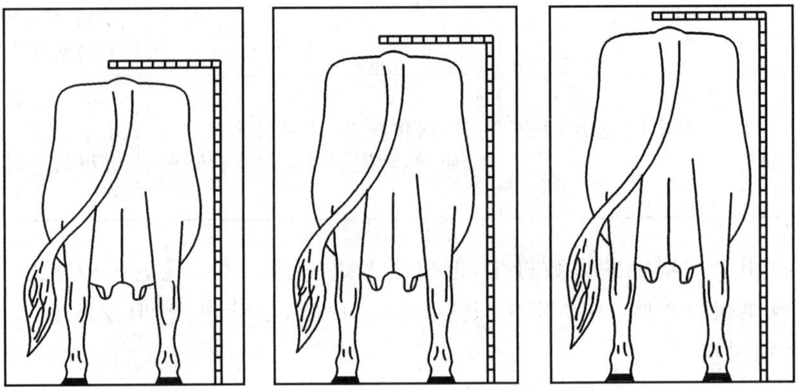

极低评1分　　中等评5分　　极高评9分

图3-2-1　体高评分示意图

(2)前段 观察部位为奶牛的鬐甲部相对十字部的高度差。注意不因奶牛的背腰不平而误判,部位评分中权重为 8%,最佳评分 7。评分标准见表 3-2-6、图 3-2-2。

表 3-2-6 前段评分标准

项目	1 分	2 分	3 分	4 分	5 分	6 分	7 分	8 分	9 分
标准	极低 前低 5 cm		低 前低 3 cm		平		高 后低 3 cm		极高 后低 5 cm
功能分	55	65	70	75	80	90	100	90	85
加权分	4.44	5.20	5.60	6.00	6.40	7.20	7.20	8.00	6.80

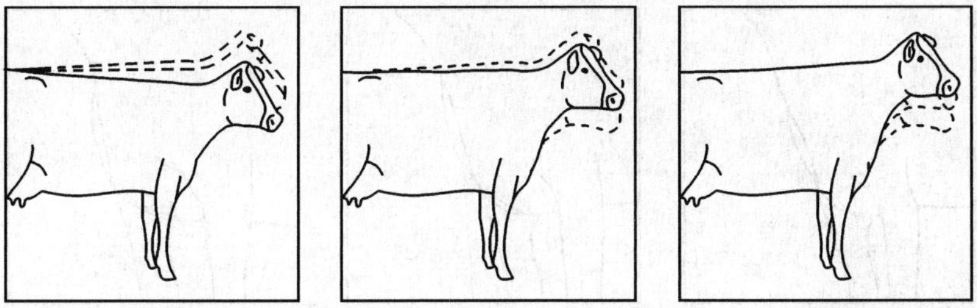

前低评 1 分　　水平评 5 分　　前高评 9 分

图 3-2-2 前段评分示意图

(3)体躯大小 即被鉴定牛只的体重,可依据被鉴定牛的胸围估计体重。在部位评分中权重为 20%,最佳评分 9 分。评分标准见表 3-2-7、图 3-2-3。

表 3-2-7 体躯大小评分标准

项目		1 分	2 分	3 分	4 分	5 分	6 分	7 分	8 分	9 分
一胎	体重/kg	410	434	456	478	500	522	544	566	590
	胸围/cm	173	178	181	184	188	191	194	197	200
三胎	体重/kg	454	476	500	522	544	576	590	612	635
	胸围/cm	181	184	188	191	194	197	200	203	206
	功能分	55	60	65	75	80	85	90	95	100
	加权分	11	12	13	15	16	17	18	19	20

极小评 1 分　　中等评 5 分　　极大评 9 分

图 3-2-3 体躯大小评分示意图

(4)胸宽　以奶牛前两肢内侧的胸底宽度为指标，一般不进行度量，由鉴定员判断其宽度为主。部位评分权重29%，最佳评分9分。评分标准见表3-2-8、图3-2-4。

表3-2-8　胸宽评分标准

项目	1分	2分	3分	4分	5分	6分	7分	8分	9分
标准	极窄 (13 cm)		窄 (19 cm)		中等 (25 cm)		宽 (31 cm)		极宽 (37 cm)
功能分	55	60	65	70	75	80	85	90	95
加权分	15.95	17.40	18.85	20.30	21.75	23.20	24.65	26.10	27.55

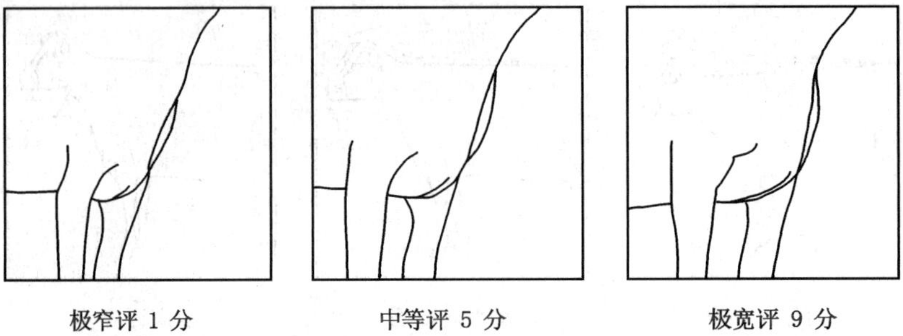

图3-2-4　胸宽评分示意图

(5)体深　为奶牛体躯最后一根肋骨处腹下沿的深度，主要依据鉴定员观察判断。部位评分权重20%。通常认为，奶牛适度体深者为佳，最佳评7分。注意事项：评定时看中躯，以肩后缘的胸深为准进行比较综合。这一性状与母牛容纳大量粗饲料的能力有直接关系。评分标准见表3-2-9、图3-2-5。

表3-2-9　体深评分标准

项目	1分	2分	3分	4分	5分	6分	7分	8分	9分
标准	极浅		浅		中等		深		极深 (腹下垂)
功能分	55	65	70	75	80	90	95	90	85
加权分	11.00	13.00	14.00	15.00	16.00	18.00	19.00	18.00	17.00

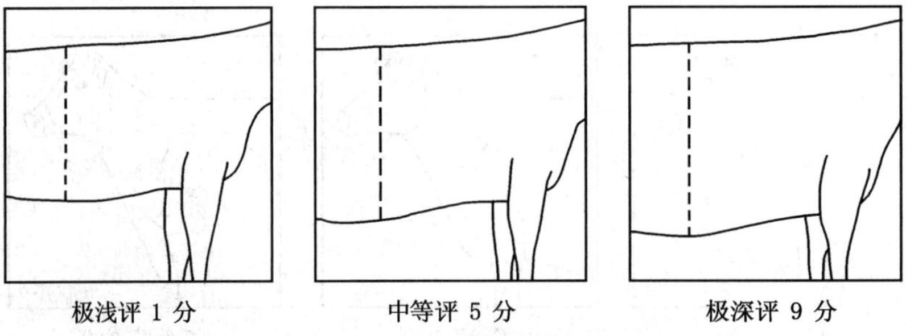

图3-2-5　体深评分示意图

(6)腰强度　主要观察被鉴定牛只的臀(十字部)与背之间腰椎骨的连接强度及腰椎两侧之短骨发育状态。极强个体背部之腰椎骨微有隆起,其短骨发育长、平;极弱个体腰部下凹,其短骨发育短而细,最佳评 9 分。部位评分权重 8%;评分标准见表 3-2-10、图 3-2-6。

表 3-2-10　腰强度评分标准

项目	1 分	2 分	3 分	4 分	5 分	6 分	7 分	8 分	9 分
标准	极弱		弱		中等		强		极强
功能分	55	60	65	70	75	80	85	90	95
加权分	4.40	4.80	5.20	5.60	6.00	6.40	6.80	7.20	7.60

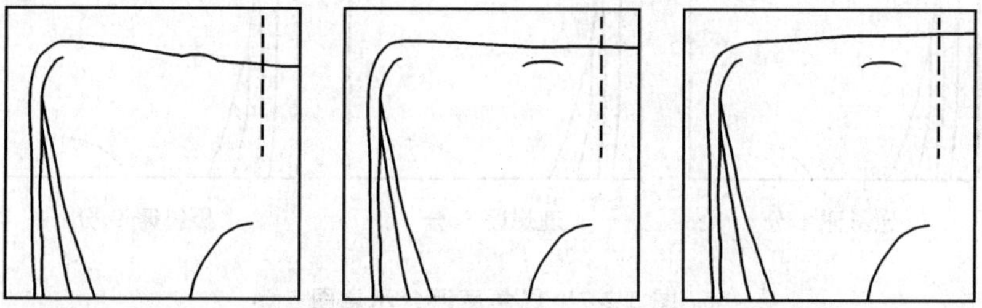

图 3-2-6　腰强度评分示意图

(7)缺陷性状扣分标准　见表 3-2-11。

表 3-2-11　缺陷性状扣分标准

序号	缺陷性状	扣分
1	面部歪:弯曲的下颌,扭曲的鼻梁骨,影响咀嚼和呼吸	2
2	头部不理想:缺少品种特征,如:头短、口笼窄、两眼太近或太远	1
3	双肩峰:指鬐甲和肩后相连成凹形	1
4	背腰不平	1
5	整体结合不匀称:一个部分与另一个部分连接不紧凑,整体结合不好	1
6	肋骨不开张:从牛的后面观察,其肋骨应该呈长、平、弧形开张,而不开张个体无弧形态	1
7	凹腰:腰椎骨和髋骨之连接应是高的,宽的;连接点不好的个体呈下凹状态,此缺陷应与腰强度评分区别	1
8	窄胸:胸应是大而深;在肘部有很好的开张前肋,并平滑的充满肩部。而窄胸则在肘部很窄	1
9	体弱	1

2. 尻部

本部位包括 3 个描述性状和 6 个缺陷性状;占牛只体型总评分的 10%。

(1)尻角度　指腰角至坐骨结节连线与水平线的夹角。评定时以腰角对坐骨结节的相对高度为指标。部位评分中权重 36%;评分标准见表 3-2-12、图 3-2-7。

表 3-2-12　尻角度评分标准

项目	1分	2分	3分	4分	5分	6分	7分	8分	9分
标准	−5 cm 腰角低	−3 cm	−1 cm	0 cm 前后等高	+4 cm	+5 cm	+6 cm	+7 cm	+8 cm 腰角高
功能分	55	65	70	80	90	80	75	70	65
加权分	19.80	23.40	25.20	28.80	32.40	28.80	27.00	25.20	23.40

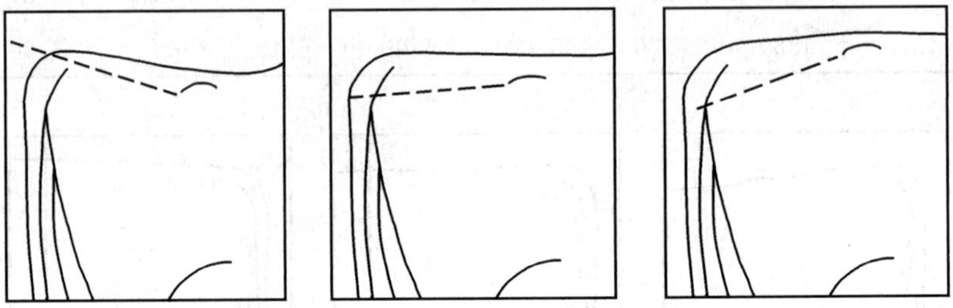

逆斜评 1 分　　理想评 5 分　　极斜评 9 分

图 3-2-7　尻角度评分示意图

(2)尻宽　以坐骨结节间的宽度为评分标准；部位评分中权重为 42%；通常认为，尻极宽的体型是当代奶牛的最佳体型结构，最佳评 9 分。评分标准见表 3-2-13、图 3-2-8。

表 3-2-13　尻宽评分标准

项目	1分	2分	3分	4分	5分	6分	7分	8分	9分
标准	10 cm	12 cm	14 cm	16 cm	18 cm	20 cm	22 cm	24 cm	26 cm
功能分	55	60	65	70	75	79	82	90	95
加权分	23.10	25.20	27.30	29.40	31.50	33.18	34.44	37.80	39.90

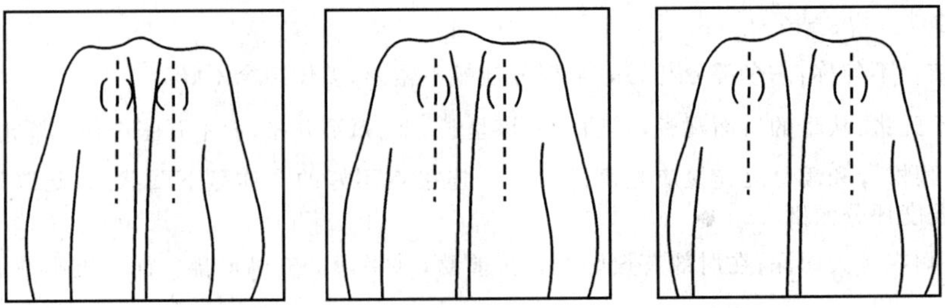

极窄评 1 分　　中等评 5 分　　极宽评 9 分

图 3-2-8　尻宽评分示意图

(3)腰强度　和体躯结构与容量中之腰强度评分相同；部位评分中权重为 22%；评分标准见表 3-2-14，参见图 3-2-6。

表 3-2-14　腰强度评分标准

项目	1分	2分	3分	4分	5分	6分	7分	8分	9分
标准	极弱		弱		中等		强		极强
功能分	55	60	65	70	75	80	85	90	95
加权分	12.10	13.20	14.30	15.40	16.50	17.60	18.70	19.80	20.90

(4)缺陷性状扣分标准　见表 3-2-15。

表 3-2-15　缺陷性状扣分标准

序号	缺陷性状	扣分
1	肛门向前:阴门和肛门应呈垂直状态,若肛门在尾根下前置,其排泄物会污染生殖道,引起生殖系统疾病	2
2	尾根凹:尾根在臀骨间陷入	1
3	尾根高:尾根位于臀骨的顶上	1
4	尾根向前:尾根的起始点应是在离臀角 2.5 cm 处,如果它的距离超过 2.5 cm 即为尾根向前	1
5	尾歪:尾应和背线呈一条直线,如果与背线弯曲则为尾歪	1
6	髋位偏后:髋部应是高和宽的,位于腰角和臀角之间,臀部偏后则会影响臀端的位置和后肢结构	1.5

3.蹄部

本部位包含 6 个描述性状和 9 个缺陷性状。占牛只体型总评分的 20%。

(1)蹄角度　指后蹄外侧壁与地面所形成的夹角。但易受修蹄因素的干扰,现改为观察蹄壁上沿的延伸线到前肢的位置进行评分,部位评分中权重为 20%;通常认为,蹄角度极低和极高的两极端奶牛均不理想,只有适当的蹄角度(50°)才是当代奶牛的最佳选择,最佳评 7 分。注意事项:蹄的内外角度不一致时,应看外侧的角度,长蹄勿混淆弄错,要看蹄上边侧壁形成的角度,同时以后肢的蹄角度为主。蹄形的好坏影响奶牛的运动性能和健康状态。评分标准见表 3-2-16、图 3-2-9。

表 3-2-16　蹄角度评分标准

项目	1分	2分	3分	4分	5分	6分	7分	8分	9分
标准	15°	25°	35°	40°	45°	55°	65°	70°	75°
	蹄上沿延伸线到前肢肘部				到前肢膝关节				到前肢膝关节以下
功能分	55	65	70	76	81	90	100	95	85
加权分	11.00	13.00	14.00	15.20	16.20	18.00	20.00	19.00	17.00

(2)蹄踵深度　主要观察鉴定牛只的后蹄之蹄踵上沿与地面之间的深度,最佳评 9 分。部位评分中权重为 20%;评分标准见表 3-2-17、图 3-2-10。

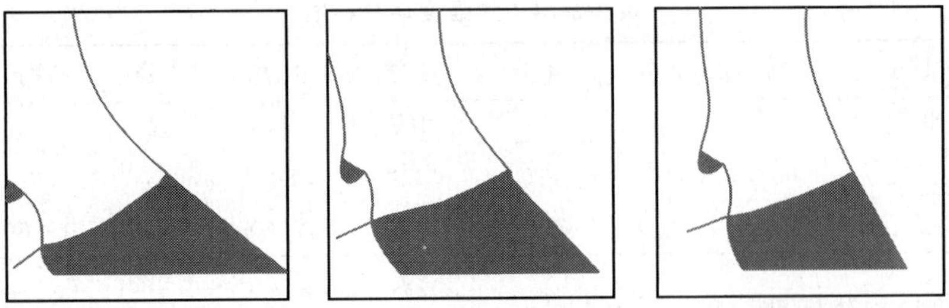

极低评 1 分　　中等评 5 分　　极陡评 9 分

图 3-2-9　蹄角度评分示意图

表 3-2-17　蹄踵深度评分标准

项目	1 分	2 分	3 分	4 分	5 分	6 分	7 分	8 分	9 分
标准	0.5 cm		1.5 cm		2.5 cm		3.5 cm		4.5 cm
功能分	55	65	70	75	80	85	90	95	100
加权分	11	13	14	15	16	17	18	19	20

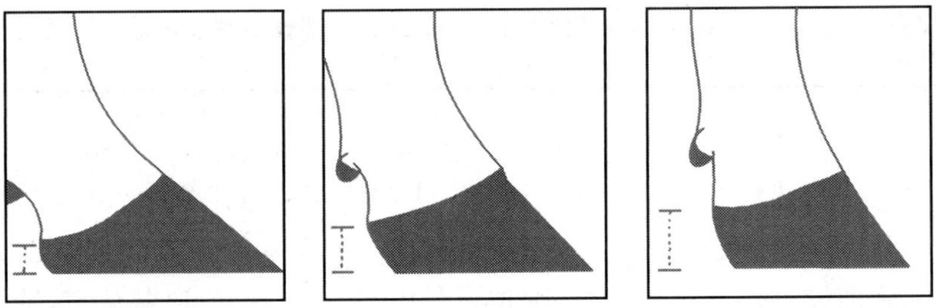

极浅评 1 分　　中等评 5 分　　极深评 9 分

图 3-2-10　蹄踵深度评分示意图

(3)蹄瓣均衡　主要观察牛只四个蹄子蹄瓣的完好程度和磨损程度。属部位评分参考研究性状,不计分,作为缺陷性状在部位评分中扣分。

(4)骨质地　主要观察牛只的后肢骨骼的细致程度与结实程度,最佳评分 9 分。部位评分中权重为 20%,评分标准见表 3-2-18、图 3-2-11。

表 3-2-18　骨质地评分标准

项目	1 分	2 分	3 分	4 分	5 分	6 分	7 分	8 分	9 分
标准	极粗、圆疏松		粗、圆疏松		中等		宽、扁平细致		极宽、扁平、细致
功能分	55	65	70	75	80	85	90	95	100
加权分	11	13	14	15	16	17	18	19	20

(5)后肢侧视　从侧面观察被鉴定牛只后肢飞节的弯曲程度。部位评分中权重为 20%;通常认为,飞节适度弯曲者为当代奶牛的最佳侧视姿势,且偏直一点的奶牛耐用年限长,最佳

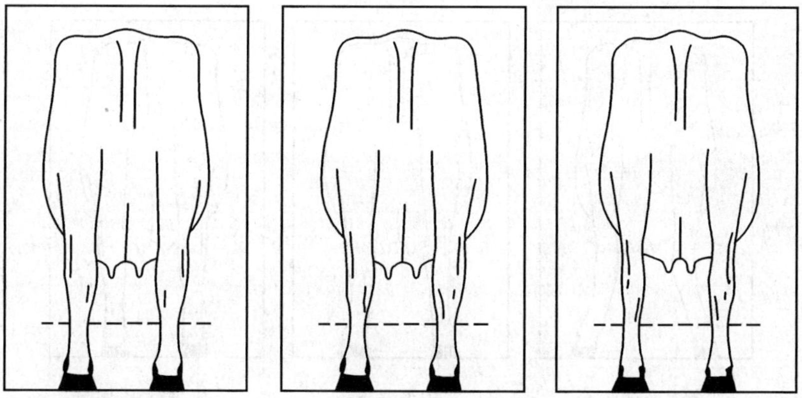

图 3-2-11　骨质地评分示意图

评 5 分。注意事项：后肢一侧伤残时，应看健康的一侧。该性状与奶牛对肢蹄部的耐力有关。评分标准见表 3-2-19、图 3-2-12。

表 3-2-19　后肢侧视评分标准

项目	1 分	2 分	3 分	4 分	5 分	6 分	7 分	8 分	9 分
标准	165° 直飞节		155° 较直飞		145°		135° 较曲飞		125° 极曲飞节
功能分	55	65	75	80	95	80	75	65	55
加权分	11	13	15	16	19	16	15	13	11

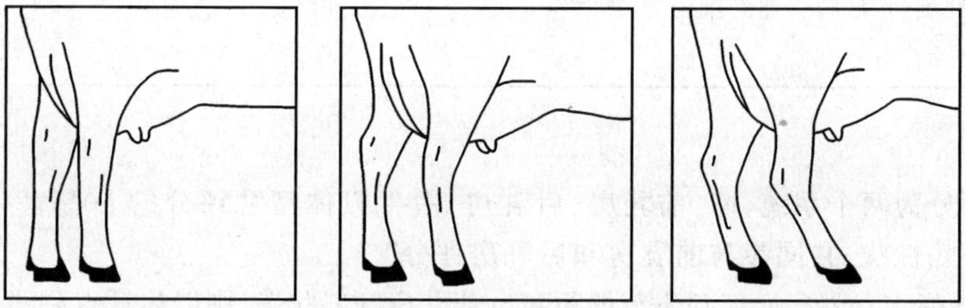

图 3-2-12　后肢侧视评分示意图

(6)后肢后视　从后面观察后肢飞节的内向程度进行评分，最佳评分 9 分；部位评分中权重为 20%；评分标准见表 3-2-20、图 3-2-13。

表 3-2-20　后肢后视评分标准

项目	1 分	2 分	3 分	4 分	5 分	6 分	7 分	8 分	9 分
标准	飞节内向 后肢“X”状				中等				飞节间宽 后肢平行
功能分	55	60	65	70	75	80	87	95	100
加权分	11.00	12.00	13.00	14.00	15.00	16.00	17.40	19.00	20.00

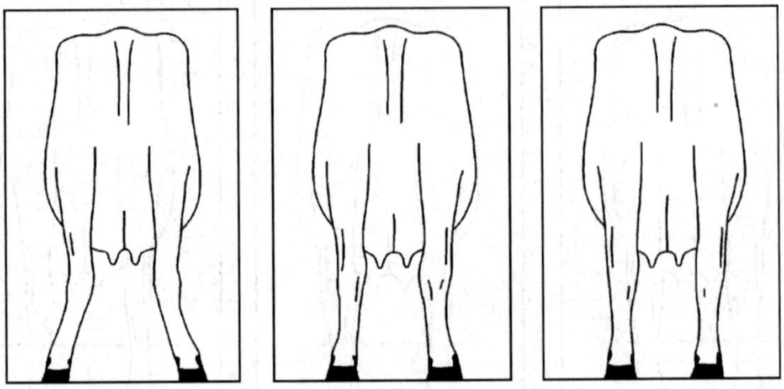

图 3-2-13　后肢后视评分示意图

(7)缺陷性状扣分标准　见表 3-2-21。

表 3-2-21　缺陷性状扣分标准

序号	缺陷性状	扣分
1	卧系:指系部软,悬蹄接近地面	1
2	后肢抖:有关节炎症状或神经症状,后肢在站立或走动时,有痉挛或发抖现象	3
3	飞节粗大	1
4	蹄叉开张:蹄两趾间的间隙较大	0.5
5	后肢前踏或后踏	0.5
6	过于纤细:指后腿骨骼纤细	1
7	前蹄外向	1

4. 乳房

本部位评分为两个系统,即:前乳房、后乳房,占牛只体型总评分的 40%。以下 3 个描述性状和 3 个缺陷性状,共同参与前乳房和后乳房评分。

乳房深度:指牛只乳房底部到飞节的距离。若乳房倾斜状态,则以最低点到飞节的距离。通常认为过深和过浅的两极端乳房均不理想,最佳评 5 分。注意事项:观察乳房底面时应蹲下尽量保持平视乳房,底平面斜时,要以最低的位置审定。从容积上考虑,乳房应有一定的深度,但过深时又影响乳房健康,因为过深的乳房容易受伤和发生乳腺炎。评分标准见表 3-2-22,图 3-2-14。

表 3-2-22　乳房深度评分标准

项目		1 分	2 分	3 分	4 分	5 分	6 分	7 分	8 分	9 分
标准	一胎	极低 飞节平	飞节上 3 cm	低飞节上 6 cm	飞节上 8 cm	适中 飞节上 12 cm	飞节上 14 cm	高飞节上 16 cm	飞节上 18 cm	极高 飞节上 20 cm
	三胎	低于飞节 6 cm	飞节下 4 cm	飞节下 2 cm	飞节平	飞节上 5 cm	飞节上 7 cm	飞节上 9 cm	飞节上 12 cm	飞节上 15 cm

续表 3-3-22

项目		1 分	2 分	3 分	4 分	5 分	6 分	7 分	8 分	9 分
前乳房	功能分	55	65	75	85	95	85	75	65	55
（8%）	加权分	4.40	5.20	6.00	6.80	7.60	6.80	6.00	5.20	4.40
后乳房	功能分	55	65	75	85	95	85	75	65	55
（12%）	加权分	6.60	7.80	9.00	10.20	11.40	10.20	9.00	7.80	6.60

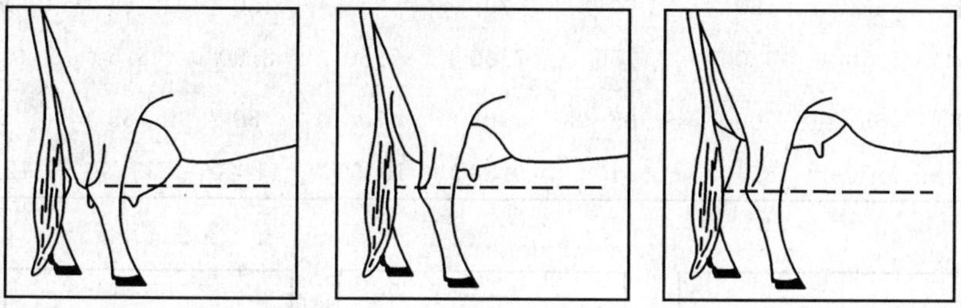

极深评 1 分　　中等评 5 分　　极浅评 9 分

图 3-2-14　乳房深度评分示意图

乳房质地：通过观察和触摸牛只的乳房组织是以腺体组织或结缔组织构成进行评分。腺体组织乳房质地柔软细致，富有弹性，挤完奶后，乳房即收缩；而结缔组织多的乳房，则完全相反，即肉乳房。最佳评分 9 分，评分标准见表 3-2-23、图 3-2-15。

表 3-2-23　乳房质地评分标准

项目		1 分	2 分	3 分	4 分	5 分	6 分	7 分	8 分	9 分
标准		结缔组织				半腺体组织				全腺体组织
前乳房	功能分	55	60	65	70	75	80	85	90	95
（8%）	加权分	4.40	4.80	5.20	5.60	6.00	6.40	6.80	7.20	7.60
后乳房	功能分	55	60	65	70	75	80	85	90	95
（12%）	加权分	6.60	7.20	7.80	8.4	9.00	9.60	10.20	10.80	11.40

肉质评 1 分　　半肉质评 5 分　　腺质评 9 分

图 3-2-15　乳房质地评分示意图

中央悬韧带:主要以乳房底部中隔纵沟的深度为衡量标准。只有坚实的悬韧带,才能使奶牛乳房保持应有的高度和乳头的正常分布,减少乳房损伤,最佳评 9 分。评分标准见表 3-2-24、图 3-2-16。

表 3-2-24 中央悬韧带评分标准

项目		1分	2分	3分	4分	5分	6分	7分	8分	9分
标准		乳中沟极浅 0 cm	0.6 cm	浅 1.5 cm	1 cm	中等 3 cm	3.7 cm	深 4.5 cm	5.2 cm	乳中沟极深 6 cm
前乳房	功能分	55	60	65	70	75	80	85	90	95
(10%)	加权分	5.50	6.00	6.50	7.00	7.50	8.00	8.50	9.00	9.50
后乳房	功能分	55	60	65	70	75	80	85	90	95
(14%)	加权分	7.70	8.40	9.10	9.80	10.50	11.20	11.90	12.60	13.30

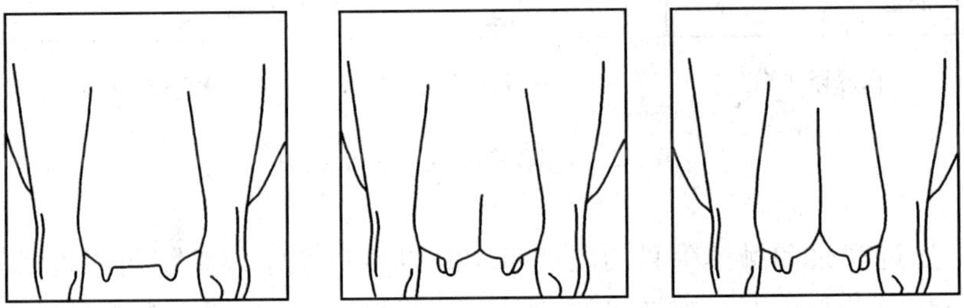

极弱评 1 分　　中等评 5 分　　极强评 5 分

图 3-2-16 中央悬韧带评分示意图

缺陷性状扣分标准:见表 3-2-25。

表 3-2-25 缺陷性状扣分标准

序号	缺陷性状	扣分
1	乳房前吊:乳房底部向前倾斜	1
2	乳房后吊:乳房底部向后倾斜	1
3	乳房形状差:指乳房整体形状不匀称,如袋状乳房等	1

(1)前乳房　本系统鉴定性状 3 个,缺陷性状有 7 个。占乳房评分的 45%。

①前乳房附着　从牛体侧面观察,借助触摸,看前乳房与体躯腹壁连接附着程度进行评分;本性状之权重为 45%。通常认为,连接附着偏于充分紧凑者为佳,最佳评 9 分。注意事项:乳房损伤或患乳腺炎时,应看不受影响或较小影响一侧的乳房。该性状与奶牛健康状态有关。评分标准见表 3-2-26、图 3-2-17。

②前乳头位置　以前乳头在乳房基部的生长位置进行评分;本性状之权重为 20%。通常认为,乳头分布靠得较近者为佳,最佳评 6 分。评分标准见表 3-2-27、图 3-2-18。

表 3-2-26 前乳房附着评分标准

项目	1分	2分	3分	4分	5分	6分	7分	8分	9分
标准	极弱		弱		中等		强		极强
功能分	55	60	65	70	75	80	85	90	95
加权分	24.75	27.00	29.25	31.50	33.75	36.00	38.25	40.25	42.75

极弱评 1 分　　中等评 5 分　　极强评 9 分

图 3-2-17 前乳房附着评分示意图

表 3-2-27 前乳头位置评分标准

项目	1分	2分	3分	4分	5分	6分	7分	8分	9分
标准	极外		偏外		中间		偏内		极内
功能分	55	65	75	80	85	90	85	80	75
加权分	11	13	15	16	17	18	17	16	15

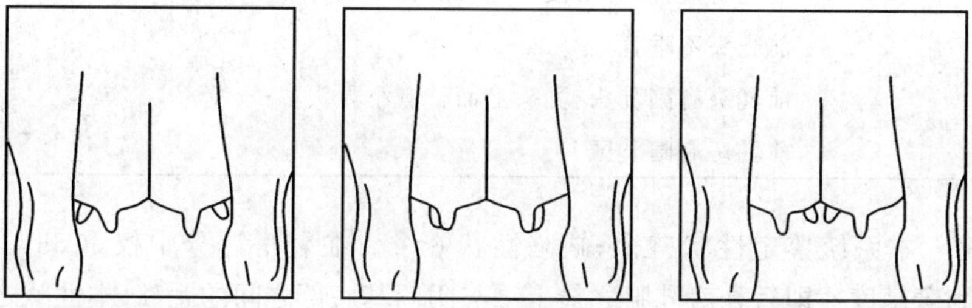

极向外评 1 分　　中间评 5 分　　极向内评 9 分

图 3-2-18 前乳头位置评分示意图

③前乳头长度　以前乳头之长度进行评分；本性状之权重为 5%。注意事项：最佳乳头长度因挤奶方式而有所变化，手工挤奶乳头长度可偏短，而机器挤奶则以 6.5～7 cm 为佳。评分标准见表 3-2-28、图 3-2-19。

④乳房深度　评分同前；本性状之权重为 8%。

⑤乳房质地　评分同前；本性状之权重为 12%。

⑥中央悬韧带　评分同前；本性状之权重为 10%。

⑦缺陷性状扣分标准　见表 3-2-29。

表 3-2-28　前乳头长度评分标准

项目	1 分	2 分	3 分	4 分	5 分	6 分	7 分	8 分	9 分
标准	极短 2.5 cm		短 4 cm		适中 5 cm		长 7.5 cm		极长 10 cm
功能分	55	60	65	75	80	75	70	65	55
加权分	2.75	3.00	3.25	3.75	4.50	3.75	3.50	3.25	2.75

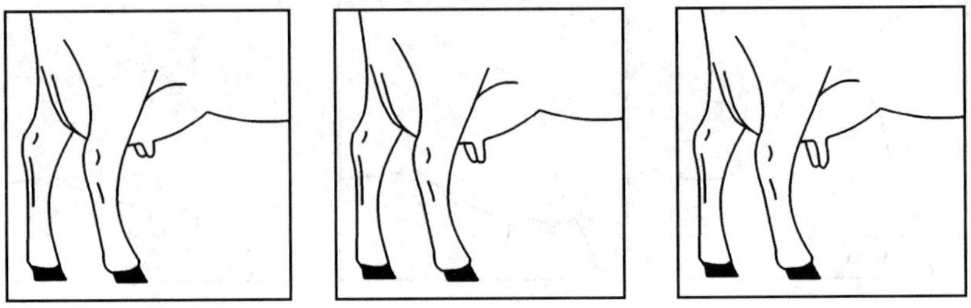

极短评 1 分　　中等评 5 分　　极长评 9 分

图 3-2-19　前乳头长度评分示意图

表 3-2-29　缺陷性状扣分标准

序号	缺陷性状	扣分
1	前乳房膨大:指前乳房附着松懈向前突出	1
2	前乳房肥赘:前乳房左右膨大	1
3	左右不均衡:左右乳区大小不一致	2
4	前乳房短:前乳房没有足够的长度	1
5	前乳头不垂直	1
6	前乳头有副乳头:乳头上面长有小乳头	1.5
7	前乳房有瞎乳区	3

(2)后乳房　本系统鉴定性状三个,缺陷性状 6 个。在乳房评分中权重 55%。

①后乳房附着高度　即后乳房乳腺之最上缘与阴门基底部之间的距离;本性状之权重为 23%。通常认为,乳汁分泌组织的顶部极高者为佳,最佳评 9 分。评分标准见表 3-2-30、图 3-2-20。

表 3-2-30　后乳房高度评分标准

项目	1 分	2 分	3 分	4 分	5 分	6 分	7 分	8 分	9 分
标准	极低 32 cm		低 28 cm		中等 24 cm		高 20 cm		极高 15 cm
功能分	55	65	70	75	80	85	90	95	100
加权分	12.65	14.95	16.10	17.25	18.40	19.55	20.70	21.85	23.00

②后乳房附着宽度　即后乳房乳腺组织的最上缘在后裆间的附着宽度;本性状之权重为 23%。通常认为,后乳房极宽者为佳,最佳评 9 分。评分标准见表 3-2-31、图 3-2-21。

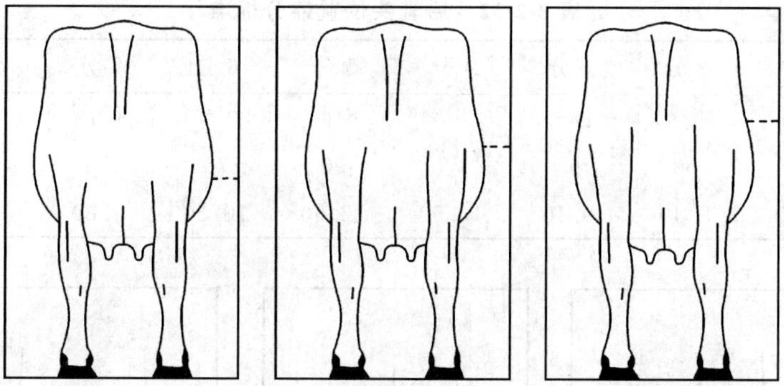

图 3-2-20 后乳房高度评分示意图

表 3-2-31 后乳房宽度评分标准

项目	1 分	2 分	3 分	4 分	5 分	6 分	7 分	8 分	9 分
标准	极窄 7 cm		窄 11 cm		中等 15 cm		宽 19 cm		极宽 23 cm
功能分	55	65	70	75	80	85	90	95	100
加权分	12.65	14.95	16.10	17.25	18.40	19.55	20.70	21.85	23.00

注:三胎牛其标准提高 3 cm。

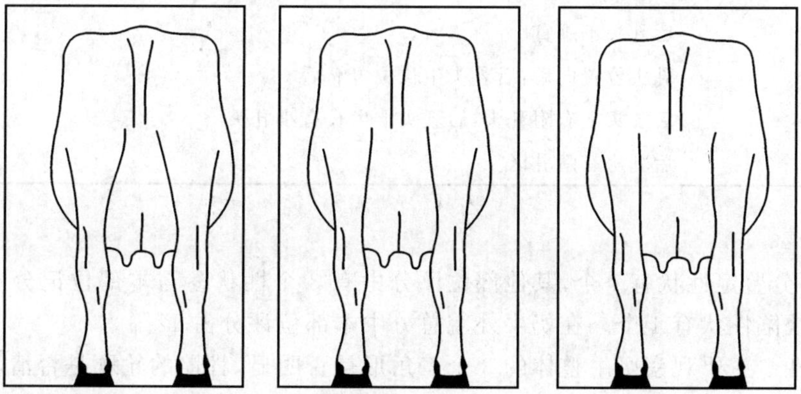

图 3-2-21 后乳房附着宽度评分示意图

③后乳头位置 以后乳头在乳房基部的生长位置进行评分,本性状权重为 14%,最佳评分 5 分。评分标准见表 3-2-32、图 3-2-22。

④乳房深度 评分同前;其权重为 12%。

⑤乳房质地 评分同前;其权重为 14%。

⑥中央悬韧带 评分同前;其权重为 14%。

⑦缺陷性状扣分标准 见表 3-2-33。

表 3-2-32　后乳头位置评分标准

项目	1分	2分	3分	4分	5分	6分	7分	8分	9分
标准	极外		偏外		中间		偏内		极内
功能分	55	60	65	75	90	75	70	65	55
加权分	7.70	8.40	9.10	10.50	12.60	10.50	9.80	9.10	7.70

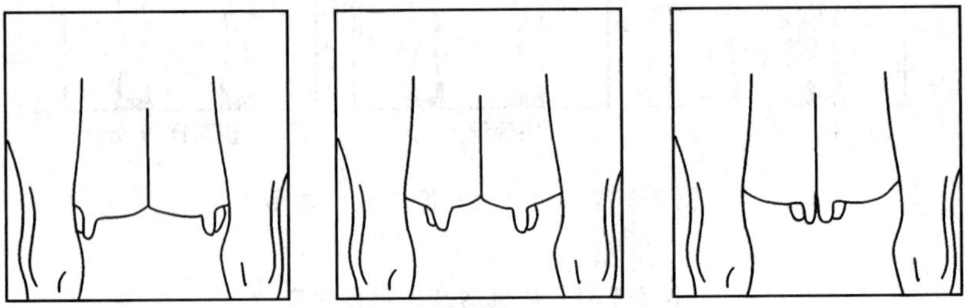

图 3-2-22　后乳头位置评分示意图

表 3-2-33　缺陷性状扣分标准

序号	缺陷性状	扣分
1	后乳房左右不匀称:两个乳区大小不匀称	3
2	后乳房短	1
3	后乳头不垂直	1
4	乳头位置向后:后乳头生长位置靠后	1
5	后乳头上有附乳头:后乳头上生长有小乳头	1.5
6	后乳房有瞎乳区	1

5.乳用特征

本部位评分鉴定性状有 1 个,其他部位评分中有 3 个性状参与本部位记分。共同构成乳用特征评分;缺陷性状有 1 个。在奶牛外貌总分中本部位评分占 12%。

(1)棱角性　主要观察奶牛整体的 3 个三角形是否明显,骨骼的轮廓是否清晰,平直、肋骨开张程度和肋间距之大小,尾巴的粗、细,股部大腿肌肉的凸凹程度以及髻甲棘突的高低等。通常认为,轮廓非常鲜明的体型是当代奶牛的最佳体型结构,棱角性与产奶量密切相关,最佳评 9 分。其权重为 60%;评分标准见表 3-2-34、图 3-2-23。

表 3-2-34　棱角性评分标准

项目	1分	2分	3分	4分	5分	6分	7分	8分	9分
标准	极差		差		中等		明显		极明显
功能分	55	65	70	74	78	81	85	90	95
加权分	33.00	39.00	42.00	44.40	46.80	48.60	51.00	54.00	57.00

肢蹄部位的骨质地,乳房部位的乳房质地与体躯结构/容量部位的胸宽 3 个描述性状也参

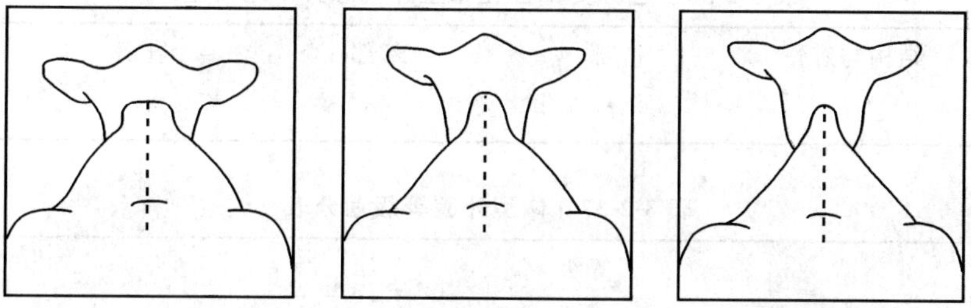

图 3-2-23 棱角性评分示意图

与乳用特征部位的评分。

(2)骨质地 评分以肢蹄部位中之骨质地评分为准;其权重为 10%。

(3)乳房质地 评分以乳房部位中的乳房质地评分为准。其权重为 15%。

(4)胸宽 评分以结构与容量中之胸宽评分为准。其权重为 15%。

(5)缺陷性状扣分标准 见表 3-2-35。

表 3-2-35 缺陷性状扣分标准

序号	缺陷性状	扣分
1	肋间近:如果肋骨间的间距小于 1 指,则为肋间近	1

6.体型外貌总分的计算与体型外貌等级划分

(1)计算公式

$$体型外貌总分 = \sum(部位评分 \times 加权系数) \tag{3-1}$$

式(3-1)中:部位评分指体型线性鉴定之分类部位评分的得分;加权系数指部位评分在体型外貌总分中加权重;Σ指体型线性鉴定之 5 个分类部位线性评定分与其体型外貌总分中加权系数之积的综合。

$$部位评分 = \sum_1(功能分 \times 权重) - \sum_2(缺陷性状扣分) \tag{3-2}$$

式(3-2)中:$\sum_1$ 为该部位评定的若干鉴定性状和参与记分的性状;功能分为鉴定性状的线性评分之功能分;加权系数为所鉴定性状在该部位评分中之权重;$\sum_2$ 为本部为缺陷性状扣分之总和。

$$部位评分 = \sum_1(加权分) - \sum_2(缺陷性状扣分) \tag{3-3}$$

式(3-3)中:$\sum_1$ 为该部位若干鉴定性状和参与记分的性状;加权分为鉴定性状和记分性状的功能分;即功能分×权重=加权分。

(2)各分类部位在体型外貌总分中之权重 见表 3-2-36。

(3)体型外貌等级划分 见表 3-2-37。

表 3-2-36　各分类部位在体型外貌总分中之权重　　%

分类部位	结构与容量	尻部	蹄部	乳房	乳用特征
权重	18	10	20	40	12

表 3-2-37　体型外貌等级划分表

序号	等级	分数
1	优秀(EX)	90～100
2	良好(VG)	85～89
3	佳(GP)	80～84
4	好(G)	75～79
5	中等(F)	65～74
6	差(P)	65 分以下

奶牛场对荷斯坦母牛进行体型线性评定时使用的表格,见表 3-2-38。

表 3-2-38　荷斯坦母牛体型线性鉴定表

牛号		牛场		鉴定日		产犊日	
父号		母号		外祖父号		出生日	
胎次		乳房　空　满		级别	总分	鉴定员	
分类	得分	描述性状				缺陷性状	
结构/容量(18%)		体高	低	1 2 3 4 5 6 [7] [8] [9]	高	11.面部不紧凑	17.束腰
		前段	低	1 2 3 4 5 6 [7] 8 9	高	12.头型不理想	18.胸窄
		大小	小	1 2 3 4 5 6 7 8 [9]	大	13.双肩峰	19.体弱
		胸宽	窄	1 2 3 4 5 6 7 8 [9]	宽	14.背腰不平	
		体深	浅	1 2 3 4 5 6 [7] 8 9	深	15.整体不匀称	
		腰强度	弱	1 2 3 4 5 6 7 8 [9]	强	16.肋骨不开张	
尻部(10%)		尻角度	高	1 2 3 4 [5] 6 7 8 9	低	21.肛门向前	24.尾根向前
		尻宽	窄	1 2 3 4 5 6 7 8 [9]	宽	22.尾根凹	25.尾歪
						23.尾根高	26.髋关节过后
肢蹄(20%)		蹄角度	低	1 2 3 4 5 6 [7] 8 9	陡	31.系软	37.前蹄外向
		蹄瓣均衡	不均衡	1 2 3 4 5 6 7 8 [9]	均衡	32.后肢抖	
		蹄踵深度	浅	1 2 3 4 5 6 7 8 [9]	深	33.飞节粗糙	
		骨质地	粗圆	1 2 3 4 5 6 7 8 [9]	细平	34.蹄叉	
		后肢侧视	直	1 2 3 4 [5] 6 7 8 9	弯	35.前踏/后踏	
		后肢后视	X形	1 2 3 4 5 6 7 8 [9]	平行	36.过于纤细	
乳房(40%)		乳房深度	深	1 2 3 4 [5] 6 7 8 9	浅	41.乳房形状差	
		乳房质地	肉质	1 2 3 4 5 6 7 8 [9]	腺质	42.前吊	
		悬韧带	弱	1 2 3 4 5 6 7 8 [9]	强	43.后吊	

续表 3-2-38

牛号		牛场		鉴定日		产犊日	
父号		母号		外祖父号		出生日	
胎次		乳房 空 满		级别	总分		鉴定员
分类	得分	描述性性状				缺陷性状	
前乳房		前乳房附着	弱	1 2 3 4 5 6 7 8 [9]	强	51.前乳房膨大	55.前乳头不垂直
		前乳头位置	向外	1 2 3 4 5 [6] 7 8 9	向内	52.前乳房肥赘	56.乳头有附乳头
		前乳头长度	短	1 2 3 4 [5] 6 7 8 9	长	53.左右不均	57.有瞎乳区
						54.前乳房短	
后乳房		后附着高度	低	1 2 3 4 5 6 7 8 [9]	高	61.左右不均	64.乳头位置过后
		后附着宽度	窄	1 2 3 4 5 6 7 8 [9]	宽	62.后乳头短	65.乳头有附乳头
		后乳头位置	向外	1 2 3 4 5 [6] 7 8 9	向内	63.有瞎乳区	66.前乳头不垂直
乳用特征（12%）		乳用特征（棱角性）	缺乏	1 2 3 4 5 6 7 8 [9]	明显	71.肋间近	

注：1.前乳房评分占乳房评分的 45%，后乳房评分占乳房评分的 55%。

2.[5]、[6]、[7]、[8]、[9]等表示该描述性状的最高功能分对应的线性分值。

3.缺陷性状共 39 个。

（二）评定对象选择及时间要求

评定的对象主要是牛群中第 1 胎母牛，其他第 2、3、4 胎次的母牛也可进行鉴定。但是，母牛在干奶期、产犊前期、患病期，以及 6 岁以上的母牛，不宜作为线性评定的对象。最理想的鉴定时间应该为母牛头胎分娩后 30～150 d。一般对公牛个体本身不进行线性评定。

对泌乳牛进行体型线性鉴定，目的是根据泌乳牛的线性评分评定其父亲的外貌改良效果。参加各种范围的公牛后裔测定的公牛，都需要应用女儿的线性评定资料，采用最佳线性无偏估计预测法计算出每头公牛的估计育种值，并绘制出公牛体型柱形图，以此作为牛场选配工作的依据。

（三）体型线性评定的内涵及特点

1.内涵

奶牛的体型性状生理上表现由一个极端向另一个极端发展的趋势，将这种发展趋势划分为若干范围，对划分出的这些范围进行数量化和概念化，同时，标示以评分，代表体型性状的各种生理状态表现。而在这若干范围中，可以找到每头奶牛个体的体型性状生理状态所处的位置，给出恰当的评分，客观、准确地反映出奶牛个体的体型实际状态，这就是奶牛体型外貌的线性评分。线性评定追求的体型完美有助于奶牛泌乳机能的表现和发挥，以及经济价值的提高，并成为奶牛改良的主要手段。

对奶牛体型线性鉴定各性状的评分主要依赖于鉴定员对该性状的度量和观察判断，在大多数情况下，不是用量具进行测量的，而是对性状在生物学状态两极端范围内所处的位置进行评分。9 分制评分，可把性状所表现的生物学两极端范围看作一个线段，把该线段分为 1～3 分、4～6 分、7～9 分三个部分，即两个极端和中间三个区域。观察该性状所表现的状态在三个区域内哪个区域,再看其属于该区域中哪一个档次,而确定其评定分数。

2. 特点

体型的线性评定方法可以克服传统评定方法的缺陷和不足,主要是因为其具有以下几个特点:一是线性评定的依据是体型性状的生物学特点,每个性状单独评定,可保证准确性;二是线性性状的评定是数量化的,一般没有模棱两可的情况;三是线性评定的结果是基本一致的;四是线性评定具有很高的实用性。因此,现代奶牛业普遍应用线性评定来识别种畜个体体型的优劣,也用于种畜及其精液销售的说明指标。

四、年龄鉴定

年龄是评定牛经济价值和育种价值的重要指标。根据母牛配种繁殖记录和牛的卡片,可以准确确定其年龄,在牛场缺乏记录的情况下,可根据牙齿、角轮的情况,大致鉴别牛的年龄。在牛的买卖交易时,年龄是决定其价格的重要因素。

(一)牙齿鉴定方法

1. 牙齿鉴定的依据和方法

根据牙齿鉴别牛的年龄,通常是牙齿在发生更换和磨损过程中所呈现的规律性变化为依据的,这些变化首先从钳齿开始的,逐渐向两侧发展,最后到隅齿,前臼齿虽也有更换,但由于观察臼齿比较困难,故判断牛年龄时,一般不参考臼齿的变化。

由于奶牛一般都有记录资料,目前我国尚没有纯种肉牛,因此,下面以黄牛为例说明牙齿的变化与年龄之间的关系(表 3-2-39)。

表 3-2-39　黄牛牙齿的变化与年龄之间的关系

年龄	牙齿的变化	年龄	牙齿的变化
出生	具有 1～3 对乳门齿	2.5～3 岁	永久钳齿生出
0.5～1 月龄	乳隅齿生出	3～4 岁	永久内中间齿生出
1～3 月龄	乳门齿磨损不明显	4～5 岁	永久外中间齿生出
3～4 月龄	乳钳齿与内中间齿前缘磨损	5～6 岁	永久隅齿生出
5～6 月龄	乳外中间齿前缘磨损	7 岁	门齿齿面齐平,中间齿出现齿线
6～9 月龄	乳隅齿前缘磨损	8 岁	全部门齿都出现齿线
10～12 月龄	乳门齿磨面扩大	9 岁	钳齿中部呈珠形圆点
13～18 月龄	乳钳齿与内中间齿齿冠磨平	10 岁	内中间齿中部呈珠形圆点
18～24 月龄	乳外中间齿齿冠磨平	11 岁	外中间齿中部呈珠形圆点
		12～13 岁	全部门齿中部呈珠形圆点

5 岁以前,根据下门齿的乳齿被永久齿更换的对数判断,更换的对数加 1,即为牛的年龄,下门齿全部更换完毕时称为“齐口”,即在民间称的“齐牙六岁”,实际为 5 岁。5 岁以后,要根据永久齿的齿线和齿星等来鉴别牛的年龄,由于齿线和齿星是由磨损引起的,很多因素会阻碍或加剧磨损,因而会影响年龄鉴别准确性。牛年龄鉴别方法可概括为:“2、3、4、5 看牙换,6、7、

8、9 看磨面，10、11、12、13 看珠点”。

2. 牙齿鉴定的操作要领

鉴定时，首先观察牛的外貌，对牛的年龄有一个大概的印象。然后鉴定人员从牛右侧前方慢慢接近牛只。左手托住牛的下颌，右手迅速捏住牛鼻中隔最薄处，并顺势抬起牛头，使其呈水平状态，随后迅速把左手四指并拢插入牛的右侧口角，通过无齿区，将牛舌抓住，顺手一扭，用拇指尖顶住牛的上额，其余 4 指握住牛舌，并轻轻将牛舌拉向右口角外边，然后观察牛门齿更换及磨损情况，按标准判定牛的年龄。

牛门齿的变化情况因牛类型的不同而存在着一定的差异。一般早熟肉牛品种比奶牛成熟早 0.5 年左右，奶牛又比黄牛早 0.5～1 年，黄牛比水牛早 1 年。当然，影响鉴别准确性的因素还有很多，如环境条件、饲料性质、营养状况、生活习性、牙齿的形状、排列方式等。因此，鉴别时要充分考虑它们的影响，尽量减小鉴定的误差。

(二)牛牙齿的基本知识

根据牛牙齿长出的先后顺序，将其分为乳齿与永久齿(恒齿)。最先出生的是乳齿，随着年龄的增长，逐渐被永久齿代替。牛无上门齿和犬齿，上门齿的位置被角质化的切齿板(齿垫)代替。牛牙齿的种类、数目及排列方式如表 3-2-40 所示。

乳齿与永久齿的区别明显。乳门齿小而洁白，有明显的齿颈，齿间有空隙，表面平坦，齿薄而细致。永久门齿的外形比较大而粗壮，齿冠长，几乎没有齿颈，排列整齐，齿间无空隙，齿根呈棕黄色，齿冠微黄。

表 3-2-40 牛的齿式

名称		后臼齿	前臼齿	犬齿	门齿	犬齿	前臼齿	后臼齿	合计
永久齿(32 枚)	上颌	3	3	0	0	0	3	3	12
	下颌	3	3	0	8	0	3	3	20
乳齿(20 枚)	上颌	0	3	0	0	0	3	0	6
	下颌	0	3	0	8	0	3	0	14

【资料卡】

角轮年龄鉴定

角轮是角表面的凹陷形成的环形痕迹，从角的基部开始逐渐向角尖方向形成。角轮是由于营养不足，角部周围组织未能充分发育而形成的(图 3-2-24)。母牛每产一次犊即出现一个角轮。故由角轮数再加上其第一次产犊的年龄，便可判断为母牛的年龄。而公牛或阉牛的年龄为角轮数加 1。

图 3-2-24 牛的角轮

(邱怀，现代乳牛学，2001)

【知识拓展】

一、牛的外貌特征

研究牛的外貌，旨在揭示体质外貌与生产性能和健康程度之间的关系，以便比较容易地选择生产性能强、健康的牛只。不同生产类型的牛，由于各组织器官利用强度、选育目的和培育条件不同，体型外貌存在显著差异。

1. 牛体表部位名称识别

牛的体躯一般分为头颈、前躯、中躯和后躯 4 个部分。为准确判断牛的外貌特征，特列出牛体各部位名称如图 3-2-25 所示。

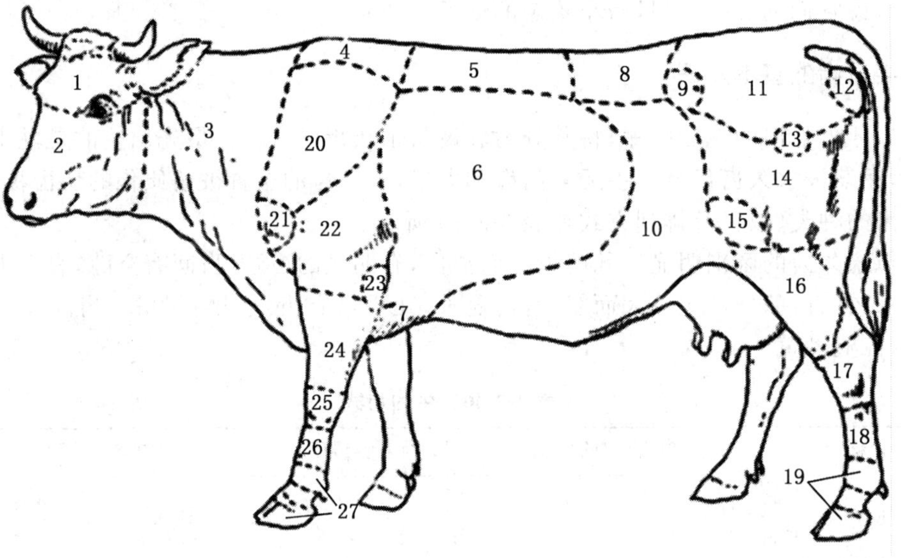

图 3-2-25　奶牛体表部位及名称

1 颅部　2. 面部　3. 颈部　4. 鬐甲部　5. 背部　6. 肋部　7. 胸骨部　8. 腰部　9. 髋结节　10. 腹部　11. 荐臀部　12. 坐骨结节　13. 髋关节　14. 股部　15. 膝部　16. 小腿部　17. 跗部　18. 跖部　19. 趾部　20. 肩胛部　21. 肩关节　22. 臂部　23. 肘部　24. 前臂部　25. 腕部　26. 掌部　27. 指部

2. 奶牛外貌特征

奶牛皮薄骨细，血管显露，被毛短而有光泽；肌肉不发达，皮下脂肪沉积少；胸腹宽深，后躯和乳房十分发达；骨骼舒展、外形清秀，属于细致紧凑体质类型。有“三宽，三大”的特征，即背腰宽，腹围大；腰角宽，骨盆大；后裆宽，乳房大。奶牛的体型，后躯显著发达，从侧望、前望、上望均呈“楔形”(又称“三角形”)，见图 3-2-26。

从局部看，头轻，狭长而清秀额宽，鼻孔大、口大。颈细长而薄，颈侧多纵行皱纹，垂皮较小。胸部发育良好，肋长，适度扩张，肋骨斜向后方伸展。背腰平直，腹大而深，腹底线从胸后沿浅弧形向后伸延，至肷部下方向上收缩。腹腔容积大，饱满、充实，不下垂。尾细，毛长，尾帚过飞节。四肢端正，结实。蹄质致密，两后肢距离较宽。尻长、平、宽，腰角显露。

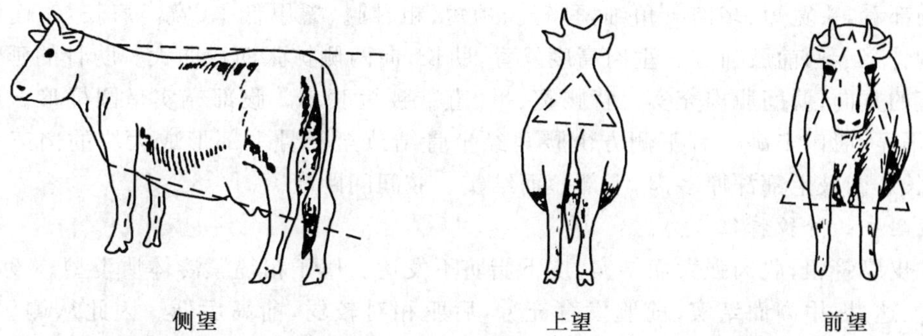

图 3-2-26 奶牛楔形模式图

乳房发达，呈浴盆状。乳房体积大，前乳房向腹下前方延伸，超过腰角垂线之前，后乳房充满于两股之间且突出于躯干的后方，附着点高，左右附着点距离宽，乳房有一定的深度，要求底部略高于从飞节向前作的水平线，且底部平坦，附着紧凑。四个乳区发育匀称。乳头长度为6.5～7 cm，直径为2～3 cm，呈圆柱状，垂直于地面。乳头分布均匀，乳头间距宽，呈中央分布。乳镜显露。乳静脉粗大、弯曲多。乳井大而深。悬垂乳房和漏斗乳房都属畸形乳房。

乳井：是乳静脉在第八、九肋骨处进入胸腔所经过的孔道，它的粗细是乳静脉大小的标志。

乳静脉：是以乳房沿下腹部经过乳井到达胸部，汇合胸内静脉而进入心脏的静脉血管，分为左右两条。泌乳牛，特别是高产牛的乳静脉比干奶牛或低产牛的粗大，弯曲而且分枝多，这是血流循环良好的标志。

乳镜：在乳房的后部到阴门之间，有明显的带有线状毛流的皮肤褶，称为乳镜。

3. 肉牛外貌特征

肉用牛皮薄骨细，体躯宽深而低垂，全身肌肉高度丰满，皮下脂肪发达、疏松而匀称。属于细致疏松体质类型。

肉牛的体型，前后躯都很发达，前望、侧望、上望（俯视）和后望，四个侧面均呈现“长方形”，整体呈现“长方砖形”或圆桶状（图 3-2-27）。肉牛体形方正，在比例上前后躯较长而中躯较短，以致前、中、后躯的长度趋于均等。全身显得粗短紧凑。被毛细密而富有光泽，呈现卷曲状态的，是优良肉用牛的特征。

图 3-2-27 肉牛长方形模式图

从局部看，头宽短、多肉。角细，耳轻。颈短、粗、圆。鬐甲低平、宽。肩长、宽而倾斜。胸宽、深，胸骨突于两前肢前方。垂肉高度发育，肋长，向两侧扩张而弯曲大。肋骨的延伸趋于与地面垂直的方向，肋间肌肉充实。背腰宽、平、直。腰短肷小。腹部充实呈圆桶形。尻宽、长、平，腰角不显，肌肉丰满。后躯侧方由腰角经坐骨结节至胫骨上部形成大块的肉三角区。尾细，帚毛长。四肢上部深厚多肉，下部短而结实。肢间间距大。

4.役用牛的外貌特征

役牛皮厚骨粗，肌肉强大而结实，皮下脂肪不发达。属于粗糙紧凑体质类型。役牛胸部宽深、肌肉发达，鬐甲高而结实，前躯发育充分，后躯相对较弱，前高后低。因此从侧望呈“倒梯形”，与乳牛的正常体型相反。

从局部看，头大、粗重，额宽。颈部短而粗壮，垂皮发达。鬐甲高、长而丰圆。胸围大，腹部充实。尻长、宽并有不同程度的斜度。四肢骨骼强壮，肌肉和筋腱分明。蹄大而圆，蹄质致密、坚实。

二、奶牛引种需要注意的问题

优良奶牛的引进是提高养牛效益的关键环节。奶牛引种需要注意以下几个方面的工作。

1.制订引种计划

根据种群更新计划，确定所需奶牛的品种和数量，有选择性地购进健康状况优良的个体，能提高本场经济效益，如果是加入核心群进行育种的，则应购买经过生产性能测定的种母牛或种公牛。

2.选择规模适度、信誉高的场家引种

有品牌、有实力的养牛企业，有自己独特的政策优势、雄厚的资金优势和过硬的技术优势，从客观的角度来讲，该企业生产出的奶牛将更为优良。

3.做好疫病调查

调查当地疫病流行情况和奶牛的质量情况，必须从经检疫无结核病、布氏杆菌病、口蹄疫病等疫病流行地区的健康种牛场引牛。检疫最基本的项目应包括牛肺疫、乳房炎、结核和布氏杆菌病等。并有当地畜牧兽医检疫部门出具的检疫合格、消毒证明等。

4.了解选育标准

了解该场奶牛其生长速度、产奶量、健康情况等，种牛场引种最好能结合奶牛综合性能测定进行选种。并附测定资料和种牛三代系谱。引进数量较多时，应分批进行。一头高产的母牛，形体应匀称、细致紧凑、皮薄骨细、棱角分明、泌乳系统十分发达。具体来讲，就是体高而大，背腰平直，胸长而宽，肋骨长而向后开张，肋间距宽。腰角宽，明显突出，腹大而圆。臀部宽、长，后肢结实、间距宽，肢势正，蹄结实无裂痕。乳房容积大，呈方圆形，乳腺发达，四个乳区发育匀称，前伸后延，中央乳韧带附着有力，分隔清晰，乳房充奶时底线平。

在个体选购时要注意焗油染色牛和低代杂交牛的识别。进行国外引种时，要考虑其适应性及潜力发挥能力。

5.运输时的注意事项

(1)在运载奶牛前，应使用高效消毒剂对车辆和用具进行 2 次以上的严格消毒，以防车辆带病传染，最好能空置 1 d 后装牛，在装奶牛前用刺激性较小的消毒剂(如双链季铵盐络合碘)

彻底消毒一次，并开具消毒证。

(2)在运输过程中，应想方设法减少奶牛应激和肢蹄损伤，避免在运输途中发生死亡和感染疫病。要求供种场提前 2 h 对准备运输的奶牛停止投喂饲料，赶奶牛上车时不能赶得太急，注意保护奶牛的肢蹄，装奶牛结束后，应固定好车门。

(3)运输车辆的车厢最好能铺上垫料，冬天可铺上稻草、稻壳、锯末，夏天铺上细沙，以降低奶牛肢蹄损伤的可能性，在气温低的季节还可以起到保温的作用；所装载奶牛的数量不要过多，装得太密会引起挤压而导致奶牛死亡；运载奶牛的车厢可隔成若干个栏圈，隔栏最好用光滑的钢管制成，避免刮伤奶牛。

(4)长途运输的种奶牛与达到性成熟的公牛应单独隔开，并喷洒带有较浓气味的消毒药(如复合酚等)以免相互打架。应对每头奶牛注射长效抗生素，以防止牛群途中感染细菌性疾病。

(5)长途运输的运牛车，应尽量走高速公路，避免堵车，每辆车应配备两名驾驶员交替开车，行驶过程应尽量避免急刹车；应注意选择没有停放其他运载相关动物车辆的地点就餐，绝不能与其他装运牛的车辆一起停放；随车应准备一些必要的草料、工具和药品，如绳子、铁丝、钳子、抗生素、镇痛退热药以及镇静剂等。路途休息时保证饮水充足。

(6)冬季要注意防寒保暖，可采取在车厢外覆盖帆布，车内铺垫稻草等措施；夏天要重视防暑降温，尽量避免在酷热的中午装牛，可在早晨和傍晚装运，同时车顶覆盖遮阳网；途中应注意经常观察，配制一些电解质溶液，在路上供奶牛饮用，以减少应激，有条件时可准备西瓜等解暑的水果供奶牛采食，防止牛中暑，在特殊情况下寻找可靠水源为牛淋水降温。

(7)运牛车辆应备有汽车帆布，若遇到暴风雨时，应将帆布遮于车顶上面，防止暴风雨袭击奶牛，车厢两边的篷布应挂起，以便通风散热。运输途中要适时停歇，应经常注意观察牛群，检查有无发病奶牛。如出现呼吸急促、体温升高等异常情况，应及时采取有效的措施。

6.做好奶牛到场后的过渡

(1)奶牛到场后，先给奶牛提供饮水，饮水中加入适量的多维素、葡萄糖和少量食盐，休息6～12 h后方可供给少量饲料，此时禁止饲喂苜蓿干草或青贮料，第二天开始可逐渐增加饲喂量，5 d后才能恢复正常饲喂量。奶牛到场后的前两周，由于疲劳加上环境的变化，机体对疫病的抵抗力会降低，饲养管理上应注意尽量减少应激，饲料的喂给采取一日多餐制，根据牛的健康状况，在饲料中可添加一些抗呼吸道、消化道感染的抗生素和多种维生素，特别是冬春季节尤为重要，使奶牛尽快恢复正常状态。

(2)奶牛引种地的自然条件与本地自然条件差异较大时，最好在引牛时同时运回一批当地的草料，使牛在适应环境的过程中，实现饲料的平稳过渡，以减少应激。

(3)做好隔离与观察工作。新引进的奶牛，应先饲养在隔离舍，按大小、公母进行分群饲养，遇到有损伤、发热、腹泻及奶牛死亡等情况，立即查明原因，如为传染病，应及时隔离、消毒；如为普通疾病，应及时治疗，以减少经济损失。对体质瘦弱牛只应单独饲喂，及时补液。经15～20 d的恢复期饲养，牛已基本适应新的生活环境和饲养条件。饲养 30 d 后应进行驱虫，保持牛体卫生，预防体内外寄生虫病的发生，同时按照免疫程序进行免疫接种。奶牛到场后必须在隔离舍隔离饲养 30～45 d，经严格检疫，特别是对布氏杆菌、结核病等疫病要特别重视，须经有关兽医检疫部门检测。在隔离期结束后，个体健康状况优良，对该批奶牛进行体表消毒，再转入生产区投入正常生产。

【学习自测】

一、选择题

1.我国水牛品种主要是属于____型水牛，主要以____为主。

A.沼泽　乳用　　B.沼泽　役用　　C.河流　乳用　　D.河流　役用

2.牦牛常被誉为“高原之舟”，世界上牦牛数量分布最多的国家是____。

A.中国　　B.蒙古国　　C.印度　　D.俄罗斯

3.牛的乳齿和永久齿数量分别为____枚。

A.16、28　　B.18、32　　C.20、28　　D.20、32

4.某奶牛养殖户饲养的一头奶牛，其下门齿的乳齿已被永久齿更换了3对，则该奶牛的大致年龄为____。

A.3岁　　B.4岁　　C.5岁　　D.不确定

5.乳井是乳静脉在第____肋骨处进入胸腔所经过的孔道，其粗细是乳静脉大小的标志。

A.五六　　B.六七　　C.七八　　D.八九

6.一头夏洛来母牛，其角轮数为2，该母牛的大致年龄为____。

A.3岁　　B.4岁　　C.5岁　　D.6岁

7.荷斯坦母牛的乳头标准长度为____cm。

A.4.5～5　　B.5.5～6　　C.6.5～7　　D.7.5～8

8.体高是指从____至地面的垂直距离。

A.荐骨最高点　　B.两腰角连线中点　　C.鬐甲最高点　　D.背部最高点

9.从肩端前缘至坐骨结节后缘的距离，简称____。

A.体直长　　B.体斜长　　C.体长　　D.身长

10.管围是指____前肢掌骨上____处的水平周径。

A.左2/3　　B.左1/3　　C.右2/3　　D.右1/3

11.下列____不是英国培育的专门化奶牛品种。

A.爱尔夏牛　　B.娟姗牛　　C.更赛牛　　D.安格勒牛

12.下列____不属于肉用牛品种。

A.夏洛来牛　　B.利木赞牛　　C.安格斯牛　　D.西门塔尔牛

13.下列不属于我国乳肉兼用牛品种的是____。

A.乳用短角牛　　B.科尔沁牛　　C.三河牛　　D.中国草原红牛

14.奶牛线性鉴定结构与容量部位包括6个描述性状和9个缺陷性状，下列____不属于结构与容量部位鉴定的性状。

A.腰强度　　B.前段　　C.胸宽　　D.棱角性

15.奶牛体况评分主要依据的部位有____。

A.髋骨、肋骨和臀角　　B.髋骨、椎骨和坐骨

C.髋骨、肋骨和尾根　　D.髋骨、臀角和尾根

16.利用目测和触摸方法可以进行奶牛体况评分，下列关于奶牛体况评分描述不正确的是____。

A.观察牛体的显露程度、丰满程度和开张程度

B.观察尾根周围、腰角和尻部的凹陷情况

C. 触摸尻角、腰角、脊柱、肋骨以及尻部皮下脂肪的沉积情况

D. 观察腹围大小

17. ____因其具有双肌肉基因，是目前国际公认的终端父本，已被世界 20 多个国家引进，用于杂交改良。

A. 夏洛来牛　　B. 利木赞牛　　C. 契安尼娜牛　　D. 皮埃蒙特牛

18. 进行体型线性评定的理想对象应该是牛群中的____母牛。

A. 头胎　　B. 干奶期　　C. 产犊前期　　D. 6 岁以上

19. 荷斯坦牛原产于____。

A. 荷兰和德国　　B. 美国和加拿大　　C. 日本和澳大利亚　　D. 美国和英国

20. 西门塔尔牛属于____。

A. 乳用型　　B. 乳肉役兼用　　C. 肉乳兼用型　　D. 肉用型

21. 奶牛发育良好的标准乳房为____。

A. 浴盆状乳房　　B. 悬垂乳房　　C. 漏斗乳房　　D. 紧吊乳房

22. 体高过高与过低的奶牛均不适于规范化管理。通常认为，奶牛的最佳体高为____，最佳评分____分。

A. 140～145 cm　4～6 分　　B. 145～150 cm　7～9 分

C. 142～147 cm　5～7 分　　D. 145～147 cm　7～8 分

23. 前段线性鉴定观察的部位为奶牛的髻甲部相对____的高度差。

A. 十字部　　B. 尻部　　C. 髋部　　D. 坐骨结节

24. 体躯大小即被鉴定牛只的体重，可依据被鉴定牛的____估计体重。

A. 胸围　　B. 腹围　　C. 体长　　D. 体高

25. 肉牛的体型，前后躯都很发达，前望、侧望、上望(俯视)和后望，四个侧面均呈现____。

A. 长方形　　B. 正方形　　C. 三角形　　D. 倒梯形

26. 尻角度是指____至____连线与水平线的夹角。

A. 腰角　坐骨结节　　B. 腰角　尾根　　C. 腰角　臀角　　D. 腰角　髋部

二、综合测试

1. 利用不同品种牛的图片、照片或实地参观牛场，观察并触摸牛的被毛、头型、颈、肩峰、背腰、胸腹、尻、尾、四肢、乳房、乳头及全身肌肉等，分别对观察的牛进行描述记载，并做鉴别比较。

2. 结合奶牛体况评分，组织学生在周边牛场进行 50 头奶牛的体况评分，并结合体况评分结果进行讨论，分析原因及整改措施。

3. 选择在大中小不同规模的奶牛养殖场进行奶牛群体的线性鉴定，要求学生鉴定部位识别、测定准确，通过对奶牛群体的线性鉴定结果进行分析讨论，提出整改建议。

【课外学习指要】

1.《国家级畜禽遗传资源保护名录》(农业部公告 第 2061 号 · 2014 年).

2. GB 16567—1996 种畜禽调运检疫技术规范.

3. GB/T 3157—2008 中国荷斯坦牛.

4. 中国家禽家畜品种志编委会. 中国牛品种志. 上海：上海科学技术出版社，1988.

项目四 饲料配制

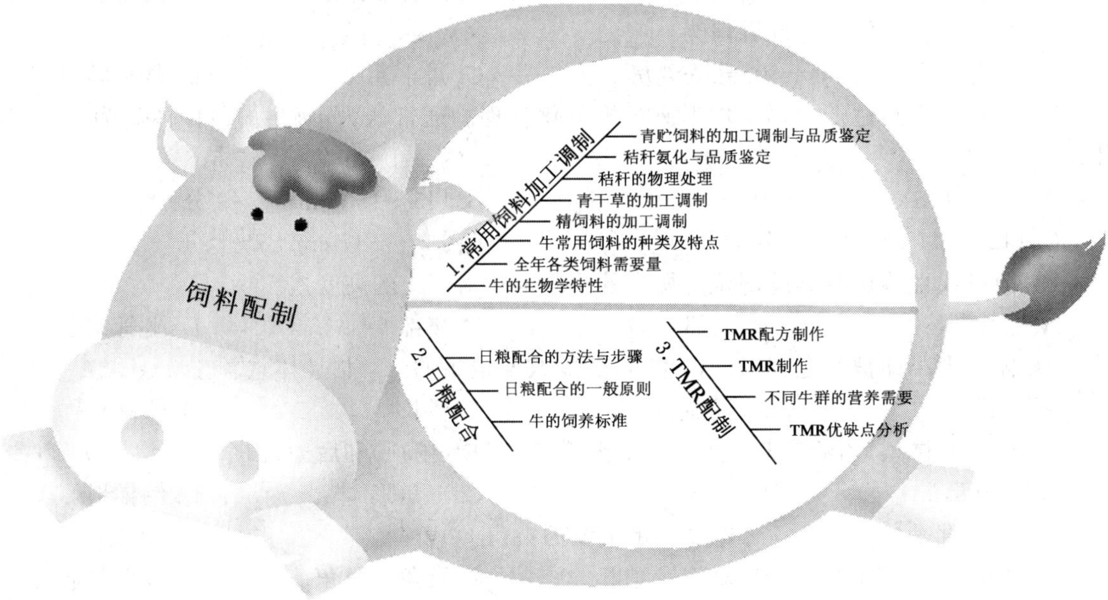

知识目标

- 了解牛常用饲料的种类及特点。
- 熟悉牛的消化器官及其功能。
- 掌握牛的日粮配制方法。

技能目标

- 能对牛常用饲料进行合理的加工调制。
- 根据牛的饲养标准,能熟练进行牛的日粮配合。
- 掌握牛的TMR配制技术。

饲料是牛生长繁殖的物质基础,牛的生物学特性决定了其消化生理特性和各种物质的利用特点。牛的饲料成本占其生产成本的60%以上。配制牛饲料,要结合不同生理阶段的饲养标准、营养需要等,选择适宜饲料原料,科学设计饲料配方,因地制宜,灵活掌握。

任务1 常用饲料加工调制

【任务描述】

通过物理、化学及生物处理的方法,对饲料原料尤其是粗饲料进行合理的加工调制,以有效减少饲料的营养损失,提高适口性和利用率。物理处理法主要通过机械将饲料切短、粉碎、揉搓、压块、制粒等;化学处理法主要包括石灰液处理、氢氧化钠液处理、氨化处理等,氨化处理常用液氨、氨水、尿素;生物处理法主要采用秸秆微贮技术。

【任务分析】

学习本任务要密切联系前导课程动物营养与饲料,了解牛常用饲料的种类和牛的消化生理特点及对饲料营养物质利用特点,熟悉牛常用饲料的营养特性及饲喂注意事项。通过参加校内外实训基地的实践,熟练掌握秸秆青贮、氨化加工工艺、青干草加工调制方法及品质鉴定技术。

【任务实施】

一、青贮饲料的加工调制与品质鉴定

(一)青贮设施容量设计

制作青贮饲料需要有一定的容器,如青贮窖(坑)、青贮塔、青贮缸和青贮饲料袋等,这些都要提前选择、购置或建造。青贮设施容量需根据青贮原料的品种和数量确定。

第一步,计算青贮饲料单位体积的重量。常见青贮原料的重量估计见表4-1-1,各种青贮设施的有效容量等于体积[圆形窖(m^3)=内径底面积×内径高;长方形设施(m^3)=设施的内容积(长×宽×高)]乘以各种原料的单位体积重量。

表 4-1-1 青贮饲料重量估计 kg/m^3

青贮原料种类	青贮饲料重量
全株玉米、向日葵	500~550
玉米秸	450~500
甘薯藤	700~750
萝卜叶、芜菁叶	600
叶菜类	800
牧草、野草	600

第二步,计算牛场全年消耗的青贮料量。例如某奶牛场全年饲养成年母牛100头,每头成年母牛每天平均饲喂全株青贮玉米20 kg,全年则需730 000 kg(20×100×365 d)

第三步,奶牛场全年的青贮玉米用量除以青贮玉米单位体积的重量500 kg,即为所需的青贮设施的容量 1 460 m^3(730 000÷500)。

第四步，确定每天取料的容积。由每天的饲喂量 2 000 kg 除以青贮玉米单位体积重量，得出每天取料容量为 4 m^3。初步设计青贮壕深为 6 m，取料进度为 0.15 m，那么宽为 4.5 m [4/(6×0.15)]。壕的建筑要求，宽 4.5 m，深为 6 m。

第五步，确定青贮设施的长度。由每天的取料进度 0.15 m 乘以 365 d，就得出青贮壕的长度为 55 m。

由以上五个步骤计算出，全年饲养 100 头成年母牛的青贮壕的尺寸为宽 4.5 m，深 6 m，长 55 m，每天取 0.15 m，可满足全年 365 d 的需要。如果全株玉米青贮结合豆科玉米青贮，可取得良好的饲喂效果，节省精饲料的饲喂量。

(二)饲料青贮方法步骤

青贮饲料生产工艺流程见图 4-1-1。

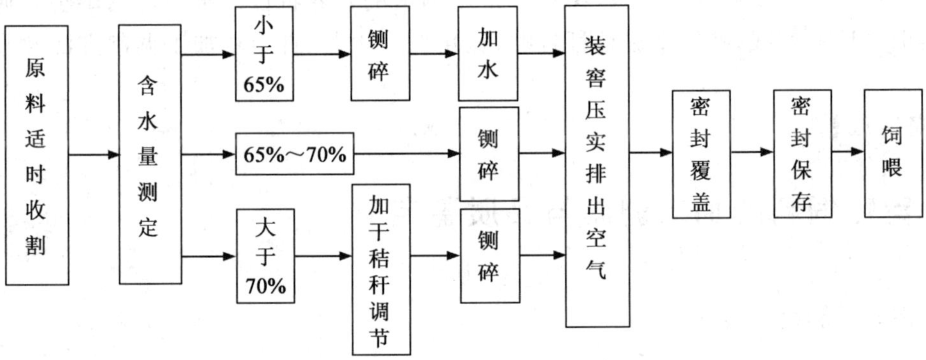

图 4-1-1　青贮饲料生产工艺流程图

调制青贮饲料的关键技术点为：一是要严格控制青贮原料的水分，理想为 65%～70%；二是青贮原料中要含有一定量的糖分，含糖量要高于 3%；三是快速装窖和封顶，一旦开始青贮，就要集中人力、物力在最短的时间内连续、快速的装窖和封顶；四是要有一个适宜的温度环境，最适宜于青贮的窖内温度以 30℃为宜；五是一定要填满压实，形成一个有利于厌氧菌生长的环境。具体制作方法如下：

1. 适时刈割

优良的青贮原料是制作优质青贮饲料的物质基础。选择适宜的刈割期，不但能在单位面积上获得最大营养物质产量，而且还可使原料含水量适中，可溶性碳水化合物含量较高，有利于乳酸发酵，制成优质青贮饲料。

一般情况下整株玉米青贮应在蜡熟期刈割(蜡熟期的标志是靠近籽粒尖的几层细胞变黑而形成黑层)，果穗收获后的玉米秸青贮，宜在果穗成熟，仅下部 1～2 片叶枯黄时收割；或果穗成熟时，在果穗上部保留 1 片叶，削尖后青贮。

2. 原料切短

原料收割后立即运到青贮地点，将青贮秸秆原料切短，长度在 3.5 cm 左右。小量青贮可用人工铡草机切短，大量青贮可用青贮切碎机。使用青贮玉米联合收割机，一次完成割、切作业效率更高，见彩色插图 4-1。

3. 调节含水量

青贮原料中含有适量水分，是保证乳酸菌正常活动的重要条件。青贮秸秆的含水量一般为 70%。生产现场判断适于青贮的原料含水量的简单方法是：即抓一把切碎的原料，紧捏在手掌中握成拳约 1 min，此时手指缝中有汁液流出，说明原料含水率大于 75%，以汁液多少可判断为 80%～85%（图 4-1-2，a）；若指缝无汁液流出，松开手掌，饲料成团，含水率约 68%～75%（图 4-1-2，b）；若饲料不成团慢慢松散开来，含水率约 60%～67%（图 4-1-2，c）；手放开，饲料也散开，含水 60% 以下（图 4-1-2，d）。含水量过多或过少的青贮原料，青贮时应进行适当的处理和调节，入窖时原料的水分控制在 65%左右为最佳，水分过高过低都会影响青贮的品质。

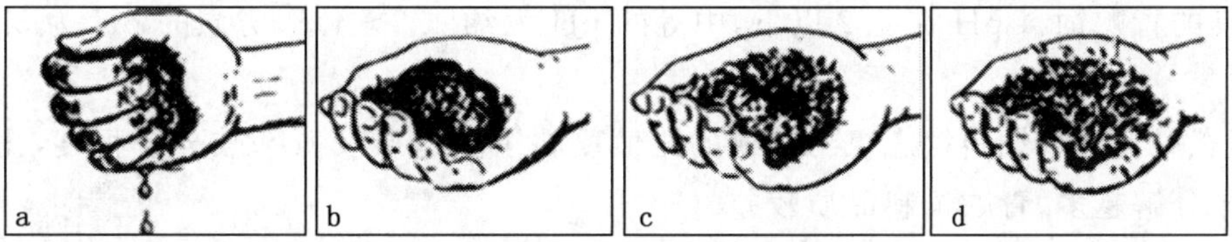

图 4-1-2 现场手握法测原料含水率图

4. 装填与压实

原料装窖前先在窖底铺一层 15～20 cm 厚的麦草或其他秸秆，窖壁四周可铺一层塑料薄膜，加强密封，防止透水漏气。如果原料含水量大，在装填时要掺入适量的糠麸以调节含水量。装填青贮秸秆时，应逐层装入，每层装 15～20 cm，随装随压实。添加糠麸、谷实等进行混合青贮时，要在压紧前分层混合。压实的方法：小型窖可用人力踩踏，大型长壕可用链轨拖拉机等，要特别注意压紧窖的边缘和四角。这样层层装填、压实，直至高出窖口 50～60 cm 为止，见彩色插图 4-2。

5. 密封和管理

装满秸秆后即可加盖封顶。先覆盖一层塑料薄膜，再盖一层厚 20～30 cm 切短的秸秆或软草，然后盖上厚约 30～50 cm 洁净的湿土，并做成馒头形（圆窖）或屋脊形（长窖），盖土的边缘要超出窖口四周外围，以利排水。用塑料袋做青贮时，装满秸秆后用细绳扎紧袋口即可。青贮后 1 周内，随时检查、修整封土裂缝、下陷等，避免雨水流入和漏气。青贮饲料一般在制作 45 d 后可以使用。密封完好的青贮饲料，原则上以 1～2 年使用完毕为宜。

（三）青贮饲料的品质鉴定

青贮饲料在饲用前，应进行质量鉴定，以判定青贮饲料品质的好坏。青贮饲料品质鉴定方法分为两种：感官评定和实验室鉴定。

1. 感官评定

青贮饲料开窖取用时，从饲料的色泽、气味和质地等方面进行感官评定。感官鉴定标准见表 4-1-2。

表 4-1-2 青贮饲料的感官鉴定标准

等级	颜色	气味	酸味	质地
优良	青绿或黄绿色，有光泽	芳香酸味，水果酒酸味，给人以舒适感觉	浓	茎叶结构良好，叶脉明显，柔软湿润
中等	黄褐色或暗绿色	刺鼻酸味，香味淡	中等	茎叶部分保持原样，柔软，水分稍多
劣等	褐色或暗黑绿色	腐臭味或霉烂味	淡	腐烂，污泥状黏滑，黏结成团，或干燥，无结构

2. 实验室鉴定

用化学分析方法测定青贮饲料的酸度、氨态氮和有机酸含量，判定发酵情况。

(1)酸度　青贮饲料的酸度(pH)在实验室可用酸度计测定，生产现场可用精密石蕊试纸测定。优良的青贮饲料 pH 在 4.2 以下，中等的 pH 大约 4.2～4.8，劣质的 pH 为 5.5～6.0，甚至更高。

(2)氨态氮　青贮饲料氨态氮与总氮的比值反映了蛋白质及氨基酸分解程度，比值越大，表明蛋白质分解越多，青贮饲料品质较差。

(3)有机酸含量　青贮饲料中有机酸总量及其构成能反映青贮发酵程度，优良的青贮饲料含有较多的乳酸和少量乙酸(乳酸所占比例越大越好)，不含酪酸。品质低劣的青贮饲料含酪酸多，乳酸少。

(四)青贮饲料的利用

喂青贮饲料之前应检查质量——色、香、味和质地。优质青贮饲料应为：颜色黄绿，柔软多汁，气味酸香，适口性好。玉米秸秆青贮带有很浓的酒香味。

饲喂时，青贮窖只能打开一头，要分段开窖，分层取，取后要盖好，防止日晒、雨淋和二次发酵，避免养分流失、质量下降或发霉变质。发霉、发黏、发黑、结块的不能用。

开始饲喂青贮饲料时，要由少到多，逐渐增加，停止饲喂时，也应由多到少逐步减喂，使牛有一个适应过程，防止暴食和食欲突然下降。青贮饲料的用量，应视牛的品种、年龄、用途和青贮饲料的质量而定，一般日喂量为：成年奶牛 20～25 kg，肉用繁殖母牛 8～15 kg，役用牛 10～15 kg，种公牛、肉用牛 5～12 kg。

二、秸秆氨化与品质鉴定

(一)氨化设施设计

秸秆氨化处理可用氨化壕、氨化池、平地堆垛氨化法、窖氨化法，农村小户也可以用塑料袋氨化法、缸氨化法等多种氨化方法，可根据当地条件任意选择。

氨化设施的设计，重点要考虑容积和形状。容积主要根据牛的养殖数量、氨化时间、氨化饲料的周转数量，每次氨化秸秆量的大小来确定。可按 1 m^3 净容积氨化秸秆 140～150 kg 设计所建池的容积。形状主要根据使用对象和地质条件的不同，来进行选择确定。

(二)氨化方法步骤

氨化秸秆的主要氨源有液氨、尿素、碳铵和氨水，其中以液氨和尿素处理效果好。液氨处理需一定的设备，宜在集约化饲养或有氨化站的条件下推广。国内目前多用尿素处理，并获得了十分理想的效果。

尿素氨化法是我国农村使用最广的氨化处理法。它简单易行，原料来源广，尿素可以方便地在常温下运输，氨化时不需要复杂的设备，对健康无害。用尿素溶液处理秸秆，对密封条件的要求也不像液氨那样严格，处理效果好，仅次于液氨。方法步骤如下：

1. 秸秆铡碎

秸秆要铡短，以易于压实，一般铡成 3 cm 以下短节，增加氨化原料与氮源的接触面，增强氨化作用。

2. 添加尿素装窖

按秸秆重的 3%～5%加尿素。将尿素按 1∶(10～20)的比例溶解在水中，均匀地喷洒在秸秆上。喷洒时要尽力设法使每根麦秸都喷洒上尿素溶液。这样就要用喷壶一层一层地喷匀，使溶液与秸秆充分接触，边喷洒溶液，边搅拌，边装入氨化设施。要分层，一层秸秆喷洒一层尿素溶液，均匀地浇遍、浇透。千万不要一下子从上全倒下来，以免影响氨化效果。每层的厚度不应超过 30～45 cm。每 100 kg 秸秆用 3～5 kg 尿素，加 30～60 kg 水，逐层添加堆放。

3. 覆盖密封

用尿素氨化处理秸秆要有一个分解成氨的过程，一般较液氨和氨水处理要求时间稍长一些，在寒冷地区要想尿素分解快，在氨化过程中最好加些脲酶丰富的饲料，如新鲜的生大豆粉等。密封时间大体上是：日间气温在 30℃以上时，需 10～15 d；日间气温在 20～30℃时，需 12～21 d；日间气温在 10～20℃时，需 19～35 d；日间气温在 0～10℃时，需 33～65 d。

(三)氨化秸秆的品质鉴定

主要通过鉴定氨化秸秆的颜色，氨化效果好的秸秆为棕褐色，或深黄色，发亮；陈旧的秸秆比较暗；如果颜色跟普通的秸秆一样，说明没有氨化好。优质氨化秸秆气味糊香，温度不高，质地柔软，容易揉成团，松开手，团又散开，秸秆容易拉断。如果开窑后冒气，温度又升高，则是霉变的征兆；发霉的氨化秸秆，颜色为白色、灰色，甚至发黑，发黏、结块，并有腐烂味不可再喂牛。

三、秸秆的物理处理

秸秆的物理处理指对秸秆进行切短或粉碎、制成颗粒、碾青、热喷等处理。该方法一般不能改善秸秆的消化利用率，但可以改善适口性，减少浪费。

(一)秸秆切短、粉碎及软化

秸秆切短便于采食和咀嚼，并易于与精料拌匀，防止牛挑食，从而减少饲料浪费，提高采食量。秸秆切短的长度一般为 3～4 cm。秸秆的粉碎、蒸煮软化，都只能使秸秆的适口性得到改善，而不能提高秸秆的营养价值。

(二)制颗粒

粗饲料经粉碎后与其他饲料配成平衡饲粮，然后制成大小适宜的颗粒，适口性好，营养平衡，粉尘减少，便于咀嚼，可以提高牛的采食量。用单纯的粗饲料或优质干草经粉碎制成颗粒饲料，既可以减少粗饲料的体积，又便于贮藏和运输。牛用颗粒饲料的大小一般以 6～8 mm 为宜。

(三)碾青

将秸秆铺在地面上，厚度为 30～40 cm，上铺同样高度的青饲料，最上面再铺秸秆，然后用磙子碾压，此过程称为碾青。青饲料流出的汁液被上、下两层秸秆吸收。经过该处理，可缩短青饲料晒制的时间，并提高粗饲料的适口性和营养价值。

(四)揉搓

使用揉搓机将秸秆揉搓成丝条状直接喂牛，吃净率可提高到 90%以上。揉搓后进行氨化，不仅氨化效果好，而且可进一步提高吃净率。

(五)热喷

新型饲料热喷技术是内蒙古畜牧科学院经过 7 年的时间研制成功的。将初步破碎或不经破碎的粗饲料装入压力罐内，用 1.47～1.96 MPa 的压力，持续 1～30 min 后，突然减至常压喷放，即可得热喷饲料。经该处理，可提高牛对粗饲料的采食量和有机物质消化率。结合“氨化”对饲料进行迅速的热喷处理，可将氨、尿素、氯化铵等多种工业氮源安全地用于牛的饲料中，使饲料的粗蛋白质水平成倍地提高。

四、青干草的加工调制

优质干草饲用价值高，营养丰富，利用它可以节约大量的蛋白质饲料，降低饲养成本，提高经济效益。另外调制干草，方法简便，原料丰富，成本低，便于长期大量贮藏，在养牛生产上起着重要的作用。

(一)青干草制作

1.地面干燥法

采用地面干燥法干燥牧草的具体过程和时间，随地区气候的不同而有所不同。牧草含水降至 38%时，植物酶和微生物酶对养分的分解才能减慢。所以牧草收割后，应薄层平铺暴晒 6～7 h，使其凋萎(含水 40%～50%)后，用搂草机搂成松散草垄，继续干燥 4～5 h；使含水降至 35%～40%(叶子开始脱落前)时用集草器集成小草堆，继续干燥 1.5～2 d 即可制成青干草(含水 15%～18%)进行贮存。晒制干草，必须注意天气预报，如遇天气变化，应将草拢成小草垛，待天晴时再摊晒；如遇大雨应拢成大垛，并理顺顶部草，使其成帽状，以防雨淋。此法营养可损失高达40%。所以在多雨季节，不提倡采用地面干燥法。

2.草架干燥法

在潮湿地区由于牧草收割时多雨，地面经常是潮湿的，因此在生产上多采用草架干燥法来晒制干草。首先把割下来的牧草在地面上干燥0.5～1 d，使其含水量降至45%～50%，无论天气好坏都要及时用草叉将草自上而下上架。最底层应高出地面，不与地面接触，这样既有利于通风，也避免与地面接触吸潮。在堆放完毕后应将草架两侧牧草整理平顺，这样遇雨时，雨水可沿其侧面流至地表，减少雨水浸入草内。这种方法可以大大地提高牧草的干燥速度，保证干草品质，减少各种营养物质的损失。

3.人工干燥法

在自然条件下晒制干草，营养物质的损失相当大，干物质的损失约占鲜草的20%，蛋白质损失约占30%左右。采用人工快速干燥法，则营养物质的损失可降低到最低限度。人工干燥的形式可以归纳成以下三类：

(1)常温鼓风干燥　牧草的干燥可以在室外露天堆贮场，也可以在草棚中进行干燥，经堆垛后，在草堆中设置栅栏通风道，用鼓风机强行吹入空气。如果刈割后的牧草在田间预干到含水量在65%左右时，置于设有通风道的草棚下，进行干燥，可节省能源开支。这种方法在干草收获时期，白天、早晨和晚间的相对湿度低于75%，温度高于15℃时使用。

(2)低温烘干法　利用加热的空气将青草水分烘干，干燥温度在50～70℃，需5～6 h，在20～150℃，5～30 min即可干燥。

(3)高温快速干燥法　它的工艺过程是将切碎的青草(长约25 mm)快速通过高温干燥机再由粉碎机粉碎成粒状或直接压制成草块。这种方法主要用来生产干草粉或经轧粒机压制成干草饼。

(二)青干草的堆垛与贮藏

青干草调制成后，必须及时堆垛和贮藏，以免散乱损失。一般，堆垛贮藏的青干草水分含量不应超过18%，否则容易发霉、腐烂。另外，草垛应坚实、均匀，尽量缩小受雨面积。垛顶不应有凹陷和裂缝。草垛顶脊必须用草绳或泥土封压坚固，以防大风吹刮。在青干草的贮藏过程中要注意做好四防(防畜、防火、防雨、防雪水)工作。对草垛要定期检查和做好维护工作，如发现垛形不正或漏缝，应当及时修整。及时采取散热措施，防止草垛自燃。要使用防腐剂，以防止青干草在堆贮过程发霉变质。

(三)青干草的利用

青干草同青贮料一样，在贮存一段时间后，饲喂前，也应检查其质量—色、香、味和质地。优质青干草颜色鲜绿、香味浓郁、适口性好、叶量多、叶片及花序损失不到5%。饲喂时，也要分段、分层取喂，避免养分流失、质量下降或发霉变质；饲喂牛，要有一个适应过程，防止暴食和食欲突然下降。

五、精饲料的加工调制

精饲料的营养价值和消化率一般都比较高，但种皮、硬壳及内部淀粉粒的结构均影响营养成分的消化吸收和利用。所以，这类饲料在饲喂前必须经过加工调制，以便能够充分发挥其作用。

(一)磨碎

质地坚硬或有皮壳的饲料，喂前需要磨碎，否则难以消化而由粪中排出，造成浪费。牛喂整粒玉米，就会出现这种现象。对牛来讲精饲料也不必磨得太细，以碎到直径 2～4 mm 为宜。但棉籽以整粒饲喂为好，棉籽在瘤胃内其表层棉纤维素即被消化，籽实中脂肪和蛋白质等送至真胃后再被消化。

(二)压扁

将谷物用蒸汽加热到 120℃左右，再用压扁机压成 1 mm 厚的薄片，迅速干燥。由于压扁处理使饲料中的淀粉经加热糊化，豆类籽实中抗营养因子也受到破坏，因此喂牛后的消化率和效果明显提高。

(三)湿润及浸泡

湿润一般用于尘粉多的饲料，而浸泡多用于硬实的籽实或油饼，使之软化或用于溶去有毒物质。对磨碎或粉碎的精料，喂牛前，应尽可能湿润一下，以防饲料中粉尘多而影响牛的采食和消化，也可预防因粉尘呛入气管而造成的呼吸道疾病。坚硬的饲料，经过浸泡后变得膨胀柔软，便于咀嚼和消化，但是应掌握好浸泡的时间，浸泡时间过长，会造成营养成分的损失，适口性也随之降低，有的饲料甚至还会因为浸泡过久而变质。

(四)饲料颗粒化

颗粒饲料属全价配合饲料的一种，是将饲料粉碎后，根据家畜的营养需要，按一定的配合比例搭配，并充分混合，用饲料压缩机加工成一定的颗粒形状。喂牛时以直径 4～5 mm、长 10～15 mm 为宜。颗粒饲料适口性好，饲喂方便，有利于消化，可以增加牛的采食量，且营养齐全，能充分利用饲料资源，减少饲料损失，当今养牛生产中应用较多。

除上述方法外，还可以对精饲料进行蒸煮、焙炒、发芽及糖化等处理。

【知识拓展】

一、牛常用饲料的种类及特点

饲料是发展养牛业的物质基础和先决条件，是影响牛生产经济效益好坏的最主要因素。我国饲料资源比较丰富，全面了解和掌握牛常用饲料的种类、特点及加工利用技术，对广开饲料来源，提高饲料转化率和经济效益，促进养牛业的高产、稳产具有重要意义。牛常用饲料的种类及特点，见表 4-1-3。

表 4-1-3 常用饲料的种类及特点

饲料类型		营养特点	常见的种类
精饲料	能量饲料	饲料干物质中粗纤维少于 18%，粗蛋白少于 20%，粗纤维含量低，有机物质的消化率高，蛋白质含量不足，且品质差；脂肪含量少，脂肪酸易酸败；钙磷比例不平衡，钙少磷多，含有丰富的维生素 B_1 和维生素 E，而缺乏维生素 D；适口性好，易消化。与原粮相比加工副产品粗蛋白质、粗脂肪和粗纤维含量都很高，而无氮浸出物、消化率和有效能值含量低；钙、磷含量比籽实高，但是钙少磷多；B 族维生素含量丰富	玉米、小麦、稻谷、大麦、小麦麸、米糠
	蛋白饲料	粗蛋白质含量高，品质也较好；脂肪含量略低于能量饲料，但大豆、花生含量较高；钙、磷含量较能量饲料稍多，但钙磷比例不恰当，钙多磷少；胡萝卜素缺乏；无氮浸出物含量为 30%～50%，纤维素易消化	大豆、豆饼、豆粕、棉籽饼、菜籽饼、胡麻饼、玉米胚芽饼
粗饲料		体积大，粗纤维含量多，难以消化，营养价值低；粗蛋白质含量差异大；含钙量高，含磷量低；维生素含量丰富	青贮类饲料、干草类饲料、青绿饲料、作物秸秆、秕壳
多汁饲料		干物质中富含淀粉和糖，纤维素含量少，一般不超过 10%，且不含木质素；粗蛋白质含量少，只有 1%～2%，以薯类含量最少，蛋白质含赖氨酸、色氨酸较多；矿物质含量不一致，缺少钙、磷、钠，而钾的含量却丰富；维生素含量因种类不同而差别很大，胡萝卜中含有丰富的维生素，尤以含胡萝卜素最多。甘薯中则缺乏维生素，甜菜中仅含有维生素 C，多汁饲料缺乏维生素 D；适口性好，有机物质消化率高	甜菜、胡萝卜、甘薯
糟粕类饲料		营养成分随原料、加工工艺等差别较大，一般含粗纤维较高，粗蛋白质因其各自的原料不同而有很大差异，但一般均较低；水分含量高，不易贮存和运输。啤酒糟成母牛日喂量以 12～15 kg 为宜，豆腐渣日喂量以 2.5～5 kg 为宜	豆腐渣、甜菜渣、酒糟、醋糟
添加剂类饲料		包括营养性添加剂和非营养性添加剂，强化基础饲料营养价值，提高牛生产性能，保证牛体健康，节省饲料成本，改善产品品质	维生素、微量元素、氨基酸、促生长添加剂、缓冲剂
非蛋白质含氮饲料		可以代替植物或动物性蛋白质饲料，提供合成菌体蛋白所需要的氨氮，不同产品的含氮量变化幅度较大，除液氨外，约为 17%～47%，蛋白质当量约为 106～292，利用率为 75%～95%，相当等量豆饼含氮量的 1.4～6.5 倍。饲料价格高时，适合与植物性蛋白质饲料搭配使用，弥补植物性蛋白质饲料不足，应注意控制用量，并与其他营养素如碳水化合物、硫的比例适当	尿素、液氨、氨水、硫酸铵、氯化铵、二缩脲、铵盐
矿物质饲料		牛的生长、发育、繁殖不可缺少的物质，维持牛的正常新陈代谢	食盐、石粉、磷酸钙、磷酸氢钙

二、全年各类饲料需要量

(一)奶牛全年各类饲料需要量

为确保奶牛饲料常年均衡供应,防止饲料突变,尽可能供给适合于本地区的经济、高效的平衡日粮,确保奶牛日粮的稳定及高产高效生产,应根据各类奶牛的饲养头数及饲料消耗量,制定全年饲料生产、储备和供应计划。各类奶牛全年主要饲料需要量见表 4-1-4。

表 4-1-4　各类奶牛全年主要饲料需要量　　kg/(头·年)

饲料种类	成乳牛[①]	后备牛			
		0～2 月龄	3～6 月龄	7～15 月龄	16 月龄至投产
干草	1 200～2 000	30～40	250～350	800～1 000	1 400～1 600
青贮	5 000～8 000	30～40	200～500	2 200～2 400	3 000～5 000
青绿	5 000～6 000	—	100～400	500～1 500	1 000～3 000
块根块茎	2 500	—	—	适量	适量
糟渣	2 000～2 500	—	—	适量	适量
精料[②]	3 000～4 000	17～20	200～220	700～800	1 400～1 600
牛奶		300～380			

注:①成乳牛年产 7 500～8 000 kg 乳脂率 3.1%～3.2%。

②精料中谷实占 50%～55%,糠麸占 10%～12%,蛋白质饲料占 25%～30%,矿物质饲料占 5%,对高产牛应供一定比例的优质豆科牧草。

(二)肉牛全年各类饲料需要量

肉牛的饲料以青、粗为主,青、粗、精合理搭配,力求品种多样化,营养齐全。饲料中药物添加剂品种及用量应根据国家使用规定严格控制。肉牛饲料需要量见表 4-1-5。

表 4-1-5　各类牛全年或各期主要饲料需要量　　kg/头

饲料类别	成年母牛	育成牛	犊牛
干草与秸秆	4 000～5 000	2 000～2 500	500
精料	500	400	100
青贮	2 000	1 000～1 500	400～500
磷酸氢钙	35	30	8
食盐	25	13	1.5
糟渣	2 000	1 000～1 500	400～500

三、牛的生物学特性

(一)牛的生活习性

1. 对环境的适应性

牛分布广泛,遍及全国各地。牛是耐寒怕热的动物,适宜的环境温度为 10～21℃。高温可使牛的采食量下降,导致生长速度和产奶量降低,同时,使公牛精液品质下降,但瘤牛耐热性较强;低温对牛无明显的影响,极端低温抑制母牛的发情和排卵。湿度通过温度来影响牛的生产性能,高湿使高温或低温对牛的影响加剧。牛喜欢安静的环境,噪声会影响牛的生长和生产性能的发挥。

2. 采食性能

牛是草食性家畜,味觉和嗅觉敏感。喜欢采食草类饲料,尤其是青绿饲草和块根饲料,且喜欢采食带甜味和咸味的饲料。牛采食时依靠灵活有力的舌卷食饲草,匆匆咀嚼后,将粉碎的草料混合成食团吞入胃中。由于牛采食行为较粗糙,容易将异物吞入胃中造成瘤胃疾病,要防止异物混入草料,避免牛采食外表粗糙、绒毛多、被粪尿和唾液污染的饲草。牛没有上门齿,采食的牧草,依靠舌和头的摆动扯断,牧草过矮(5 cm 以下)时,牛不易采食。日出前和近黄昏时是牛的采食高峰,牛有夜间采食的习惯,晚上必须给牛加夜草,这对于高产牛、正在肥育中的牛尤为重要。

3. 合群性

牛是群居家畜,具有合群行为,利用其合群性,可以大群放牧,牛群能形成群体等级制度和群体优胜序列,当不同的品种或同一品种不同的个体混群时,通过角斗决定顺序。公牛好斗,但去势后性情温驯。牛的群体行为对于放牧按时归队,有序进入挤奶厅和防御敌害具有重要意义。牛群混合时一般要 7～10 d 才能恢复安静,牛的这一习性,在育肥时应给予注意,育肥群体中不要加入陌生个体。

4. 休息和运动

牛每天需要 9～12 h 的休息时间,表现为游走、站立或躺卧,休息时反刍,咀嚼食物,牛一昼夜至少躺卧睡眠 3 h。牛喜欢自由活动,在运动时常表现嬉耍性的行为特征,幼牛特别活跃,饲养管理上要保证牛的运动时间,散栏式饲养有利于牛的健康和生产。

5. 抗病力性能

牛的抗病力很强,正是由于抗病力强,往往在发病初期不易被发现,没有经验的饲养员一旦发现病牛,多半病情已很严重。因此,必须时刻细致观察,尽早发现,及时治疗。

6. 爱清洁

牛对有异味的草料及受粪尿污染的水拒食。在生产中做到少给勤添。

(二)牛的消化特点

牛作为一种反刍动物,其具有与单胃动物不同的独特的消化特点。

1. 口腔及唾液分泌

牛没有上切齿和犬齿,采食草料依靠切齿板和下切齿、嘴唇和舌的配合。牛的唾液腺主要由腮腺、颌下腺和舌下腺组成。唾液腺可以分泌唾液，唾液具有润湿饲料、溶解食物、杀菌和保护口腔的作用。成年母牛的腮腺一天可分泌唾液约 100～150 L，高产奶牛分泌唾液可达 250 L。牛的唾液中不含淀粉酶，但含有大量的碳酸氢盐和磷酸盐，可中和瘤胃发酵产生的有机酸，以维持瘤胃内的酸碱平衡。犊牛在哺乳阶段唾液中含有一种独特的舌脂酶，以利胃肠对脂肪的进一步消化，其对于乳脂的消化有重要意义。此外，牛口腔唾液中还含有较高浓度的黏蛋白、尿素、矿物质（P、Mg、Cl 等），可以为瘤胃微生物连续提供易被吸收的营养物质。

2. 反刍与胃的组成

（1）反刍　反刍动物将采食的富含粗纤维的草料，在休息时逆呕到口腔，经过重新咀嚼，并混入唾液再吞咽下去的过程叫反刍。反刍就像一种有控制的呕吐，它是对富含粗纤维的植物性饲料消化过程中的补充现象，由逆呕、重咀嚼、混合唾液和吞咽 4 个过程构成。牛每天反刍时间一般为 6～8 h，每天反刍 9～16 次，每次持续 40～50 min，食后 1～2 h 出现反刍。犊牛一般在生后 3 周出现反刍。饲料的物理性质和瘤胃中挥发性脂肪酸（VFA）是影响反刍的主要因素。

（2）胃的组成　牛的胃由 4 个部分组成，即瘤胃、网胃、瓣胃和皱胃，占据腹腔的绝大部分空间。前 3 个胃无腺体组织分布，不分泌胃液，主要起贮存食物、水和发酵分解粗纤维的作用，一般统称为前胃。皱胃内有腺体分布，可分泌胃液，称为真胃。

瘤胃：俗称“草包”，成年牛瘤胃约占 4 个胃总容积的 80%。瘤胃内有大量的微生物繁殖，是细菌发酵饲料的主要场所，有“发酵罐”之称。一般成年奶牛的瘤胃容积为 125～187 L，黄牛和肉牛为 54～78 L。瘤胃是由肌肉囊组成，通过蠕动使食团按规律流动。

网胃：也称“蜂巢胃”，靠近瘤胃，功能同瘤胃。网胃是吸入水分的贮存库，同时能帮助食团逆呕和排出胃内的发酵气体（嗳气）。网胃体积最小，成年牛约占总胃的 5%。网胃位于瘤胃背囊的前下方，位置较低，因此金属异物（如铁钉、铁丝等）被吞入胃内时，易留存在网胃，引起创性伤网胃炎。网胃的前面紧贴着肺，而肺与心包的距离又很近，金属异物还可穿过膈刺入心包，继发创伤性心包炎。所以在饲养管理上要特别注意，严防金属异物混入饲料。

瓣胃：也称“百叶肚”，位于瘤胃右侧面，网胃的内侧面，占 4 个胃的 7%。初生犊牛的网胃沟（或称食道沟）起着将乳汁自食管输往瓣胃沟和皱胃的通道作用。对于成年牛，瓣胃如同一个过滤器，通过收缩把食物稀软部分送入皱胃，把粗糙部分留瓣叶间，在此还大量吸收水和酸。

皱胃：也称“真胃”，其有消化腺，可以分泌胃液。皱胃是连接瓣胃和小肠的管状器官，也是菌体蛋白质和过瘤胃蛋白质被消化的部位，食糜经幽门进入小肠，消化后的营养物质通过肠壁吸入血液。其功能与非反刍家畜单胃的功能基本相同。

3. 瘤胃发酵及嗳气

牛的瘤胃—网胃中寄居着大量的细菌和原虫。据测定，每毫升瘤胃内容物的微生物数量约为 10^9～10^{10} 个，60 多种。这些微生物不断地发酵着进入瘤胃中的饲料营养物质，产生 VFA 及各种气体（如 CO_2、CH_4、H_2S、NH_3、CO 等）。这些气体只有通过不断地嗳气动作排出体外，才能预防胀气。牛在饲喂后 0.5～2 h 期间是其产气高峰期。当牛采食大量带有露水的豆科牧草和富含淀粉的根茎类饲料（如甘薯）时，瘤胃发酵作用急剧上升，所产生的气体来不及嗳出时，就会出现“胀气”，此时应及时机械放气和灌药止酵，否则会引起牛窒息死亡。

4. 食道沟及食道沟反射

食道沟始于贲门，延伸至网胃—瓣胃口，是食道的延续，当它关闭合拢时便形成一个由食道至瓣胃的管状结构，称食道沟（图 4-1-3）。在哺乳期的犊牛，吸吮乳汁动作可以使食道沟闭合，称食道沟反射，使乳直接进入瓣胃和真胃，以防牛乳进入瘤胃或网胃而引起细菌发酵和消化道疾病。一般情况下，哺乳结束的育成牛和成年牛食道沟反射逐渐消失。

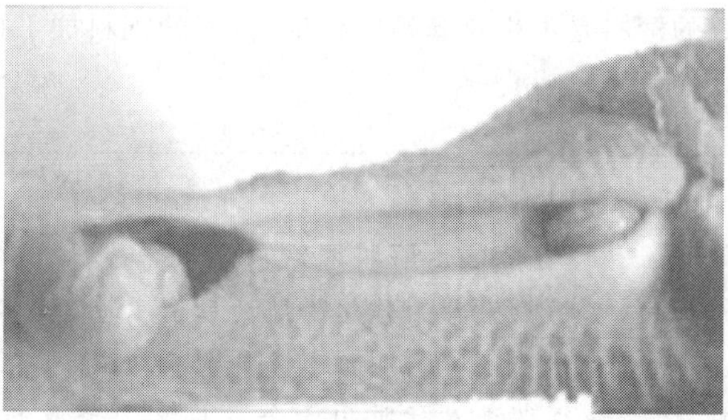

图 4-1-3 食道沟

（三）牛的营养特点

1. 碳水化合物营养特点

碳水化合物是自然界分布极广的一种有机物质，是植物性饲料的主要组成部分，含量可占其干物质的 50%～80%。饲料中的碳水化合物在瘤胃微生物及酶的作用下，逐级分解，产生大量的 VFA、CO_2、CH_4 等，作为能源或合成体脂及乳脂肪的原料。饲喂不同种类及数量的饲料对牛瘤胃液中 VFA 的总量及比例有明显的影响。

2. 能够利用 NPN

牛瘤胃内微生物的活动要求一定浓度的氨，而氨的来源是通过分解食物中的蛋白质而产生的。饲料蛋白质在瘤胃微生物的作用下，降解为多肽及氨基酸，其中的一些氨基酸进一步降解为有机酸、NH_3 及 CO_2，所生成的氨和一些小分子的多肽以及游离氨基酸通过瘤胃微生物再合成微生物蛋白质。当这些微生物到达真胃及十二指肠以后，它们的细胞蛋白质被牛消化和吸收。微生物蛋白质既含有非必需氨基酸，也含有必需氨基酸，因此牛体所获得的蛋白质与日粮中的蛋白质品质关系不大。因此，可以在牛的饲料中均匀加入一定浓度的非蛋白氮，如尿素、铵盐等，增加瘤胃中氨的浓度，有利于微生物蛋白质的合成，同时可节约饲料蛋白质，降低饲料成本，提高经济效益。

在瘤胃液中氨的浓度对于蛋白质的降解和细菌蛋白质的合成起很重要的作用，如果饲粮中的蛋白质不足，或蛋白质不能很充分地被降解，那么瘤胃中氨的浓度就会很低（低于 50 mg/L），瘤胃细菌的生长就变慢，碳水化合物的分解就会受到影响。反之，如果蛋白质的降解比细菌蛋白质的合成快，瘤胃液中氨的浓度就会过高，不仅会造成浪费，甚至会引起牛氨中毒。

3. 能够有效利用粗饲料

牛属反刍动物，具有特殊的消化结构和生理功能，能够有效利用粗饲料。在牛的日粮中有近 50%的粗蛋白质来源于粗饲料，80%～90%的中性洗涤纤维需要靠粗饲料来满足，所以在牛的饲料中必须有 40%～70%的粗饲料，才能保证其正常的消化生理需要。

4. 能够合成维生素

瘤胃微生物可以合成维生素 B 族和维生素 K。在青贮饲料、青草及胡萝卜等正常供应的情况下，日粮中不需要添加合成的维生素。但脂溶性维生素A、维生素D、维生素E必须从饲料中供给和满足，尤其是维生素A最易缺乏，日粮中应予以补充。维生素C虽然被瘤胃微生物破坏，但又可以在肝脏中合成。牛体要合成适当数量的维生素B_{12}，必须供给足够数量的钴。

品质优良，适口性好的饲料是牛生长繁殖的保证，恰当的饲料加工技术可以有效提高饲料利用率，减少营养损失。

【温故知新】

瘤胃—肝脏氮素循环

进入瘤胃的饲料蛋白质，经微生物的作用降解为肽和氨基酸，其中多数氨基酸又进一步降解为有机酸、NH_3和CO_2。瘤胃液中的NH_3除被细菌合成菌体蛋白质外，多余的氨则被瘤胃壁吸收，随血液循环进入肝脏用于合成尿素。合成的尿素一部分进入肾脏随尿排出体外，另一部分通过瘤胃壁的血液扩散又回到瘤胃，再一部分进入唾液腺随唾液返回瘤胃，后两种方式返回瘤胃的尿素均可再次被细菌利用合成菌体蛋白。由于这一过程反复不断循环，故也称为瘤胃—肝脏的氮素循环。

任务2 日粮配合

【任务描述】

单一饲料是不能满足牛只对营养素的全面需要的，按照饲料配方的要求，选取不同数量的若干种饲料原料进行合理搭配，从而使其所提供的各种养分均符合某一类型牛饲养标准所规定的数量，这个完整的过程即为日粮配合。

【任务分析】

完成本任务需与动物营养与饲料课程所学的"饲养标准"、"畜禽日粮配方设计"的有关内容相结合。了解牛日粮配合的一般原则，熟悉牛饲养标准和饲料营养成分表，掌握牛日粮配方设计的相关知识和方法，并能因地制宜，充分利用本地饲料资源的基础上熟练进行奶牛和肉牛日粮配方的科学设计。设计出成本最低、饲养效果和经济效益最佳的饲料配方是本任务的核心目标。教师要正确引导，调动每位学生的积极性，强调团队合作精神，并结合实训牛场的生产实际认真开展日粮配制，以切实掌握日粮配制技术。

【任务实施】

一、日粮配合的方法与步骤

(一)日粮配合的方法

牛的日粮配合的方法有计算机配方设计和手工计算法。

计算机配方设计需要相应的计算机和配方软件，目前，最先进、最准确的方法是用专门的配方软件，通过计算机配合日粮。市场上有多种配方软件，其基本工作原理都是一样的，差别主要在于数据库的完备性和操作的便捷性等方面。

手工计算法包括试差法和对角线法等。首先应了解牛的生产水平或生长阶段，掌握牛的干物质采食量，根据饲养标准、饲料原料及饲养经验，先粗略地设计一个配方，然后计算营养价值，并与饲养标准对照。若某种营养指标多余或不足时，按多去少补的原则，适当调整饲料配比，反复几次，直到所有营养指标都符合或接近饲养标准为止。需要注意的是，配方中营养成分的浓度可稍高于饲养标准，一般控制在2%以内。

(二)日粮配合的基本步骤

第一步，根据牛的体重、产奶量、乳脂率等，查出饲养标准中的维持营养需要表和生产营养需要表，确定日粮干物质、产奶净能、粗蛋白、钙、磷等的维持需要量和生产需要量，合计营养需要量。

第二步，根据准备采用的饲料品种，查牛饲养标准中的常用饲料成分与营养价值表，确定各种选用饲料的干物质、产奶净能、粗蛋白、粗纤维、钙、磷等的含量。

第三步，根据牛群的一般采食量，先确定粗饲料（干草、秸秆、青贮、青绿饲料）、多汁饲料、糟粕料的日粮组成及日饲喂量，然后计算出这些饲料的干物质、产奶净能、粗蛋白、粗纤维、钙、磷的进食量，并与合计营养需要量对比，差额部分由混合精料补齐。

第四步，根据混合精料干物质、产奶净能、粗蛋白、粗纤维、钙、磷的含量，确定能补足以上各种营养成分需要的混合精料喂量。混合精料的配方可按照产奶营养需要预先制定，也可根据营养成分的差额临时制定。混合精料一般由玉米、麸皮、饼粕类、矿物质饲料、添加剂和瘤胃缓冲剂组成。按照能量、粗蛋白、磷、钙的顺序确定混合精料的组成。能量来源以玉米、麸皮为主，粗蛋白补充以饼粕类为主，钙、磷补充以矿物质为主。

第五步，最后检查日粮的干物质、能量、粗蛋白、钙、磷是否满足牛的总营养需要量。并检查干物质中粗纤维含量、精粗干物质比、钙与磷比是否符合日粮配合原则的要求。

现以某奶牛场为例，说明手工计算配制奶牛日粮的具体操作步骤。该奶牛场成年奶牛平均体重为600 kg，日产奶量20 kg，乳脂率4%。该场有东北羊草、玉米青贮、玉米、大豆粕、麸皮、磷酸氢钙、石粉和食盐等饲料。此场成年奶牛配制日粮的具体操作步骤如下。

首先要做好计算器、奶牛饲养标准、常规饲料营养成分表等材料准备工作，然后按下列方法与步骤实施。

第一步，查奶牛饲养标准，计算奶牛总营养需要量见表4-2-1。

表4-2-1 总营养需要量

营养需要	干物质采食量/kg	可消化粗蛋白/g	产奶净能/MJ	钙/g	磷/g	胡萝卜素/mg
维持需要	7.52	364	43.10	36	27	64
产奶需要	8～9	1 100	62.8	90	60	—
合计	15.52～16.52	1 464	105.90	126	87	64

第二步，查阅饲料成分及营养价值表或根据实测值，得知东北羊草、玉米青贮、玉米、豆饼、麸皮、磷酸氢钙、石粉和食盐各种饲料所含的养分，见表4-2-2。

表 4-2-2 饲料营养成分含量

饲料名称	可消化粗蛋/%	产奶净能/(MJ/kg)	钙/%	磷/%	胡萝卜素/(mg/kg)
东北羊草	3.7	4.31	0.37	0.18	4.8
玉米青贮	0.3	1.68	0.10	0.02	11.7
玉米	5.9	7.70	0.08	0.21	2.36
豆饼	35.5	7.32	0.31	0.49	0.17
麸皮	11.7	6.11	0.14	0.54	—
磷酸氢钙	—	—	23.2	18	—
石粉	—	—	36	—	—

注:摘自《中国饲料成分及营养价值表》2012 年第 23 版。

第三步,先满足奶牛青粗饲料的需要。根据产奶牛的生理特点及饲养习惯,通常其日粮的组成原则是用青粗饲料满足其维持部分,产奶所需靠混合精料来满足。按这一原则先满足奶牛对青粗饲料需要。

按奶牛体重 1%～2%,可给 6～12 kg 干草或相当于这一数量的其他粗饲料,现取中等用量给 9 kg,用东北羊草 3 kg、玉米青贮饲料 18 kg(3 kg 青贮折合 1 kg 干草)。计算东北羊草、玉米青贮饲料所提供的营养成分如表 4-2-3。

表 4-2-3 计算青、粗饲料营养成分

饲　料	可消化粗蛋白/g	产奶净能/MJ	钙/g	磷/g	胡萝卜/(mg/kg)
东北羊草(3 kg)	111	12.93	11.1	5.4	14.4
玉米青贮(18 kg)	54	30.24	18	3.6	210.6
合计	165	43.17	29.1	9.0	225
饲养标准	1 464	105.90	126	87	64
与标准比较	−1 299	−62.73	−96.9	−78	+161

将表 4-2-3 中青粗饲料可供给的营养成分与总的营养需要量比较后,不足的养分再由混合精饲料来满足。

第四步,试配混合精饲料。先用含 70%玉米和 30%的麸皮组成的能量混合精饲料(每千克含产奶净能为 7.223MJ),且 62.73÷7.223＝8.68 (kg)。其中玉米为 8.68×0.70＝6.08 (kg),麸皮为 8.68×0.30＝2.60 (kg)。经补充能量混合精饲料后,与营养需要相比,其日粮中产奶净能已满足需要,见表 4-2-4。

表 4-2-4 试配混合精饲料提供营养成分

精　料	可消化粗蛋白/g	产奶净能/MJ	钙/g	磷/g
玉米(6.08 kg)	358.72	46.82	4.86	12.77
麸皮(2.60 kg)	304.2	15.89	3.64	14.04
合计	662.92	62.71	8.5	26.81

第五步，调整。用含蛋白质高的豆饼代替部分玉米。即：每千克豆饼与玉米可消化粗蛋白质之差为 355－59＝296 (g)，则豆饼替代量为 636.08÷296＝2.15 (kg)。故用 2.15 kg 豆饼替代等量玉米，其混合精饲料提供养分，见表 4-2-5。

表 4-2-5　第一次调整后混合精饲料提供营养成分

精　料	可消化粗蛋白/g	产奶净能/MJ	钙/g	磷/g
3.93 kg 玉米	231.87	30.26	3.14	8.25
2.60 kg 麸皮	304.2	15.89	3.64	14.04
2.15 kg 豆饼	763.25	15.74	6.67	10.54
合计	1 299.32	61.89	13.45	32.83

从表 4-2-5 可知，能值偏低，故进行第二次调整，调整玉米为 4.25 kg，第二次调整后混合精饲料提供营养成分见表 4-2-6。

表 4-2-6　第二次调整后混合精饲料提供营养成分值

精　料	可消化粗蛋白/g	产奶净能/MJ	钙/g	磷/g
4.25 kg 玉米	250.75	32.73	3.40	8.93
2.60 kg 麸皮	304.2	15.89	3.64	14.04
2.15 kg 豆饼	763.25	15.74	6.67	10.54
青粗饲料	165	43.17	29.1	9.0
合计	1 483.2	107.53	42.81	42.51
饲养标准	1 464	105.90	126	87
与标准比较	＋19.2	＋1.63	－83.19	－44.49

经计算，产奶净能和可消化粗蛋白都高于饲养标准，且在 10％范围内，日粮中尚缺钙 83.19 g，缺磷 44.49 g，可用磷酸氢钙 44.49÷18％＝247 (g)补充磷的不足，同时提供钙为 247×23.2％＝57.30 (g)。尚缺钙 83.19－57.30＝25.89 (g)，可用石粉 25.89÷36％＝71.92 (g)补充。另外，食盐的喂量按每 100 kg 体重给 3 g，每产 1 kg 乳脂率 4％标准乳给 1.2 g 计算，故需补充食盐 42 g(3×6＋1.2×20)。该奶牛群的日粮组成如表 4-2-7 所示。

表 4-2-7　奶牛的日粮组成

饲料种类	日粮中占有量	可消化粗蛋白/g	产奶净能/MJ	钙/g	磷/g	胡萝卜素/mg
东北羊草	3 kg	111	12.93	11.1	5.4	14.4
玉米青贮	18 kg	54	30.24	18	3.6	210.6
玉米	4.25 kg	250.75	32.73	3.40	8.93	10.03
麸皮	2.60 kg	304.2	15.89	3.64	14.04	—
豆饼	2.15 kg	763.25	15.74	6.67	10.54	0.44
磷酸氢钙	247 g	—	57.30	44.49	—	
石粉	71.92 g	—	—	25.89	—	—
食盐	42 g	—	—	—	—	—
合计		1 483.2	107.53	126	87	235.74

其上述日粮组成已基本满足奶牛需要。但在实际生产中，为考虑损耗部分，各种养分含量应高于需要量的10%左右。此配方中干物质采食量约为18 kg(青贮按干草进行折算，其余精饲料的干物质按100%)，在实际生产中考虑饲料原料干物质含量，奶牛实际干物质采食量应高于标准规定10%，此配方中干物质采食量约为18 kg，在考虑范围之内。

【知识拓展】

一、日粮配合的一般原则

进行牛的饲料配方设计时要注意掌握牛饲料产品的四个特性，即营养性、生理性、安全性和经济性。

1.满足营养需要

必须准确计算牛的营养需要和各种饲料的营养价值。因此，牛的饲养标准和常用饲料营养价值表是最主要的依据。在有条件的情况下，最好能够实测各种饲料原料的主要养分含量。日粮配合比例一般为粗饲料占45%～60%，精饲料占35%～50%，矿物质类饲料占3%～4%，维生素及微量元素添加剂占1%，钙磷比为(1.5～2.0)∶1。

2.优化饲料组合

日粮组成尽量多样化，以便发挥不同饲料在营养成分、适口性以及成本之间的补充性。在粗饲料方面，尽量做到豆科与禾本科互补；在草料方面，尽量做到高水分与低水分互补；在蛋白质饲料方面，尽量做到降解与非降解饲料互补。同时，避免添加国家禁止使用的饲料原料、饲料添加剂、药品及其他有毒有害物质，以免对动物和人体造成危害。

3.日粮体积适当

日粮的体积要符合牛消化道的容量。要考虑到饲料的适口性和饲料体积与牛消化生理之间的关系。日粮体积过大或过小都会对牛的正常生长发育和生产性能造成不利影响。正常情况下，泌乳牛对干物质摄取量为每头日平均占体重3%～3.5%，干奶牛为2%。日粮中粗纤维含量应占干物质的15%～24%。

4.经济性的原则

配合日粮时必须因地制宜，充分利用本地的饲料资源。在确保满足牛营养需要的前提下，要追求粗料比例最大化，以降低饲料成本，促进牛的健康。因此，在可供选择的范围内，要选择适口性好、养分浓度高的粗料。

5.日粮配合顺序

日粮配合的先后顺序是先配粗饲料，后配精饲料(精饲料间是先调能量饲料，后调蛋白饲料)，再补充矿物质(Ca、P之间是先调P，后调Ca)，以满足Ca、P的需要，最后补充营养及非营养性添加剂。

二、牛的饲养标准

经过大量反复实验和实践总结制定的一头牛每天应给予主要营养物质的数量及用多少饲料可满足这些营养需要量，称为牛的饲养标准。它反映了牛生存和生产对饲料及营养物质的客观要求，它是牛生产计划中组织全年饲料供给，设计饲料配方、生产平衡饲粮和对牛进行标准化饲养的科学依据。牛的饲养标准包括两个主要部分：一是营养需要量（供给量或推荐量）；二是常用饲料营养价值表。营养供给量或推荐量，一般是指最低营养需要量再加上安全系数计算而来。

（一）中国奶牛饲养标准

我国第一版《奶牛饲养标准》1986 年由农业部批准颁布，第三版《奶牛营养需要和饲养标准》于 2004 年出版。具体内容参见中华人民共和国农业行业标准 NY/T 34—2004《奶牛饲养标准》。

（二）NRC 奶牛营养需要

美国 NRC《奶牛营养需要》第 7 版（2001），反映了当今奶牛营养科学最新动态和成果，其中包括小型和大型的后备母牛饲养标准，泌乳牛饲养标准（早期、中期）和干奶牛饲养标准。具体内容参见美国 NRC（2001）《奶牛营养需要》。

（三）肉牛饲养标准

参照国外的饲养标准，结合我国的饲养实验，制定出了适合我国国情的肉牛饲养标准。肉牛饲养标准是肉牛群体的平均营养需要量，在实际日粮配合时必须根据具体情况（牛群体况、当地饲料来源、环境、设备等）及肉牛对营养物质的实际需求量进行调整。具体内容参见中华人民共和国农业行业标准 NY/T 815－2004《肉牛饲养标准》。

【行业标准链接】

反刍动物养殖中禁止使用动物源性饲料

中华人民共和国农业行业标准 NY5032－2006《无公害食品 畜禽饲料和饲料添加剂使用准则》中明确规定："除乳制品外，哺乳动物源性饲料不得用作反刍动物饲料。"

任务 3 TMR 配制

【任务描述】

TMR（total mixed ration）为全混合日粮的英文缩写。TMR 是根据奶牛在不同生长发育和泌乳阶段的营养需要，按照奶牛饲养标准配制设计的日粮配方，用特制的搅拌机械对日粮中的粗饲料、精饲料及辅助饲料等各组成成分进行搅拌、切割、混合均匀的一种营养平衡的全价日粮。根据生产实际，首先将牛群划分为不同类群，然后根据不同类群生长发育或泌乳不同阶段的营养需要，进行合理设计营养相对平衡的全价日粮配方，并运用 TMR 搅拌车进行加工制作。

【任务分析】

在掌握牛常规日粮配方设计的基础上，了解 TMR 的特点，能根据现场实际情况对牛群进行合理分群，并对饲料原料常规营养成分进行正确的分析，从而全面掌握全混合日粮配方的制作过程，并能依据 TMR 配方正确开展 TMR 配制工作。

【任务实施】

一、TMR 配方制作

现以奶牛为例进行介绍。在制作 TMR 配方前要做好一定的准备工作，主要包括：测定奶牛平均体重、产奶量、评定奶牛膘情、查阅产犊日期等。TMR 配方的制作主要有手工制作法和计算机软件制作法两种，大型牛场现在普遍使用的是后者。

TMR 配制要依据精粗比例合理、营养全面、满足各个阶段营养需要、饲料成本低、适口性强、报酬高并确保奶牛健康和牛乳成分正常稳定的原则进行。

1. 确定牛群所需要的营养组别

根据牛场的生产实际对整个牛群进行合理分群，确定出不同的营养组别。奶牛的合理分群是 TMR 配方制作的基础。对于规模牛场来讲，根据不同生长发育阶段及不同泌乳阶段奶牛的营养需要，并结合 TMR 工艺的操作要求，来制定相应的分群方案（详细内容参见教材“奶牛全混合日粮饲喂技术”中的“合理分群与适时转群”部分）。根据不同群别的营养需要，并考虑全混合日粮制作的方便可行性，一般要求调制 5～7 种不同营养水平的全混合日粮，通常分为高产牛牛群、中产牛牛群、低产牛牛群、干奶前期牛群、干奶后期牛群、头胎牛群和后备牛群等。各牛场可根据实际情况灵活掌握，做适当的调整和合并。

2. 根据奶牛的产奶量、体重以及胎次从饲养标准中查出其营养需要量

包括干物质采食量（DMI）、奶牛能量单位（产奶净能）、蛋白质、NDF、ADF、矿物质以及维生素的需要量。TMR 的含水量控制在 40%～50%；在粗纤维的供给上，奶牛 TMR 应该含有 28%～30% 的 NDF（其中 50% ～75%NDF 应该来自粗料）、19%～21% 的 ADF，当奶牛到达产奶高峰期时，日粮中 NDF 含量应下降到 25%，ADF 应下降到 17%；在蛋白质的供给上，蛋白质的含量应该占日粮干物质（DMI）总量的 16.5%～17.5%，瘤胃非降解蛋白（RUP）应占 33%～38%，限制性氨基酸如蛋氨酸、赖氨酸等需要额外补充。还可以适量添加经过热处理的豆制品或干酒糟；产奶净能为 6.69～7.32 MJ /kg。

3. 原料常规营养成分的分析

测定 TMR 原料各种营养成分的含量是科学配制日粮的基础，即使同一原料，因产地、收割期及调制方法等不同，其干物质含量和营养成分有很大差异，所以一定要根据实测结果来配制相应的 TMR。使用 TMR 的牛场要根据每一批次原料中各营养物质含量的变化及时调整日粮配方。

4. 确定日粮精粗料比例

奶牛对粗饲料的采食量应为其体重的 2%～2.5%，一般要求粗饲料的干物质总量至少应占奶牛日粮中干物质总量的 40%～50%。当日粮中粗饲料的添加量确定后，计算各种粗饲料所能提供的能量、蛋白质等营养量。长纤维、高 NDF、低消化率的粗料，添加比例为 30%～35%；短纤维、低 NDF、高消化率的粗料，添加比例为 35%～50%。当使用高品质的粗料（苜

蓿、玉米青贮、温带饲草)时,TMR 的 NDF 含量不低于 28%,而其中 65%~75%来源于粗料。粗饲料营养价值的排列顺序是:优质牧草>野生牧草>玉米秸>麦草>稻草。粗饲料应以豆科、禾本科以及秸秆类混合为好。

5.确定精料配方

从营养需要量中扣除粗饲料所提供的部分,得出需由精料补充的差值,在可选范围内,找出一个最低成本的精料配方。

6.矿物质和维生素的补充

矿物质和维生素主要来源于精饲料,若不能满足营养需要,则需通过预混料进行额外补充。

此外,制作 TMR 配方时还要考虑以下一些因素。

①制作配方时要考虑原料的水分含量。原料水分较高时要适当使用一些干草;原料水分含量较少可在加工后期适量加水。TMR 水分控制在 40%~50%为宜。

②要考虑 TMR 的物理特性。例如,饲料颗粒的大小、均质性、适口性、味道、温度和密度。这些物理特性与 TMR 制作设备的型号、混合技术、搅拌间隔等因素密切相关。

③当牛群产生热应激时,要采取有效的缓解措施。如增加饲喂次数;增加日粮中的精料比;以添加脂肪来增加饲料的能量浓度;增加饮水;向日粮中添加钠、钾、维生素 C 等。当饲料中谷物过多时,还应添加 100~150 g 小苏打。

二、TMR 制作

(一)TMR 制作要求

1.添加顺序

原料投放遵循先干后湿、先轻后重、先长后短、先粗后精的基本原则。按照干草→青贮料→精料→湿糟类的顺序添加。实际操作顺序应根据切割搅拌后混料的情况,适当调整。如遇上不易切割的原料,可将添料的顺序提前。但由于 TMR 搅拌机品牌、规格和型号的不同,添加顺序也会有所不同。

2.搅拌时间

掌握适宜搅拌时间是确保搅拌后 TMR 中至少有 20%的粗饲料长度大于 3.5 cm。一般情况下,在最后一种饲料加入后应继续搅拌 3~8 min。实际过程中的搅拌时间也应根据拌料后的混料均匀度情况进行调整。

3.加工次数

根据牛群规模和牧场的生产条件,每群牛的日粮每天应当加工 1~3 次。冬季饲料一般不易腐败变质,所以 TMR 每天搅拌一次就可以了。但在夏季高温时,含水量为 40%~50%的 TMR 极易发酵,导致其中所含的微量元素和维生素受到破坏,所以在夏季每天最好搅拌 2~3 次,并做到现做现喂。

4.搅拌效果评价

从感官上,搅拌效果好的 TMR 日粮表现在:精粗饲料混合均匀,有较多精料会附着在粗料的表面,松散不分离,色泽均匀,新鲜不发热。无异味,不结块。

5.组成TMR饲料常用原料的容重

所有日粮成分本身的特性都可以影响TMR的混合质量、粒度、切割形态、密度、疏水性、静电性以及粉滞性(Behnre,1996)。粒度形状以及密度是影响混合均匀度的重要因素。对于长度来讲,干草的添加水平是决定TMR设备搅拌混合时间的重要因素,干草长度与精饲料粒度的差异将导致混合均匀度的差异。以干物质为基础,玉米青贮和干草在容重上比较一致,但如果以饲喂状态为基础,则玉米青贮的容重是明显大于干草容重的(Kammel等,1995)。饲料品种及TMR的容重见表4-3-1。

表4-3-1 一些饲料品种及TMR的容重 kg/m³

项目	干草	玉米青贮	高水分玉米	豆粕	TMR
饲喂状态容重	176	224	513	641	304
干物质容重	80	80	384	577	160

(引自:Kammel等,1995)

(二)TMR制作常见问题分析及对策

1.混合过度

混合过度将造成各种饲料成分的分离(尤其是当混合饲料都是干料时)、缩小饲料尺寸以及过分研磨饲料。将导致牛消化不良、真胃移位、蹄叶炎和奶牛乳脂率降低等不良现象出现。

对策:检查搅拌时间,必要时适当减少搅拌时间;调整搅拌顺序,长、粗饲料最后添加。

2.混合不足

混合不足将造成干草及青贮等原料结块。会使牛挑食谷物饲料,造成干物质摄入量的变化,导致奶牛乳脂率的降低以及跛足的发生。

对策:检查搅拌时间,如果低于8 min,应适当增加搅拌时间;检查刀片磨损情况,对刀片进行必要的更换及增加;必要时要调整搅拌顺序,提前加入干粗饲料;配方中如果干粗饲料过多,应适当调整配方;对粗饲料进行一定的处理后再加入搅拌机。

3.水分含量变化过大

TMR中水分含量变化过大会造成牛干物质摄入量的巨大变化。将造成粗纤维摄入量严重不足,从而导致牛酸中毒。

对策:应该定期检查粗饲料的水分含量,尤其是水分变化较大的青贮料,最好每周检测一次青贮饲料的水分。

4.粗料喂量过少

当牛没有吃光所有投放日粮的时候,生产者认为精料是最重要的,于是就想方设法确保牛吃到足够的精料,因而就减少粗料的喂量,以便牛能吃完所有的饲料。这是TMR用户最易犯的错误。TMR的最大优点就在于牛吃下去的每一口饲料都含有适量的粗料和精料。如果牛吃不完配制好的饲料,则千万不能只减少其中一种成分,否则会造成营养不平衡。

对策:应按比例减少各种饲料成分,或重新配制日粮,以便使日粮更符合实际的干物质采食量。

5.混合过程中的错误

如果饲料原料在混合时出现错误,则将造成食槽中的饲料与配制的日粮不同,从而导致牛采食的营养和配方营养不一致。

对策:定期对混合好的饲料进行采样分析。混合结束后对最先倒出来的、中间倒出来的及最后倒出来的饲料分别进行抽样分析。

(三)TMR 加工过程中应注意的事项

①根据 TMR 搅拌车的说明,掌握适宜的搅拌量,一般 TMR 搅拌车在搅拌时以满载量的85%以下为宜,装载过多会影响搅拌效果。

②严格按日粮配方进行原料添加,保证各饲料精确称量,定期校正称量控制器的精度。

③在原料添加过程中,要防止铁器、石块、包装绳等杂质混入搅拌车,造成车辆损伤以及饲喂后对牛造成健康损伤,在 TMR 搅拌车出口处应装有磁铁。

④根据青贮等饲料组分的含水量,准确控制 TMR 含水量,含水量控制在 45%左右较好。

⑤干草长度不能低于 4 cm。

⑥改变日粮配方时,每组 TMR 之间营养物质含量变化不应超过 15%。

⑦掌握搅拌时间。加入最后一种饲料原料后再搅拌 3～8 min 即可,要避免过度搅拌。

⑧对 TMR 设备每月进行一次检修,检查称料系统的稳定性和精度以及搅拌系统的状况。

(四)TMR 质量检测

检测 TMR 的质量常采用以下三种方法:

1. 直接检查日粮

随机的从牛 TMR 中取出一些,用手捧起,用眼观察,估测其总重量及不同粒度的比例。一般推荐,可测得 3.5cm 以上的粗饲料部分超过日粮总重量的 15%为宜。有经验的牛场管理者通常采用该评定方法,同时结合牛只反刍及粪便观察,即可达到调控日粮适宜粒度的目的。

2. 宾州筛过滤法

美国宾夕法尼亚州立大学的研究者发明了一种简便的,可在牛场用来估计日粮组分粒度大小的专用筛。分为 4 层宾州筛(大孔、小孔、网、底层)和 3 层宾州筛两种类型。后者是由两个叠加式的筛子和底盘组成(图 4-3-1)。上面的筛子的孔径是 1.9 cm,下面的筛子的孔径是 0.79 cm,最下面是底盘。这两层筛子不是用细铁丝,而是用粗糙的塑料做成,从而使长的颗粒不至于斜着滑过筛孔。

图 4-3-1 宾州筛

(1)具体使用步骤 牛未采食前从日粮中随机取样,放在上部的筛子上,然后水平摇动 2 min,直到只有长的颗粒留在上面的筛子上,再也没有颗粒通过筛子。从而使日粮被筛子分成粗、中、细三部分,分别对这三部分称重,计算它们在日粮中所占的比例。美国宾州大学针对 TMR 日粮的粒度推荐值如表4-3-2 所示。

表 4-3-2　TMR 日粮的分级测定比例标准　%

饲料种类	一层	二层	三层	四层
泌乳牛 TMR	15～18	20～5	40～45	15～20
后备牛 TMR	40～50	18～20	25～28	4～9
干奶牛 TMR	50～55	15～20	20～25	4～7

(2)宾州筛的主要功能　是对牛粗饲料和 TMR 进行颗粒分布的分级检测分析，用以度量和调整干草、青贮、全混合日粮生产加工质量。宾州筛过滤是一种数量化的评价法，但是到底各层应该保持什么比例比较适宜，与日粮组分、精饲料种类、加工方法、饲养管理条件等有直接关系。为此，我国对宾州筛过滤正在进行相关研究，以尽快确定适合我国饲料条件的不同牛群 TMR 制作粒度推荐标准。

3. 观察牛群反刍

每天累计反刍大约 6～8 h，充足的反刍可有效保证牛瘤胃健康。粗饲料的品质与适宜切割长度对牛瘤胃健康至关重要，劣质粗饲料是牛干物质采食量的第一限制因素。同时，青贮或干草如果过长，会影响牛采食，造成饲喂过程中的浪费；切割过短、过细又会影响牛的正常反刍，使瘤胃 pH 降低，出现一系列代谢疾病。观察牛反刍是间接评价日粮制作粒度的有效方法。正常情况下，随时观察牛群时至少应有 50%的牛正在反刍。

【知识拓展】

一、不同牛群的营养需要

在 NRC (2001)标准的基础上，同时根据中国奶牛饲养标准(NY/T 34—2004)和我国现有饲料条件，并在京郊 11 个牛场对 68 个日粮分析后，加以适当的调整，列出了处于不同群体奶牛 TMR 日粮的营养需要量(参考值)，见表 4-3-3 和表 4-3-4。用以指导我国奶牛 TMR 日粮配方。

表 4-3-3　不同组别 TMR 的营养水平(以干物质为基础)

营养水平	干奶牛 TMR	高产牛 TMR	中产牛 TMR	低产牛 TMR	后备牛 TMR
干物质(DMI,kg)	13～14	23.6～25	22～23	19～21	8～10
净能(NEL, MJ/kg)	5.77	7.03～7.36	6.7～7.03	6.28～6.7	5.4～5.86
奶牛能量单位 (NND)	1.84	2.24～2.35	2.13～2.24	2～2.13	1.73～1.87
脂肪(Fat,%,DM)	2	5～7	4～6	4～5	
粗蛋白(CP,%,DM)	12～13	17～18	16～17	15～16	13～14
降解蛋白质(RDP,%,CP)	70	62～66	62～66	62～66	68
非降解蛋白(RUP,%,CP)	25	34～38	34～38	34～38	32
中性洗涤纤维(NDF,%,DM)	40	28～35	35～40	40～45	40～45
酸性洗涤纤维(ADF,%,DM)	30	19	21	24	20～21

续表 4-3-3

营养水平	干奶牛 TMR	高产牛 TMR	中产牛 TMR	低产牛 TMR	后备牛 TMR
粗饲料提供的(NDF,%,DM)	30	19	19	19	
Ca(%,DM)	0.6	0.9～1	0.8～0.9	0.7～0.8	0.41
P(%,DM)	0.26	0.46～0.5	0.42～0.5	0.42～0.5	0.28
Mg(%,DM)	0.16	0.3	0.25	0.25	0.11
K(%,DM)	0.65	1～1.5	1～1.5	1～1.5	0.48
Na(%,DM)	0.1	0.3	0.2	0.2	0.08
Cl(%,DM)	0.2	0.25	0.25	0.25	0.11
S(%,DM)	0.16	0.25	0.25	0.25	0.2
钴(Co,mg/ kg)	0.11	0.11	0.11	0.11	0.11
铜(Cu,mg/ kg)	16	14	10	9	10
碘(I,mg/ kg)	0.50	0.88	0.60	0.45	0.30
铁(Fe,mg/ kg)	20	20	15	14	40
锰(Mn,mg/ kg)	21	21	20	14	14
硒(Se,mg/ kg)	0.30	0.30	0.30	0.30	0.30
锌(Zn,mg/ kg)	26	65	43	65	32
维生素 A(IU/d)	100 000	100 000	50 000	50 000	40 000
维生素 D(IU /d)	30 000	30 000	20 000	20 000	13 000
维生素 E(IU /d)	1 000	600	400	400	330

(引自:农业部奶业管理办公室、中国奶业协会组编.全混合日粮(TMR)操作员,2011)

表 4-3-4 后备牛营养浓度需要

阶段划分	月龄	体重 /kg	奶牛能量单位 /NND	干物质 /kg	粗蛋白 /g	Ca /g	P /g
哺乳期	0	35～40	4.0～4.5	—	250～260	8～10	5～6
	1	50～55	3.0～3.5	0.5～1.0	250～290	12～14	9～11
	2	70～72	4.6～5.0	1.0～1.2	320～350	14～16	10～12
犊牛期	3	85～90	5.0～6.0	2.0～2.8	350～400	16～18	12～14
	4	105～110	6.5～7.0	3.0～3.5	500～520	20～22	13～14
	5	125～140	7.0～8.0	3.5～4.4	500～540	22～24	13～14
	6	155～170	7.5～9.0	3.6～4.5	540～580	22～24	14～16
育成期	7～12	280～300	12～13	5.0～7.0	600～650	30～32	20～22
	13～16	380～400	13～15	6.0～7.0	640～720	35～38	24～25
青年期	17～预产	420～500	18～20	7.0～9.0	750～850	45～47	32～34

(引自:杭州市地方标准:奶牛全混合日粮(TMR)制作技术规范 A036-2013-5-0878)

【学习自测】

一、选择题

1. 成年牛的四个胃中最大的胃是____。

A. 网胃　　B. 皱胃　　C. 瘤胃　　D. 瓣胃

2. 牛易患创伤性网胃炎和心包炎的原因是____。

A. 牛的网胃和心包结构易受细菌感染　　B. 牛喜欢吃比较粗硬的食物

C. 牛要经常进行反刍　　D. 牛易将混入的铁钉等尖锐异物误食入胃内

3. 成年牛不必从饲料中供给 B 族维生素的原因是____。

A. 牛不需要 B 族维生素　　B. 牛的瘤胃微生物可合成足够的 B 族维生素

C. 牛不能消化饲料中的 B 族维生素　　D. 牛在体内可自己合成 B 族维生素

4. 奶牛泌乳期日粮的粗纤维含量下限量是____。

A. 30%　　B. 25%　　C. 20%　　D. 15%

5. 成年泌乳牛的干物质进食量为体重的____。

A. 3.0%～3.5%　　B. 2.4%～2.8%　　C. 2.0%～2.3%　　D. 1.5%～2.0%

6. 哺乳犊牛具有食道沟反射的生理现象，食道沟始于____延伸至____。

A. 贲门　　B. 幽门　　C. 网胃-瓣胃口　　D. 瘤胃-网胃口

7. 下列说法中不正确的是____。

A. 反刍动物的口腔唾液中不含唾液淀粉酶

B. 乳牛的日粮应以粗饲料为主，精饲料为辅

C. 饲料中未被瘤胃微生物降解的蛋白质称“过瘤胃蛋白”

D. 牛瘤胃可以合成维生素 B 族、维生素 C 和维生素 K

8. 全混合日粮中水分应控制在____较为适宜。

A. 30%～40%　　B. 40%～50%　　C. 50%～60%　　D. 60%～70%

9. 制作 TMR 时，饲料原料的添加顺序一般应遵循的基本原则是____。

A. 先干后湿、先轻后重、先长后短　　B. 先干后湿、先重后轻、先长后短

C. 先干后湿、先重后轻、先短后长　　D. 先湿后干、先轻后重、先短后长

10. 在进行饲料青贮时，一定要严格控制青贮原料的水分，理想值为____。

A. 35%～40%　　B. 45%～50%　　C. 50%～60%　　D. 65%～70%

二、综合测试

1. 红星奶牛场成年奶牛平均体重为 550 kg，日产奶量 30 kg，乳脂率 3.5%。现有可用饲料为羊草、玉米青贮、玉米、豆饼、棉籽饼、麸皮、磷酸氢钙、石粉和食盐等。请为该奶牛场的成年奶牛设计日粮配方。

2. 红星奶牛场现有成年奶牛 150 头，该奶牛场一年所需要储备的青贮玉米量为多少？若要新建设一个青贮设施，请计算出该青贮设施的容积(青贮壕或青贮池均可)。请帮助该场长写一份玉米青贮的详细操作方案。

3. 东方奶牛场是一个新建牛场，计划实施 TMR 饲喂技术，请你为该牛场写一份 TMR 制作的详细方案，并对 TMR 加工过程中应注意的事项加以重点说明。

【课外学习指要】

1. NY/T 34—2004 奶牛饲养标准.

2. NY/T 815—2004 肉牛饲养标准.

3. NRC—2001 美国奶牛营养需要.

4. NY 5032—2006 无公害食品 畜禽饲料和饲料添加剂使用准则.

5. NY/T 471—2010 绿色食品 畜禽饲料及饲料添加剂使用准则.

6. NY/T 1245—2006 奶牛用精饲料.

7. GB/T 20804—2006 奶牛复合微量元素维生素预混合饲料.

8.《动物源性饲料产品安全卫生管理办法》(中华人民共和国农业部令 第 40 号 · 2004 年).

9. 农业部奶业管理办公室、中国奶业协会组编. 全混合日粮(TMR)操作员. 北京:中国农业出版社,2011.

10. 中国饲料工业信息网 http://www.chinafeed.org.cn.

项目五 奶牛饲养管理

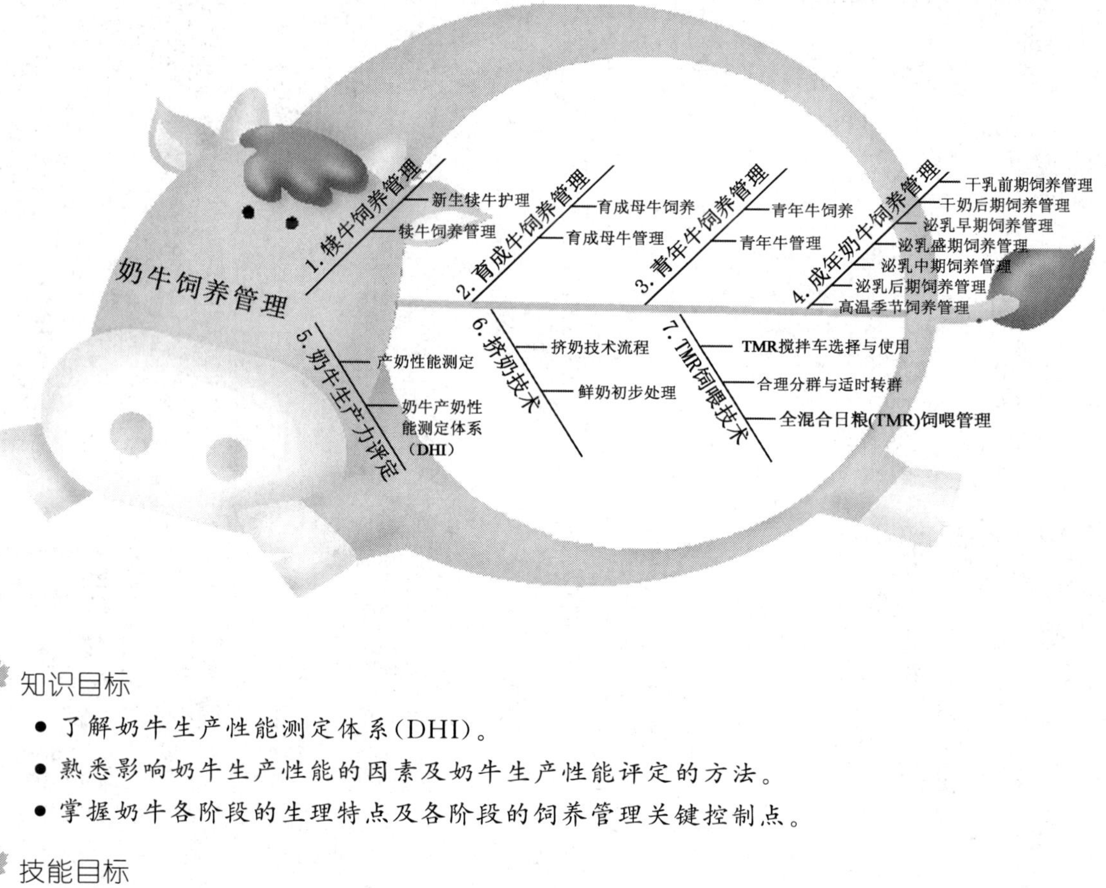

知识目标

- 了解奶牛生产性能测定体系(DHI)。
- 熟悉影响奶牛生产性能的因素及奶牛生产性能评定的方法。
- 掌握奶牛各阶段的生理特点及各阶段的饲养管理关键控制点。

技能目标

- 能基本掌握挤奶技术和奶牛产奶性能测定。
- 能准确实施TMR饲喂技术。
- 能正确开展奶牛各阶段的饲养管理。

奶牛业是我国畜牧业的重要组成部分，近年来得到了快速发展，但与奶牛业发达国家相比还有很大的差距，发展潜力巨大。加强现代奶牛饲养管理新技术的推广与实践，可有效推进我国畜牧业产业结构调整进程。

任务1　犊牛饲养管理

【任务描述】

犊牛一般是指从初生到6月龄的牛。主要包括新生犊牛的护理、哺乳期犊牛的饲养与管理和断奶期犊牛的饲养与管理。

【任务分析】

犊牛的饲养是奶牛生产的第一步，提高犊牛成活率，培养健康的犊牛群，给育成期牛的生长发育打下良好基础。加强犊牛培育是提高牛群质量、创建高产牛群的重要环节。初生时犊牛自身的免疫机制发育还不够完善，对疾病的抵抗能力较差，主要依靠母牛初乳中的免疫球蛋白来抵御疾病的侵袭。另外，瘤胃和网胃发育还差，结构还不完善，微生物区系还未建立，消化主要靠皱胃和小肠。所以，该阶段的饲养管理工作一定要高度重视。完成该任务需要学生了解犊牛的生理特点，掌握新生犊牛护理、哺乳期犊牛的饲养管理和断奶期犊牛的饲养管理。提高犊牛的成活率和优质率是该阶段的重要目标。

【任务实施】

一、新生犊牛护理

初生时犊牛自身的免疫机制发育还不够完善，对疾病的抵抗能力较差，主要依靠母牛初乳中的免疫球蛋白来抵御疾病的侵袭。另外，瘤胃和网胃发育还差，结构还不完善，微生物区系还未建立，消化主要靠皱胃和小肠。所以，对饲养管理的要求较高。

(一)清除黏液

犊牛自母体产出后应立即清除其口腔及鼻孔内的黏液，以免妨碍犊牛的正常呼吸和将黏液吸入气管及肺内。如犊牛产出时已将黏液吸入而造成呼吸困难时，可两人合作，握住两后肢，倒提犊牛，拍打其背部，使黏液排出。

(二)脐带消毒

在清除犊牛口腔及鼻孔黏液以后，如其脐带尚未自然扯断，应进行人工断脐。方法是在距离犊牛腹部8～10 cm处，两手卡紧脐带，反复揉搓2～3 min，然后在揉搓处的远端用消毒过的剪刀将脐带剪断，挤出脐带中黏液，并将脐带的残部放入5%的碘酒中浸泡1～2 min。切记不要将药液灌入脐带内。断脐一般不需要结扎，以自然脱落为好。

(三)擦干被毛及去软蹄

断脐后，应尽快擦干犊牛身上的被毛，以免犊牛受凉，尤其在环境温度较低时，更应如此。也可以让母牛自己舔干犊牛身上的被毛。其优点是刺激犊牛呼吸，加强血液循环，促进母牛子宫收缩，及早排出胎衣，缺点是会造成母牛恋仔，导致挤奶困难。而后要给犊牛去掉软蹄。

(四)隔离

犊牛出生后，应尽快将犊牛与母牛隔离，将新生犊牛放养在干燥、避风的单独犊牛笼内饲养，使其不再与母牛同圈，以免母牛认犊之后不利于挤奶。

(五)及时哺喂初乳

初乳是指母牛产后 5 d 或 7 d 内所分泌的乳。

1.饲喂时间

由于母牛胎盘的特殊结构，母体血液中的免疫球蛋白不能通过胎盘传给犊牛，所以初生犊牛免疫力较弱。只有当犊牛吃到初乳后，才具有免疫力。犊牛在出生时肠壁的通透性强，初乳中的免疫球蛋白可直接通过肠壁以未被消化的状态吸收，但随着时间的推移，犊牛肠壁的通透性下降，吸收以未被消化状态免疫球蛋白的能力减小，且初乳中免疫球蛋白浓度也会随时间的推移而降低，生后 24 h 犊牛就无法吸收完整的抗体(肠壁闭锁)。因此，新生犊牛出生后必须尽快吃到初乳，第一次初乳应在犊牛出生后约 30 min 内喂给，最迟不宜超过 1 h，并应持续饲喂初乳 3 d 以上。

2.饲喂量及饲喂方法

根据初生犊牛的体重大小及健康状况，确定初乳的喂量。第一次饲喂初乳喂量一般为 1.5～2 kg，约占体重的 5%，不能太多，否则会引起犊牛消化紊乱。第二次饲喂初乳的时间一般在出生后 6～9 h。初乳日喂 3～4 次，每天喂量一般不超过体重的 8%～10%，饲喂 4～5 d，然后逐步改为饲喂常乳，日喂 3 次。

初乳最好即挤即喂，以保持乳温。适宜的初乳温度为 38℃左右。如果饲喂冷冻保存的初乳或已经降温的初乳，应加热到 38℃左右再饲喂。初乳的温度过低会引起犊牛胃肠消化机能紊乱，导致腹泻。初乳加热最好采用水浴加热，加热温度不能过高。过高的初乳温度除会使初乳中的免疫球蛋白变性失去作用外，还容易使犊牛患口腔炎、胃肠炎。

饲喂发酵初乳时，在初乳中加入少量小苏打(碳酸氢钠)，可提高犊牛对初乳中抗体的吸收率。犊牛每次哺乳 1～2 h 后，应给予 35～38℃的温开水一次。初乳的哺喂方法主要有桶式哺乳法和哺乳壶哺乳法。

(1)哺乳壶哺乳法　要求奶嘴质量要好，固定结实，防止犊牛撕破或扯下。哺乳时，要尽量让犊牛自己仰头吮吸，避免强灌。

(2)桶式哺乳法　采用奶桶哺乳时(图 5-1-1)，奶桶应固定结实。第一次饲喂时，通常一手持桶，用另一手食指和中指蘸乳放入犊牛口中使其吮吸，慢慢抬高桶，使犊牛嘴紧贴牛乳吮吸。习惯后，将手指从犊牛口中拔出，犊牛即会自行吮吸。如果不行可重复数次，直至犊牛可自行吮吸为止。

3.初乳的生物学功能

初乳呈深黄色，较黏稠，并有特殊的气味。初乳含有的干物质是全乳的 2 倍，矿物质是全乳的 3 倍，蛋白质是全乳的 5 倍，在能量和维生素方面也比常乳高。初乳中高的能量、蛋白质、维生素 A、维生素 D、维生素 E 等是新生犊牛生存和健康不可缺少和替代的营养品。此外，初乳中的乳糖含量相对较低，有助于减少腹泻的发生。

(1)初乳中富含抗体　初乳含有比常乳高得多的免疫球蛋白，这些抗体是犊牛自身免疫系统发育完全前为犊牛提供免疫力的主要来源。免疫球蛋白在初乳蛋白质中占到23%，而常乳中只占大约3%。初乳中的免疫球蛋白主要有IgM、IgG和IgA三种，其中IgG比例最高为80%～85%。初乳所含的各类抗体，是在特定环境下为犊牛提供抵抗各种疾病的免疫力，而初乳中抗体的类别取决于母牛所接触过的致病微生物或疫苗，即在同一牛场出生并成长的母牛所产的初乳是保护这一牛场所出生犊牛的理想初乳。

(2)初乳可起保护肠壁黏膜的作用　初生牛犊由于胃肠空虚、皱胃及肠壁黏膜不发达，对有害细菌的抵抗力很弱。由于初乳中含有溶菌酶，能杀死多种细菌；含有K抗原凝集素，能颉颃特殊品系的大肠杆菌，起到保护犊牛不受细菌侵袭的作用。所以，当初乳覆盖在胃肠壁上，可防止细菌侵入血液中，从而提高犊牛对疾病的抵抗力。

(3)初乳的酸度较高　初乳的酸度为45～50°T，可使胃液与肠道形成不利于有害细菌生存的酸性环境，甚至可杀死有害细菌。初乳能促进犊牛第四胃分泌盐酸和凝乳酶，有利于对初乳的消化吸收。

(4)初乳具有轻泻作用　初乳含有较多的镁盐，有轻泻作用，有利于犊牛胎粪的排出。

此外，近期研究表明，初乳中还含有大量激素、促生长因子，可促进犊牛胃肠道以及其他组织的生长发育。

(六)特殊情况的处理

犊牛出生后如其母亲死亡或母牛患乳房炎，使犊牛无法吃到其母亲的初乳，可用其他产犊时间基本相同健康母牛的初乳。如果没有产犊时间基本相同的母牛，也可用人工初乳代替，人工初乳推荐配方见表5-1-1。对于人工初乳，饲喂前应充分搅拌，加热至38℃饲喂，最初1～2 d犊牛每天第一次喂奶后罐服液体石蜡或蓖麻油30～50 mL，以促其排净胎粪，胎粪排净后停喂；5～7 d后停喂维生素A，从第五天起抗生素添加量减半，到15～20 d时停用。

表5-1-1　人工初乳推荐配方

成　分	单　位	数　量
鲜牛奶	kg	1
鱼肝油	mL	3～5
新鲜鸡蛋	个	2～3
土霉素或金霉素	mg	40～45

二、犊牛饲养管理

(一)哺乳期犊牛饲养管理

1.哺乳期犊牛的饲养

(1)哺乳期犊牛饲料　常乳期内犊牛可以一直饲喂常乳。但由于饲喂常乳成本高，投入大，现代化的牛场多采用代乳品代替部分或全部常乳。特别是对用于育肥的奶公犊，普遍采用代乳品代替常乳饲喂。饲喂天然初乳或人工初乳的犊牛在初生期的后期即可开始用常乳或代乳品逐步替代初乳。在更换乳品时，要有4～5 d的过渡期。补饲饲料时，要由少到多。对于体质较弱的犊牛，应饲喂一段时间的常乳后再饲喂代乳品。

(2)哺乳量及哺乳期　常乳喂量1～4周龄约为体重的10%，5～6周龄约为体重的10%～12%，7～8周龄约为体重的8%～10%，8周龄后逐步减少喂量，直至断奶。对采用4～6周龄早期断奶的母犊，断奶前喂量为体重的10%。

传统的犊牛哺乳时间一般为6个月，喂奶量800 kg以上。随着科学技术的发展，发现缩短哺乳期可以节约乳品，降低犊牛培育成本，增加犊牛的后期增重，并且可以促进母牛的提早发情，改善母牛繁殖率和健康状况。早期断奶的时间要根据饲养者的技术水平、犊牛的体状和补饲饲料的质量来确定。在我国当前饲养管理水平下，采用总喂乳量250～300 kg，45～60 d断奶比较适宜。体格过小或体弱犊牛可适当延长其哺乳期。对少数饲养水平高、饲料条件好的奶牛场，可采用30～45 d断奶，喂乳量在100 kg以内。目前，国外犊牛早期断奶的哺乳期大多控制在3～6周，以4周居多。英国、美国一般主张哺乳期为4周，日本多为5～6周，哺乳量控制在100 kg以内。

(3)饲喂方法　饲喂牛乳和代乳品时，必须做到"五定"，即定质、定时、定量、定温、定人。定质是要求必须保证常乳和代乳品的质量，变质的乳品会导致犊牛腹泻或中毒。定时是要使喂乳时间相对固定，同时两次饲喂应保持一个合适的时间间隔。哺乳期一般日喂2次，间隔8 h。代乳品的使用时期可以与全乳一样，在犊牛喂完初乳即可使用，每日等量喂给2次。定量是指在一定时间内每次喂量相同。定温是要保证饲喂的乳品的温度，牛乳的饲喂温度以及加温方法应和初乳饲喂时一样。定人是指饲喂人员相对固定，为了减少应激和意外发生。犊牛的饲喂见彩色插图5-1。

(4)早期补料　早期补料不但可以促进瘤胃的早期发育，而且还可以提高犊牛断奶重和断奶后的增重速度，降低饲养成本。此外，早期补料还是早期断奶的前提。犊牛生后3～5 d即可训练采食精料。精饲料补饲时必须先进行调教，初期在犊牛喂完奶后用少量精料涂抹在其鼻镜、嘴唇上，或直接将少量精饲料放入奶桶底使其自然舔食，大约3～5 d犊牛适应采食后，即可在犊牛旁边设置料盘，将精饲料放入任其舔食。开始每天给10～20 g，少喂多餐，做到卫生、新鲜，喂量逐渐增加。对采用60 d左右断奶的犊牛，到30 d时每天精饲料采食量应达到0.5 kg左右，60日龄时达到1 kg以上。对采用30～45 d断奶的犊牛，断奶前每天精饲料应达到0.7 kg以上。饲喂的精饲料一定要保证适口性好、营养均衡、易消化，这是早期断奶成功的关键。精饲料参考配方见表5-1-2。

表5-1-2　精饲料参考配方

成　分	含　量	成　分	含　量
玉米/%	50～55	食盐/%	1
豆饼/%	25～30	矿物质元素/%	1
麸皮/%	10～15	磷酸氢钙/%	1～2
糖蜜/%	3～5	维生素A/(μg/kg)	1 320
酵母粉/%	2～3	维生素D/(μg/kg)	174

注：适当添加B族维生素、抗生素(如新霉素、金霉素、土霉素)、驱虫药。

犊牛在生后 10 d 左右训练采食干草。干草补饲时可直接饲喂，但要保证质量，应以优质豆科和禾本科牧草为主。刚开始训练犊牛吃干草时，可在犊牛笼的草架上添加一些柔软优质的干草让犊牛自由舔食，为了让犊牛尽快习惯采食干草，也可在干草上洒些食盐水。喂量逐渐增加，但在犊牛没能采食 1 kg 混合精料以前，干草喂量应适当控制。

(5)早期断奶方法　在早期训练采食植物性饲料的情况下，6～8 周龄的犊牛，前胃发育已达到了相当程度，这时即可断奶。为了使犊牛能够适应断奶后的饲养条件，断奶前 2 周应逐渐增加精、粗饲料的喂量，减少奶量的供应，每天喂奶的次数可由 3 次改为 2 次，而后再改为 1 次。在临断奶时，还可喂给掺水牛奶，先按 1∶1 喂给掺温水的牛奶，以后逐渐增加掺水量，最后全部用温水来代替牛奶。

2.哺乳期犊牛管理

(1)编号、称重和记录　犊牛出生后应进行称重和记录，同时进行编号，并详细记录其系谱、出生日期、外貌特征等，有条件时可拍照记录外貌特征。对犊牛进行编号，目前国内广泛采用的是塑料耳标法，即在打耳号前先用不褪色的记号笔或打号器在耳标上打上号码，再用耳标钳将写上号码的耳标固定在犊牛的耳朵上。号码一般按照出生年月和出生头数编写，如 2013 年 5 月出生的第 8 头牛，可以编为 130508，或者按国家标准规定编写。一般是在生后 7～10 d 进行。

(2)卫生　应做到“四勤”，即勤打扫、勤换垫草、勤观察、勤消毒。犊牛的生活环境要求清洁、干燥、宽敞、阳光充足、冬暖夏凉。哺乳期犊牛应做到一牛一栏单独饲养，犊牛转出后应及时更换犊牛栏褥草、彻底消毒。犊牛舍每周消毒一次，运动场每 15 d 消毒一次。犊牛喂奶用具(如奶壶和奶桶)，每次用后都要严格进行清洗消毒。其程序为：冷水冲洗→碱性洗涤剂擦洗→温水漂洗干净→晾干→使用前用 85℃以上热水或蒸气消毒。每次喂奶完毕，用干净毛巾将犊牛嘴缘的残留乳汁擦干净，以防止犊牛之间相互吮吸，造成舔癖。草料要少喂勤添。同时，每天要刷拭牛体一次，保持犊牛身体洁净。以确保犊牛的健康成长。

(3)饮水　牛奶中虽含有较多的水分，但犊牛每天饮奶量有限，从奶中获得的水分不能满足正常代谢的需要。要保证犊牛有充足、新鲜、清洁卫生的饮水，冬季饮 30℃左右的温水。每头每天饮水量平均为 5～8 kg。从 1 周龄开始，可用加有适量牛奶的 35～37℃温开水诱其饮水，10～15 d 后可直接喂饮常温开水。1 个月后由于采食植物性饲料量增加，饮水量愈来愈多，这时可在运动场内设置饮水池，任其自由饮用，但水温不宜低于 15℃。

(4)运动　犊牛出生后 8～10 d，即可在运动场作适当运动(阴冷天气除外)。最初每天不超过 1 h，随着日龄的增加逐步延长运动时间，直至自由运动。

(5)去角　为了便于成年后的管理，减少牛体因用角争斗而受伤。因此，应提倡给母犊去角。犊牛出生后，在 20～30 d 去角。此时去角对牛造成的应激最小。去角常用的方法有加热法和药物法两种。

加热法：采用高温杀死角基细胞，使角失去继续生长能力的方法。一般常用烧红的烙铁或加热到 480℃特制电去角器处理角基，使整个角基充分接触烙铁或去角器大约 10 s。此法适于 3～5 周龄稍大的犊牛。

药物法：采用药物处理角基的方法，常用药物为棒状苛性钠(氢氧化钠)或苛性钾(氢氧化钾)，一般化学药品店都有销售。具体方法是，先将牛角基部周围的毛剪掉，均匀涂抹上凡士林;然后,手持一端用布或纸包裹的药棒在角根周围轻轻摩擦,直至出血为止,约1～2周该处形成的结痂便会脱落,不再长角。

使用药物法要注意的事项:

一是防止药物流入犊牛眼中灼伤犊牛。涂抹凡士林时,一定要保证涂遍牛角四周。去角操作结束后,最初几天将犊牛单独饲养,同时避免水接触到角周围;

二是防止灼伤操作员。药棒的手持端一定要用布或纸包好,操作时注意手不要接触药品;

三是药棒摩擦时,要保证处理到整个角基周围。如果涂抹不全,角仍会长出。此法适于生后7～14 d的犊牛。

(6)去副乳头　乳房有副乳头时不利于乳房清洗,容易发生乳房炎。去副乳头在犊牛6月龄之内进行,最佳时间是2～6周龄,尽量避开夏季。剪除方法是,先清洗、消毒乳房周围部位,然后,轻轻下拉副乳头,用锐利的剪刀(最好用弯剪)沿着基部剪掉副乳头,伤口用2%碘酒消毒或涂抹少许消炎药,有蚊蝇的季节可涂抹少许驱蝇剂。如果乳头过小,不能区分副乳头和正常乳头,可推迟直至能够区分时再进行。

(7)预防疾病　犊牛是牛发病率较高的时期,尤其是在生后的头几周。主要原因是犊牛抗病力较差,此期的主要疾病是犊牛肺炎和下痢。

(二)断奶期犊牛饲养管理

断奶期是指母犊从断奶至6月龄之间的时期。

1.断奶期犊牛的饲养

断奶后,犊牛继续饲喂断奶前精、粗饲料。随着月龄的增长,逐渐增加精饲料喂量。至3～4月龄时,精饲料喂量增加到每天1.5～2.0 kg。如果粗饲料质量差,犊牛增重慢,可将精饲料喂量提高到2.5 kg左右。同时,选择优质干草、苜蓿供犊牛自由采食。4月龄前禁止饲喂青贮等发酵饲料。干物质采食量逐步达到每头每天4.5 kg。3～4月龄以后,可改为饲喂育成牛精饲料。母犊生长速度以日增重0.65 kg以上、4月龄体重110 kg、6月龄体重170 kg以上比较理想。很多犊牛断奶后1～2周内日增重较低,同时表现出消瘦、被毛凌乱、没有光泽等症状。这是犊牛的前胃机能和微生物区系正在建立,尚未发育完善的缘故,随着犊牛料采食量的增加,上述现象很快就会消失。精饲料的营养浓度要高,养分要全面、均衡。喂量不能太高,要保证日粮中中性洗涤纤维含量不低于30%。

2.断奶期犊牛的管理

断奶后的犊牛,除刚断奶时需要特别精心的管理外,以后随着犊牛的长大对管理的要求相对降低。犊牛断奶后应进行小群饲养,将月龄和体重相近的犊牛分为一群,每群10～15头。犊牛一般采取散放饲养,自由采食,自由饮水,但应保证饮水和饲料的新鲜、清洁卫生。注意保持牛舍清洁、干燥,定期消毒。每天保证犊牛不少于2 h的户外运动。每月称重,并做好记录,对生长发育缓慢的犊牛要找出原因。同时,定期测定体尺,根据体尺和体重来评定犊牛生长发育的好坏。目前已有研究认为,体高比体重对后备母牛初次产奶量的影响更大。荷斯坦牛母犊3月龄的理想体高为92 cm,体况评分2.2以上;6月龄理想体高为102～105 cm,胸围124 cm,体况评分2.3以上,体重170 kg左右。

【知识拓展】

犊牛的消化特点与瘤胃发育

哺乳期犊牛瘤胃发育尚未健全，容积很小，前3个胃(瘤胃、网胃、瓣胃，占总体积的30%)的消化功能还没有建立，起主要作用的是皱胃。哺乳初期皱胃占4个胃总容积的70%，犊牛只能依赖于初乳和常乳。一般生后三周出现反刍，瘤胃发育迅速。随着犊牛年龄的增大和采食植物性饲料的增加，前胃的发育便逐渐趋于健全，消化能力也随之提高。对犊牛除饲喂全乳外，补饲适量精料和干草可促使瘤胃迅速发育。补饲精料，有助于瘤胃乳头的生长；补饲干草则有助于提高瘤胃容积和组织的发育。

断奶后，犊牛要完成从依靠乳品和植物性饲料到完全依靠植物性饲料的转变，瘤胃、网胃继续快速发育，到6月龄时瘤胃、网胃体积已经占到总胃容量的75%(成年牛的比例为80%)。同时，各种瘤胃微生物的活动也日趋活跃，消化、利用粗饲料的能力逐步完善。

任务2　育成牛饲养管理

【任务描述】

育成牛是指从7月龄至配种前(一般为15～16月龄)的牛。主要包括育成母牛的饲养和管理。

【任务分析】

处于该阶段的育成母牛，其性器官和第二性征发育很快，至12月龄已经达到性成熟，其体重可达初生重的7～8倍。同时，消化系统特别是瘤胃、网胃的体积迅速增大，到配种前瘤网胃容积比6月龄增大一倍多，瘤胃、网胃占总胃容积的比例接近成年。因此，既要保证饲料有足够的营养物质，以获得较高的日增重；又要具有一定的容积，以促进瘤胃、网胃的发育。完成该任务需要学生了解育成牛的生长发育特点，保证母牛的正常发育和适时配种。该阶段的核心目标是提高育成母牛在15～16月龄时的发情配种比例。

【任务实施】

一、育成母牛的饲养

1.7～12月龄牛的饲养

饲喂日粮以粗饲料为主，每头每天饲喂混合精料2～2.5 kg。日粮蛋白水平达到13%～14%；选用中等质量的干草，培养耐粗饲性能，增进瘤胃机能。日粮中75%的干物质应来源于青粗饲料或青干草，25%来源于精饲料，日增重应达到0.7～0.8 kg。中国荷斯坦牛12月龄理想体重为300 kg，体高115～120 cm，胸围158 cm。

在性成熟期的饲养应注意两点：

一是控制饲料中能量饲料的含量。如果能量过高会导致母牛过肥，大量的脂肪沉积于乳房中,影响乳腺组织发育和日后的泌乳量。

二是控制饲料中低质粗饲料的用量。防止形成“草腹”。精饲料参考配方见表 5-2-1。

表 5-2-1　精饲料参考配方　　%

成　分	含量	成　分	含量
玉米	48	食盐	1
豆粕(饼)	25	磷酸氢钙	1
棉粕(饼)	10	石粉	1
麸皮	10	添加剂	2
饲用酵母	2		

2.12 月龄至初次配种期间的饲养

此阶段育成母牛没有妊娠和产奶负担,而利用粗饲料的能力大大提高。因此,只提供优质青、粗饲料基本能满足其营养需要,少量补饲精饲料。此期饲养的要点是保证适度的营养供给。营养过高会导致母牛配种时体况过肥,易造成不孕或以后的难产;营养过差会使母牛生长发育抑制,发情延迟,15～16 月龄无法达到配种体重,从而影响配种时间。此期精饲料参考配方见表 5-2-2。

表 5-2-2　12 月龄至初次配种的精饲料参考配方　　%

成　分	含量	成　分	含量
玉米	48	食盐	1
豆粕(饼)	15	磷酸氢钙	1
棉粕(饼)	5	石粉	1
麸皮	22	添加剂	2
饲用酵母	5		

注:在整个育成期都应保证清洁、卫生的饮水,供育成母牛自由饮用。

二、育成母牛管理

1.分群

在育成时期,不论采取拴系饲养或散栏饲养,母牛都要分群管理。一般把 12 月龄内分一群,13 月龄以上到配种前分成一群。以 40～50 头组成一群,每群牛月龄差异不超过 3 个月。

2.运动和刷拭

舍饲时,平均每头牛占用运动场的面积应在 15 m^2 左右,每天运动不少于 2 h。见彩色插图 5-2。育成母牛一般采用散养,除恶劣天气外,可全天在运动场自由活动。同时,在运动场设食槽和水槽,供母牛自由采食青粗饲料和饮水。保持每天应刷拭 1～2 次,每次不少于 5 min。

3. 修蹄

育成母牛生长速度快，蹄质较软，易磨损。因此，从 10 月龄开始，每年春、秋季节应各修蹄一次，以保证牛蹄的健康。

4. 乳房按摩

乳房按摩可促进乳腺的发育和产后泌乳量的提高。育成母牛在 12 月龄以后即可每天进行一次乳房按摩。按摩时，用热毛巾轻轻揉擦，避免用力过猛。

5. 称重和测定体尺

育成母牛应每月称重，并测量 12 月龄、16 月龄的体尺，详细记入档案，作为评判育成母牛生长发育状况的依据。一旦发现异常，应尽早查明原因，及时调整日粮结构，以确保 17 月龄前达到参配体重。

6. 适时配种

育成母牛的适宜配种年龄应依据发育情况而定。中国荷斯坦牛的理想配种体重为 350～400 kg（成年体重的 70％左右），体高 122～126 cm，胸围 148～152 cm。娟姗牛理想配种体重为 260～270 kg。对超过 14 月龄未见初情的后备母牛，必须进行产科检查和营养学分析。

美国康乃尔大学研究表明，荷斯坦牛的性成熟时间是由其身材大小和体重决定的，而不是年龄，这说明丰富饲养对早期配种的重要性。因此，此期的核心工作是如何保证丰富饲养，确保 15～16 月龄育成牛能达到标准配种体重。

任务 3　青年牛饲养管理

【任务描述】

青年牛，又称初孕牛，是指妊娠后到初次产犊前的母牛。主要包括青年牛的饲养和管理。

【任务分析】

该时期母牛，由于自身还处于生长发育阶段，饲养上除考虑胎儿生长发育外，还应考虑其自身生长发育所需的营养。根据体膘状况和胎儿发育阶段，合理控制精料饲喂量，防止过肥或过瘦，体况评分 2.75～3.25 为宜。过肥会导致难产及产后综合征的发生。完成该任务需要学生了解青年牛的生长特点，掌握其与成年饲养管理的不同及重点。该阶段的重点是做好初次怀孕牛的保胎工作。

【任务实施】

一、青年牛饲养

青年牛的日粮以中等质量的粗饲料为主。在分娩前 30 d，初孕牛可在饲养标准的基础上适当增加饲料喂量，但谷物的喂量不得超过体重的 1％。同时，日粮中还应增加维生素、磷及其他微量元素，以保证胎儿的正常发育。此期日粮中粗蛋白水平含量、干物质采食量及混合精料每天每头饲喂量等参考值见表 5-3-1。

表 5-3-1 青年牛各阶段饲养方案参考值

年龄段	混合精料日喂量/kg	粗蛋白水平/%	干物质日采食量/kg
16～18 月龄	2.5	12	11～12
19 月龄至预产前 60 d	2.5～3	12～13	11～12
预产前 60 d 至预产前 21 d	3	14	10～11
预产前 21 d 至分娩	4.5	14.5	10～11

二、青年牛管理

初产母牛往往不如经产母牛温顺，在管理上必须特别耐心，应通过每天刷拭、按摩等与之接触，使其养成温顺的性格。严禁打牛、踢牛，做到人牛亲和，人牛协调。

1. 做好保胎

确诊妊娠后，要特别注意母牛的安全，重点做好保胎工作，预防流产或早产。对于配种后又出现发情的母牛，应仔细进行检查，以确定是否是假发情，防止误配导致流产。分娩前 2 个月的初孕牛，应转入成年牛舍与干乳牛一样进行饲养。临产前 2 周，应转入产房饲养，产房要预先做好消毒。预产期前 2～3 d 再次对产房进行清理消毒。初产母牛难产率较高，要提前准备齐全助产器械，洗净消毒，做好助产和接产准备。

2. 乳房按摩

从开始配种起，每天上槽后按摩乳房 1～2 min，促进乳房的生长发育。妊娠后期初产母牛的乳腺组织处于快速发育阶段，应增加每天乳房按摩的次数，一般每天 2 次，每次 5 min，直到该牛乳房开始出现妊娠生理水肿为止(一般为产前 15 d)。但这个时期，切忌擦拭乳头，以免擦去乳头周围的蜡状保护物，引起乳头龟裂，或因擦掉“乳头塞”而使病原菌从乳头孔侵入，导致乳房炎和产后乳头坏死。

3. 运动和刷拭

每日运动 1～2 h，可防止难产，保持牛的体质健康。但应避免驱赶运动，防止流产。有放牧条件的也可进行放牧，但要比育成牛的放牧时间短。继续保持每天刷拭 1～2 次，每次不少于 5 min。

4. 保持卫生

保持圈舍、产房干燥、清洁，严格执行消毒程序。

5. 保证饮水

供给足够的饮水，最好设置自动饮水装置。

任务 4 成年奶牛饲养管理

【任务描述】

成年奶牛是指已产过犊的母牛。主要包括成年奶牛的饲养和管理。

【任务分析】

根据成年母牛的生理特点和规律，将生产周期分为干奶前期、干奶后期、泌乳早期、泌乳盛期、泌乳中期和泌乳后期。对成年牛按照不同的生理和泌乳阶段给予规范化饲养管理，可有效实现在保证奶牛体质健康的同时充分发挥其生产潜力。

【任务实施】

一、干乳前期饲养管理(停奶至产前21 d)

干乳是指在奶牛妊娠的最后60 d左右采用人工的方法使其停止泌乳，停乳的这一段时间称为干乳期。干乳期可划分为干乳前期和干乳后期。从停乳至产犊前21 d为干乳前期，产犊前21 d至产犊为干乳后期。

干乳期是母牛饲养管理过程中的一个重要环节。干乳方法、干乳期长短、干乳期饲养管理好坏，对胎儿的正常生长发育、母牛的健康以及下一个泌乳期的产奶性能均有重要的影响。此阶段饲养管理的目的是调节奶牛体况，维持胎儿发育，使乳腺及机体得以休整，为下一个泌乳期做准备。

(一)干乳方法

奶牛在接近干乳期时，乳腺的分泌活动还在进行，高产奶牛甚至每天还能产奶10～20 kg。但不论产奶量多少，到了预定停奶日，均应采取果断措施，进行停奶。干奶的方法主要有下面3种。

1.逐渐干乳法

逐渐干乳法是用1～2周的时间将泌乳活动停止。开始进行停奶的时间视奶牛当时的泌乳量多少和过去停奶的难易而定。泌乳量大的、难停奶的则早一些开始，反之则可迟些开始。

具体方法：在预定停奶前1～2周开始停止乳房按摩，改变挤奶次数和挤奶时间，由每天3次挤奶改为2次，而后一天1次或隔日1次；改变日粮结构，停喂糟粕料、多汁饲料及块根饲料，减少精料，增加干草喂量，控制饮水量(夏季除外)，以抑制乳腺组织分泌活动，当奶量降至4～5 kg时，一次挤尽即可。这种干乳法适合于患隐性乳腺炎或过去难以停奶的高产奶牛。因其停奶操作时间较长，控制营养，不利牛体健康，在生产中较少采用。

2.快速干乳法

快速干乳法是指从干乳之日起，在4～6 d内将乳干完。开始干奶前一天，将日粮全部中全部多汁饲料和精料减去，只喂干草，控制饮水，每天饮2～3次，挤奶次数由3次改为2次，再次日又改为1次，最后改为隔日挤1次，当日产奶量降到8～10 kg以下时，即可停止。在挤奶操作上最关键的是要做到每次“挤净”。特别是在最后一次挤奶时，更要注意加强热敷按摩，认真挤净最后一把奶。当奶挤完后，最好用抗生素软膏注入每个乳头管内，常用的有金霉素软膏，或干乳抗生素软膏。每个乳头管注入1支即可。然后用3%次氯酸钠或碘酒浸一浸乳头，再用火棉胶将乳头封闭，可以大大减少乳房炎的发生。快速干乳法主要适用于低产或中产奶牛。

3.一次性药物干乳法

是近年来在应用快速干乳法的基础上发展起来的。即在应停奶之日，除减少饲料和控制饮水等措施同快速干乳法外，所不同的是不管母牛产奶量多少，只采取一次挤净后，就不再挤奶。但必须由技术最好的挤奶员来操作，特别注意对乳房的热敷和按摩，务必“挤净”全部牛奶。挤完奶后即刻用70%～75%酒精消毒乳头，而后向每个乳区注入一支含有长效抗生素的干奶药膏，最后再用3%～4%次氯酸钠或其他消毒液浸浴乳头。这种停奶方法，充分利用了乳腺内压加大，抑制分泌的生理现象来完成停奶工作，且可最大限度地发挥母牛泌乳潜力，直到预定停奶之日为止。但对曾有乳房炎病史或正患乳房炎的母牛不宜采用。同时，对于奶量较高的奶牛，建议在干奶前一天停止饲喂精料，以减少乳汁分泌，降低乳腺炎的发病率。

无论采取何种干奶方法，乳头经封口后即不再触动乳房，即使洗刷时也防止触摸它。在干奶后的7～10 d内，每日2次观察乳房的变化情况(是否有红肿、热、痛)。在正常情况下，停奶过3～5 d后，乳房内的积奶即开始逐渐被吸收，高产牛约10 d左右乳房收缩松软。若停奶后乳房出现过分充胀、红肿、发硬或滴奶等现象，应重新挤净处理后再进行干奶。

(二)干乳时间

干乳期的长短，依每头母牛的具体情况而定。一般为45～75 d，平均60 d。若干奶过早，会减少母牛的产奶量，对生产不利；干奶太晚，则使胎儿发育受到影响，乳腺组织没有足够的时间进行再生和更新。初配或早配母牛、体弱及老年牛、高产牛以及牧场饲料条件差、营养不良的母牛需要较长的干乳期，一般为60～75 d。对体质强壮、产奶量低、营养状况较好的母牛，其干乳期可缩短到45～60 d。

(三)干乳前期饲养管理

1. 干乳前期饲养

日粮应以中等质量粗饲料为主，日粮干物质采食量占体重的2%～2.5%，粗蛋白水平12%～13%，精粗比以30：70为宜。糟渣类和多汁类饲料不宜饲喂过多，以免压迫胎儿，引发早产。干草任其自由采食，以确保每头奶牛每天至少有2～2.5 kg的进食量。豆科干草或半干青贮应进行限量饲喂，一般不超过体重的1%，以防摄入过量的蛋白质、钙以及钾，导致乳房水肿、乳热症、酮病以及奶牛倒地综合征。

精料喂量视青粗饲料质量及母牛体况而定。可根据个体不同体况，增减精料饲喂量。但要注意精料最大喂量不宜超过体重的0.5%，混合精料每头每天2.5～3 kg。以防止其过肥，过肥会造成难产，且产后多数食欲不振，易引起酮病。

饲养应注意的问题：

一是日粮要保持适宜的纤维含量；二是限制能量过多摄入；三是避免过食蛋白质；四是要满足矿物质和维生素的需要。

2. 干乳前期管理

(1)做好保胎　应保持饲料的新鲜和质量，绝不能供给冰冻、腐败变质的饲料。饮水要洁净，冬天水温不宜低于10℃。注意防止拥挤和摔倒等事件发生。

(2)隐性乳房炎检测　一般停奶前10 d，应进行隐性乳房炎检查，因为此期是治疗隐性乳房炎的最佳时期。对于患有乳房炎的牛及时进行治疗，治愈后再进行干乳。

(3)卫生管理　干乳牛新陈代谢旺盛，每日必须加强对牛体的刷拭，以清除皮肤污垢，促进血液循环，要求每天至少刷拭2次。同时，必须保持牛床清洁干燥，勤更换褥草，尤其注意保持后躯和乳房的清洁卫生。

(4)适当运动　干乳牛应给予适当的运动,但不可驱赶,以逍遥运动为宜,每天运动2～3 h。此期运动不仅可促进血液循环,利于健康,而且更主要的是此期运动有助于分娩,减少难产、胎衣滞留和防止产后瘫痪。重胎牛放出运动时,中间走道要铺垫草,以防道路打滑,出入门时要防止相互挤撞。此外,运动场要注意清除铁器、异物、保持清洁。

(5)分群饲养　重胎牛之间的生理状态、生活习性比较相似,最好设单舍、单群饲养。为了更好地保胎,在干乳期不宜进行采血、接种及修蹄等工作。

二、干奶后期饲养管理(产前21 d至分娩)

产犊前21 d至产犊这段时间被称为干乳后期,又称围产前期。该阶段饲养管理的好坏直接关系到母牛的能否正常分娩、分娩后的健康及产后生产性能的发挥和繁殖表现。因此,这一阶段的饲养管理应以保健为中心。

(一)干乳后期饲养

1.对体况不佳的母牛,应采用引导饲养法增加精料喂量

产前7～10 d由于子宫和胎儿压迫消化道,加上血液中雌激素和皮质醇浓度升高,使奶牛采食量大幅度下降(20%～40%)。因此,要增加日粮营养浓度,以保证奶牛营养需要。但产前精料的最大喂量不宜超过体重的1%。

2.母牛临产前应尽量避免乳房肿胀发生

母牛临产前一周会发生乳房肿胀。如果情况严重,应减少糟渣类饲料的喂量。临产前2～3 d,日粮中适量添加小麦麸以增加饲料的轻泻性,防止便秘。在采用引导饲养法时,如果乳房水肿严重,应暂缓增加精料或降低精料喂量,同时减少食盐饲喂量,食盐按日粮干物质的0.25%供给。此期禁止日粮使用碳酸氢钠缓冲剂,以防止发生乳房水肿及乳热症。

3.适当降低日粮中钙的含量

在干乳后期采用低钙日粮,泌乳早期采取高钙日粮,能有效地防止产后瘫痪的发生。一般将钙含量由占日粮干物质的0.6%降低到0.2%。典型低钙日粮一般是钙占日粮干物质的0.4%以下,钙磷比为1∶1。其原理是根据牛体内的血钙水平受甲状旁腺释放甲状旁腺素的调节。当日粮中钙供应不足时,甲状旁腺分泌加强,奶牛动用骨钙以维持正常血钙水平。但奶牛分娩后,应尽快恢复高钙日粮,外源钙摄入大幅度增加,从而可有效弥补产后由于大量泌乳导致的钙损失,减少产后瘫痪的发生。

4.日粮中添加足量的维生素和微量元素

在干乳后期奶牛的日粮中添加足量的维生素A、维生素D、维生素E和微量元素,对于常年饲喂青贮料而很少喂青饲料的牛群,补充维生素A更是必要的,因为青贮料中缺乏维生素A。补充维生素E和硒可有效降低母牛产后胎衣不下率。

5.日粮中添加阴离子矿物盐

添加阴离子盐产品,可促进产后奶牛骨钙的重吸收。常用阴离子矿物盐有氯化铵、硫酸铵、氯化镁、硫酸镁等。其中硫酸铵适口性相对好些,而氯化物适口性差。但总的来说,阴离子盐适口性都不好,为避免影响奶牛采食量,最好将阴离子盐与其他饲料混合制成TMR饲喂。

没有应用 TMR 条件的,也要将饲料与阴离子盐充分混合饲喂。当粗饲料以豆科饲草为主时,应提高矿物质中磷的添加量。

6. 减少产后酮病的发生

在分娩前 7～10 d 一次灌服 320 g 丙烯乙二醇,可有效降低体脂肪的分解代谢,减少产后酮病的发生。在分娩前 2 周和产后最初 10 d 内,每天饲喂 6～12 g 烟酸,可有效降低血酮的含量。

7. 日粮过渡

饲养日粮应以优质干草为主,以增进奶牛对粗饲料的食欲。日粮干物质采食量应占体重的 2.5%～3%,粗蛋白水平 13%,日粮逐步向产后日粮过渡,以有效提高奶牛产后的食欲。

(二)干乳后期管理

干乳后期管理的重点是做好保健工作,预防生殖道和乳腺的感染,减少代谢疾病的发生。奶牛在产前 7～10 d 应转入产房,进行产前检查后,由专人进行护理,随时注意观察奶牛的变化。产前 7 d 开始药浴乳头,每天 2 次,不能试挤。

母牛后躯及四肢用 2%～3%来苏儿溶液洗刷消毒后,方可转入产房,并办理好转群记录登记和移交工作。天气晴朗时,要驱牛出产房做逍遥运动。奶牛到达预产期前 1～2 d,应密切观察临产征候的出现,并提前做好接产和助产准备。奶牛分娩后应尽早驱赶其站立,以免因腹压过大而造成子宫或阴道翻转脱出。此外,产房工作人员进出产房要穿工作服,用消毒液洗手,并且产房门口最好设单独的消毒池或消毒间。

三、泌乳早期饲养管理(分娩至产后 21 d)

母牛从分娩到产后 21 d 这一段时间称为泌乳早期,又称围产后期。围产期包括围产前期和围产后期,即干乳后期和泌乳早期两部分。母牛分娩后,体质较弱,消化机能较差。因此,此阶段饲养管理的重点是促进母牛体质尽快恢复,为泌乳盛期的到来打下良好基础。

(一)泌乳早期饲养

奶牛分娩体力消耗很大,分娩后应使其安静休息,并饮喂温热麸皮盐水汤 10～20 kg,成分详见表 5-4-1,以利于奶牛恢复体力和胎衣排出。若在产后 3 h 内静脉注射 20%葡萄糖酸钙 500～1 000 mL,可防止胎衣滞留和乳热症的发生。为了使奶牛恶露排净和产后子宫早日恢复,还应喂饮热益母草红糖水,每天 1 次,连服 2～3 次。益母草红糖水的制作方法:先将 0.25 kg 益母草粉加入到 1.5 kg 水中,煎成水剂,然后再加入 0.5 kg 红糖和 3 kg 水,饮时温度为 40℃左右,其具体成分详见表 5-4-2。

表 5-4-1　麸皮盐水汤　kg

成分	含量
麸皮	0.50～1.00
食盐	0.05～0.10
碳酸钙	0.05
水	10.00～20.00

表 5-4-2　益母草红糖水　kg

成分	含量
益母草粉	0.25
红糖	0.50
水	4.50

在产后2～3 d内以供给优质牧草为主，让牛自由采食，不要饲喂多汁类饲料、青贮饲料和糟粕饲料，以免加重乳房水肿。3～4 d后，可以逐步增加青贮饲料喂量。7 d后，在乳房消肿良好的情况下，可逐渐增加块根类和糟渣类饲料的喂量。精料则可从产后第二天开始逐步增加，每天约增加1～1.5 kg。至产后第7～8天达到泌奶牛的给料标准，但喂量以不超过体重的1.5%为宜。产后8～15 d根据奶牛的健康继续增加精料喂量，直至泌乳高峰到来。到产后21 d，日粮干物质中精料比例应达到50%～55%，精料中饼类饲料应占到25%～30%。每头牛每天还可补加1～1.5 kg全脂膨化大豆，以补充过瘤胃蛋白和能量的不足。对产奶潜力大，健康状况良好，食欲旺盛的多加，反之则少加。同时，在加料过程要随时注意奶牛的消化和乳房水肿情况，如发现消化不良，粪便稀或有恶臭，或乳房硬结，水肿迟迟不消，就要适当减少精料。待恢复正常后，再逐渐增加精料。

奶牛分娩后的日粮中要尽早提高钙的水平，每千克日粮干物质含钙0.6%，磷0.3%。喂TMR日粮时，应按泌乳牛日粮配方供给，并根据食欲状况逐渐增加饲喂量。

(二)泌乳早期管理

1.卫生防护

奶牛分娩过程中，卫生状况与产后生殖道感染关系极大。产后4～5 d内，每天坚持消毒后躯一次，重点是臀部、尾根和外阴部，要将恶露彻底洗净。同时，加强监护，注意观察恶露排出情况。如有恶露闭塞现象，即产后几天内仅见稠密透明分泌物而不见暗红色液态恶露，应及时处理，以防发生产后败血症或子宫炎等生殖道疾病。

2.挤奶量控制

传统的做法为：第一天每次只挤犊牛够吃即可，约2～2.5 kg；第二天每次挤奶约为产奶量的1/3，第三天约为1/2，第四天才可将奶挤净。理由是母牛产犊最初几天，乳房内血液循环和乳腺细胞活动尚未适应大量泌乳，如果一次性将乳挤净，会使乳房内压显著降低，钙流失加剧，极易引起高产奶牛产后瘫痪。但目前多数奶牛场采用的都是第一天每次挤2 kg左右，即犊牛哺乳量，从第二天开始便每次都将奶挤净，实际效果也较好。

3.乳房护理

分娩后，乳房水肿严重，在每次挤奶时都应加强热敷和按摩，并适当增加挤奶次数。如果乳房消肿较慢，可用40%的硫酸镁温水洗涤，并按摩乳房，可以加快水肿的消失。

4.分娩记录

奶牛在分娩过程中是否发生难产、助产的情况、胎衣排出时间、恶露排出情况以及分娩时奶牛的体况等，均应详细记录。

5.饮水要求

产后1周内的奶牛，不宜饮用冷水，以免引起胃肠炎，一般最初水温宜控制在37～38℃，1周后方可逐渐降至常温。为了增进食欲，宜尽量让奶牛多饮水，但对乳房水肿严重的奶牛，饮水量应适当控制。

四、泌乳盛期饲养管理(产后21～100 d)

(一)泌乳盛期饲养

泌乳盛期又称泌乳高峰期。一般是指母牛分娩后21 d到泌乳高峰期结束之间的一段时间(产后 21～100 d)。奶牛产后产奶量迅速上升,一般 5～8 周即可达到产奶高峰,产后虽然食欲也开始恢复,但至 10～12 周干物质采食量才达到高峰,由于采食量的增加跟不上泌乳对能量需要的增加,奶牛能量代谢呈现负平衡,不得不分解体组织,以满足产奶的营养需要,故牛体逐渐消瘦,体况下降,体重减轻。最早动用的体储备是体脂肪,如果体脂肪动用过多,在葡萄糖不足和糖代谢障碍的情况下,脂肪会氧化不全,导致奶牛暴发酮病。因此,尽快安全地达到产奶高峰、减少体内能量的负平衡是该阶段的工作重点。泌乳期奶牛产奶量、采食量、体重变化和胎儿生长曲线关系如图 5-4-1 所示。

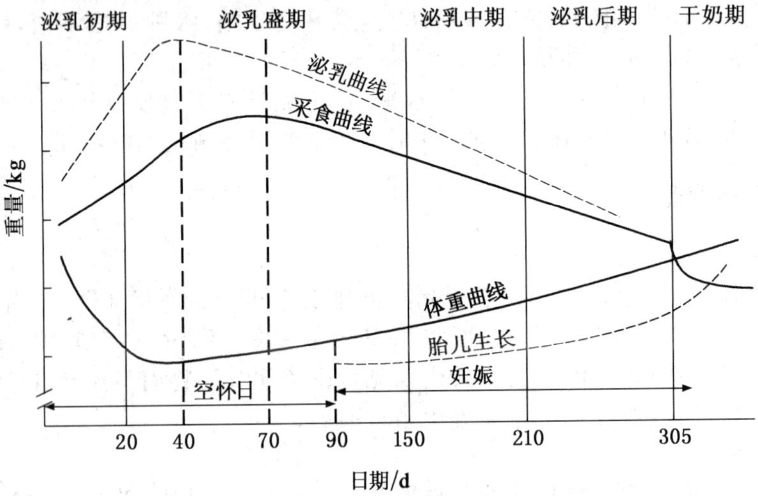

图 5-4-1　泌乳期奶牛产奶量、采食量、体重变化、胎儿生长曲线图

在传统的精粗料分开饲喂的方法中,该阶段主要采用的方法有预付饲养法和引导饲养法。

1. 引导饲养法

引导饲养法又称挑战饲养法。其方法是从产前两周开始,增加精饲料喂量,最初 1 d 约喂给 1.8 kg 精料,以后每天增加 0.45～0.5 kg。直到奶牛每 100 kg 体重采食 1.0～1.5 kg 精料为止。奶牛产犊后,继续按每天 0.45 kg 增加精料,直到产奶高峰。等泌乳高峰过后,再按泌乳量、乳脂率和体重等调整精料喂量。采取引导饲养法可以有效减少酮血症的发病率,有助于维持体重和提高产乳量。在实施引导饲养的过程中,必须始终保证优质饲草的供给,任其自由采食,并给予充足、清洁的饮水,同时,引导饲养法所饲喂的精料(谷物)必须是粗磨或压扁的,不宜磨成粉状,否则易引起消化机能障碍。该方法仅对高产奶牛有效,对患隐性乳房炎的奶牛和低产奶牛则不宜应用,否则会导致低产奶牛过肥。

2. 预付饲养法

其方法是从奶牛分娩后 15～20 d 开始,在吃足粗饲料、青贮饲料和青绿、多汁饲料的前提下,以满足维持和泌乳实际营养需要的饲料量为基础,每天再增加 1.0～1.5 kg 混合精料,作为奶牛每天的实际饲料供给量。在整个泌乳盛期,精饲料的喂量随着泌乳量的增加而增加,始终保持 1.0～1.5 kg 的"预付",直到产奶量不再增加为止。采取预付饲养法的时间不能过早,以分娩后奶牛的体质基本康复为前提;否则,容易导致各种消化道疾病。采用预付饲养法,可以充分发挥奶牛的泌乳潜力,减轻体况下降的程度。预付饲养法对一般产奶母牛增产效果比较理想。

此外，在泌乳盛期还要注意提高日粮中过瘤胃蛋白质的比例，添加过瘤胃脂肪以提高日粮能量浓度。

3. 全混合日粮(TMR)饲喂技术

详见本项目中“任务 5 奶牛全混合日粮(TMR)饲喂技术”。

(二)泌乳盛期管理

泌乳盛期管理的目的是要保证泌乳量不仅升得快，而且泌乳高峰期要长且稳定，以求最大限度地发挥奶牛泌乳潜力，获得最大泌乳量。

1. 加强乳房护理

泌乳盛期是乳房炎的高发期，要着重加强乳房的护理。可适当增加挤乳次数，加强乳房热敷和按摩。每次挤乳后要对乳头进行认真的药浴。

2. 延长饲喂时间

泌乳盛期奶牛每天的日粮采食量很大，宜适当延长饲喂时间。散养时，要保证有足够的食槽空间，以使每头牛都能充分采食。每天的剩料量控制在 5%左右。如果奶牛体况过差，应考虑增加精料喂量或延长饲喂时间和频率。

3. 保证充足清洁饮水

充足清洁的饮水是奶牛维持良好产奶高峰的一项必备条件。

4. 加强奶牛观察

饲养员要加强对奶牛的观察，并做好记录。特别要注意观察奶牛产后的发情情况，发现发情后，要及时配种。

5. 做好防暑降温

高温对奶牛生产力具有显著影响，处于泌乳盛期的奶牛一定要做好防暑降温工作。具体措施详见本任务中“七、奶牛夏季饲养管理”部分。

五、泌乳中期饲养管理(产后 101～200 d)

母牛产后 101～200 d 称为泌乳中期。

(一)泌乳中期饲养

该时期是奶牛泌乳量逐渐下降，体况逐渐恢复的重要时期。多数奶牛产奶量开始逐渐下降，下降幅度一般为每月递减 5%～8%或更多，同时，奶牛体质逐渐恢复，体重逐渐增加。该阶段精料饲喂过多，极易造成奶牛过肥，影响产奶量和繁殖性能。因此，这一阶段应根据奶牛的体重和泌乳量，每周或隔周调整精料喂量，同时，在满足奶牛营养需要的前提下，逐渐增大粗料比重。

饲养日粮干物质采食量应占体重 3.0%～3.5%，粗蛋白 13%，钙 0.6%，磷 0.35%，粗纤维含量不少于 17%，精粗比以 40：60 为宜。

(二)泌乳中期管理

本期管理的核心任务是最大限度地增加奶牛采食量，促进奶牛体况恢复，延缓泌乳量下降速度。其管理工作重点为：一是每月产奶量下降的幅度控制在5%～7%以内；二是奶牛自产犊后8～10周应开始增重，日增重幅度在0.25～0.5 kg；三是饲料供应上，应根据产奶量、体况，定量供给精料，粗饲料的供应则为自由采食；四是充足的饮水和加强运动，并保证正确的挤奶方法及进行正常的乳房按摩。

六、泌乳后期饲养管理(产后201 d至停奶)

奶牛产后201 d至干奶之前的这段时间称为泌乳后期。

(一)泌乳后期饲养

该时期应按体况和泌乳量进行饲养，每周或隔周调整精料喂量1次。同时，泌乳后期是奶牛增加体重、恢复体况的最好时期，凡是泌乳前期体重消耗过多和瘦弱的，此期应适当比维持和产奶需要多喂一些，使奶牛在干奶前1个月体况达3.5分。这不仅对奶牛健康有利，也对奶牛持续高产有好处。

饲养日粮干物质应占体重的3.0%～3.2%，粗蛋白水平12%，钙0.6%，磷0.35%，精粗比以30：70为宜。调控好精料比例，防止奶牛过肥。

(二)泌乳后期管理

该阶段的管理应以恢复牛只体况为主，加强管理，注意保胎，防止流产。做好停奶准备工作，为下胎泌乳打好基础。此期的奶牛一般都处于妊娠期，奶牛由于受胎盘激素和黄体激素的作用，产奶量开始大幅度下降，每月递减8%～12%。在饲养管理上，除了要考虑泌乳外，还应考虑妊娠。对于头胎牛，还要考虑生长因素。因此，此期饲养管理的关键是延缓泌乳量下降的速度。同时，使奶牛在泌乳期结束时恢复到一定的膘情，并保证胎儿的健康发育。

七、高温季节奶牛饲养管理

奶牛耐寒不耐热，对热应激极为敏感。荷斯坦牛最适宜的气温是10～16℃。气温在5～20℃时，一般奶牛都不会产生冷(热)应激。热应激对牛群的健康、产奶量、乳脂率、繁殖率以及犊牛的初生重等均会产生极显著的影响，特别是高产牛和泌乳盛期牛，影响更为严重。因此，改善高温季节的饲养管理就成为提高牛群全年产奶量的一项重要措施。

(一)高温季节奶牛饲养

1.提高日粮精料比例，减少粗料喂量

高纤维饲料适口性差，同时在消化和代谢过程中产生较多的热(热增耗高)。因此，夏季奶牛日粮要控制粗料特别是劣质粗饲料的喂量，提高精料比例。但日粮精料最大比例一般不宜超过60%，酸性洗涤纤维应保持在19%～24%之间，中性洗涤纤维应在28%～32%之间，以免影响乳脂率及出现营养代谢紊乱。

2.在日粮中添加脂肪，提高能量水平

在炎热条件下，当气温达到40℃时，奶牛的维持需要比温度舒适区约增加30%，干物质采食量降低大约56%。因此，为维持较高奶产量，必须提高日粮能量浓度。在奶牛日粮中添加脂肪或富含脂肪的饲料具有明显的效果，这主要是因为提高了日粮能量利用率。乙酸转化为乳脂肪的效率为70%～75%，而日粮脂肪的转化效率高达94%～97%，脂肪消化时产生较少或不产生热增耗，可减少奶牛热负荷。脂肪的能量密度很高(与碳水化合物相比，高于其2.25倍)，同时脂肪不会增加日粮的淀粉摄入量(可减少瘤胃酸中毒)。日粮中的总脂肪应不超过日粮干物质的7%～8%，而且40%～45%的脂肪应来源于日粮本身的饲料中(如玉米、饲用谷物等)。油籽如整粒棉籽或大豆以及脂肪酸钙都是很好的脂肪来源。每头奶牛每天整粒棉籽的饲喂量应控制在1.0～2.0 kg，同时添喂棉籽的日粮必须提高日粮干物质的钙含量(提高10%)。

3.提高日粮蛋白质水平

试验表明，在气温波动于17.8～32.8℃条件下，将奶牛日粮蛋白质水平从14.3%提高到20.8%，采食量增加11.3%，产奶量提高6%。但注意不要过量，否则过量的蛋白质被脱氨基供能，增加“热增耗”，加剧热应激。一般高产奶牛日粮的过瘤胃蛋白含量可由28%～30%提高到35%～38%。

4.添加蛋氨酸

在夏季奶牛日粮中添加蛋氨酸有较好的饲养效果。研究表明，在日粮蛋白和过瘤胃蛋白进食量相同(18.5%和43%)情况下，日粮蛋氨酸与赖氨酸的比例由1.6∶1提高到3.0∶1，夏季产奶量提高11%。

5.使用瘤胃缓冲剂

在夏季高精料、低粗料的奶牛日粮中添加缓冲剂，有较好的饲养效果。如可在全混合日粮干物质中添加1%～1.5%的碳酸氢钠或0.4%～0.5%的氧化镁等。对于日采食干物质20 kg的奶牛其缓冲剂的添加量为0.15 kg/d。

6.注意补充钠、钾、镁

在炎热月份，奶牛出汗较多，钠、钾、镁损失较大。热应激期间，奶牛日粮中钾、钠、镁的最低含量分别为1.5%、0.45%、0.35%，同时应注意，日粮中氯(Cl)的含量应控制在0.8%以下。

7.提高维生素A和维生素E添加量

由于奶牛在热应激期间维生素A和维生素E需要量增加，所以在夏季应补给较平时高1倍的维生素A和维生素E，并尽可能多喂胡萝卜、冬瓜、南瓜和瓜皮等青绿多汁饲料。

8.采用全混合日粮(TMR)

将干草、玉米青贮等粗料与精料混合，采用全混合日粮，以确保营养全价均衡。总之，高温季节奶牛的饲养，主要是通过日粮的调控来实现的。

(二)高温季节奶牛管理

1.供给充足饮水

保证奶牛有充足、新鲜、清洁的凉水(最好是井水)，凉水有助于奶牛降低体温，增进食欲。建议牛舍内平均每头奶牛饮水槽长度为20 cm，每20～25头奶牛至少提供一个饮水区。在去挤奶厅的返回过道处应有饮水供应，但是在出口处不要设置水槽。研究表明：在温度“舒适区”时，奶牛每采食1 kg干物质需摄入3 kg水；而在热应激情况下，每采食1 kg干物质需摄入7 kg以上的水。在夏季高温时，奶牛最合适的水温范围是15.5～26.5 ℃。

2.加强通风

打开牛舍门窗,加大自然通风量,必要时可安装排风扇(彩色插图5-3),强制通风,以实现对流散热。风扇功率一般要求达283～311 m^3/min,风速10 m /s(吹到牛体上需在2 m /s以上),风扇的安装高度为2.5 m左右。

3.喷淋和喷雾

向牛体喷淋水或向牛体周围喷雾可起到有效降温作用,特别是对高产牛和体质差的老弱牛作用更大。其工作程序一般为喷淋1 min,风扇吹风4 min,使皮肤表面的水分蒸发,从而有效降低奶牛的体温和呼吸频率,一个周期持续30～50 min,每天进行5～7次。

夏季高温季节,奶牛走到待挤区时,密度会增大,奶牛的热应激也会由此加剧。所以,待挤区安装风扇和喷淋降温系统也是非常重要的。如彩色插图5-4所示。在没有条件安装风扇和喷淋降温系统的牛场,可以用人工淋浴水龙头向牛体冲水,但应避免直接将水冲到乳房周围。此外,湿帘通风降温系统也是目前被认为非常适合内陆干旱地区奶牛场进行蒸发降温的有效办法。

4.搭建凉棚

可有效保护奶牛免受太阳辐射。运动场建有凉棚,可减少30%的太阳辐射热。

5.调整饲喂时间

奶牛采食后的2～3 h为热能产生的高峰阶段。如果在凌晨5～6点饲喂奶牛,消化产热在8～9点达到高峰,奶牛在一天温度高峰来临之前散发掉部分热量。同样,晚上饲喂奶牛将更舒适,能采食更多的饲料,并且其产热高峰发生在晚上,环境温度已经降低。同时,还可通过增加饲喂次数,延长饲喂时间,调制粥料等饲养措施来增进食欲,提高采食量。

6.植树绿化

在牛舍周围、运动场四周种植一些阔叶树遮阴、即可减少热辐射又可净化空气、美化环境。同时,还可以防止疫病的传播。

7.调整活动时间

采用夜间放养运动,但应注意放出时间,要待地热散发之后(如18点后),才能将奶牛放出,以免牛只受本身热量和地热的双重影响而导致突然中暑。中午尽量将牛留在舍内,避免辐射热。

8.定期灭蚊蝇

首先应尽可能消除蚊蝇的滋生,消除奶牛场内的积水和丛生野草,阴井和水沟要定期喷洒敌百虫等有效而无害于奶牛的杀虫药物,至少每月一次。运动场及场地周围的牛粪要尽可能清除干净。其次,可在奶牛舍和运动场周围放置一些灭虫灯,最好定时在蚊蝇集中的地方喷洒氯菊醋稀液或其他高效无毒的杀虫剂,但绝不可使用如敌敌畏等剧毒药物,并注意不要把任何药物喷洒在牛体和饲料上。

夏季高温高湿季节,由于采食量的下降以及多雨的潮湿环境,极易造成牛奶中乳脂率、乳蛋白率的下降以及体细胞数和总细菌数的升高,奶牛乳房炎和肢蹄病发病率增加,有抗奶比率上升,原料奶的质量是一年中最难控制的时期。因此,在生产中一定要高度重视高温季节奶牛的饲养管理。

【知识拓展】

成年奶牛的一般饲养管理技术

正确的饲养管理是维护奶牛健康，发挥泌乳潜力，保持正常繁殖机能的最基本工作。虽然在不同阶段有不同的饲养管理重点，但有许多基本的饲养管理技术在整个饲养期都应该遵守执行。

1.合理确定日粮

(1)保持合理的精粗比例　根据瘤胃的生理特点，以干物质计算精粗饲料的比例保持50∶50(范围40∶60～60∶40)比较理想。切忌大量使用精饲料催奶。青绿、多汁饲料由于体积较大，其喂量应有一定的限度。保证日粮中各种养分的比例均衡，能满足奶牛的维持和泌乳需要。

(2)选择合适的饲料原料　奶牛喜食青绿、多汁饲料和精饲料，其次为青干草和低水分青贮饲料，对低质秸秆等饲料的采食性差。在以秸秆为主要粗饲料的日粮中，应将秸秆用揉搓机揉成丝状，然后，与精饲料或切碎的青绿、多汁饲料混合饲喂。

(3)保持饲料的新鲜和洁净　奶牛习性喜欢新饲料，对受到唾液污染的饲料经常拒绝采食。所以，饲喂日粮时，应尽量采用少喂勤添的饲喂方法，以使奶牛保持良好的采食量，同时，可有效减少饲料浪费。在饲料原料的收割、加工过程中，避免将铁丝、玻璃、石块、塑料等异物混入。

2.定时、定量饲喂

定时饲喂会使奶牛消化腺体的分泌形成固定规律，有利于提高饲料的利用率。采用全混合日粮(TMR)饲喂技术的牛场，要固定每天的投料时间、投料次数和投料数量，并认真遵守不同季节的日翻料次数。传统的饲养方法是将精粗料分开饲喂。饲喂次数有利于增加生产力的提高，但饲喂次数增加会加大劳动强度和工作量。国内养殖场普遍采用日喂3次，部分养殖场采用日喂2次。对高产奶牛最好采用日喂3次，产奶量低于4 000 kg的奶牛可采用日喂2次。生产中应尽量使两次饲喂的时间间隔均等。比较理想的方法是精饲料定时饲喂，粗饲料自由采食。

3.合理的饲喂顺序

对于没有采用全混合日粮(TMR)饲喂技术的奶牛场，应确定合理的精粗饲料饲喂次序。从营养生理的角度考虑，较理想的饲喂次序是：粗饲料→精饲料→块根类多汁饲料→粗饲料。采用这种饲喂次序有助于促进唾液分泌，使精粗饲料充分混匀，增大饲料与瘤胃微生物的接触面，保持瘤胃内环境稳定，增加粗饲料的采食量，提高饲料利用率。在大量使用青绿饲料的夏天，由于奶牛食欲较差，为了保证足量的养分摄入，应采用先精后粗的饲喂方法。为了提高生产效率，保证奶牛的营养需要，现代化的奶牛场多采用挤奶时饲喂精饲料，挤完奶后饲喂粗饲料的方法。在大量使用青贮饲料的牛场，多采用先饲喂青贮，然后饲喂精饲料，最后饲喂优质牧草的方法。奶牛的饲喂次序一旦确定后要尽量保持不变，否则会打乱奶牛采食饲料的正常生理反应。

4.充足、清洁、优质的饮水

水是奶牛最重要的营养物质。水对于奶牛健康和泌乳性能的重要性比饲料更为重要。奶牛每天需水量约60～100 L,高产奶牛需水量高达150～200 L。所以在牛舍、运动场必须安装自动饮水装置供牛自由饮用。无自动饮水设备的牛场,每天饲喂后必须及时供应饮水,冬天3次,夏天4～5次。冬季饮水温度不应低于8～12℃,高产牛14～16℃;夏天供应凉水。

5. 加强运动

对于拴系饲养的奶牛,每天要进行2～3 h的户外运动。对于散养的奶牛,每天在运动场自由活动的时间不应少于8 h。适宜的运动对于促进血液循环,增进食欲,增强体质,防止腐蹄病和体况过肥,提高产奶性能等都具有良好的作用。户外运动还有利于促进维生素D的合成,提高钙的利用率,也便于观察发情和发现疾病。但应避免剧烈运动,特别是对于妊娠后期的牛。

6. 肢蹄护理

四肢应经常护理,以防肢蹄疾病的发生。护蹄方法为:牛床、运动场以及其他活动场所应保持干燥、清洁,尤其奶牛的通道及运动场上不能有尖锐铁器和碎石等异物,以免伤蹄。并定期用5%～10%的硫酸铜或3%福尔马林溶液洗蹄;正常情况每年修蹄2次;夏季用凉水冲洗肢蹄时,要避免用凉水直接冲洗关节部,以防引起关节炎,造成关节肢蹄变形。肢蹄尽可能干刷,以保持清洁干燥,减少蹄病的发生。

7. 乳房护理

乳房是奶牛的泌乳器官,直接决定经济效益的好坏。为此,必须加强乳房的护理工作。首先,要保持乳房的清洁,这样可以有效减少乳房炎的发生;其次,要经常按摩乳房,以促进乳腺细胞的发育。在特殊情况下,可以使用乳罩保护乳房。要充分利用干乳期预防和治疗乳房炎,并定期进行隐性乳房炎检测。

8. 刷拭牛体

经常刷拭牛体,保持皮肤清洁,可避免发生体外寄生虫,促进牛体血液循环和新陈代谢。通过刷拭牛体还能使牛养成温驯的性格,利于人工挤奶。因此,奶牛每天应刷拭2～3次。梳刷时精神要集中,随时注意奶牛的动态,以防被牛踢伤,踩伤。正确的刷拭方法为:饲养员左手持铁刷,右手持硬毛刷。刷拭顺序为从颈部开始,由前到后,自上而下,先逆毛刷,后顺毛刷,刷完一侧再刷另一侧,要刷遍全身,不可疏漏。刷拭时,要用毛刷,铁刷主要用于除去毛刷上的毛和碰到的坚硬结块。对于难以刷掉的坚硬结块,应先用水软化,然后用铁刷轻轻刮掉,再用毛刷清理干净。对于乳房,应用温水清洗干净,再用毛刷刷。刷下的污物和毛发要及时清理干净,防止牛舔食在胃内形成毛团,影响消化。刷下的灰尘要避免污染饲料。对有皮肤病和寄生虫病的牛要采用单独的刷子,每次刷完后对刷子进行消毒。刷拭应在挤奶前0.5～1 h完成。

9. 做好观察和记录

饲养员每天要认真观察每头牛的精神、采食、粪便和发情状况,以便及时发现异常情况。对于出现的情况,要做好详细记录。对可能患病的牛,要及时请兽医诊治;对于发情的牛,要及时请配种人员适时输精。对体弱、妊娠的牛,要给予特殊照顾,注意观察可能出现流产、早产等征兆,以便及时采取保胎等措施。同时,要做好每天的采食和泌乳记录。发现采食或泌乳异常,要及时找出原因,并采取相关措施纠正。

【资料卡】

我国“奶牛标准化规模养殖生产技术规范”正式出台

2008年1月9日，农业部办公厅以农办牧[2008]3号文件形式正式下发了《奶牛标准化规模养殖生产技术规范》(试行)。该规范以规模化奶牛场和奶牛养殖小区为对象，包括选址与设计、饲料与日粮配制、饲养管理、选育与繁殖、卫生与防疫、挤奶厅建设与管理、粪便及废弃物处理、记录与档案管理八个方面的技术要求，为我国转变奶牛养殖生产方式提供了科学的技术指导。

任务5 奶牛全混合日粮(TMR)饲喂技术

【任务描述】

全混合日粮是一种营养平衡的全价日粮。该任务主要包括TMR搅拌车选择与使用、合理分群与适时转群和全混合日粮(TMR)饲喂管理。

【任务分析】

TMR技术是一项系统工程，需要有与之配套的技术、牛舍建筑、设施与机械设备等，TMR技术在我国奶牛业生产中使用时间较短，所以需要对TMR饲喂技术的使用进行系统了解和掌握。该任务主要包括TMR搅拌车的选择与使用、牛群的合理分群与适时转群和全混合日粮(TMR)饲喂管理等三个方面。

【任务实施】

一、TMR搅拌车的选择与使用

(一)立式与卧式搅拌车选择

1.立式搅拌车

以锥螺旋结构为主。立式搅拌车的箱体为圆锥形。搅拌轴位于圆锥筒的中心位置，多数搅拌轴采用齿轮传动的方式。立式搅拌车适用于大型草捆或青贮捆，也同样适用于小草捆。对长干草适应性好，切碎能力强。切割混合速度快、易损配件少、保养费用低。立式搅拌车需用装载机从上边装料。

2.卧式搅拌车

以拨草轮结构和搅龙结构为主。卧式搅拌车箱体为长方形，箱体较低，后部加装一个添料斗，便于手工装填原料，适用于小批量物料的混合。卧式搅拌车可从尾部人工或用传送带装料。这种类型的搅拌车通常可以配置3～4个水平螺旋搅拌轴，一个搅拌轴或2个搅拌轴向同一方向转动，使饲料向另外的搅拌轴移动。搅拌轴上安装的切割刀适用于小型草捆的搅拌和切割，对于长纤维的草捆，应进行预切割，以避免缠绕搅龙。对于大圆捆和大方捆，不宜进入卧式的投料口。

(二)固定式与牵引式搅拌车选择

1.固定式搅拌机

根据牧场的条件，如果过道较窄，搅拌车无法进入的牛舍，只能选择固定式。固定式是将搅拌机放在牛场一定位置，由电机提供动力，将原料提前运输到搅拌机附近，搅拌加工完成后，再由运载工具将日粮送到牛舍进行饲喂。固定式TMR搅拌车非常适用于奶牛养殖小区。如彩色插图5-5所示。

2.牵引式搅拌车

牵引式搅拌车由拖拉机提供动力，搅拌车可以在各原料点装填原料，加工好后可以直接将日粮投入牛槽进行饲喂。对于规模牧场来说，最好的选择是牵引式搅拌车。对于牵引式搅拌车，随着有效搅拌体积的增加，需要增加拖拉机牵引的动力。如彩色插图5-6所示。

根据运作成本，相同容积的搅拌车，其耗电成本较耗油成本要低。但是固定式搅拌车需要对饲料进行二次搬运，劳动力的使用较牵引式搅拌车多，需要对劳动力成本和耗能成本进行权衡。

(三)搅拌车型号(容积)选择

根据饲养规模选择设备的容量。通常每100头牛选择1 m^3 容积，一般600头以下的牛场选用7 m^3 较为合适，700～1 200头可以选择8～12 m^3 搅拌车，1 500～2 500头可以选择16～25 m^3，2 500～3 500头可以选择25～32 m^3。由于生产厂家的标称容积大小不规范，以上所述的容积都应是有效容积。高产奶牛应比低产的和青年牛、犊牛所需搅拌车容积更大。

(四)TMR使用模式选择

1.饲料配送中心的模式

所谓TMR饲料配送是由配送公司就地取材、集中加工生产不同饲养阶段的TMR饲料，然后提供给周边养牛户，同时向农户提供TMR饲喂等相关技术咨询。

该模式需要奶牛户相对集中，配送范围不能太大，一般在一个奶牛园区、奶牛小区或一个奶牛集中的村屯。配送中心要有稳定的饲料原料来源，尤其是青贮种植基地或者与农户签订种植和收割合同。自己生产预混料与青贮饲料，牧草、羊草和苜蓿可以批量外购；要有自己的技术力量，包括原料化验、饲料配制、饲养等专业人员。

2.固定式搅拌机使用模式

固定式搅拌机的动力由电机提供。该模式适用范围：因牛舍及槽道的限制，导致日粮无法实现直接投放的老牛场及奶牛养殖小区。固定式或移动式模式的选择是由牛舍建筑结构及道路条件决定的。

由于电价比油价相对较低，使用电机为搅拌车提供动力，不但降低了饲料加工成本，而且从环保的角度讲，电机的污染比较小，也减少了机器的保养油耗。同时，固定式搅拌车故障率低，维护保养简单。该模式实现了奶牛日粮的机械加工，减少了工人劳动时间，降低了工人劳动强度。对于饲养水平相对较低的小区和传统的老牛场，可以减少代谢疾病的发生，提高产奶量。

3. 牵引式搅拌车使用模式

牵引式是由拖拉机进行驱动。该模式适用于可以自由进出牛舍的现代化牛场,规模在1 000～2 000 头。

该模式可以自由进出牛舍撒料,减少了人工成本,千头牛场只需 2～3 人就能完成饲喂工作。移动性强,可以随处取料,无须其他专门设备搬运原料,提高了工作效率。搅拌好的TMR 饲料可以即时进行投放,保证饲料的新鲜度,减少饲料因变质而造成的损失。工作循环时间较短,提高了生产效率。

4. 自走式搅拌车使用模式

自走式是由搅拌车自带的动力系统进行驱动的。该模式适用于大型现代化牛场(2 000 头以上)。

该模式使工人工作环境舒适,降低了劳动强度,节省人工并降低人工管理成本,提高了牛场管理的效率。可利用自身的取料装置快速将所需原料装入料箱,节省了取料时间。可自由进出牛舍,撒料快捷、方便、准确。立式自走 14 立方搅拌车如彩色插图 5-7 所示。卧式自走式12 立方搅拌车如彩色插图 5-8 所示。

5. 卡车式搅拌车使用模式

使用卡车和卡车底盘,适用于大型现代化牛场(2 000 头以上)。与自走式相比,购机成本大大降低,行走灵活,工作效率高,同样展现牛场的高效管理,提高了生产效率。

牵引式、自走式和卡车式搅拌车都属于移动式搅拌车,三者都可以直接进出牛舍,但这三种车型对牛舍的建筑结构有一定的要求,饲喂模式必须是头对头式,过道宽度为 3.8～4.5 m,牛舍门宽应大于 2.8 m、高度应达到 3 m,通道两头都应有可进出的门,门口转弯半径应大于6 m。

(五)TMR 搅拌车使用与维护

1. 搅拌车使用前的准备工作

(1)启动机器前请认真阅读使用说明书。

(2)启动机器前检查所有的保护装置是否正常,查看所有指示标签,并了解其含义。

(3)熟悉所有的控制按钮,分别试用每个操控装置,看它们是否按照手册说明正常工作。

(4)设备操作人员必须是专职的,提前进行培训,考试合格后才能上岗。

(5)准备一些辅助设备,如青贮取草机、上、卸料皮带等。

(6)使用机器之前,必须注意应没有人站在机器后部或工作范围内,机手在预见到危险时有责任立即停机。

(7)操作人员在感到身体不适、疲惫、酒醉、服药后不准操作。

(8)开机前检测油量等是否充足,做到预热 5 min,在预热过程中倾听设备的声音是否正常,眼看,耳听,手摸,鼻闻。正常后再进行工作。

(9)准备好营养员所提供的配方数据。

(10)原料装填前应将称重显示器归零。

2. 搅拌车使用中的操作注意事项

(1)严禁用机器载人、动物及其他物品。

(2)严禁将机器作为升降机使用或者爬到切割装置里,当需要观察搅拌机内部时请使用侧面的登梯。

(3)传动轴与设备未断开前,不准进入机箱内。

(4)严禁站在取料滚筒附近,料堆范围内及青贮堆的顶部。

(5)严禁调节、破坏或去掉机器上的保护装置及警告标签。

(6)机器运转或与拖拉机动力输出轴相连时,不能进行保养或维修等工作。

(7)严禁进行改装,即使是对机器的任何组成部分进行很小的改动都是禁止的。

(8)使用装载机添料时,避免与料箱顶部相碰。

(9)在搅拌过程中应注意装料不能太满,要留一定的搅拌循环空间。高效混合时必须给机箱内至少留有25%以上的自由空间,用于饲料的循环搅拌。要避免出现“拱桥”现象,即饲料没有循环搅拌,都缠附在搅龙上,使搅龙的负荷增大,从而使链条容易被拉断。

(10)当传动轴在转动时,要避免转大弯(大于25°),否则将损坏传动轴。在转大弯时应先停止传动轴再转弯,这样可以延长传动轴的使用寿命。还有要注意传动轴转动时,人不能靠近,防止被传动轴卷入,造成人身伤害。

(11)在升降大臂之前要确定大臂四周没有人,其次要确保截止阀是否处于打开状态。

(12)取料滚筒大臂在取料滚筒负荷增大时,会自动上升,经常这样会对机车的液压系统有一定的损坏。所以在负荷过大时,应调整大臂下降速度或减小取料滚筒的切料深度。

(13)在改变取料滚筒的转向时,应先等取料滚筒停止转动后再进行操作,否则将容易损坏液压系统。

(14)在下降取料滚筒大臂时,应在大臂与大臂限位杆即将接触时调低大臂的下降速度(可用大臂下降速度调节旋钮进行调解),这样可以避免大臂对限位杆的冲击,保证限位杆及后部清理铲不受损坏。

(15)卸料时要注意先开卸料皮带,后开卸料门;停止卸料时,要先关卸料门,再关卸料皮带,这样可以防止饲料堆积在卸料门口。

3.搅拌车维护与保养

TMR搅拌设备的常规维护非常重要,功能不正常的TMR设备会对日粮的均匀度造成很大的影响,进而影响牛的生产性能。日常的工作应包括:

(1)在所有工作结束后,要将拖拉机和搅拌车停放平稳,拉起手制动,降低后部清理板,将取料滚筒放回最低位置。

(2)每工作8 h对于传动轴上的油嘴,还有主副搅龙上的油嘴上黄油。

(3)检查各种润滑点,并确保润滑油的水平。对于机车上的液压油和齿轮油,要求工作头100 h更换一次,以后每工作800 h更换一次。

(4)定期校正称重计量器的精准度,保证计量准确无误。校验应至少每周进行一次。

(5)定期更换搅拌轴的切割刀。会有效地保护搅龙和箱体,减少磨损。随着搅龙运动的刀片称为动刀,固定在箱体上的称为定刀。要特别注意的是,换刀时,要保证拖拉机处于熄火状态,最好钥匙能在换刀人手上,以保证人身安全。

(6)定期检查叶片和传动部件等的磨损状况,及时维修或更换损伤部件。

(7)磨刀要交替进行,以免影响日粮的切割长短。

(8)防止铁器、石块、包装绳等杂质混入,避免损伤TMR制作设备并影响奶牛健康。

二、合理分群与适时转群

(一) 合理分群

合理分群是实施 TMR 技术的必要措施。采取何种分群方案，主要取决于如何在最大限度发挥奶牛生产效益的同时符合牛场的生产管理实际。从理论上讲，牛群划分的越细越有利于奶牛生产性能的发挥，但是在实践中应兼顾管理的便利性，牛群分的太多就会增加管理及饲料配制的难度、增加奶牛频繁转群所产生的应激；牛群划分跨度太大就会使高产牛的生产性能受到抑制、低产牛营养过剩而造成浪费。

分群前要进行测评，测定每头牛的产奶量、查看每头牛的产奶时间、评估奶牛的膘情。首先根据产奶量粗略划分，然后进行个别调整。牛群的分群的组数视牛群的大小和现有的设备而定。一般小型奶牛场(少于 300 头)，可以直接分为泌乳奶牛群和干奶牛群，各设计一种 TMR 日粮；中型奶牛场(300～500 头)可根据泌乳阶段分为早、中、后期牛群和干奶牛群；大型奶牛场(多于 500 头)可将牛群细分为新产母牛群、第一泌乳期母牛群(头胎牛群)、高产牛群、中产牛群、低产牛群、干奶前期牛群、干奶后期牛群、后备牛群等。在具体分群过程中可根据牛的个体情况及牛群的规模灵活掌握，适当调整或合并。大型奶牛场一般设计 5～7 种不同营养水平 TMR。

在实际饲喂过程中，根据成母牛规模和日粮制作的可行性，中、低产牛可以合并为一群进行饲喂；新产母牛与高产牛可合群饲养，但头胎牛与经产牛需分群饲喂；偏瘦的牛为了有效恢复膘情要上调一级；对围产期牛群、头胎牛群，可根据其营养需要进行不同种类 TMR 的搭配组合或根据实际情况将其分为 2 个或 3 个群进行饲喂；对膘情异常、繁殖障碍引起泌乳时间异常的牛可组成体况异常牛群，根据其健康状况和采食情况使用相应合理的 TMR 日粮；后备牛分群应该分得细些，每群的数量不能太多，一般 10 头左右，群中的个体要尽量一致，随着月龄的增加群体数量可以适当增加；犊牛断奶后的 6 个月，可饲喂高产牛群的 TMR。

(二) 分群后管理与微调

随着泌乳阶段的变化，奶牛常常需要转群。为了减少转群应激，在生产中可采取以下几种措施。

(1)尽可能将产犊月份相同的奶牛分在同一个群，以便日粮能随着泌乳期的变化进行调整。

(2)在各方面条件允许的情况下，尽可能多分几个群，以缩小不同群间的日粮营养水平差异。一般要求群间的产奶差距不宜超过 9 kg。

(3)高产牛及头胎母牛应在高营养混合日粮组滞留时间长一些，以便于青年母牛的生长和高产牛体况的恢复。

(4)当奶牛从高能日粮群转到低能日粮群时，头几天适当提高低能日粮组能量水平，而后再逐渐降为正常水平。

(5)喂给优质的粗料，并为新转来的奶牛提供足够的饲槽空间。

(6)要定期对个体牛的产奶量、乳成分、体况以及牛奶质量进行检测，适时调整牛群。不能单靠产奶量分群，还应综合考虑体况评分、年龄、配种情况，但产奶量不能相差太大。

(7)适时观察牛群的变化情况，可将低产牛群中很瘦的奶牛调整到高产牛群，而高产牛群中的过肥或产量低的奶牛可以调整到低产牛群。

(8)调整转群时最好能小群转移，并且在投料时转移，或在夜间转群。可降低奶牛的转群应激。刚开始分群饲养时，转群应激较大，随着牛只的适应，转群应激会逐渐变小。

三、全混合日粮(TMR)饲喂管理

(一)TMR 饲喂技术基本要求

(1)奶牛要严格分群，并且有充足的采食位置，要去角，避免互相争斗。

(2)要保证牛有充足的料槽空间。食槽宽度、高度、颈夹尺寸按照规模化牛场设计要求执行。一般情况下，每头成年奶牛食槽的宽度要求在 50～60 cm，每头小牛要达 45 cm。要求槽底光滑，色浅，采食槽要有遮阳棚。要保证牛有充足的料槽空间，而且每天至少 21 h 奶牛有料可食。光滑的食槽底面有利于牛采食的干净。

(3)TMR 饲喂次数，最好是每天 2 次，每次的投喂量、投喂顺序和时间间隔要基本固定。在冬季和春季气温较低，不易造成 TMR 发酵时，可以早上配制全天的 TMR，一次性投喂。如果每天只饲喂一次 TMR，则至少需要推料 5 次。投料要均匀，保持饲喂新鲜度。

(4)经常查槽，观察日粮一致性和搅拌均匀度。观察牛采食、反刍及剩料情况。随时观察牛群时至少应有 50%的牛正在反刍。观察奶牛反刍是间接评价日粮制作粒度的有效方法。如果采食量出现下降，应认真分析采食量下降原因，不要马上降低投喂量。奶牛所剩饲料看上去应与投喂饲料一致。

(5)要观察牛只有无挑食现象(鼻掘、推开 TMR、饲槽中的 TMR 有无被挖洞)以及牛只在挤奶后有无采食欲望。如果发现奶牛有挑食的迹象，就需要对日粮组成、饲料成分或饲养管理方式做些针对性改变。如增加 TMR 的投料频率；在满足奶牛最大的采食潜能的前提下，控制每次 TMR 的投放量；尝试加些水，但 TMR 的含水量一定要控制在 50%以内。

(6)饲喂后要勤推料，否则会影响奶牛的干物质采食量。见图 5-5-1。若能做到 1～2 h 搅拌一遍饲料，将会提高奶牛的食欲，增加奶牛的采食量。如果投放量不足，切忌增加单一饲料品种，要增加 TMR 给量。

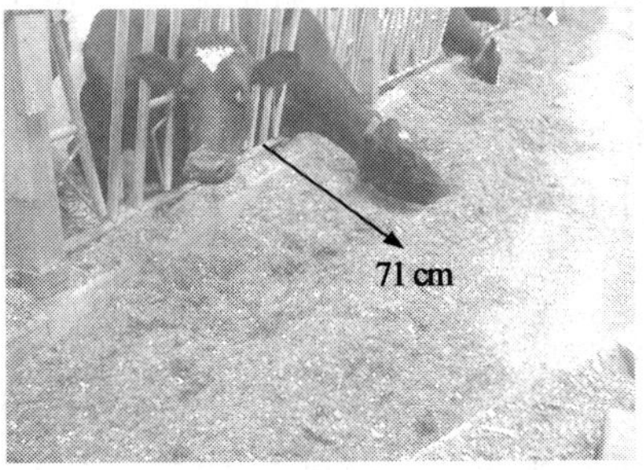

图 5-5-1　奶牛采食 TMR 饲料的现场图

(7)每天清槽,剩料以3%～5%为宜。合理利用剩料,夏季成母牛的剩料可供给后备牛或干奶牛,避免其放置时间过长而变质,也不要将其与新鲜饲料混合在一起进行二次搅拌而引起日粮品质下降。

(8)日粮水分低于40%时应加水,当每头每日采食量变动超过3 kg时或当含水量较大的饲料原料干物质变动超过5%时,需重新调整日粮配方。

(9)头胎牛全混合日粮的推荐投放量为成母牛采食量的85%～95%。具体情况可根据各牛场头胎牛群实际进食情况做出适当调整。

(10)做好TMR记录管理。饲养员每天必须做好记录,内容包括:日期、饲养员姓名、每圈(群)实际混合及饲喂的饲料数量、圈(群)中的剩料数量、圈(群)中牛的头数及饲喂时间等。生产中一般是以周饲喂记录表的形式进行记录,见表5-5-1。

(11)对于传统的拴系式饲养,除正常饲喂外,还应增加补饲,延长采食时间,提高干物质采食量。

表5-5-1 奶牛TMR饲喂周记录表

牛群类别:			周次:			
日期	饲养员姓名	TMR饲喂量/kg	剩料数量/kg	牛只头数	饲喂时间	备注
一						
二						
三						
四						
五						
六						
日						

(二)提高TMR饲喂效果技术要点

(1)奶牛每天至少有21 h能吃到饲料,以提高饲料采食量。

(2)剩料每周至少应称重一次,以确定是否存在足够的剩料。要确保饲料称量的准确性。

(3)如果青贮玉米占粗料的30%,则至少每天饲喂2次,尤其是在炎热的夏季。

(4)时常搅拌食槽中的饲料能刺激奶牛采食,增加采食量。

(5)搅拌时间不宜过长,否则将会使粗饲草长度过短,不利于瘤胃健康。

(6)开始实施全混合日粮饲喂时,不要过高估计奶牛的干物质采食量,否则将导致日粮中养分浓度不足。开始使用全混合日粮饲喂时,饲喂量要比预期的干物质采食量低5%,然后再慢慢提高到有5%剩余料为止。

(三)影响TMR质量的关键控制点

1.水分含量

在TMR制作的混合过程中,水分起到了有效的黏合和软化作用,使饲料之间产生拉丝、挤压,充分混合。适宜水分最简单的经验判断法就是从TMR搅拌车里抓起一把料,用力捏成团，如果手里能捏出水，而且饲料成团状，不复原，说明水分含量大；如果捏不出水，手松开后，饲料复原，成蓬松状，手上有轻微的潮湿感，说明水分合适。最科学的办法是在牧场的饲料准备室放置一台微波炉和烘箱、计量秤来完成水分的测定。每周至少测试一次粗料的含水量，测定的数据可为TMR日粮中水分含量较高的饲料的选择与添加提供依据。按照原料含水量、饲喂季节和投喂次数适当调整水分，TMR水分含量控制在40%～50%为宜，偏湿或偏干的日粮均会限制采食。冬、夏季TMR的水分要求不同，冬季45%左右，夏季50%左右。

2. 粗料长度

过长或者质量差的纤维饲料对干物质采食量有抑制作用，造成奶牛对单位饲料采食时间延长。TMR原料中牧草的切割长度以2.5～5 cm为宜。该长度既满足了奶牛消化系统的需要，又提供了足够的能量。将饲草切割得过长或过短都会影响奶牛的采食和消化，如果铡切得过长，可能出现日粮搅拌不匀，奶牛出现挑食现象，影响瘤胃发酵以及产奶量及乳品质；如果过短，会降低有效纤维含量，造成奶牛反刍时间不够，唾液分泌量下降，导致瘤胃pH下降，影响奶牛的生产性能。

3. 原料干物质

饲料中所有的营养素都存在于DM中，日粮是根据DM配制的，母牛吃的也是DM，当DM变化超过2%时应调节TMR中饲草量。饲草中DM的测定至少每周进行一次，特别是青贮料。配制理想TMR的重点是对饲料干物质含量经常进行测定，只有保持TMR各种原料干物质含量的稳定，并且能根据变化的干物质含量有针对性地对配方进行调整，使日粮有合理的干物质含量，才能保证奶牛每天采食到的都是均一的日粮，从而保证生产的稳定性。增加测定频率是控制日粮干物质含量的最好方法。TMR优势的充分发挥，稳定性是关键。

4. 搅拌时间

随着搅拌混合时间的延长，TMR的均匀性会有所提高，但饲料颗粒却有缩小可能性。对大多数TMR混合机来说，加入最后一种饲料原料后再搅拌3～8 min即可。除非制造商提出建议，否则装料时应将机器关掉，料都装好后再开机搅拌。除避免在开机时装料以外，如有可能在卸料时也尽量不要开机。在某些情况下，如果在装料时必须开机，则粗料最好最后再加入，因为这样能有最佳的TMR饲料颗粒大小。掌握适宜搅拌时间的原则是确保搅拌后TMR中至少有20%的粗饲料长度大于3.5 cm。既要避免搅拌过度，又要防止混合不足。

5. 原料装入顺序

搅拌机加料顺序没有一个统一标准，应充分考虑搅拌机的品牌、型号及饲料品种。无论采用什么顺序，其最终目标是要确保TMR混合均匀。原料投放应遵循的一般原则为：先干后湿、先轻后重、先长后短、先粗后精。如果混合机主要用于切割干草，则加料时混合机必须处在开机状态，且干草往往是最先加入；在竖式混合机中，很难把磨得很细的精料从底部提升上来，因此，精料应在其他饲料加入到一半时再加入。

6. 混合均匀度

TMR的搅拌时间、原料装入顺序和搅拌车内的原料装载量都对混合均匀度有着直接的影响。饲料混合均匀度对TMR的质量有着重要影响。若混合不均，一方面会造成奶牛挑食过多精料，而引起瘤胃酸中毒；另一方面，部分奶牛因吃不到足够精料而严重影响产奶量。如果饲料混合不均，那么可确保奶牛采食到的每一口饲料都是营养均衡的TMR优势将荡然无存。

7. 食槽管理

TMR饲喂过程中要注意投喂量、投料次数、投料时间及撒料均匀度的控制，以确保奶牛有足够的采食空间能全天候吃到新鲜的TMR。并且，通过对奶牛采食状况和反刍情况的观察可以间接评价出日粮制作粒度的质量。此外，也必须保证发料过程的准确无误。不同的奶牛群应该饲喂不同营养水平的TMR。在生产上要注意不要把高产牛群的TMR饲喂给低产牛群或者把干奶牛群的日粮饲喂给后备牛群。

此外，正确的日粮配制，优质的饲料原料，规范的记录管理以及饲养员、营养师和管理员之间良好的沟通都是保证TMR饲喂效果得以最终充分发挥的重要措施。

【知识拓展】

一、TMR优缺点分析

(一)TMR优点分析

TMR饲喂方式与传统饲喂方式相比，具有以下优点：

1. 能够提高牛群健康

因为TMR全混日粮经过均匀的搅拌、切割、揉搓等工艺增强了适口性，TMR的配方是根据奶牛营养需求制定的，解决了奶牛采食随意性问题，降低了人为管理失误因素，均衡的营养使牛群更加健康。精粗饲料均匀混合，避免奶牛挑食，维持瘤胃pH稳定，防止瘤胃酸中毒，降低奶牛发病率。

2. 有利于提高产奶量

TMR日粮是奶牛真正的全价饲料，配方的制作是以奶牛的实际营养需求为基准，能够挖掘出奶牛最大的生产潜力。健康的牛才能产更多的奶，TMR技术能够提高牛群健康，确保奶牛瘤胃pH的稳定，为瘤胃微生物创造一个良好的环境，促进瘤胃微生物的生长、繁殖，提高瘤胃微生物的活性，提高菌体蛋白的合成速率及合成量。搅拌车对饲草与精料均匀混合及恰当的切割、揉搓更加利于奶牛的消化吸收。

3. 能够提高牛奶质量

牛奶质量包括较低的体细胞数和较高的乳成分含量。TMR日粮能够提高牛群健康，自然可以有效降低乳品中的体细胞数；混合均匀的日粮，为瘤胃微生物同时提供蛋白、能量、纤维素等均衡的营养，加速瘤胃微生物的繁殖，提高菌体蛋白的合成效率和饲料的消化效率，能够有效提高乳蛋白率和乳脂率。

4. 有利于提高饲料消化率和利用率

TMR工艺可以改善饲料的适口性，能够刺激奶牛的食欲，能量、蛋白、纤维素均匀的混合更加有利于瘤胃微生物的生长繁殖，可以有效提高饲料的消化率和利用率。

5. 可有效降低饲料成本

传统饲喂中奶牛采食后容易剩下一些较粗的秸秆，从而造成浪费，而采用搅拌车加工可以对这些秸秆进行切割、揉搓，易于奶牛采食。TMR技术可以使用一些成本低适口性差的饲料原料，减少饲料浪费，降低饲料成本。

6.能够提高劳动生产率

采用TMR技术能够简化饲喂程序,减少饲养随意性,使管理的精准程度大大提高。实行分群管理,便于机械饲喂,提高劳动生产率,降低牛场成本。

(二)TMR缺点分析

(1)奶牛必须进行分群饲喂,由于频繁分群增加了奶牛流动,给有关记录和测定带来不便。同时,在转群的过程中会对奶牛造成一定程度的应激。

(2)必须具备能够进行彻底混合饲料的搅拌设备和用于称量及分发日粮的专业设备。

(3)需要经常检测日粮营养成分,计算日粮配方。

(4)对道路和牛舍要求高、设备维护成本较高,投资较大。

(5)对从事相关工作人员的技术要求较高。TMR配方设计、加工制作及TMR设备的使用与维修都要专门的技术人员来完成。

(6)TMR不适用于放牧牛群。

二、传统工艺条件下推广TMR技术面临的问题与对策

(一)问题

TMR饲喂技术的实施,需要有一套与之相适应的设施、设备及技术条件作保障,TMR技术体系是一个系统工程。其对牛舍建筑、机械设备等都有特殊的要求。所以,传统工艺条件下的牛场采用TMR饲喂技术面临着如下一些问题。

(1)草库、精料库、青贮窖不集中,不利于日粮的搅拌,同时机械设备的工作时间延长,磨损及油耗增加。

(2)部分品牌的饲料搅拌车自带青贮攫取设备,对保持青贮截面整齐,避免二次发酵效果十分明显。但多数传统工艺条件下牛场的青贮窖均为地下窖,并且窖口路面和窖底地面均不适宜搅拌车的现场操作,需要做进一步改造处理。

(3)多数牛场由于牛舍及槽道限制,无法实现日粮的直接投放,需要经过二次搬运。搅拌好的日粮也只能卸到牛舍门口,饲料存放处需要搭建防晒、防雨棚。同时,饲料搅拌车必经道路路面多数需要硬化。

(4)部分牛场由于建筑物、道路布局问题,饲料搅拌车循环行走困难,而改造投入过大。

(5)二次或多次搬运会影响日粮水分、均匀度,造成精粗饲料分离。同时制作好的日粮往往由于堆放时间过长,造成品质下降。

(二)对策

传统工艺条件下的奶牛养殖小区和养殖场(户)如果计划实施TMR饲喂技术,可以采取以下一些措施。

(1)可以采用半人工半机械化方式。根据奶牛场实际生产条件和设施,将粗饲料、青饲料、青贮饲料和混合精饲料分别加工,再利用人工或简易混合设备生产TMR,TMR制作好后,再用人力或三轮车、农用车等小型车发送到牛舍内。

(2)通过对现有牛舍进行简单改造,以适应 TMR 技术的要求。对牛舍的出入门及舍内中间道路进行加宽,对牛舍的饲槽进行相应改造,同时对牛场内的舍外有关道路也要加以修缮,以方便机械化作业。可以使用体型较窄的运输车辆向牛舍内运料。采用该改造模式的牛场最好是头对头式的牛舍。对牛舍进行改造前一定要进行充分的调研与论证,并认真做好资金预算。

三、应用 TMR 技术缓解奶牛夏季热应激的措施

(一)调控日粮

(1)增加日粮的能量和其他养分的浓度以弥补采食量的不足,并在实际采食量基础上进行日粮配合。

(2)通过增加日粮中的精料含量来提高能量浓度的同时,要避免过多的可发酵碳水化合物,以防止引起瘤胃酸中毒。

(3)向日粮中添加适当比例的脂肪以提高能量浓度和效率。

(4)饲喂足够的日粮纤维来维持瘤胃的功能。

(5)通过加强优质粗饲料的应用,来尽可能减少日粮中整个粗饲料的含量。

(6)确保适宜的蛋白质数量和质量,避免过多的瘤胃可降解蛋白质。

(7)确保矿物质和维生素的适宜水平,特别是与免疫系统有关的矿物质和维生素。如 K、Na、Mg、维生素 A 和维生素 E 等。

(二)精细管理

(1)增加加工次数,确保日粮的新鲜度。

(2)实行每天少量多次饲喂,以促进采食,同时在任何时候都应保证有充足的饲料供应以便奶牛采食。

(3)在每天最凉爽的时段饲喂,提高晚上饲料的投放量。

(4)提供充足的饲槽空间。

(5)提供充足、方便、清凉的饮水。

(6)每天清扫饲槽,以防止饲料变质。

TMR 技术体系是我国奶牛养殖业走向现代化、科学化的必由之路,也是现代化奶牛场向智能化管理迈出的关键一步。随着我国奶牛业规模化、集约化和现代化步伐的加快,以及国内优质干草、草业产业化进程的不断推进,TMR 饲养技术必将得到大力推广应用,从而加速我国奶牛业现代化生产的实现。

任务6 挤奶技术

【任务描述】

本任务主要包括乳房结构与乳汁分泌、挤奶技术流程、鲜奶初步处理、挤奶次数与间隔和挤奶注意事项。

【任务分析】

挤奶技术是发挥奶牛产性能的关键之一，同时，挤奶技术还与牛奶卫生以及乳腺炎的发病率直接相关。正确而熟练的挤奶技术可显著提高泌乳量，并大幅度减少乳腺炎的发生。挤奶方式主要分为手工挤奶和机械挤奶。了解手工挤奶的技术要点和鲜奶初步处理方法，熟悉挤奶技术流程，统筹好牛奶产量，做好奶牛的卫生及乳房保健。

【任务实施】

一、挤奶技术流程

(一)手工挤奶技术流程

手工挤奶是目前在我国小奶牛场和广大牧区采用较多的一种挤奶方式。手工挤奶虽然比较原始，但是对于患乳房炎的牛必须用手工挤奶。另外，处于初乳期和用药期(弃奶期)的奶牛，若没有手提式挤奶机时，也必须用手工挤奶。所以，挤奶员除掌握机器挤奶技术外，还必须熟练掌握手工挤奶技术。

手工挤奶操作程序：

准备工作 → 乳房的清洗与按摩 → 乳房健康检查 → 挤奶 → 乳头药浴 → 清洗用具

1. 准备工作

挤奶前，要将所有的用具和设备洗净、消毒，并集中在一起备用。挤奶员要剪短并磨圆指甲，穿戴好工作服，用肥皂洗净双手。

2. 乳房的清洗与按摩

先用温水将后躯、腹部清洗干净，再用 50℃的温水清洗乳房。擦洗时，先用湿毛巾依次擦洗乳头孔、乳头和乳房，再用干毛巾自下而上擦净乳房的每一个部位。每头牛所用的毛巾和水桶都要做到专用，以防止交叉感染。立即进行乳房按摩，方法是用双手抱住左侧乳房，双手拇指放在乳房外侧，其余手指放在乳房中沟，自下而上和自上而下按摩 2～3 次，同样的方法按摩对侧乳房。然后，立即开始挤奶。

3. 乳房健康检查

先将每个乳区的头 3 把奶挤入带面网的专用滤奶杯中，观察是否有凝块等异常现象。同时，触摸乳房是否有红肿、疼痛等异常现象，以确定是否患有乳房炎。检查时，严禁将头两把奶挤到牛床或挤奶员手上，以防止交叉感染。

4. 挤奶

对于检查确定正常的奶牛，挤奶员坐在牛一侧后 1/3～2/3 处，两腿夹住奶桶，精力集中，开始挤奶。挤奶时，最常用的方法为拳握法，但对于乳头较小的牛，可采用滑下法。拳握法的要点是用全部指头握住乳头，首先用拇指和食指握紧乳头基部，防止乳汁倒流；然后，用中指、无名指、小指自上而下挤压乳头，使牛乳自乳头中挤出。图 5-6-1 为拳握法挤奶示意图。挤乳频率以 80～120 次/min 为宜。当挤出奶量急剧减少时停止挤奶，换另一对乳区继续进行，直至所有的乳区挤完。滑挤法是用拇指和食指握住乳头基部自上而下滑动，此法容易拉长乳头，造成乳头损伤。

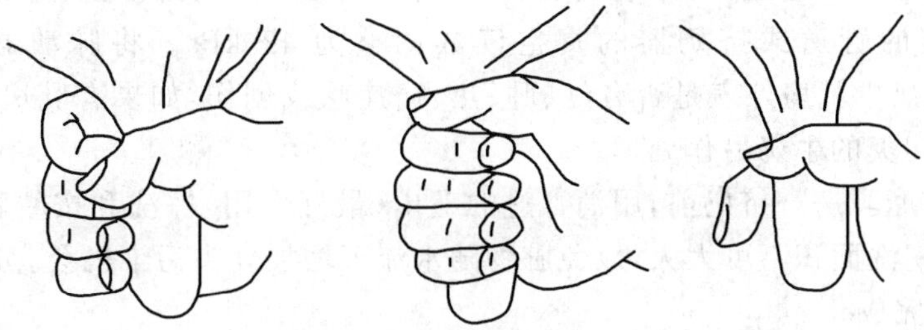

正确手法　　　　理想手法　　　　不正确的手法

图 5-6-1　拳握法挤奶示意图

5.乳头药浴

挤完奶后立即用浴液浸泡乳头，以降低乳房炎的发病率。因为挤完奶后，乳头需要15～20 min才能完全闭合，此时环境病原微生物极易侵入，导致奶牛感染。常用浴液有碘甘油(3%甘油加入0.3%～0.5%碘)、2%～3%的次氯酸钠或0.3%新洁尔灭。

6.清洗用具

挤完奶后，应及时将所有用具洗净、消毒，置于干燥清洁处保存，以备下次使用。

(二)机械挤奶技术流程

目前，大型现代化奶牛场均已采用机械挤奶。机械挤奶是利用挤奶机械进行挤奶。挤奶机械是利用真空原理将乳从牛的乳房中吸出，一般由真空泵、真空罐、真空管道、真空调节器、挤奶器(包括乳杯、集乳器、脉动器、橡胶软管、计量器等)、储存罐等组成。

1.挤奶机的类型

挤奶机械主要有提桶式、移动式和管道式三种。挤奶厅(台)是属于管道式中的一种。目前，我国许多奶牛场采用的是管道式挤奶系统。挤奶厅的建筑形式有坑道式、平面式和转盘式等数种。挤奶厅的挤奶装置主要有：挤奶台、固定位置的挤奶器、牛奶计量器、牛奶真空输送管道、洗涤系统、乳房自动清洗设备、自动脱落装置，奶牛出入启闭装置等。挤奶台根据奶牛在挤奶台上的排列形式，又可分并列式、鱼骨式、串联式、转盘式等。

上述各种类型挤奶机各有其适用的条件，在选购时要根据牛群的规模和当地实际情况而定。如仅有10～30头泌乳牛，或中、小型奶牛场的产房，则宜选用移动式挤奶机；30～200头泌乳牛可选用管道式；200头以上，最好采用挤奶厅挤奶。同时，在选用厂家和品牌时，务必注意维修的条件和易损件供应渠道，如果当地缺少维修条件，易损件难买或价格昂贵，挤奶器一旦出故障，就会影响正常生产。

2.机械挤奶操作程序

准备工作 → 挤奶前检查 → 乳房擦洗和按摩 → 乳头药浴 → 套奶杯 → 挤奶 → 卸奶杯 → 乳头药浴 → 清洗器具

(1)做好挤奶前的卫生准备工作　包括牛只、牛床及挤奶员的卫生，其准备工作与手工挤奶相似。

(2)调整挤奶设备及检查奶牛乳房健康　高位管道式挤奶器的真空读数调整为48～50 kPa,低位管道的管道式挤奶器的真空读数调整为42 kPa。将脉动器频率调到40～69次/min。检查奶牛乳房外表是否有红、肿、热、痛症状或创伤,如果有乳房炎或创伤应进行手工挤奶。患乳房炎的牛奶另作处理。

(3)擦洗和按摩乳房　挤奶前,用消毒过的毛巾(最好专用)擦洗和按摩乳房,并用一次性干净纸巾擦干。淋洗面积不可太大,以免脏物随水流下增加乳头污染机会。这一过程要快,最好在15～25 s内完成。

(4)对各乳头进行药浴　检验头3把奶无异常时,应立即药浴。常用药液有碘甘油(0.3%～0.5%碘加3%甘油)、0.3%新洁尔灭或2%～3%次氯酸钠。等待30 s后用纸巾擦干。

(5)套奶杯　套奶杯时开动气阀,接通真空,一手握住集乳器上的4根管和输奶管,另一只手用拇指和中指拿着乳杯,用食指接触乳头,依次把乳杯迅速套入4乳头上,并注意不要有漏气现象,防止空气中灰尘、病原菌等吸入奶源中。这一过程应在45 s内完成。

(6)挤奶　充分利用奶牛排乳的生理特性进行挤奶,大多数奶牛在5～7 min内完成排乳。挤奶器应保持适当位置,避免过度挤奶造成乳房疲劳,影响以后的排乳速度。通过挤奶器上的玻璃管观察乳流的情况,如无乳汁通过立即关闭真空导管上的开关,挤奶完毕。

(7)卸杯　关闭真空导管上的开关2～3 s后,让空气进入乳头和挤奶杯内套之间,再卸下奶杯。避免在真空状态下卸奶杯,否则易使乳头损伤,并导致乳房炎。

(8)乳头药浴　挤奶结束后必须马上用药液浸乳头,因为在挤奶后15～20 min乳头括约肌才能完全闭合,阻止细菌的侵入。用药液浸乳头是降低乳腺炎的关键步骤之一。乳头浸液,现配现用。用药液浸乳头30 s后,再用一次性干净纸巾或消毒过的毛巾擦净。每天对药液杯进行一次清洗消毒。

(9)清洗器具　每次挤完奶后清洗厅内卫生,做到挤奶台上、台下清洁干净;管道、机具立即用温水漂洗,然后用热水和去污剂清洗,再进行消毒,最后凉水漂洗。至少每周清洗脉动器一次,挤奶器、输乳管道冬季每周拆洗一次,其他季节每周拆洗两次。凡接触牛乳的器具和部件先用温水预洗,然后浸泡在0.5%纯碱水中进行刷洗。乳杯、集乳器、橡胶管道都应拆卸刷洗,然后用清水冲洗,用1%漂白粉液浸泡10～15 min后晾干后再用。

二、鲜奶初步处理

(一)鲜奶的过滤

在挤乳过程中,尤其是手工挤乳过程中,牛乳中难免落入尘埃、牛毛、粪屑等,因而会使牛乳加速变质。所以刚挤下的牛乳必须用多层(3～4层)纱布或过滤器进行过滤,以除去牛乳中的污物和减少细菌数目。纱布或过滤器每次用后应立即洗净、消毒,干燥后存放在清洁干燥处备用,也可以在输乳管道上隔段加装过滤筒对牛乳进行过滤。用过的过滤筒必须按时更换和消毒。

(二)鲜奶的冷却

刚挤出的牛奶,虽然经过过滤清除了一些杂质,但由于牛奶温度高(35℃)很适于细菌繁殖。据测定,细菌每10～20 min分裂繁殖一代,3 h后1个细菌可增殖到30万之多。所以过滤过的牛奶应立即冷却到4～5℃，冷却降温可有效抑制微生物的繁殖速度，延长牛乳保存时间。

常用的冷却方法主要有水池冷却法、冷排冷却法、热交换器冷却法、直冷式乳罐冷却法等。

(三)鲜奶的运输

奶牛场生产的鲜奶往往须要运至奶品厂进行加工。如果运输不当，会导致鲜奶变质，造成重大损失。因此鲜奶运输中应注意以下几点：

(1)防止鲜奶在运输中温度升高，尤其在夏季运输，最好选择在早晚或夜间进行。运输工具最好用专用的奶罐车。如用奶桶运输应用隔热材料遮盖。

(2)容器内必须装满盖严，以防止在运输过程中因震荡而升温或溅出。

(3)尽量缩短运输时间，严禁中途停留。

(4)运输容器要严格消毒，避免在运输过程中污染。

【知识拓展】

一、乳房结构和乳汁分泌

(一)牛的乳房结构

乳房的外形呈扁球状，附着于奶牛的后躯腹下，重量约11～50 kg。乳房内有一条中悬韧带，它沿着乳房中部向下延伸至乳房底部，将乳房分为左右两半，每一半边乳房的中部又各被结缔组织隔开，分为前后两个乳区。因此，乳房被分为前后左右4个各不相通的乳区。故当一个乳区发生病情时并不影响其他乳区产乳。4个乳区产乳可能稍有差别。通常，后面2个乳区比前面两个乳区发育更为充分，泌乳量更多(后面2个乳区约占60%)。

乳房内部由乳腺腺体、结缔组织、血管、淋巴、神经及导管所组成。在每一乳区的最下方各有一个乳头，乳头内部是一空腔，称为乳头乳池。乳头乳池上方连接一乳腺池，在每一乳腺池上方各有一组乳腺。乳腺的最小组成单位是乳腺泡，多个乳腺泡构成乳腺小叶，各乳腺小叶之间都有小输乳管相连，多个输乳管汇合形成更大的输乳管，最后汇入乳腺乳池，整个乳腺系统如一串葡萄，其结构如图5-6-2所示。

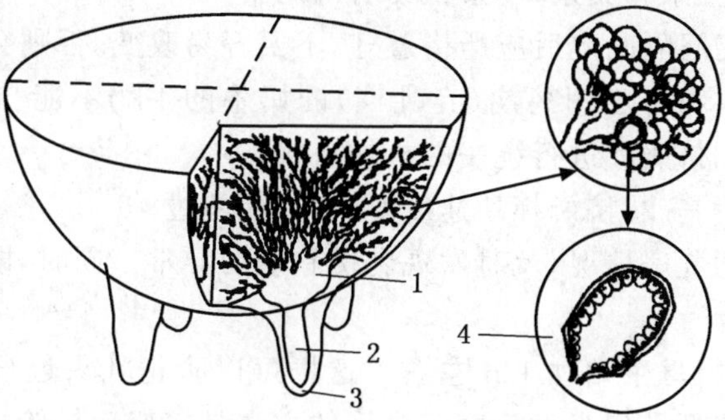

图5-6-2　乳房的剖面图

1.乳腺泡池　2.乳头乳池　3.乳头管　4.乳腺泡

(二)乳的生成与排出

乳的生成是复杂的生理生化过程，主要通过神经、激素调节。牛乳中的各种成分，均直接或间接来自血液。泌乳牛乳的分泌是持续不断的。乳刚挤完，乳的分泌速度最快。两次挤奶之间，当乳充满乳泡腔和乳导管时，上皮细胞必须将乳排出。如不挤奶，乳的分泌即将停止，乳的成分将被血液吸收。所以，泌乳牛必须定时挤奶。

排乳是一个复杂的生理过程，它同样受神经和内分泌的调节。当乳房受到犊牛吮乳、按摩、挤奶等刺激时，乳头皮肤末梢神经感受器冲动传至垂体后叶，引起神经垂体释放催产素进入血液，大约经 20～60 s，催产素即可经血液循环到达乳房，并使腺泡和细小乳导管周围的肌上皮细胞收缩，乳房内压上升而迫使乳汁通过各级乳导管流入乳池。由于血液中催产素的浓度在维持 7～8 min 后急剧下降。因此，在做挤奶准备工作时速度一定要快，要尽量在 1 min 之内完成，同时，也要加快挤奶速度，尽量在 10 min 内将奶挤完。加快挤奶速度对提高产奶量具有非常重要的作用。在挤奶时如发生疼痛、兴奋、恐惧、反常环境条件或突然更换挤奶员等均会抑制排乳反射，从而导致产奶量减少。

二、挤奶次数与间隔

泌乳期间，乳汁的分泌是不间断的，随着乳汁在腺泡和腺管内的不断聚积，内压上升将减慢泌乳速率。因此，适当增加挤奶次数可提高产奶量。据报道，3 次挤奶产奶量较 2 次提高 16%～20%，而 4 次挤奶又比 3 次多 10%～12%。尽管如此，在生产上还得同时兼顾劳动强度、饲料消耗(奶牛 3 次挤奶的干物质采食量较 2 次多 5%～6%)及牛群健康。多数国家是实行日挤奶 3 次。采用 3 次挤奶，挤奶间隔以 8 h 为宜，而 2 次挤奶，挤奶间隔则为 12 h 为宜。

三、挤奶注意事项

(1)要建立完善合理的挤奶规程。在操作过程中严格遵守，并建立一套行之有效的检查、考核和奖惩制度。

(2)要保持奶牛、挤奶员和挤奶环境的清洁、卫生。挤奶环境还要保持安静，避免奶牛受惊。挤奶员要和奶牛建立亲和关系，严禁粗暴对待奶牛。

(3)挤奶次数和挤奶间隔确定后应严格遵守，不要轻易改变，否则会影响泌乳量。

(4)患乳房炎的母牛和处于用药期(弃乳期)的奶牛的牛奶不能与健康奶牛放在一起，因此，在挤奶时也不能放到挤奶厅进行统一的机械挤奶。

(5)使用机械挤奶时，安装挤奶杯的速度要快，不能超过 45 s。

(6)挤奶时密切注意乳房情况，及时发现乳房和奶的异常。同时，既要避免过度挤奶，又要避免挤奶不足。

(7)挤乳后，尽量保持母牛站立 1 h 左右。这样可以防止乳头过早与地面接触，使乳头括约肌完全收缩，有利于降低乳房炎发病率。常用的方法是挤奶后供给新鲜饲料。

(8)迅速进行挤奶，中途不要停顿，争取在排乳反射结束前将奶挤完。

(9)挤奶时头 3 把奶中含细菌较多，要弃去不要，对于病牛，使用药物治疗的牛，乳房炎牛的牛奶不能作为商品奶出售，不能与正常奶混合。

(10)挤奶机械应注意保持良好工作状态，一定要按时检修，管道及盛奶器具应认真清洗消毒。

【行业标准链接】

关于泌乳牛药物使用的有关规定

"无公害食品 奶牛饲养管理准则"(NY 5049—2001)中规定："泌乳牛在正常情况下禁止使用任何药物，必须用药时，在药物残留期间的牛乳不应作为商品牛乳出售，牛乳在上市前应按规定停药，应准确计算停药时间和弃乳期。"关于有关药物停药时间和弃乳期的具体要求，在中华人民共和国农业部第278号公告"兽药停药期规定"中作出了明确规定。

任务7　奶牛生产力评定

【任务描述】

奶牛生产力评定主要是指对奶牛生产性能的测定，是反映奶牛生产力高低、为育种选育和饲养管理提供数字依据所必不可少的指标。奶牛产奶性能指标主要有个体产奶量、群体产奶量、乳脂率、乳蛋白率、非脂固形物含量、饲料转化率、排乳速度及前乳房指数等。奶牛生产性能测定体系(DHI)，是通过测试奶牛的产奶量、乳成分、牛奶体细胞数，并收集相关资料，对其进行分析后，获取一系列反映奶牛群配种、繁殖、饲养、疾病、生产性能等方面的信息，从而利用这些信息来进行有效生产管理的综合体系。

【任务分析】

了解影响奶牛产奶性能的因素，熟悉奶牛产奶性能指标项目的测定方法和计算方法，掌握奶牛生产性能测定体系(DHI)的使用。奶牛生产性能测定体系是目前非常有效的一种奶牛生产管理工具，是实现奶牛场数据化管理、现代化管理的重要措施。

【任务实施】

一、产奶性能测定

(一)个体产奶量测定和计算

1.测定方法

(1)每天实测　是将每头牛每次挤奶后称量登记(机挤)，每天计算，每月统计，年终或泌乳期结束进行总和。目前，在设施现代化的奶牛场，每日产奶量由电脑信息管理系统记录并储存。

(2)估测　主要用于没有计算机信息化管理使用条件的中小型奶牛场。国外许多国家近年来推行每月测1次，我国奶协推荐每月测3 d，每次间隔9～11 d，由此来估测每月和整个泌乳期的产奶量。其计算公式为：

$$月产奶量(kg)=(M_1\times D_1)+(M_2\times D_2)+(M_3\times D_3)$$

式中：M_1、M_2、M_3 分别为月内3次测定日全天产奶量。D_1、D_2、D_3 分别为当次测定日与上次测定日间隔天数。

2. 计算方法

(1)305 d产奶量　根据中国奶牛协会规定，个体牛一个泌乳期产奶量以305 d的产奶量为统计标准。即自产犊后泌乳第1天开始累加到305 d止的总产奶量。如果泌乳期不足305 d者，用实际奶量，并注明产奶天数；如果超过305 d，超出部分不计算在内。

(2)305 d校正产奶量　又叫305 d标准乳量。为了满足奶牛育种工作的需要，经过广泛研究，中国奶牛协会制订了统一的校正系数表，使用240～370 d产奶量记录的奶牛可统一乘以相应系数，获得理论的305 d产奶量。表中天数以5舍6进方法，如某牛产奶275 d，用270 d校正系数；产奶276 d则用280 d校正系数。此外，奶牛的年龄和挤奶次数也是影响产奶量的一个重要因素，还应进行校正。其校正系数见中国奶业协会统一规定的校正系数表。

(3)全泌期实际产奶量　指产犊后泌乳第一天开始到干乳为止的累计产乳量。

(4)年度产奶量　是指1月1日至本年度12月31日为止的全年产奶量，其中包括干奶阶段。

(5)终生产奶量　母牛各个胎次的产乳量的总和。各个胎次泌乳量应以全泌期实际产乳量为准计算。

(二)群体产奶量的统计

群体产奶量是衡量群体产奶性能的一项重要指标，它是具体反映一个牛场、一个省或国家的奶牛饲养管理水平的一项综合指标。统计方法有2种。

1. 成母牛全年平均产奶量统计

$$成母牛全年平均产奶量(kg/头)=\frac{全群全年总奶量(kg)}{全年平均每天饲养成母牛头数(头)}$$

式中：全年平均日饲养成年母牛头数包括所有成年母牛(泌乳牛、干奶牛、转进或买进的成母牛，卖出或死亡以前的成母牛，以及其他2.5岁以上的在群母牛)，即按饲养日计算的年均产奶量，可反映牛群的整体管理水平，便于计算牛群的饲料报酬和产奶成本。

2. 泌乳牛全年平均产奶量统计

$$牛全年平均产奶量(kg/头)=\frac{全群全年总奶量(kg)}{全年平均每天饲养泌乳牛头数(头)}$$

式中：全年平均日饲养泌乳牛头数只计算泌乳的牛，即按实际泌乳日计算的年均产奶量，可以反映一个牛群的质量，也作为个体选种的一个重要指标，并供拟定产奶计划时参考。

(三)乳脂率测定和计算

常规乳脂率测定，在各泌乳期内每月测定1次。为简化手续，中国奶牛协会提出，在奶牛的1、3、5胎进行乳脂率测定，每胎的第2、5、8个泌乳月各测1次。奶样根据每次挤奶量按比例采集，并将每次采集的奶样混合均匀，然后进行测定。测定乳脂率常用的方法有盖氏法和巴氏法，现许多奶牛场都拥有专门的快速乳脂测定仪，能方便准确地测定乳脂率。

1.平均乳脂率计算

采用2、5、8泌乳月测定乳脂率，一般用产后第2个泌乳月所测定的乳脂率(F_1)代表产后1～3泌乳月的乳脂率，产后第5个泌乳月所测定的乳脂率(F_2)代表产后4～6泌乳月的乳脂率，产后第8个泌乳月测定的乳脂率(F_3)代表产后第7～9个泌乳月的乳脂率，其平均乳脂率计算公式为：

$$\text{平均乳脂率}=\frac{F_1\times 1\sim 3\text{泌乳月产奶量}+F_2\times 4\sim 6\text{泌乳月产奶量}+F_3\times 7\sim 9\text{泌乳月产奶量}}{1\sim 9\text{泌乳月总产奶量}}$$

2.4%乳脂校正乳换算

4%乳脂校正乳又称4%标准乳。不同奶牛个体的乳脂率差异很大，为评定不同个体间产乳性能的优劣，可用4%乳脂校正乳来比较，其换算公式为：

$$\mathrm{FCM}=M\times(0.4+15\ F)$$

式中：FCM为4%乳脂校正乳量(kg)；M为泌乳期产乳量(kg)；F为该期所测得的平均乳脂率(计算时要带入%)。

(四)饲料转化率计算

饲料转化率是鉴定奶牛品质的重要指标之一，可反映奶牛将饲料转化为奶的能力。其计算方法有两种。A式表示料奶比，即每生产1 kg牛奶需消耗多少千克饲料干物质；B式表示奶料比，即每千克饲料干物质可生产多少千克牛奶。其计算公式为：

$$\text{A：饲料转化率}=\frac{\text{全泌乳期消耗饲料干物质总量(kg)}}{\text{全泌乳期 FCM 总产量(kg)}}\times 100\%$$

$$\text{B：饲料转化率}=\frac{\text{全泌乳期 FCM 总产量(kg)}}{\text{全泌乳期消耗饲料干物质总量(kg)}}\times 100\%$$

(五)乳蛋白率测定

用凯氏微量定氮法、比色法或能得到相同结果的其他方法进行测定。根据乳蛋白率可计算出乳蛋白量。

(六)排乳速度测定

排乳速度即挤奶时乳汁排放的快慢，以每30 s或每分钟排出的奶量(kg)为准。排乳速度的测定可采用奶流速度测定器进行，也可用弹簧秤悬挂在三角架上直接称量。排乳速度快的牛有利于在挤奶厅集中挤奶。因此，在美国、德国等世界许多国家对乳用品种都规定了排乳速度指标。

(七)前乳房指数计算

奶牛左右乳房的奶量基本相等，而前后乳区的奶量差别较大，后乳区的发育明显好于前乳区。一般乳用品种的前乳房指数为43%左右,并且成年母牛略小于头胎母牛。常用前乳房指数表示乳房的对称程度。前后乳区发育匀称,有利于机械挤奶。测定的方法是,用有4个奶罐的挤奶机,挤奶时使4个乳区的奶分别流入4个奶罐中而测得每个乳区的奶量。前乳房指数的计算公式为:

$$前乳房指数=\frac{前两个乳区奶量(kg)}{总奶量(kg)}\times 100\%$$

【资料卡】

中国奶业协会

中国奶业协会(DAC),简称中国奶协。原名为"中国奶牛协会",成立于1982年。1999年,根据农业部决定将"中国乳业协会"注销后与"中国奶牛协会"合并,更为现名,并经民政部登记注册(社证字第4544号)。协会于2004年3月1日代表中国加入世界荷斯坦联盟。

二、奶牛生产性能测定体系(DHI)

DHI(dairy herd improvement)是奶牛群改良的英文缩写,在我国又称为奶牛生产性能测定,是一套完整的奶牛生产性能测定体系。该体系是通过测试奶牛的产奶量、乳成分、牛奶体细胞数,并收集相关资料,对其进行分析后,获取一系列反映奶牛群配种、繁殖、饲养、疾病、生产性能等方面的信息,从而利用这些信息来进行有效的生产管理。

DHI主要工作流程及应用程序:

奶样采集 → 奶样测定 → 数据处理 → 形成DHI报告 → 返回牛场 → 指导生产

(一)奶样采集与送检

1.测试对象和间隔

国内所有奶牛场均可参加。采样时间应以母牛产犊后25~40 d为宜。采样对象是所有泌乳牛(不包括15 d之内的新产牛,但包括手工挤奶的患乳腺炎牛),测试间隔每月1次(21~35 d/次),参测后不应间断,否则影响数据准确性。

2.取样方法

采样正确与否直接关系到DHI的成败。用特制的加有防腐剂(重铬酸钾饱和液)的采样瓶对参加DHI测定的每头产奶牛每月取样一次。所取奶样总量为40~45 mL。每日3次挤奶者,早、中、晚的比例为4∶3∶3;每日两次挤奶者,早晚的比例为6∶4。采样完毕后,盖紧采样瓶盖,并在样品箱外贴上标签,标明场名、采样日期和送达地点。同时注意样品的保存,夏季天气炎热,应放在冷藏室(2~7℃)或通风阴凉处,以免日晒。

取样时的注意事项:

①每头测试奶牛的编号要保持唯一性,且牛号与样品号要对应一致。

②采样前先加入防腐剂(进口颗粒或重铬酸钾饱和液),备好其他必需用具。

③所取奶样应具有代表性,即充分混合奶样。

④每次取样完毕后,把样品箱放在阴凉干燥处,在样品箱外贴上标签,标明场名、采样时间、采样人和送达地。

⑤要求在采样前对采样员进行培训,按要求进行采样,保证数据的准确可靠。

⑥测定产奶量,若是机械挤奶,通过流量计测定,应注意正确安装流量计,正确记录牛号与产奶量;若为手工挤奶,则用秤称量,所有测试工具都应定期进行校正。

⑦在一般情况下,加防腐剂的奶样在常温下可保存5～7 d。加防腐剂的奶样应防止误食。

3.收集资料

新加入DHI系统的奶牛场,应事先填报好表5-7-1传给测试中心。以后牛场每月只需把繁殖报表、奶产量报表交付测试中心即可。

表5-7-1 进入DHI系统的奶牛所需资料

牛号	生日	父号	母号	本胎产犊日	胎次	奶量	母犊号	母犊父号

4.奶样送检

现场取样后,牛场的鉴定员将奶量输入计算机,通过互联网将牛群变动情况和测定日产奶量传送给DHI检测机构。奶样送独立检测机构检测,测出乳成分(乳脂肪率、乳蛋白率、乳糖率和干物质率等)和体细胞计数等。

(二)奶样测定

用红外线分析仪测定奶成分,用体细胞计数仪测定体细胞含量。奶样测定项目主要包括乳蛋白率、乳脂率、乳糖率、乳干物质含量及体细胞数(SCC)等。但DHI检测所提供的主要数据信息达30余项,具体项目分述如下。

1.牛号

由奶牛场提供。每头奶牛的号具有唯一性。统一编号增加了数据的准确性,便于建立奶牛档案,进行计算机联网。

根据GB-T3157—2008中国荷斯坦牛品种登记规程中关于母牛编号方法的规定,牛只编号由12位字符、分四部分组成:2位省(区、市)代码(见GB/T 2260)+4位牛场号(各辖区畜牧主管部门统一编制)+2位出生年度号(取年度数字后两位)+4位牛只场内序号(按年内母犊出生顺序)。例如,辽宁省(区域代码为21)沈阳市某奶牛场(该牛场编号为A005),有一头荷斯坦母牛出生2013年,是该场当年出生的第59个健康母牛犊,则该母牛的编号为:21A005130059。

2.分娩日期

由奶牛场提供,分娩日期必须准确。分娩日期是计算其他各项指标的依据,根据分娩日期可产生一系列重要参数。如果没有精确的分娩日期,计算产生的大多数信息会毫无用处。

3.泌乳天数(DIM)

指从分娩第一天到本次测乳日的时间,是说明奶牛所处的泌乳阶段。是计算机按照牛的分娩日产生的第一个数字,其精确性依赖于所提供分娩日期。

4. 胎次

由奶牛场提供。它对计算机产生 305 d 预计奶量是很重要的,因计算机需要精确的胎次以识别泌乳曲线,以产奶量为 7 000～7 500 kg 成母牛一胎、二胎和三胎的泌乳曲线为例。

5. 牛群测定的奶量(HTW)

以 kg 为单位的牛只个体产奶量、群体产奶量;指测定日牛的奶产量,反映了牛只与牛群当前产奶水平的真实情况,查看此内容时结合泌乳天数和上月奶量,将会得到更多有用的信息。

6. 校正奶量(HTACM)

是以 kg 为单位的计算机产生的数据,以泌乳天数和乳脂率校正产奶量而得。将实际产量校正到产奶天数为 150 d,乳脂率为 3.5%所得的数据。校正奶量可用于不同牛只、牛群间生产水平的比较。

7. 上次(月)测奶日的奶量(Prev. M)

是以 kg 为单位的上个测奶日该牛的产奶量。

8. 乳脂率(F%)

是从测奶日呈送的样品中分析出的乳脂的百分比。

9. 乳蛋白率(P%)

是从测奶日呈送的样品中分析出的乳蛋白的百分比。

10. 乳脂/蛋白比例(F/P)

是该牛在测奶日的牛奶中乳脂率和乳蛋白率的比值。

11. 体细胞计数(SCC)

单位为 1 000,是每毫升样品中的该牛体细胞的记录。

12. 前次体细胞计数(PreSCC)

单位为 1 000,上次样品中的体细胞数。

13. 初次体细胞数

单位为 1 000,指奶牛分娩后第一次测得的体细胞数。

14. 牛奶损失(MLOSS)

是计算机产生的数据,基于该牛的产奶量及体细胞计数。

15. 线性体细胞计数(LSCC)

是基于体细胞计数计算机产生的数据,用于确定奶量的损失。

16. 累计奶量(LTDM)

是计算机产生的数据,以 kg 为单位,基于胎次及泌乳日期,可以用于估计该牛只本胎次产奶的累计总量。对于完成胎次泌乳的牛而言,代表着每胎产奶量,可用以计算终生产奶量。

17. 累计乳脂量(LTDF)

是计算机产生的数据,以 kg 为单位。基于胎次及泌乳日期,可以用于估计该牛本胎次生产的乳脂总量。

18. 累计蛋白量(LTDP)

是计算机产生的数据,以 kg 为单位。基于胎次及泌乳日期,可以用于估计该牛本胎次生产的蛋白总量。

19. 305 d 奶量(305M)

是计算机产生的数据,以 kg 为单位,如果泌乳天数不足 305 d 则为预计产量,如果完成

305 d奶量，该数据为实际奶量。

20.峰值奶量(PeakM)

以kg为单位的最高的日产奶量，是以该牛本胎次以前几次产奶量比较得出的。

21.峰值日(PeakD)

表示峰值奶量发生在该胎次产后的多少天。

22.繁殖状况(Reprostat)

如果牛场管理者呈送了配种信息，这将指出该牛是产犊、空怀、已配还是怀孕状态。

23.预产期(DueDate)

如果牛场管理者提供繁殖信息，如怀孕检查，指出是怀孕状态，这一项将以上次的配种日期计算出预产期。

24.高峰日(高峰奶量)

在一个泌乳期中，测定日的奶量相比最高的为高峰奶量，该高峰奶量出现日为高峰日。

25.干奶日期及已干奶日

指干奶第一天开始到泌乳结束的时间。

26.泌乳期长短

指从产后的第一天到该胎泌乳结束的时间。

27.持续力

这个数据可以用于比较个体牛的生产持续力。计算公式：

(前次奶量－本次奶量)/前次奶量×100×(30/两次测定间隔天数)－100

28.体细胞计数(SCC)线性分的计算

是将体细胞数通过数学的方法线性化而产生的数据[$\log_2$(体细胞数/100)+3]。

29.体细胞计数(SCC)奶损失的计算

(乳量×乳损失率/100)/(1－乳损失率/100)。

30.饲养日

牛群饲养成母牛的数量，每天每头为一个饲养日。

31.泌乳日

牛群中饲养泌乳母牛的数量，每天每头泌乳牛为一个泌乳日。

32.累计饲养日

全年(月)的饲养日的总和。

33.累计泌乳日

全年(月)的泌乳日的总和。

34.饲养日产

每天(月、年)的累计产奶量除以累计饲养日的数值，单位为kg/个。

35.泌乳日产

每天(月、年)的累计产奶量除以累计泌乳日的数值，单位为kg/个。

36.千克奶成本

即单位牛奶成本，指每千克奶内饲料饲草费用、工资福利、燃料动力费牛群医疗费、资产折旧费等所有费用的总和。

(三)数据处理及形成报告

计算机室将奶牛场的基础资料输入计算机，建立牛群档案，并与测试结果一起经过牛群管理软件(Dairy Champ)和其他有关软件进行数据加工处理形成 DHI 报告。另外，还可根据奶牛场的需要提供 305 d 产奶量排名报告、不同牛群生产性能比较报告、体细胞超过设定数的单列报告、典型牛只产奶曲线报告、DHI 报告分析与咨询。一般在牛场奶样到达测试中心 3～5 d 后，DHI 报告即可产生。如果奶牛场有传真机或互联网，则可在测试完成的当天或第 2 天获得 DHI 报告，对报告分析后用以指导生产。

(四)DHI 报告分析与应用

DHI 对所注册的成员提供基础服务，包括每月提供一份牛群总结报表和年末牛群的年度总结报告。每份月总结报表和年总结报告中又包括多个分项目表或报告。

“泌乳能力测定月报表”所包括的具体内容详见样表 5-7-2。“牛群平均成绩一览表”是以牛场为单位的月汇总表，内容与“泌乳能力测定月报表”基本相同，增加了本月鉴定牛头数以及各统计项目的累计或平均数。样表详见表 5-7-3。“产奶量分布表”是按照不同胎次，统计出不同产奶水平的牛头数和所占的百分比，统计出本月采奶样牛占全群成母牛的比例。“本月份完成一个胎次牛一览表”是将本月干奶或淘汰的牛基本情况做一汇总。“体细胞数分布一览表”是按照不同胎次，统计出不同 SCC 水平的牛头数和所占的百分比。

表 5-7-2　DHI 泌乳能力测定月报表

牛场名称：＿＿＿＿＿＿＿＿　　　　鉴定日期：＿＿＿＿＿＿＿＿

牛场编号	牛号	分娩日期	干奶天数	胎次	上月记录			鉴定日记录								累计记录						脂肪蛋白比	高峰乳量	高峰日	持续力	90 d 产奶量	305 d 预计或实际		干奶或淘汰日期	备注	父号
					乳量	体细胞数	线性分	乳量	乳脂率	乳蛋白率	乳糖率	干物质率	体细胞数	线性分	奶损失	泌乳天数	乳量	乳脂率	乳蛋白率	干物质率	日单产						产奶量	乳脂率			

表 5-7-3　DHI 牛群平均成绩一览表

鉴定头数	鉴定日期	平均胎次	干奶天数	上月记录			鉴定日记录								累计记录						平均产奶量			305 d		高峰日	高峰乳量	持续力
				乳量	体细胞数	线性分	乳量	乳脂率	乳蛋白率	乳糖率	干物质率	体细胞数	线性分	奶损失	泌乳天数	乳量	乳脂率	乳蛋白率	干物质率	日单产	90 d	305 d	标准奶	乳脂率	乳脂率			

每份 DHI 报告均可提供牛群群体水平和个体水平两个方面的信息。

1. 群体水平

即牛群的整体水平，主要包括以下几个方面：

(1)泌乳天数　根据泌乳天数(DIM)可分析乳量和繁殖状况。牛群平均泌乳天数以150～170 d 为宜，这样可使牛群全年产犊均衡，全年产奶量均衡。如果高于该水平，说明该牛群存在繁殖问题，应加以检查并改善。

(2)胎次　牛群平均理想胎次为 3～3.5 胎，其中 1～2 胎占成母牛 40%，3～5 胎占 35%～40%。是根据奶牛泌乳生理特点、胎次泌乳量的效益率和管理的水平提出来的，可以作为衡量一个奶牛场管理水平的依据。

(3)上次(月)奶日的奶量　上个月奶量可以用于比较经过饲养或管理改变后的生产水平的变化，用以说明牛只的生产性能是否稳定，通过比较可以确定出适当的配方。对于个体牛只，与上月比较产奶量出现显著上升或下降，是一个管理水平的指示性指标。

(4)乳脂率和乳蛋白率　乳脂率和乳蛋白率可以提示营养状况。乳脂率、乳蛋白的含量与比值，是衡量牛乳质量的重要指标。牛乳中乳脂率与乳蛋白率的比值，一般以 1.12～1.36 为宜。如果乳脂率太低，可能是瘤胃功能不佳，存在代谢性疾病；日粮组成中精料太多，缺乏粗纤维，精粗料物理性加工有问题。如果奶牛产后 100 d 内蛋白率太低(<3%)，可能存在的问题有：干奶牛日粮不合理，造成产犊时膘情太差；泌乳早期精料喂量不足，蛋白含量低；日粮蛋白中过瘤胃蛋白不足。

(5)体细胞计数　主要指每毫升牛奶中白细胞的含量。其主要功能是排除病菌感染，修复组织。SCC 是牛群乳腺健康水平的标志。另外，身体其他部位的炎症也会造成体细胞数一定程度的增加。体细胞数、体细胞评分反映了该牛群健康状况。牛只体细胞评分越高，奶质越差。1～3 分为好，4 分以上说明乳房保健存在问题。但体细胞数的高低只反映乳房受感染的程度，而并非超过某一特定值就表示该牛一定患了乳房炎而需治疗。对于体细胞数较高的牛群，应检查挤奶设备的消毒效果；挤奶设备的真空度及真空稳定性(真空泵节拍以每分钟 450～550 次为宜，且节拍要均匀，不均匀易发隐性乳房炎)；奶衬性能及使用时间(奶衬破了要更换，否则易伤乳头)；牛床、运动场等环境卫生及牛体卫生、挤奶操作卫生。

(6)SCC 与 MLOSS　在 DHI 报告中提供了因牛群体细胞太高而造成的奶牛产奶量损失，应用该数据可以计算出奶牛场全年产奶量损失及直接经济损失。牛奶中体细胞数与产奶量损失的关系见表 5-7-4。

表 5-7-4　奶中体细胞数与产奶量损失的关系

体细胞计数/(万/mL)	乳损失率/%	乳房健康状况
<15	0	良好
15～25	1.5	较好
25～40	3.5	有患隐性乳房炎的可能
40～110	7.5	已患隐性乳房炎
110～300	12.5	极差
>300	17.5	乳房炎

(7)SCC 与 DIM　这两项结合使用,可以确定与乳房健康相关的问题发生在什么地方。如果高的体细胞数发生在泌乳早期,说明可能干奶期治疗较差或干奶舍和产房卫生条件太差,如果泌乳早期体细胞数较低,但在泌乳期持续上升,可能预示着挤奶程序有问题或挤奶设备有问题,此时要及时做相应的检查,尽快解决问题。

(8)前次 SCC 与本次 SCC 比较　指上次测定日测得的体细胞数与本次测得的体细胞数数量的变化关系。可用以说明牛场采取的预防管理措施是否得当,治疗手段是否有效。DHI 记录体系能及时反馈这方面的信息。

(9)高峰日与高峰奶量　高峰日期到来的时间和高峰奶量的高低直接影响胎次乳量。高峰奶量每提高 1 kg,相当于一个胎次奶产量头胎牛增加 400 kg,二胎牛增加 270 kg,三胎以上增加 256 kg。理想的产奶高峰日应为产后 45～70 d。如果高峰提前到达,产奶量很快下降,应从补充微量元素、加强疾病防治方面入手。如果产后正常达到产奶高峰,但持续力较差,达到高峰后很快又下降,说明产后日粮配合有问题。如果达到产奶高峰很晚,说明奶牛饲养不当或分娩时体况太差。

(10)305 d 预测乳量　是衡量一个奶牛场生产经营状况的指标,也是进行牛只淘汰的重要依据,有助于管理者及早淘汰那些亏本饲养的奶牛,以保证牛群的整体水平与经济效益。

2. 个体水平

一个奶牛场管理的好坏,应当从每头牛的情况着手管理。DHI 报告为实现对每头奶牛的管理提供了非常实用的信息。对照检查每头牛前后两次测定的奶产量,可分析出其产奶量升降是否正常,如果异常应及时查找原因并采取补救措施,个体牛的 SCC 直接反映了牛只乳房的健康状况,对比前后两次 SCC 可发现防治措施是否有效。

通过 DHI 报告,牛场可以了解饲养管理、繁殖配种、乳房保健及疾病防治等状况,发现问题所在,为改进工作提供客观、准确的依据。DHI 测定的数据是牛群遗传改良的基础,是进行牛群选育、种公牛后裔测定、乳房炎防治、改进饲养管理、提高产奶性能等的关键依据。

【知识拓展】

影响奶牛产奶性能的因素

1. 品种与个体

奶牛不同品种,其产奶量以及奶成分均有较大差异。乳用品种牛产奶性能高于其他用途的品种,而荷斯坦牛的产奶量又高于其他乳用品种牛。

同一品种的不同个体,由于遗传基础不同,使得个体间产奶性能也存在明显差异。如荷斯坦牛,产奶量高的个体可达 10 000 kg 以上,而低产的却不足 4 000 kg。乳脂率也不相同,乳脂率与产奶量呈负相关。个体间的差异是选育工作的基础。

2. 年龄与胎次

年龄与胎次对产奶量的影响很大。奶牛产奶量是随着年龄和胎次的增加而增加,到 4～6 胎时产奶量最高,然后以逐渐下降。一般头胎母牛产奶量仅相当于成年母牛的 70%～80%。

3. 初产年龄与产犊间隔

第一次产犊年龄过早,除影响乳腺组织发育及产奶量外,也不利于牛体健康,相反,第一次产犊年龄过晚,则减少了产犊次数和推迟了经济回收时间,并影响终身产奶量。中国荷斯坦牛的初配适龄是在15～16月龄体重达成年母牛体重的70%(即350～400 kg)以上时,即可配种。娟姗牛理想配种体重为260～270 kg。

最理想的产犊间隔是365 d,即每年产奶10个月,干奶2个月,1年1胎。尽量不要超过380 d。这样母牛的一生可多次出现泌乳高峰。

4.泌乳期

奶牛在泌乳期中产奶量多呈现先低、后高、再逐渐下降的规律性变化。同时,奶的质量也呈现相应的变动。一般母牛分娩后产奶量逐渐上升,低产牛在产后20～30 d,高产牛在产后40～60 d产奶量达高峰。高峰期有长有短,一般高峰期维持20～60 d后便开始逐渐下降,下降的幅度依母牛的体况、饲养水平、妊娠期、品种及生产性能而异。高产牛一般每月下降幅度为4%～6%,低产牛达9%～10%。刚开始下降速度比较缓慢,但到了妊娠5个月以后,由于胎儿迅速发育,胎盘激素和黄体激素分泌加强,抑制了脑垂体分泌催乳素,因此产奶量迅速下降。

5.干奶期长短

合适的干奶期为45～75 d,平均为60 d。如果干奶期过短,牛的体况得不到很好的恢复,乳腺泡得不到很好的更新,会使下一个泌乳期的产奶量降低,如果干奶期过长,乳腺泡会发生萎缩,同样会影响下一个泌乳期的产奶量。所以干奶期的长短和饲养管理水平高低,关系着母牛下一个泌乳期的产奶量和胎儿的生长发育。

6.体格大小

同一品种、年龄的奶牛,一般而言,体格大的牛,消化器官容积相对也较大,采食量多,因而,产奶量相对比较高,即体格与产奶量有呈正相关的趋势。但过大的体重,并不一定产奶就多;而且奶牛体重大,维持代谢需要也多,经济不一定合算。根据国内外经验,荷斯坦牛体重以650～700 kg较为适宜。

7.疾病

奶牛患病后,生理状况异常,首先产奶量下降,奶的成分变化无规律。产奶量下降幅度及奶成分的变化情况与患病轻重和患病时间长短以及奶牛的体质、泌乳期的不同阶段有关。

8.饲养管理条件

供给奶牛全面而平衡的营养是产奶的物质基础。奶牛泌乳力的遗传力仅为0.25～0.30。外界环境对产奶量的影响占70%～75%,其中饲养管理对奶牛产奶量影响最大。营养水平不足,将严重影响产奶量,并缩短泌乳期。

同时,牛奶中的成分含量也与饲养管理条件密切相关。如日粮中精料多,粗料不足,瘤胃发酵丙酸增加,乙酸减少,导致乳脂率下降;反之,提高粗料比例,降低日粮能量水平,将影响乳蛋白含量。此外,日粮能量较低时,非脂固形物含量也下降。

9.挤奶次数与挤奶技术

乳腺中乳的合成与分泌速度是与乳房内压成反比的。乳在乳腺中积存的越多,造成乳房内压越高,乳的分泌速度就越慢,及时将乳房内的乳挤出来,减低乳房内压,可促进乳的合成与分泌,提高产奶量。因而,每天挤3次奶要比挤2次奶产奶量高。但增加挤奶次数增加了劳动强度和人工成本,因而挤奶次数不可能无限制地提高,我国大部分奶牛目前采用每日3次挤奶的体制。乳的分泌与排出受神经体液的调节,科学熟练的挤奶技术,可刺激乳的分泌与排出,提高产奶量。

10.产犊季节和外界气温

母牛产犊季节不同,其泌乳高峰期所处的环境温度不同,因而对整个泌乳期产奶量的影响程度不同。对产奶量而言,以冬季和早春产犊最好,春秋季次之,最不好的季节是夏季(7～8月份)。另外,产犊季节还通过不同季节的青粗饲料供应情况的不同对牛的产奶量产生影响。

奶牛的特点是耐寒不耐热。当气温在5～20℃范围内时,奶牛产奶量及奶的成分一般都不会受到影响。但当温度过低或过热时,牛就会产生冷应激或热应激。夏季炎热时,奶牛的体温升高、呼吸次数增加,采食量明显减少,产奶量会明显下降,特别是高产牛和泌乳盛期牛,影响更为严重。高温相对低温而言,对奶牛的影响更为严重。因为在炎热季节奶牛需要的能量比冬季还多,在高温条件下,气温每升高1℃,高产奶牛的维持能量需要增加3%,而冬季每降低1℃维持能量仅需增加1.2%。因此,夏季必须采取防暑降温措施。

【学习自测】

一、选择题

1.犊牛一般是指从初生到____月龄的牛。

A.2　　B.6　　C.8　　D.12

2.TMR饲喂技术中成年奶牛食槽的宽度要求在____cm。

A.30～40　　B.50～60　　C.60～80　　D.80～90

3.TMR饲喂技术中每天清槽,剩料以____为宜。

A.1%～2%　　B.3%～5%　　C.5%～6%　　D.6%～7%

4.一般停奶前____d,应进行隐性乳房炎检查,此期是治疗隐性乳房炎的最佳时期。

A.5　　B.10　　C.20　　D.30

5.妊娠后期初产母牛应增加每天乳房按摩的次数,一般每天2次,至产前____d停止。

A.10　　B.15　　C.20　　D.30

6.去副乳头在犊牛6月龄之内进行,最佳时间是____周龄,尽量避开夏季。

A.1～2　　B.2～6　　C.6～8　　D.8～10

7.育成母牛在____月龄以后即可每天进行一次乳房按摩。

A.7　　B.10　　C.12　　D.15

8.犊牛去角的最佳时间为出生后____d。

A.1～7　　B.7～14　　C.15～21　　D.22～30

9.中国荷斯坦牛的初配适龄是体重达成年母牛体重的____以上时,即可配种。

A.60%　　B.70%　　C.80%　　D.90%

10.在TMR制作过程中,可能影响到搅拌效果的因素有____。

A.原料的装填次序　　B.搅拌切割时间

C.原料水分含量　　D.一次加工量

11.根据成年牛瘤胃的生理特点,以干物质计算精粗饲料的比例保持____比较理想。

A.10∶90　　B.70∶30　　C.50∶50　　D.20∶80

二、判断题

1.头胎牛全混合日粮的推荐投放量为成母牛采食量的85%～95%。　(　　)

2.牛奶中的成分含量与饲养管理条件密切相关。如日粮中精料多而粗料不足时,会导致

乳脂率下降。 ( )

3. 同一品种、体格越大的牛,产奶量就越高,即体格与产奶量有呈正相关的趋势。 ( )

4. 饲喂 TMR 的奶牛场,正常情况下随时观察牛群时至少应有 30%的牛正在反刍。 ( )

5. 在做挤奶准备工作时速度一定要快,要尽量在 1 min 之内完成,同时,也要加快挤奶速度,尽量在 10 min 内将奶挤完。 ( )

6. 对营养状况不良的奶牛,应采用挑战饲养法增加精料喂量。 ( )

7. 引导饲养法对低产奶牛有效,对患隐性乳房炎的奶牛和高产奶牛则不宜应用。 ( )

8. 泌乳中期是乳房炎的高发期,要着重加强乳房的护理。 ( )

9. 在干乳后期采用低钙日粮,围产后期采取高钙日粮,能有效地防止产后瘫痪的发生。 ( )

10. 逐渐干乳法适合于患隐性乳腺炎或过去难以停奶的高产奶牛。 ( )

三、综合测试

1. 作为一名饲养员,对新生的犊牛应该如何进行护理?

2. 某奶牛养殖户,饲养的泌乳奶牛产奶期总是在 330 d 以上,请你指出他的错误,并告诉其原因及正确做法。

3. 围产期是奶牛饲养管理过程中的一个非常关键的时期,此阶段的饲养管理应该做好哪些方面的工作?

4. 在奶牛的泌乳高峰期,怎样才能实现泌乳量不仅升得快,而且泌乳高峰期持续时间长且稳定?

5. 在实施全混合日粮(TMR)饲喂技术的新奶牛场,你作为技术人员要想进一步提高 TMR 饲喂效果,应该从哪些方面抓起?

6. 现有两头奶牛,9928 号牛全期实际产乳量为 7 500 kg,乳脂率 3.8%;9865 号牛全期实际产乳量 7 000 kg,乳脂率 4.1%。试比较两头奶牛产乳水平的高低。

7. 结合当地具体情况分析:为提高奶牛群的生产力水平,应采取哪些有效措施?

【课外学习指要】

1. 奶牛标准化规模养殖生产技术规范(试行)(农办牧[2008]3 号).

2. NY/T 5049—2001 无公害食品 奶牛饲养管理准则.

3. GB 6914—1986 生鲜牛乳收购标准.

4. DB 13/T 1097—2009 奶牛全混合日粮(TMR)饲养技术规范.

5. 杭州市质量技术监督局:奶牛全混合日粮(TMR)制作技术规范(A036—2013—5—087).

6. (美)泰勒,恩斯明格. 奶牛科学. 张沅等主译. 北京:中国农业大学出版社,2007.

7. 杨效民,贺东昌. 奶牛健康养殖大全. 北京:中国农业出版社,2011.

8. 中国奶牛数据中心 http://www.holstein.org.cn.

项目六　肉牛饲养管理

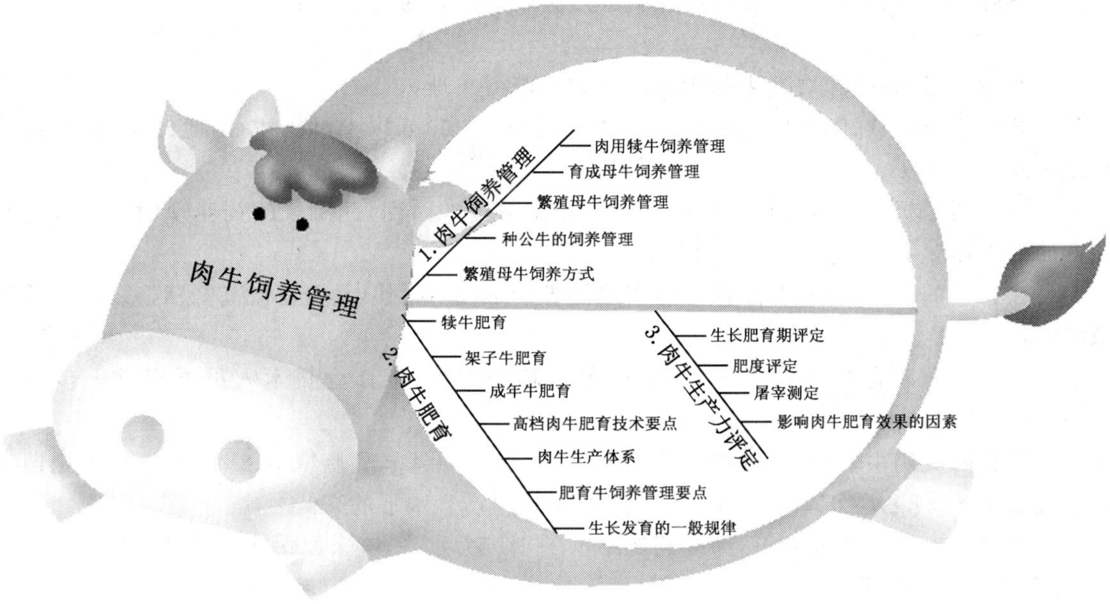

知识目标

- 了解肉牛生长发育的一般规律。
- 熟悉影响肉牛生产性能的因素。

技能目标

- 能独立进行肉牛饲养管理。
- 能根据不同月龄肉牛特点进行正确的肉牛肥育。
- 能准确进行肉牛生产性能评定。

肉牛业是我国畜牧业的重要组成部分，正经历着由传统的耕牛养殖体系向现代肉牛养殖体系转变，与畜牧业发达国家相比，我国的肉牛业发展起步较晚，差距较大，同时也说明我国肉牛业未来发展空间巨大，前景广阔。

任务1　肉牛饲养管理

【任务描述】

肉牛饲养管理是指除肉牛肥育环节以外对肉用犊牛、育成牛、繁殖母牛及种公牛所进行的饲养和管理。

【任务分析】

本任务的根本目标在于解决肉牛养殖业中的牛源问题。为此，将任务分解为与之相关的四个子任务，即肉用犊牛饲养管理、育成母牛饲养管理、繁殖母牛饲养管理、种公牛的饲养管理等学习任务。完成这些子任务主要是为了高效、稳定、经济的繁育出后续肥育所需的肉牛。学生应重点掌握肉牛不同生长阶段和生产阶段的饲养管理技术要点。

【任务实施】

一、肉用犊牛饲养管理

(一)新生犊牛处理

其方法与新生奶犊牛的处理基本相同。主要区别在于肉用犊牛身体上的黏液一般由母牛舔食而不要人工擦拭，以加强母仔亲和力，有利于自然哺乳。个别母牛不舔食，可在犊牛身体上撒麸皮加以诱导。

(二)犊牛哺乳方法

1.随母哺喂法

肉用犊牛一般随母自然哺乳。犊牛出生后应在0.5～2 h尽量让其吃上初乳，方法是在犊牛能够自行站立时，让其接近母牛后躯，采食母乳。对个别体弱的可人工辅助，挤几滴母乳于洁净手指上，让犊牛吸吮其手指，而后引导到乳头助其吮奶。自然哺乳时应注意观察犊牛吸乳时的表现，当犊牛频繁地顶撞母牛乳房，而吞咽次数不多，说明母牛奶量少，犊牛不够吃，应加大补饲量；反之，当犊牛吸吮一段时间后，口角已出现白色泡沫时，说明犊牛已经吃饱，应将犊牛拉开，否则容易造成犊牛哺乳过量而引起消化不良。

传统的肉用犊牛的哺乳期一般为6个月，纯种肉牛及我国黄牛的养殖一般不实行早期断奶，该方法易于管理，节省劳动力，有利于犊牛的生长发育，但不利于母牛的管理，会加大母牛的饲养管理成本，小型的肉牛繁育场或农户可选用此培育方法。

2.保姆牛哺乳法

即1头产犊母牛同时哺育2～3头出生时间相近的犊牛，应注意选择产奶量较高、哺乳性能好、健康无病的母牛作保姆牛，喂奶时母子在一起，平时分开，轮流哺乳。这种方法可节约母牛的饲养管理成本，也节约劳动力，但缺点是会传染疾病，建议卫生条件好的大中型肉牛繁育场采用。

3.人工哺乳法

对乳肉兼用和一些因母牛产后泌乳少或没有母乳可哺喂的犊牛，应对犊牛采取人工哺乳。国际上一些先进的肉牛繁殖场采取90日龄分期人工哺乳育犊方案：哺乳天数90 d，总喂乳量510 kg全乳(表6-1-1)。其具体饲喂方法可参考乳用犊牛饲养管理。

表6-1-1 人工哺乳阶段喂量表

日龄/d	1～10	11～20	21～40	41～50	51～60	61～80	81～90
日喂量/kg	5	7	8	7	5	4	3

(三)及早补饲

肉用母牛的产奶量较低，肉用犊牛早期生长快，仅靠母牛的奶喂养犊牛，不能满足其快速发育的需要，因此，在犊牛哺乳早期就应进行补饲。

1.干草的补饲

从1周龄开始，在牛栏的草架内添入优质干草(如豆科青干草等)，训练犊牛自由采食，以促进瘤胃、网胃发育，防止犊牛舔舐异物。

2.精料的补饲

生后10～15 d开始训练犊牛采食精料。由于肉用母牛和犊牛一起生活，所以应采取隔栏补饲措施，即在牛舍或牛圈内设一个犊牛能够自由进出而母牛不能进入的坚固围栏，内设饲槽并每日放置补饲的饲料。围栏的大小视犊牛的头数而定，进口宽40～50 cm、高90～100 cm。

开始时日喂干粉料10～20 g，到1月龄时，每天可采食150～300 g，2月龄时可采食到500～700 g，3月龄时可采食到750～1000 g。如表6-1-2。

表6-1-2 不同阶段犊牛料配方 %

日龄/d	玉米	麸皮	豆粕	杂粕	乳清粉	奶粉	过瘤胃脂肪	磷酸氢钙	石粉	食盐	多维微量元素预混料
15～30	35	10	25	0	10	8	5	3	2	1	1
31至断奶	40	15	26	0	5	5	2	3	2	1	1
断奶后	45	20	15	13	0	0	0	3	2	1	1

3.青绿多汁饲料的补饲

犊牛在20日龄时开始补喂，以促进消化器官的发育。在混合精料中，加入切碎的胡萝卜或甜菜、幼嫩青草等。最初每天喂20～25 g，到2月龄时可增加到1～1.5 kg，3月龄为2～3 kg。

4.青贮饲料的补饲

可在2月龄开始饲喂，每天100～150 g，3月龄时1.5～2 kg，4～6月龄时4～5 kg。应保证青贮料品质优良，防止用酸败、变质及冰冻青贮料喂犊牛。

(四)合理断奶

犊牛断奶会给犊牛带来较大的应激。断奶应采取循序渐进的办法。断奶初期，可逐渐减少母、仔在一起的时间和次数，将犊牛留在原处，定时将母牛牵走。自然哺乳的母牛在断奶前7 d停喂精料，只给优质粗料，使其泌乳量减少。刚断奶的犊牛应细心喂养，断奶后14 d内的日粮应与断奶前相似。日粮中精料占60%，粗蛋白质不低于12%。

(五)加强护理、预防疾病

坚持每天刷拭牛体，并注意观察其食欲、精神、粪便是否正常，发现问题及时采取措施。犊牛最易发生的疾病是腹泻和肺炎。可给犊牛添加1%的食母生，以促进其消化；恶劣天气减少犊牛户外活动，好天气多让犊牛进行户外活动，以增强抗病力；做好防寒保暖工作，防止受凉感冒。

二、育成母牛的饲养管理

计划留做后备牛的犊牛在4～6月龄时选出，要求生长发育好、性情温驯、具备良好的体质，但不要过于肥胖。

(一)育成母牛的饲养

育成母牛的日粮应以青粗饲料为主，充分采食青草、青贮和干草。青草充足季节可不补充精料，仅补充矿物质即可。冬季根据青粗饲料质量补饲少量精饲料。

1.3～6月龄

可采用的日粮配方为犊牛料2 kg，干草1.4～2.1 kg或青贮料5～10 kg。

2.7～12月龄

日粮中干物质的75%应来源于青粗饲料，25%来源于精饲料。日喂量：混合料2 kg左右，青干草0.5～2 kg，玉米青贮11 kg。

在放牧状况下，如果牧草生长良好，此期犊牛日粮中的粗饲料、多汁饲料和大约一半的精饲料可被牧草代替；在牧草生长较差的情况下，则必须补饲青饲料。青饲料的采食量：7～9月龄母牛为18～22 kg，10～12月龄母牛22～26 kg。每天青粗饲料的采食量可达体重的7%～9%，占日粮总营养价值的65%～75%。此阶段结束，体重可达250 kg。

3.13～18月龄

为了促进育成牛性器官的发育，其日粮中要尽量增加青贮、块根、块茎饲料的喂量。一般情况下，可不喂精料或少喂精料(每头牛日饲喂量在0.5 kg以下)；但在优质青干草、多汁饲料不足和计划较高日增重的情况下，则必须每日每头牛加喂1～1.3 kg精料。

在放牧条件下，如果牧草生长较差，也必须给牛补饲青饲料。青饲料日喂总量(包括放牧采食量)13～15月龄育成母牛为26～30 kg，16～18月龄育成母牛为30～35 kg。冬末春初每头育成牛每天应补1 kg左右配合料，每天喂给1 kg胡萝卜或青干草，或者0.5 kg苜蓿干草，或每kg料配入1万IU维生素A。

4.19～24月龄

进入配种繁殖期。日粮应以优质干草、青草、青贮料和多汁饲料为基本饲料，少喂或不喂精料。到妊娠后期，应每日补充2～3 kg精料。如有放牧条件，应以放牧为主。

(二)育成母牛管理

1. 及时分群

育成牛断奶后进行分群。首先是公、母牛分开饲养,其次是体格大小应该相近,月龄差异一般不应超过 2 个月,体重差异低于 30 kg。

2. 加强运动

在舍饲条件下,青年牛每天应至少有 2 h 以上的运动。一般采取自由运动。在放牧的条件下,运动时间一般足够。

3. 经常刷拭牛体

为了保持牛体清洁,促进皮肤代谢和养成温驯的气质,育成牛每天应刷拭 1～2 次,每次 5～10 min。

4. 加强发情鉴定,适时配种

发育较好的母牛可于 18 月龄配种,对发情异常的个体及时进行检查和处理。

肉用母牛的配种要加强选种选配。杂交改良牛生长快,效益好,但要特别注意初产母牛的难产问题。初配牛最好选择中小型肉牛品种如安格斯牛或地方良种黄牛进行杂交,大型牛和经产牛可引入利木赞牛、夏洛来牛、西门塔尔牛等大型牛进行改良。

三、繁殖母牛饲养管理

(一)空怀母牛饲养管理

肉牛空怀母牛的饲养管理主要是围绕着提高受配率、受胎率,充分利用粗饲料,降低饲养成本而进行的。

舍饲空怀母牛的饲养以青粗饲料为主,适当搭配少量精料,当以低质秸秆为粗料时,应补饲 1～2 kg 精料,改善母牛的膘情,力争在配种前达到中等膘情,同时注意食盐等矿物质、维生素的补充。母牛过肥则增加运动量,多喂粗料和多汁饲料;过瘦则多补精料和青绿料。

以放牧为主的空怀母牛,放牧地离牛舍不应超过 3 000 m。青草季节应尽量延长放牧时间,一般可不补饲,但必须补充食盐;枯草季节,每天要补饲干草(或秸秆)3～4 kg 和 1～2 kg 精料。实行先饮水后喂草,待牛吃到 5～6 成饱后,喂给混合精料,再饮淡盐水,待牛休息 15～20 min 后出牧,放牧回舍后给牛备足饮水和夜草,让牛自由饮水和采食。

(二)妊娠母牛饲养管理

妊娠母牛管理的重点是做好保胎工作,预防流产或早产,保证安全分娩;在饲料条件较好时,应避免过肥和运动不足;在粗饲料较差时,做好补饲,保证营养供给。

1. 饲料管理

①应采用先粗后精的顺序饲喂。即先喂粗料,待牛吃半饱后,在粗料中拌入部分精料或多汁料碎块,引诱牛多采食,最后把余下的精料全部投饲,吃净后下槽。

②要注意饲料的多样化,重视青干草、青绿多汁饲料的供应,怀孕牛禁喂发霉变质或酸度

过大的饲料，禁喂酒糟等饲料，不可饲喂冰冻或发霉腐败的饲料和饲草，以免引起孕牛的腹痛和消化不良，引起子宫收缩，造成流产。

③分娩前 2 周左右饲料要减少 1/3，以减轻肠胃负担，防止消化不良，特别注意的是要停喂青贮及多汁饲料，以免乳房过度膨胀。

2. 放牧管理

①在母牛妊娠期间，应注意防止流产、早产，这对放牧饲养的牛群更为重要。妊娠后期的母牛与其他牛群分别组群，单独在附近的草场进行放牧，以防止顶角打架、拥挤和乱爬跨而造成流产。为防止母牛之间互相挤撞，放牧时不要鞭打、驱赶，以防惊群。

②雨天不要放牧和进行驱赶运动，防止滑倒。不要在有露水的草场上放牧，也不要让牛采食大量易产气的幼嫩豆科牧草，不采食霉变饲料，不饮冰碴水和脏水。

3. 日常管理

①妊娠母牛在管理上要加强刷拭和运动，特别是头胎母牛，还要进行乳房按摩，以利产后犊牛哺乳。舍饲妊娠母牛每日运动 2 h 左右，以免过肥或运动不足，以防止发生妊娠浮肿，利于胎儿分娩。每天至少刷拭牛体一次，以保持牛体清洁。

②妊娠母牛应做好保胎工作，自由饮水，不饮脏水、冰水，水温要求不低于 8℃。

③对有病的妊娠母牛要慎重用药，防止因用药不当引起流产。

(三)泌乳母牛饲养管理

泌乳母牛的饲养，主要是达到有足够的泌乳量，以供犊牛生长发育的需要。放牧饲养情况下，多采用季节性产犊，以早春产犊较好。既可以保证母牛的产奶量，又可以使犊牛提前采食青草，有利于犊牛生长发育。舍饲情况下，可参考饲养标准配合日粮，但应以青饲和青贮为主，适当搭配精饲料，既有利于产奶和产后发情，也可节约精饲料。

四、种公牛饲养管理

(一)种公牛饲养

种公牛的饲养目标是使其具有健康的体质、旺盛的性欲、灵活的体躯和优良的精液品质，而且使用年限要长。种公牛的日粮以精料为主，喂量一般为体重的 0.5%～1.0%，占日粮总营养的 45%～60%。精料要求营养全价，多样搭配，容积要小，适口性强，易于消化。

种公牛一般日喂 3 次，日粮等份给予，饲喂顺序是先精后粗。保证充足的清洁饮水，冬季每日饮 3 次，宜饮温水，夏季 4～5 次。要注意采精或配种前后、运动前后 0.5 h 内禁止饮水，以免影响公牛健康。

(二)种公牛管理

种公牛具有记忆力强、防御反射强和性反射强的特点，管理中要大胆心细，处处留神，严禁殴打与嬉戏公牛。生人不要轻易接近，即使很熟悉和温驯的公牛也不能疏忽大意。给公牛打针时，饲养人员要回避，以免公牛记仇。

1.拴系

种公牛生后6个月带笼头，8～10月龄穿鼻环。鼻环需用皮带吊起，系于缠角带上。缠角带最好用结实的滚缰皮缠牢。缠角带拴有两条细铁链，通过鼻环左右分开，拴系在两侧的立柱上。注意牢固拴系，严防脱缰。

2.编号

多用耳标法。公牛只编号由8位阿拉伯数码、分三部分组成：3位公牛站编号（由专门登记机构提供）＋2位出生年度号（取年度数字后两位）＋3位牛只号（公牛年内进站编号）。做好登记。

3.牵引

种公牛的牵引应坚持双绳牵引，一人在牛的左侧，另一人在牛的后面。人和牛应保持适当的距离。对性情不温顺的公牛，须用钩棒进行牵引。

4.运动

种公牛必须坚持运动。要求上、下午各运动一次，每次1.5～2 h，行走距离4 km左右。运动方式有钢丝绳运动、旋转牵引、拉车或拉爬犁等。

5.刷拭

刷拭是管理种公牛的重要操作项目之一。要坚持每天定时进行刷拭1～2次，可安排在喂饲前进行，以免牛毛及尘土落入饲糟。刷拭要细致，刷拭的重点是角间、额、颈和尾根部。

6.按摩睾丸

按摩睾丸是特殊的操作项目。每天坚持一次，与刷拭结合进行。每次5～10 min。为了改善精液品质，可增加一次，按摩时间可适当延长。

7.护蹄

应保持蹄壁和蹄叉的清洁，对蹄形不正的牛要及时修削矫正。为防止蹄壁破裂可涂凡士林或无刺激油脂。

8.防暑

目前饲养的欧洲纯种肉牛品种，一般耐热性能较差，当气温上升到30℃以上时，往往会影响公牛精液品质，需采取防暑措施。夏季可进行洗浴，以防暑散热，同时清洁皮肤。

(三)种公牛的利用

合理利用公牛是保持健康和延长使用年限的重要措施，种公牛开始采精的年龄依品种、生长发育等而有所不同。一般在18月龄开始，每月采2～3次，以后逐渐增加到每周2次。2岁以上每周采精2～3次，成年公牛每周4～5次。要注意检查公牛的体重、体温、精液品质及性反射能力等，保持种公牛的健康。采精宜早晚进行，一般多在喂饲后或运动后0.5 h进行。

【知识拓展】

繁殖母牛饲养方式

我国现阶段饲养繁殖母牛有3种情况：一是依赖自然资源饲养繁殖母牛，主要是放牧饲养或配合部分舍饲的方式来生产犊牛，以出售育成牛获利；二是农户少量的舍饲散养繁殖母牛来生产犊牛，饲料以农户家中的秸秆等农副产物为主；三是采用集约化大量的舍饲饲养繁殖母牛来生产犊牛，进行育肥牛生产。从饲养方式上分，主要有放牧饲养和舍饲饲养两种。

1. 放牧饲养

放牧方式节省饲料、人力和设备，成本低，有利于提高母牛和犊牛的体质。但由于践踏放牧地或草地，故对牧草的利用率较低，受外界环境影响大，还受体质和性情的影响使采食量有差别，在冬季因牧草干枯、气候寒冷、游牧行走从而使饲养效果降低，合理放牧能最大限度地降低这些不利因素的干扰。

牛群组成应按放牧地产草量、地形地势而定，一般以 50～200 头为宜，并应该考虑妊娠、哺乳、年龄等生理因素组织牛群，妊娠后期和哺乳的牛应放牧于牧草较好、距离牛舍较近的地方，每天放牧时间由牧草的质与量决定，从 7 h 至全天不等。放牧地载畜量随着牧草产量而变化，在保证吃饱基础上控制牛采食行进的速度，以减少对草的践踏，也不应停留时间太长，否则造成放牧地采食过度。临产和产后 15 d 以内的母牛均不要放牧。

放牧地离牛圈最远不超过 3 km，超过时应在放牧地配置临时牛圈。临时牛圈可充分利用自然条件，因地制宜修建，以实用、造价低为原则。应注意避开河流、悬崖边、崖下、低洼地和雷击区，以免雷雨天发生意外，同时还要便于排水。冬春季节的牛圈应在背风向阳处修建。为了减少牧草资源的浪费，可采取分区轮回放牧和围栏放牧等综合配套放牧技术。分区轮牧可使放牧地得到休养，给牧草的恢复生长提供机会，较均匀地提供牧草。对于质量较好的放牧地，采用围栏放牧。出牧和回牧都不要驱赶过急，特别是归牧路上，速度控制在 1.1 m/s，在险道上控制好爱顶架的牛（让其走在最前），让瘦弱牛、妊娠后期和带犊牛走慢些，避免发生滚坡事件。春末夏初是牛发情较为集中的时期，牛群放牧地应与人工授精站或交通线靠近，以便及时给发情牛输精。采用本交繁殖的牛群，可按每 30 头母牛配备 1 头公牛的比例组群，繁殖季节过后应把公牛分开饲喂。放牧人员应随身携带雨具和少量常用药品。春天开始放牧时还应带套管针、抑制瘤胃发泡发酵的药物等。

2. 舍饲饲养

舍饲方式需要大量饲料、设备与人力，成本高，由于缺乏运动、厩舍空气差而使牛体质较弱；但舍饲可提高饲草的利用率，不受气候和环境的影响，使牛拥有较好的饲养环境，能按技术要求调节牛的采食量，使牛群生长发育均匀。合理安排牛床能避免牛之间的争斗，便于实现机械化饲养，提高劳动效率。

牧草质量较差或冬春枯草季节，放牧吃不饱时，可采用舍饲办法或放牧加补饲的办法。缺少放牧地的平原农业区，牛群可采取舍饲办法。

母牛现已不参加使役，故应给牛群以一定面积的运动场地，让牛能活动，有利于提高体质。母牛可采取散放或定时上槽，不宜采用拴系式饲养，并尽可能让牛自由采食、自由饮水。气温较低时，一定要饮 20℃以上的温水。母牛厩舍一般不作特别要求，冬季要求能防寒，防止结冻，夏天防雨、防冰雹、防暴晒，并以有产房为好，有利于犊牛和母牛健康，减少疾病传播。舍饲日粮以优质青草为主时，只需对未成年母牛、妊娠 6 个月以上的母牛补喂精料，每日补混合料 0.5～1 kg，带犊母牛每日补混合料 1～1.5 kg。哺乳期补料按日泌乳 8～12 kg 标准奶安排日粮。对妊娠期和哺乳期母牛进行正确补料，会明显提高犊牛的断奶重。

任务2 肉牛肥育

【任务描述】

肉牛肥育是指用通过增加牛日粮中精饲料比例，使肉牛尽早达到屠宰要求标准的育肥过程。肉牛育肥，按饲养方式可分为放牧育肥和舍饲育肥；按育肥形式可分为持续育肥（直线育肥）和后期集中育肥；按牛的年龄划分又可分为犊牛肥育、架子牛肥育和成年牛肥育。

【任务分析】

肉牛肥育是肉牛生产中的一个关键环节，肉牛肥育技术是否科学会直接影响到肉牛生产的经济效益。根据肉牛生长发育的一般规律来选择适宜的育肥形式，并制定科学的肉牛育肥方案。本任务主要包括犊牛肥育、肉牛直线育肥、架子牛肥育、成年牛肥育和高档牛肉生产等5个方面。犊牛肥育主要是利用高成本，生产高质高价牛肉；架子牛肥育实行的是短期强制性育肥，是当前使用最广泛的一种肉牛生产方式，生产成本较低；成年牛肥育主要是利用淘汰的奶牛和淘汰的肉用母牛来进行肥育，使其牛肉数量和质量都有所提高的肉牛生产方式；持续肥育是在犊牛断奶后，立即转入育肥阶段进行直线育肥，饲料利用率高，肉质仅次于小牛肉，是一种很有推广价值的肥育方法。本任务主要是使学生能正确选择肉牛育肥方法并准确掌握肉牛肥育技术。

【任务实施】

一、犊牛肥育

（一）小白牛肉生产技术

小白牛肉是指将不作繁殖用的公犊牛经过全乳、脱脂乳或代乳品育肥所生产的牛肉。犊牛从出生到出栏，经过90～100 d，完全用牛乳或代用乳饲养，不喂任何其他饲料，让牛始终保持单胃（真胃）消化和贫血状态（食物中铁含量少），体重达100 kg左右屠宰。若要犊牛增重快，应加喂植物油，但植物油必须经过氢化，如氢化棕榈油。牛肉呈白色，柔嫩多汁，味道极为鲜美，是一种昂贵的高档牛肉。其价格是一般牛肉的8～10倍。因小白牛肉生产成本过高，目前我国生产还很少。其生产的具体方法是：

1.犊牛选择

犊牛要选择优良的肉用品种、乳用品种、兼用品种或高代杂交牛所生的公牛犊。选健康无病、消化吸收机能强、生长发育快，初生体重在38～45 kg的公牛犊。

2.饲养方案

犊牛出生后1周内，一定要吃足初乳。出生3 d后应与母牛分开，实行人工哺乳，每日哺喂3次。生产小白牛肉每增重1 kg牛肉约消耗10 kg鲜牛乳，很不经济。近来采用代乳料（严格控制其中含铁量）和人工乳来喂养，平均每生产1 kg小白牛肉需要1.3 kg的代乳料或人工乳干物质，降低生产成本，育肥期平均日增重0.8～1.0 kg。犊牛初生时，瘤胃发育较差，如生后完全用全乳或代用乳饲喂，可以抑制胃的活动和发育，使犊牛不反刍和不发生“空腹感”，从而使犊牛快速生长发育。生产小白牛肉的饲养方案如表 6-2-1 所示。

表 6-2-1　小白牛肉生产方案　kg

日龄	日喂乳量	需乳总量	日增重
1～30	6.4	192.0	0.80
31～45	8.8	133.0	1.07
46～100	9.5	513.0	0.84

3. 管理技术

牛栏多采用漏粪地板，不要接触泥土。圈养，每栏 10 头，每头占地 2.5～3.0 m^2。舍内要求光照充足，干燥，通风良好，温度在 15～20℃。

(二)小牛肉生产技术

小牛肉是指犊牛出生后饲养至 7～8 月龄或 12 月龄以前，以乳为主，辅以少量精料培育，体重达到 250～400 kg 屠宰后获得的牛肉。小牛肉分大胴体和小胴体。犊牛育肥至 6～8 月龄，体重达到 250～300 kg，屠宰率 58%～62%，胴体重 130～150 kg 称为小胴体。如果育肥至 8～12 月龄屠宰活重达到 350 kg 以上，胴体重 200 kg 以上，则称为大胴体。其肉质呈淡粉红色，柔嫩多汁，味道鲜美，胴体表面均匀覆盖一层白色脂肪。小牛肉是理想的高档牛肉，发展前景十分广阔。生产的具体方法是：

1. 犊牛选择

优良的肉用品种、兼用品种、乳用品种或杂交种均可。选头方大，前管围粗壮，蹄大，健康无病，没去势，初生体重不少于 38 kg 的公牛犊。

2. 育肥技术

小牛肉生产实际是育肥与犊牛的生长同期。初生犊牛要尽早喂给初乳，犊牛出生后 3 d 内可以采用随母哺乳，也可以采用人工哺乳，但出生 3 d 后必须改由人工哺乳，1 月龄内按体重的 8%～9% 喂给牛奶。精料量从 5～7 日龄开始练习采食后逐渐增加到 0.5～0.6 kg，青干草或青草任其自由采食。以后的喂乳量可基本上先增后降的状态，精料和青干草则继续增加，直至育肥到 6 月龄为止。可以在此阶段出售，也可继续育肥至 7～8 月龄或 1 周岁出栏。出栏时期的选择，根据消费者对小牛肉口味喜好的要求而定。饲养方案如表 6-2-2 所示。

表 6-2-2　小牛肉生产方案　kg

周龄	始重	日增重	日喂乳量	配合饲料喂量	青干草喂量
0～4	50	0.95	8.5	训练采食	训练采食
5～7	76	1.20	10.5	自由采食	自由采食
8～10	102	1.30	13.0	0.5～0.6	自由采食
11～13	129	1.30	14.0	1.0	自由采食
14～16	156	1.30	10.0	1.5	自由采食
17～21	183	1.35	8.0	2.0	自由采食
22～27	232	1.35	6.0	2.5	自由采食

3. 管理技术

犊牛在4周龄前要严格控制喂奶速度、奶温(37～38℃)及奶的卫生等，以防消化不良或腹泻。5周龄以后可拴系饲养，减少运动，每日晒太阳3～4 h。夏季要防暑降温，冬季室内饲养(最佳温度18～20℃)。每天应刷拭一次，保持牛体卫生。犊牛在育肥期内每天喂2～3次，自由饮水，夏季饮凉水，冬季饮20℃左右温水。保持牛体清洁，日刷拭牛体2次，以增加血液循环，促进食欲。

二、肉牛持续肥育

肉牛持续育肥又称直线育肥，是指犊牛断奶后即进行持续育肥，期间保持均衡营养供给，进入生长和育肥同步进行的饲养阶段，一直到出栏体重(12～18月龄，体重400～500 kg)。使用这种方法，日粮中的精料大约可占总营养物质的50%以上。既可采用放牧加补饲的肥育方式，也可采用舍饲肥育方式。持续育肥生产周期短，饲料利用率高，肉质仅次于小牛肉，是一种很有推广价值的肥育方法。

(一)放牧加补饲持续育肥法

以青粗饲料为主，18月龄出栏的育肥模式。在牧草条件较好的地区，犊牛断奶后，以放牧为主，根据草场情况，适当补充精料或干草，使其在18月龄体重达500 kg。随母牛哺乳阶段，犊牛平均日增重达到0.9～1 kg。冬季日增重保持0.4～0.6 kg，第二个夏季日增重在0.9 kg，在枯草季节，对杂交牛每天每头补喂精料1～2 kg。

在放牧条件下，一般春季饲草水分含量、蛋白质含量和维生素含量都比较高，利于犊牛发育生长，但能量、粗纤维和钙、磷、矿物质不足，应给予一些补充料。一般补喂一定量的干草和矿物质添加剂和矿物舔砖等。由于采食青草的牛对干草的食欲下降，因此，应在放牧前补饲干草，并且应适当控制放牧时间，否则干草采食量不足，容易发生消化不良和瘤胃膨胀。冬季大雪封地后可转入舍饲育肥。根据我国草场的实际情况，以春季产犊，在经过一个冬季于第二年秋季体重达到500 kg左右出栏较好，饲养全程18个月。

(二)放牧—舍饲—放牧持续育肥法

此种育肥方法适应于9～11月份出生的秋犊。哺乳期日增重0.6 kg，断奶时体重达到70 kg。断奶后以喂粗饲料为主，进行冬季舍饲，自由采食青贮料或干草，日喂精料不超过2 kg，平均日增重0.9 kg。到6月龄体重达到180 kg。然后在优良牧草地放牧，要求平均日增重保持0.8 kg，到12月龄达到320 kg左右转入舍饲，自由采食青贮料或青干草，日喂精料2～5 kg，平均日增重0.9 kg，到18月龄，体重达490 kg。

(三)舍饲持续育肥法

采取舍饲持续肥育法首先制订生产计划，然后按阶段进行饲养。犊牛断奶后即进行持续肥育，犊牛的饲养取决于培育的强度和屠宰时的月龄，强度培育到12～15月龄屠宰时，需要提供较高的饲养水平，以使育肥牛的平均日增重在1 kg以上。制订肥育生产计划，要考虑到市场需求、饲养成本、牛场的条件、品种、培育强度及屠宰上市的月龄等。进行阶段饲养就是按肉牛的生理特点、生长发育规律及营养需要特征将整个肥育期分成哺乳犊牛饲养期、非哺乳犊牛肥育期和育成牛肥育期3个阶段，并分别采取相应的饲养管理措施。

1.哺乳犊牛饲养期

哺乳肉牛犊的饲养管理可参照奶犊牛的饲养管理执行。在犊牛转入育肥舍前，对育肥舍地面、墙壁用2%火碱溶液喷洒，器具用1%的新洁尔灭溶液或0.1%的高锰酸钾溶液消毒。

2.非哺乳犊牛肥育期

犊牛断奶后转入育肥舍饲养。育肥舍要确保冬暖夏凉。当气温30℃以上时，应采取防暑降温措施。夏季搭遮阳棚，冬季扣上双层塑膜，要注意通风换气，及时排除氨气，一氧化碳等有害气体。按牛体由大到小的顺序拴系、定槽、定位，缰绳以40～60 cm为宜。这个时期在4～6月龄，育肥前期正是发育旺盛期，应提供足够干草或青贮粗饲料，同时补给混合精饲料2.0～2.5 kg，精料配方见表6-2-3。此外，在每千克饲料加入22 mg土霉素或金霉素，冬春季节在此基础上额外每千克饲料添加维生素A 1万～2万IU。

表6-2-3 精料配方

项目	玉米	豆饼	大麦	玉米蛋白粉	膨化大豆	碳酸氢钙	食盐	小苏打	多维矿物质预混料
饲料比例/%	55	15	10	5	10	2	1	1	1

3.育成牛肥育期

在7～18月龄，这个时期采食量增加。利用青草、干草、青秸秆、青贮等粗饲料即能保持正常发育。育肥后期混合精料配方见表6-2-4。精料日喂量达到3～5 kg。

表6-2-4 精料配方

项目	玉米	豆饼类	糠麸类	碳酸氢钙	食盐	多维矿物质预混料
饲料比例/%	75	10～12	10～12	2	1	1

在农区，可以利用玉米秸秆做基础饲料，如青贮和氨化、盐化玉米秸秆饲料，每天每头牛不少于15 kg，体重在250～350 kg时，每头每天补给混合精饲料2.5～3.5 kg，体重在350～450 kg时，每天每头补混合精饲料4.0～4.5 kg，体重在450～550 kg时，每天每头补混合精饲料5.0～5.5 kg。为降低成本，普遍应用尿素混入玉米秸秆青贮中与精饲料一起喂饲，以节省植物蛋白质饲料。或用尿素搅拌在粗饲料或精饲料中喂饲，每天每头50～80 g，但喂时要由少到多，循序渐进，以防中毒。

达到肥育标准的肉牛一定要及时出栏。适时出栏是降低饲养成本，提高经济效益的重要环节，当育肥牛16～18月龄，体重达500 kg，且全身肌肉丰满，皮下脂肪附着良好时，即可出栏。

三、架子牛肥育

架子牛通常是指未经育肥的或不够屠宰体况的牛。架子牛肥育是要求在较高的营养水平条件下，肉牛开始体重在300～350 kg，经3～5个月的育肥，使架子牛迅速增重，体重达500 kg

以上的出栏体重。架子牛肥育是目前我国肉牛育肥的主要方式。

(一)架子牛选购

架子牛的选购要根据市场需要或特定屠宰厂的要求,如没特殊需要,一般进行选购时主要考虑如下因素。

1.品种选择

地方黄牛与引入肉牛品种的杂交牛是架子牛育肥的第一选择,西门塔尔牛、夏洛来牛、利木赞牛已成为我国黄牛的3大改良父本。其次,是我国的地方良种黄牛,如秦川牛、晋南牛、南阳牛、鲁西牛、复州牛等。这类牛增重快,瘦肉多,脂肪少,饲料转化率高。

2.体重和年龄

在选择架子牛时,首先应看体重,一般情况下1～1.5岁牛,体重应在300～350 kg以上,体高和胸围最好大于其所处月龄发育的平均值,健康状况良好。牛的增重速度、胴体质量、饲料报酬均与牛的年龄密切相关。架子牛的最佳年龄是1～1.5岁。

在生产实践中,应把年龄的选择与饲养计划、生产目的及经济效益结合起来加以考虑。如计划饲养3～5个月出售,应选购1～2岁的架子牛;利用大量粗饲料育肥时,选购2岁牛较为有利;秋天购架子牛第二年出栏的,应选购1岁左右的牛较合适。

在我国广大农牧区比较粗放的饲养管理条件下,1.5～2岁的肉用杂种牛,体重多在250～300 kg。用这样的牛育肥,骨肉增长同步,日增重较慢,经济效益较低。3～5岁的架子牛体重多在350～400 kg,育肥主要是沉积蛋白和脂肪,经60～90 d快速育肥体重可达500 kg即可出栏,经济效益可观。7岁以上的老牛,由于消化机能减弱,饲料利用率较低,一般不宜用作育肥。

另外,育肥牛的基础体重选择,还要充分考虑育肥计划。如计划肥育周期为4个月,选择牛只平均预期日增重1.2 kg,则可算出预期增重为:$4\times30\times1.2=144$(kg),如要求出栏体重达到500 kg以上,则所购架子牛的体重至少达到:$500-144=356$(kg)。

3.性别

选择性别顺序依次为公牛、阉牛、母牛。因为公牛的生长速度和饲料利用率要高于阉牛5%～10%,阉牛高于母牛10%左右,再者,公牛有较多的瘦肉和较大的眼肌面积,而阉牛和母牛脂肪较多。

4.体型外貌

育肥牛选择要以骨架选择为重点,而不过于强调其膘情的好坏。具体要求:嘴阔、唇厚,上、下唇对齐,坚强有力,采食能力强;体高身长,胸宽而深,尻部方正,背腰宽广,后裆宽,十字部略高于体高,载肉面积大;皮肤松弛柔软,皮毛柔软密实,牛生长潜力大;四肢粗壮,蹄大有力,性情温顺;身体健康,身体虽有一定缺陷,但不影响其采食,消化正常,也可用于肥育生产。相反,发育虽好,但性情暴躁、富有神经质的牛,饲料利用率低,不宜入选。

5.健康状况

育肥架子牛要求来自非疫区,无任何传染病和普通病症状,有检疫证明和免疫证明。架子牛的健康状况可从以下几个方面加以注意。

(1)精神状态　牛精神不振,两眼无神,眼角分泌物多,胆小易惊,鼻镜干燥,行动倦怠,这种牛很可能健康状况不佳。

(2)发育情况 若牛被毛粗乱，体躯短小，浅胸窄背、尖尾，表现出严重饥饿，营养不良。说明早期可能生过病或有慢性病，生长发育受阻，不宜选购。

(3)肢蹄 看牛站立和走路的姿势，检查蹄底。若出现肢蹄疼痛，肢端怕着地，抬腿困难，前肢、后肢表现明显的“X”形或“O”形，或蹄匣不完整，要谨慎选购，当拴系饲养，地面较硬时，该病可导致牛中途淘汰。

(4)其他疾病 观察牛的采食、排便、反刍等。初步确立是否患有消化道疾病等。

6.牛源地选择

为了保证架子牛采购工作的顺利进行，育肥场应安排专人负责市场调查和架子牛选购工作。购买架子牛要立足于本地区、本省，因饲料、气候等条件相近，牛购回后很快适应。如必须到外省购买时，则一定要避开疫区。在选择牛源地上，应注意以下几个方面的问题。

(1)根据饲养规模选择牛源地。如果是小规模饲养，可在本地择优选购，这样购得的架子牛适应快，不容易生病，育肥效果好，采购成本较低。如果规模较大，就要考虑到外地购买与本地购买的价格差的问题。

(2)根据两地架子牛的价格差选择牛源地，把握架子牛产地收购的价格。选择购牛地点是要考察好牛只本身的价格和交易手续费、检疫费、运输费及运输损失等费用。在确定收购前，还要测算出育肥期的费用和出栏后的产值，以此确定收购价格标准。同时，还要考虑到市场的供求问题。

(3)仔细调查好牛源地区情况再购牛。要对牛源地区架子牛的品种、货源数量、价格、免疫及疫病情况进行详细了解。买要对供牛地交易手续和交易费用进行了解。够架子牛最好采用称重的方式购买，但要注意观察牛有无灌水灌料。

(4)弄清楚架子牛的产地。由于当今市场开放，全国牛源互相流动。在某一个地方上市的牛不一定是当地牛。不同产地的牛对气候环境地的适应性有差异。

(二)架子牛运输

架子牛的运输根据路途远近，主要有赶运、汽车运输和火车运输 3 种。采取何种方式运输架子牛应视情况而定，一般距离短用赶运，距离稍长用汽运，远距离需用火车运输。但相同的距离，汽车运输比火车运输费用高，但牛到场后汽车运输比火车运输牛群恢复体重快。

牛在异地运输过程中，要证件齐全，如准运证、税收证、兽医卫生健康证(包括非疫区证明、检疫证)等。并要注意运输应激的预防。做到装运前合理饲喂，具有轻泻性的饲料要在装运前 3～4 h 停喂，不能过量饮水。装运过程中切忌粗暴行为。另外，可在运输前服用药物，以减少应激反应的发生。常用的方法是在运输前 2～3 d，每头牛每天口服或注射维生素 A 25 万～100 万 IU；装运前，肌肉注射 2.5%的氯丙嗪，每 100 kg 活重的剂量为 1.7 mL，此方法在短途运输中效果更好。架子牛的汽车运输见彩色插图 6-1。

运输过程中的注意事项可参见本书项目三中“奶牛引种需要注意的问题”部分。

(三)架子牛育肥前的准备

一般情况下，大型规模养牛场均采用分批分段引进，对于百头以内的小场而言，可采用整批引进。无论哪种规模牛场，购进的架子牛都要做好充分的准备工作和育肥前的饲养管理。调人架子牛之前，牛场要准备好充足的饲草、饲料、药物等，搞好饲养人员的分工，对牛舍，进行

3遍彻底的消毒,然后打开门窗通风,并对整个牛场进行消毒,牛场大门和牛舍入门口的消毒池注满消毒液。兽医人员要到场待岗,准备齐全应急处理的药物、器械。

1.架子牛到场前的准备工作

(1)准备圈舍　圈舍在进牛前用20%生石灰或来苏儿等药物消毒,门口设消毒池,消毒池内放置用2%烧碱水浸湿的草帘,以防病菌带入。每头育肥牛应占有1 m左右的槽位,饲养舍和运动场面积以每头牛10 m^2 左右为宜。

(2)准备饲草饲料　要根据育肥规模的大小,备足草料。饲草可用青贮玉米秸秆作主要饲草,按每头每年7 000 kg准备,并准备一定数量的氨化秸秆、青干草等,有条件的最好种一些优质牧草,如紫花苜蓿、黑麦草、籽粒苋等。精料应准备玉米、饼类、麸皮、矿物质饲料、微量元素、维生素等。

(3)准备资金　根据养牛数量的多少,准备一定量的资金。用于疫病防治,购买饲料饲草和机械,每头牛按2 500~3 500元准备。

(4)准备水、电、用具　进牛前应做到水通、电通,并根据牛的数量准备铡草机、饲料加工粉碎机及饲喂用具。

2.新到架子牛肥育前的适应性饲养

肉牛引进后,需要在隔离舍内单独饲养,不能与场内其他肉牛放在一起混养,一般需隔离观察30 d,确定无传染病后方可混入健康群。

(1)饮水　待牛休息2 h后,充分饮淡盐水,可加人工盐,尤其是夏天长途运输。第一次饮水量以10~15 kg为宜,可加人工盐(每头100 g);第二次饮水在第一次饮水后的3~4 h,饮水时,水中可加些麸皮,再喂给适量优质干草;3 d后待牛精神慢慢恢复后,青干草可自由采食,精料要逐渐增加。

(2)粗饲料饲喂　让新购的架子牛自由采食粗饲料,最好的粗饲料为苜蓿干草、禾本科干草,其次是玉米青贮和高粱青贮。上槽后仍以粗饲料为主,可铡成1 cm,精饲料的喂量应严格控制,必须有近15 d的适应期饲养,适应期内以粗料为主。首先饲喂优质青干草、秸秆、青贮饲料,第一次喂量应限制,每头4~5 kg;第二、三天以后可以逐渐增加喂量,每头每天8~10 kg;第五、六天以后可以自由采食。注意观察牛采食、饮水、反刍等情况。

(3)精饲料饲喂　架子牛进场以后4~5 d可以饲喂混合精饲料,混合精饲料的量由少到多,逐渐添加,10 d后可喂给正常供给量。

3.新到架子牛的管理

(1)适应性观察　新购入的架子牛要放到干燥安静的地方休息,实行隔离观察,要缓慢给水,饲喂干草和青草,要使新到牛尽快适应新的环境,并注意观察牛的行动、采食、反刍、粪尿及精神状态等是否有异常。

(2)驱虫与健胃　购回的架子牛3~5 d后要进行驱虫,常用的驱虫药物有左旋咪唑、敌百虫等。驱虫最好安排在下午或晚上进行,用驱虫药后,接着要喂些泻药,如芒硝等,及时把虫体排出体外。投药前最好空腹,只给饮水,以利于药物吸收。对个别瘦弱牛可同时灌服酵母片50~100片进行健胃(或驱虫结束后,每头牛灌服“大黄去火健胃散”300~400 g或空腹灌服1%小苏打水健胃)。可在精料饲喂过程中,同时添加驱虫、健胃类药,待牛完全恢复正常后可进行疫苗接种,要根据当地疫病流行情况对某些特定疫病进行紧急预防接种。

(3)称重、分群、标记身份　所有到场的架子牛都必须称重,并按体重、品种、性别分群,同时打耳标、编号、标记身份。根据牛的年龄、生理阶段、体重大小、强弱等情况合理分群(厩)饲养。

(四)架子牛育肥

架子牛肥育的时间一般为3～5个月。架子牛多为异地购进,依生长情况,通常把育肥期分为3个阶段:适应过渡期、育肥前期、催肥期。不同育肥阶段应该采取不同的技术措施。

1.架子牛育肥期饲养

参考我国肉牛饲养标准,按照肉牛不同阶段的营养需要进行配方设计。严格按照无公害肉牛的有关要求使用饲料添加剂。

(1)过渡期饲养　即前面所讲的“新到架子牛肥育前的适应性饲养”期,使其尽快完成过渡期。

(2)育肥前期饲养　也称架子牛增重期(第16～60天),约40 d。这时架子牛的干物质采食量要逐步达到8 kg,日粮粗蛋白质水平为12%,精粗比为55∶45,日增重1.2 kg左右。增重期,混合精料占日粮的60%～70%,其配方见表6-2-5。按70 kg体重喂给混合精料1 kg,粗饲料为干草、青贮玉米秸各半,折合干物质占日粮的30%～40%。

表6-2-5　育肥前期精料配方

项目	玉米	豆饼	棉籽饼	磷酸氢钙(石粉)	食盐	添加剂
饲料比例/%	72	8	16	1.3	1.2	1.5

(3)育肥后期饲养　该时期约60 d属于肉质改善期。日粮应以精料为主,精料的用量可占到整个日粮总量的70%～80%,并供应高能量、低蛋白饲料,按每100 kg体重1.5%～2%饲喂精料,粗精料比例为1∶(2～3),适当增加每天饲喂次数。干物质采食量达到10 kg,并保证饮水供应充足,日增重1.3～1.5 kg。饲料配合要适合于脂肪的沉积,达到改善肉质的目的,混合精料配方见表6-2-6。按60 kg体重喂给混合精料1 kg,粗饲料和增重期一样,但应占日粮干物质20%～30%。标准化、规模化肉牛场的饲喂现场见彩色插图6-2。

表6-2-6　育肥后期精料配方

项目	玉米面	豆饼	油脂	磷酸氢钙(石粉)	食盐	添加剂	小苏打
饲料比例/%	83	12	1	1.2	0.8	1	1

2.架子牛育肥期管理

日常管理可采用“五定”管理方式,即定人员、定喂量、定时间、定食槽、定刷拭,确保牛舍环境的稳定和避免人为应激。具体措施如下:

(1)合理分群　按牛的品种、体重和膘情分群饲养,便于管理。

(2)饲喂顺序　饲喂要本着先粗后精、喂后饮水的原则,也可将精粗饲料混合均匀后一起饲喂,日喂2～3次,粗料要少给勤添。精料限量,粗料自由采食,每次饲喂时间2 h。

(3)饮水管理　饲喂后半小时饮水一次,饮水一定要清洁充足。单独设置水槽的牛舍要保证水槽内长期有水,并要求每日更换一次;喂料、饮水混合使用食槽时,冬季要保证牛饮水2～3次,夏季喂料后要保证食槽长期有水。

(4)牛体刷拭　每天对牛进行刷拭，以促进牛体血液循环，并保持牛体干净无污染。

(5)卫生控制　搞好环境卫生，避免蚊虫对牛的干扰和传染病的发生。牛舍、牛槽及牛床保持清洁卫生，牛舍每月用2%～3%的火碱水彻底喷洒一次，对育肥牛出栏后的空圈要彻底消毒，牛场大门口要设立消毒池，可用石灰或火碱水作消毒剂。

(6)温度控制　气温低于0℃时，应采取保温措施，高于27℃时，采取防暑措施，夏季温度高时，饲喂时间应避开高温时段。冬季要防寒，避免北风直吹牛体，牛舍后窗要关闭，夏季要注意防暑，避免日光直射，晚上可在舍外过夜(雨天除外)。

(7)牛群观察　每天观察牛是否正常，发现异常及时处理，尤其要注意牛的消化系统的疾病。

(8)定期称重　及时根据生长及采食料情况调整日粮，对不增重或增重太慢的牛及时淘汰。

(9)适时出栏　膘情达一定水平，增重速度减慢时应及早出栏。

(五)架子牛不同饲料资源育肥案例

架子牛育肥，根据饲料资源不同的育肥方法主要有：高能日粮强度育肥法、酒糟育肥法、青贮饲料育肥法、氨化秸秆育肥法等。

1. 高能日粮强度育肥法

这是一种精料用量很大而粗料比例较少的育肥方法。

方案一：选择1～1.5岁、体重200 kg左右的杂交牛，要求健康无病、体躯较长、后躯发育良好。育肥期5～6个月，日增重1 kg以上，出栏体重400 kg以上。

具体饲喂过程是：进场后，第一个月为过渡期，主要是饲料的适应过程，逐渐加大精料比例。第二个月开始，即按规定配方强化饲养，其配方见表6-2-7。

表6-2-7　精料配方

项目	玉米	麸皮	豆饼	棉籽饼	食盐	添加剂
饲料比例/%	66.8	10	5	15	1.2	2

日喂量为每100 kg体重喂给1.3 kg混合精料。饲草以青贮玉米秸或氨化麦秸为主任其自由采食，不限量。日喂3次，食后饮水。尽量限制运动，注意舍和牛体卫生，环境要安静。

方案二：1.5～2岁、300 kg左右的架子牛，其混合精料配方见表6-2-8。

表6-2-8　精料配方

项目	玉米面	麸皮	豆饼	食盐	添加剂
饲料比例/%	75～80	5～10	10～20	1.0	2

前期(恢复过渡期，15～20 d)，精料日给量1.5～2.0 kg，精粗比为40∶60。

中期(40～50 d)，精料日给量3～4 kg，精粗比为(60～70)∶(40～30)。

后期(30～40 d)，精料日给量4 kg以上，精粗比为(70～80)∶(30～20)。

2. 酒糟育肥法

用酒糟为主要饲料育肥肉牛，是我国育肥肉牛的一种传统的方法。

育肥期一般为3～4个月。开始阶段，大量喂给干草和粗饲料，只给少量酒糟，以训练其采食能力，促使胃容积增大。经过 15～20 d 逐渐增加酒糟，减少干草喂量。到育肥中期，酒糟量可以大幅度增加，最大日喂量可达 20 kg。日粮组成上，宜合理搭配少量精料和适口性强的其他饲料，以保证其旺盛的食欲。育肥期间所给予的干草要铡短，将酒糟拌入，令其采食。精料在七八分饱时再拌入，以促其饱食。每日喂给 2 次，饮水 3 次。要定期喂盐，视食欲、消化情况而定，一般每 7～10 d 1 次，平时食盐日给量以 40～50 g 为宜。以下是酒糟育肥的实例。

实例一：选择体重 300 kg 左右的架子牛，整个育肥期分 3 个阶段，详见表 6-2-9。

表 6-2-9 酒糟育肥牛日粮配比 kg

饲喂天数	酒糟	干草	玉米面	尿素	食盐
一阶段 30 d	10.0	2.5	1.0	0.05	50 g/d
二阶段 30 d	15.0	3.5	1.0	0.05	50 g/d
三阶段 45 d	20.0	2.0	1.5	0.022 5	50 g/d

育肥牛最好拴系饲喂，前 2 个月每日喂 2 次，饮水 3 次，除上槽饲喂外，白天拴于院内，夜间拴于牛舍内，限制运动，同时为增加育肥牛的代谢，每天上、下午各刷拭牛体 1 次；2 个月以后，每日喂 3 次，饮水 4 次，一般早晨 4:30 上槽，喂 1.5 h，饮水下槽，19:00 饮水后上槽，20:00 下槽，晚 22:30 上槽喂少量饲料，上、下午各刷拭牛体 1 次，并让其晒晒太阳，每日 2.5 h。

实例二：选择 350 kg 以上的杂交牛，育肥期 100 d，日增重 1 kg 以上。

酒糟喂量应由少至多，见表 6-2-10，并逐渐过渡到育肥日粮。饲喂应先喂酒糟，再喂干草、青贮秸秆，最后喂精料，夏秋日喂 3 次，冬春日喂 2 次，饲喂后 1 h 饮水。

表 6-2-10 酒糟育肥牛日粮配比 kg

饲喂天数	酒糟	干草	青贮玉米秸	玉米面	豆饼	食盐
1～15	5～6	8～10	0	1.5	0.5	0.05
16～30	10.0	3.0	4	2.0	0.5	0.05
31～60	15.0	3.0	4	2.0	0.5	0.05
61～100	20.0	3.0	4	2.0	0.5	0.05

以下是酒糟育肥的实例，见表 6-2-11。

表 6-2-11 肉牛不同体重饲料配方 %

体重/kg	玉米	棉籽饼	玉米秸青贮	干玉米秸秆	酒糟类	食盐	头日采食量/kg	预期日增重/kg
300 以下	15	13.5	35	5	31	0.5	7.2	0.9
300～400	25	13	37.5	3	21.1	0.4	8.5	1.1
400～500	39	9	22	4	25.6	0.4	9.8	1.0
500 以上	32	8.6	19	6	34	0.4	10.4	1.1

3. 青贮饲料育肥法

选择 300 kg 以上的架子牛，预饲期 10 d，单槽舍饲，日喂 3 次日给精料配方，见表 6-2-12。粗饲料全部为青贮玉米秸，任其自由采食，不限量，饮足水。

表 6-2-12 精料配方

项目	玉米	麸皮	棉籽饼	磷酸氢钙(石粉)	食盐	小苏打	预混料
饲料比例/%	61	18	16.5	1.5	1.0	1.0	1.0

据试验,利用青贮玉米秸育肥牛时,随着精料喂量的逐渐增加,青贮玉米秸的采食量逐渐下降,增重提高,但成本增加。

在生产中既要考虑有较高的日增重,同时也要考虑经济效益。在以玉米秸秆青贮为主的日粮育肥架子牛时,不同体重阶段的日粮配比可参照,如表 6-2-13 所示。具体饲喂时,应给予 10～15 d 的预饲期,逐渐增加青贮玉米秸喂量,减少干草喂量,一直达到计划定量后,干草自由采食。日粮中豆饼可用棉籽饼、菜籽饼代替,干草要注意质量。如当地有糖蜜饲喂,则玉米青贮的使用比例还可以提高。

表 6-2-13 肥育牛不同体重阶段的日粮配比表 kg

体重范围	油饼粉	谷实类	青贮玉米秸	干草	无机盐类
160～280	1.2	0.8	12～15	自由采食	0.1
281～410	1.0	1.5	16～20	自由采食	0.1

肉牛不同体重日粮配方示例,见表 6-2-14。

表 6-2-14 架子牛以玉米秸青贮为主育肥的饲料配方 %

体重/kg	玉米	麸皮	棉籽饼	尿素	食盐	石粉	头日采食量/kg	玉米青贮饲料
300～350	71.8	3.3	21.0	1.4	1.5	1.0	5.2	15.0
350～400	76.8	4.0	15.6	1.4	1.5	0.7	5.8	15.0
400～450	77.6	0.7	18.0	1.7	1.2	0.8	6.6	15.0
450～500	84.5	—	11.6	1.9	1.2	0.8	7.5	15.0

4.氨化秸秆育肥法

以氨化秸秆为唯一粗饲料,育肥 150 kg 的架子牛至出栏,每头每天补饲 1～2 kg 的精料,能获得 500 g 以上的日增重,到 450 kg 出栏体重需要 500 d 以上,这是一种低精料高粗料长周期的肉牛育肥模式,这种模式不适合规模经营要求快周转、早出栏的特点。但如果选择体重较大的架子牛,日粮中适当加大精料比例,并喂给青绿饲料或优质干草,日增重也可达 1 kg 以上,所以用氨化秸秆作为基础粗饲料短期育肥是可行的。

如选择体重 350 kg 以上的架子牛,日粮配比见表 6-2-15。

表 6-2-15 氨化秸秆育肥牛的日粮配比 kg

饲喂天数	氨化秸秆	干草	玉米面	豆饼	食盐
1～10	2.5～5	10～15	1.5	0.0	0.4
11～40	5～8	4～5	2～2.5	0.5	0.5
41～70	8～10	4～5	2.5～4	0.5	0.5
71～100	5～8	2～3	4～5	0.5	0.5

具体饲喂是，10 d 内为训饲期，刚开始饲喂氨化秸秆时，牛不习惯采食，只要不喂给其他饲料，由于饥饿下一次饲喂就会采食。开始时少给勤添，逐渐提高饲喂量。进入正式育肥阶段，应注意补充矿物质和维生素。矿物质以钙、磷为主，另外可补饲一定量的微量元素预混料，维生素主要是维生素 A、维生素 E。秸秆的质量以玉米秸最好，其次是麦秸，最差是稻草。在饲喂前应放净余氨，以免引起中毒。

用表 6-2-15 的日粮配比育肥 350 kg 架子牛，平均日增重 1 kg 以上，至 450 kg 体重出栏需 100 d 左右的时间。

四、成年牛肥育

(一)肥育技术

1. 健康检查

肥育前要进行全面检查，将患消化道疾病、传染病及过老、无齿、采食困难的牛只剔除。

2. 驱虫、健胃

老年牛的体内外寄生虫较多，在育肥前，要有针对性地进行驱虫。经过驱虫，对食欲不旺、消化不良的牛，需投服健胃药，以增进食欲，促进消化。

3. 育肥期限

成年牛育肥期限以 60～90 d 为宜。最好进行舍饲强度育肥。

4. 饲料选择

成年牛育肥以沉积体脂肪为主，日粮应以高能量低蛋白为宜。由于成年牛已停止生长发育，所以在饲料供给上除热能外，其他营养物质要稍低于育成牛，乳用品种牛的营养需要要高于肉用品种 10%左右。对膘情较差的牛，可先用增重较低的营养物质饲喂，使其适应肥育日粮，经过 1 个月的复膘后再提高日粮营养水平，这样可避免发生消化道疾病。附近有草坡、草场或野地的，在青草期可先将瘦牛放牧饲养，利用青草使牛复壮，然后再进行肥育，这样可节省饲料，降低成本。

5. 饲喂技术

在成年牛的育肥期内，可将其分为三个阶段进行。具体实施步骤如下。

第一阶段 5～10 d，主要是调教牛上槽，学会吃混合饲料。可先用少量配合料拌入粗饲料中饲喂，或先让牛饥饿 1～2 d 后再投食，经 2～3 d 调教，役牛就可上槽采食，每头牛每天喂配合料 700～800 g。

第二阶段 10～20 d，在恢复体况基础上，逐渐增加配合料，每头牛每天喂配合料 0.8～1.5 kg，逐渐增加到 2.0～3.0 kg，分 3 次投喂。

第三阶段 20～90 d，混合精料的日喂量以体重的 1%为宜。粗饲料以青贮玉米或氨化秸秆为主，任其自由采食，不限量。精料要磨碎或蒸煮处理。日粮中可补饲一定量的尿素。成年牛育肥期一般为 3 个月左右，平均日增重在 1 kg 左右。一般日粮精料配方见表 6-2-16。

表 6-2-16 精料配方

项目	玉米	麸皮	豆饼	石粉	食盐	小苏打	预混料
饲料比例/%	72	8	16	1	1.0	1.0	1.0

(二)管理技术

育肥前要进行驱虫、健胃、称重、编号,以利于记录和管理;搞好日常清洁卫生和防疫工作,每出栏一批牛,都要对牛舍进行彻底清扫消毒;育肥场地要保持安静,采取各种措施减少牛的活动;气温低于0℃时要注意防寒,夏天7～8月份气候炎热,不宜安排育肥;公牛应在育肥前半个月去势。

(三)成年牛特点

成年牛育肥一般指30月龄以上牛的育肥,一般年龄较大,往往是役牛、奶牛和肉用母牛群中的淘汰牛。这种牛骨架已长成,只是膘情差,采用2～3个月的短期育肥,以增加膘度,使出栏体重达到470 kg以上,增加肌肉纤维间的脂肪沉积,肉的味道和嫩度得以改善,提高经济价值。成年牛育肥生产不出高档牛肉。

五、高档牛肉生产

由于各国传统饮食习惯不同,高档牛肉的标准各异,但通常是指优质牛肉中的精选部分。高档牛肉占牛胴体的比例最高可达12%。一头高档肉牛的高档牛肉仅占体重的5%～6%,而其产值却占到1头牛总产值的46%～47%。因此,其发展前景是非常广阔的。高档牛肉一般包括牛柳、西冷和眼肉。高档牛肉生产技术主要包括高档肉牛肥育技术,高档牛肉冷却配套技术,分割技术和冷却保鲜技术等方面。

(一)高档牛肉的标准

1.活牛

年龄在30月龄内;屠宰前活重在500 kg以上;膘情满膘(即看不到骨头突出点);体形外貌为长方形,腹部不下垂,头方正而大,四肢粗壮,蹄大,尾根下平坦无沟,背平宽;手触摸肩部、胸垂部、背腰部、上腹部、臀部皮较厚,并有较厚的脂肪层。

2.胴体

胴体体表覆盖的脂肪颜色洁白;胴体体表脂肪覆盖率80%以上;胴体外形无严重缺损;第12～13肋骨处脂肪厚10～20 mm,脂肪坚挺。

3.牛肉的品质

①嫩度:用肌肉剪切仪测定的剪切值,3.62 kg以下的,出现次数应在65%以上;咀嚼容易,不留残渣,不塞牙;完全解冻的肉块,用手指触摸时,手指易进入肉块深部。

②大理石花纹:我国《牛肉等级规格》(NY/T 676—2010)对大理石花纹分成了5个等级标准,根据我国牛肉大理石花纹分级标准应为5级(最高级)或4级。

③肉块重量:每条牛柳2.0 kg以上,每条西冷5.0 kg以上,每块眼肉6.0 kg以上。

④其他性状：多汁性，牛肉的质地松软，多汁而味浓；风味，具有我国牛肉鲜美可口的风味。

（二）高档肉牛肥育技术要点

1. 选择优良品种

品种的选择是高档牛肉生产的关键之一。大量试验研究证明，生产高档牛肉最好的牛源是安格斯、利木赞、夏洛来、皮埃蒙特等专门化肉用品种或西门塔尔等乳肉兼用品种以及它们与本地黄牛的杂交后代。秦川牛、南阳牛、鲁西牛、晋南牛等地方良种也可作为生产高档牛肉的牛源。

2. 年龄与性别要求

生产高档牛肉最佳的开始肥育年龄为12～16月龄，终止育肥年龄为24～27月龄，超过30月龄以上的肉牛，一般生产不出最高档的牛肉。性别以阉牛最好，阉牛虽然不如公牛生长快，但其脂肪含量高，胴体等级高于公牛，而又比母牛生长快。其他方面的要求以达到一般肥育肉牛的最高标准即可。

3. 肥育期和出栏体重

生产高档牛肉的牛，肥育期不能过短，一般为12月龄牛的肥育期为8～9个月，18月龄牛为6～8个月，24月龄牛为5～6个月。出栏体重应达500 kg以上，否则牛肉的品质就达不到应有的级别。因此，育肥高档肉牛既要求控制牛的年龄，又要求达到一定的宰前体重，两者缺一不可。

4. 强度肥育

用于生产高档牛肉的优质肉牛必须经过100～150 d的强度肥育。犊牛及架子牛阶段可以放牧饲养，也可以围栏或拴系饲养，在这一阶段，日粮以粗饲料为主，精料占日粮的25%左右，日粮中粗蛋白质含量为12%。但最后阶段必须经过100～150 d的强度肥育，日粮以精料为主。此期间所用饲料必须是品质较好的，对胴体品质有利的饲料。

5. 胴体脂肪颜色和肌肉颜色

高档肉牛胴体脂肪要求为白色。一般肥育法胴体脂肪为黄色，原因是粗饲料中含有较多的叶黄素，其与脂肪附着力强。控制黄脂的方法：一是减少粗饲料；二是应用饲料热喷技术，以破坏叶黄素。NY/T 676—2010对脂肪色泽等级按颜色浅深分为8个等级，其中脂肪色为1、2两级为最好。标准对肌肉色按肌肉颜色深浅分为8个等级，其中，4、5两级的肉色最好。

6. 饲养与饲料

高档牛肉生产对饲料营养和饲养管理的要求较高。1岁左右的架子牛阶段可多用青贮、干草和切碎的秸秆，当体重300 kg以上时逐渐加大混合精料的比例。最后2个月要调整日粮，不喂含各种能加重脂肪组织颜色的草料，如大豆饼（粕）、黄玉米、南瓜、胡萝卜、青草等。多喂能使脂肪白而坚硬的饲料，如麦类、麸皮、麦糠、马铃薯和淀粉渣等，粗料最好用含叶绿素、叶黄素较少的饲草，如玉米秸、谷草、干草等。并提高营养水平，增加饲喂次数，使日增重达到1.3 kg以上。

（三）屠宰工艺

1. 宰前处理

屠宰前先进行检疫，宰前的牛要保持在安静的环境中，并停食24 h，停水8 h，称重，然后用清水冲淋洗净牛体，冬季要用20～25℃的温水冲淋。

2. 屠宰的工艺流程

电麻击昏→屠宰间倒吊→刺杀放血→剥皮（去头、蹄和尾）→去内脏→胴体劈半→冲洗、修整、称重→检验→胴体分级编号→测定相关屠宰指标→进入下道工序

(四)胴体嫩化处理

牛肉嫩度是高档与优质牛肉的重要质量指标。嫩化处理又叫排酸或成熟处理，是提高嫩度的重要措施，其方法是在专用嫩化间，温度0～4℃，相对湿度80%～95%条件下吊挂7～9 d（称吊挂排酸）。这样牛肉经过充分的成熟过程，在肌肉内部一些酶的作用下发生一系列生化反应，使肉的酸度下降，嫩度极大提高。

(五)胴体分割与包装

严格按照操作规程和程序，将胴体按不同档次和部位进行切块分割，精细修整。高档部位肉有牛柳（里脊）、西冷（外脊）和眼肉（牛体背部，后端与外脊相连，前端至第5～6胸椎间）三块，均采用快速真空包装，然后入库速冻，也可在0～4℃冷藏柜中保存销售。牛肉分割部位图见彩色插图6-3。

【知识拓展】

一、提高肉牛肥育效果的技术措施

(一)一般技术措施

包括选择育肥潜力大的个体，如杂交品种、公犊、适宜的年龄、良好的体型外貌等；合理的日粮配方和饲养方案；创造良好的育肥环境，抓住肥育的有利季节，在四季分明的地区，春秋季育肥效果好，牧区肉牛出栏以秋末为佳，冬季育肥要注意防寒；加强防疫与检疫，保证身体健康。

(二)非蛋白质含氮料的应用

牛可利用非蛋白氮（NPN）中的氮素，合成大量优质菌体蛋白，成为其蛋白质营养的重要来源之一，因此，饲料中添加少量非蛋白氮，可大量节省蛋白质饲料，降低成本。非蛋白质含氮料主要包括尿素、碳铵等。尿素是应用最广、最早的一种非蛋白氮饲料。

1. 尿素的使用方法

最常用的方法，是将尿素与精饲料均匀混合后饲喂。此外还有做成砖舐剂、糊化淀粉尿素以及尿素青贮、尿素喷洒草场等方法。

(1)直接与精料混合　先将尿素溶于少量水溶解，然后拌于精料中，搅拌均匀。按照体重计，每100 kg体重喂20～30 g；按精料计算占2%～3%；按日粮干物质计，则为1%。生长肉牛的最大日喂量为68 g，肥育肉牛的最大日喂量不超过150 g。

(2)尿素砖 同饲料盐砖一样,用尿素做成砖块,让牛自由舐食,是放牧条件下补充蛋白质的一种简易方法。尿素盐块的成分构成是:尿素40%、食盐47.5%、糖蜜10%(提高适口性)、磷酸钠2.5%和少量的钴。牛在采食干草后往往立即舐食尿素盐砖,每日舐食量:两岁牛约200 g,1岁牛约120 g。在夏季青草放牧季节,喂舐剂的牛增重较快。为了使尿素水解速度不致过快,尿素砖最好放在离水源较远的地方。尿素砖应避免雨淋或变软,否则会使牛采食过多。

(3)糊化淀粉尿素 因为糊化淀粉可以为瘤胃微生物合成菌体蛋白质提供必要的能量和碳架支持。所以淀粉能有效地帮助瘤胃微生物将氨转化为蛋白质,其中,熟淀粉比生淀粉效果更好。根据这一原理,研制成功了一种糊化淀粉尿素。制作方法为将粉碎的高淀粉谷物饲料(如玉米、高粱等,占75%)与尿素(占25%)混合后,通过一个特制的挤压锅,在一定湿度、温度和压力下,使淀粉糊化,尿素扩散在其中。该方法可以使淀粉接近于完全糊化。

2.添加尿素时应注意的问题

在肉牛饲料中添加尿素时,要注意的核心问题是在提高牛对其利用率的同时避免氨中毒。为此,在实际生产中要注意以下几个方面:

(1)每天饲用的尿素总量要分多次饲喂,每次喂量不可过大,有利于稳定瘤胃氨的浓度,避免浪费或中毒。

(2)尿素不能单饲喂或溶于水中饲喂,喂后2 h不能饮水,以避免尿素直接流入皱胃,引起中毒。

(3)精料中添加尿素饲喂时,不能同时喂生豆饼,因豆饼中含有脲酶,在有水的情况下,加速尿素分解,造成损失。

(4)喂尿素应有一个2~3周的过渡期,喂量由少至多逐渐增加。

(5)由于尿素适口性差,因此,最好将尿素加在混合精料内饲喂,或者同淀粉类饲料、食盐等矿物质饲料制成尿素矿物质饲料砖,供牛舔食,或制成含尿素0.5%左右的青贮玉米料饲喂。

(6)日粮配合应合理。日粮中能量水平高、蛋白质水平低(低于12%)时添加非蛋白氮效果好,而当日粮中蛋白质水平超过14%时,添加后效果不明显。

(7)尿素安全用量不要超过日粮干物质的1%。500 kg左右的成年牛的喂量,每天150 g左右(按每100 kg体重添加20~30 g计算),并且要混合均匀。

(8)尿素只能在瘤胃机能成熟后添加。犊牛不能饲喂非蛋白质含氮料。过早添加易引起尿素中毒。

(9)喂后应注意观察。牛喂尿素一般不会发生中毒,但如果饲喂方法不当则可能发生。对中毒的牛只,应立即停喂尿素,并及时抢救。

值得注意的是,尿素虽然是一种很好的蛋白质补充料,可以为牛提供氮素,但却不能提供其他营养。因此,利用尿素补充蛋白质时,必须同时补充能量、矿物质和维生素,才能收到应有的效果。

(三)饲料添加剂的应用

1.瘤胃素

瘤胃素的有效成分为瘤胃素钠盐,是目前国内外广泛使用的肉牛饲料添加剂之一,无残留，无须停药期。它的作用机理是：通过减少瘤胃甲烷气体能量损失和饲料蛋白质降解及脱氨损失，控制和提高瘤胃发酵效率，发挥最高的饲料报酬。

试验研究表明：放牧肉牛及粗饲料为主的舍饲牛，每头每日添加 150～200 mg，日增重比对照组提高 13.5%～15%，每千克增重减少饲料消耗 7.5%。

添加方法：每头牛每日喂量为 50～360 mg，常用量为 100～200 mg，360 mg 为最高剂量。全价日粮，每千克精料混合料添加 40～60 mg。具体饲喂时，应有一周的过渡期，即 1～7 d，每头每日饲喂 60 mg 瘤胃素钠，8 d 后剂量逐渐加大，渐渐达到标准规定量。

2. 微量元素

微量元素如铁、锌、锰、铜、钴、碘、硒等需通过添加剂补充。育肥肉牛每千克日粮干物质中微量元素添加量为：硫酸铜 32 mg，硫酸亚铁 254 mg，硫酸锌 135 mg，硫酸锰 128 mg，氯化钴 0.42 mg，碘化钾 0.67 mg，亚硒酸钠 0.46 mg。

使用微量元素添加剂时，要根据饲料中微量元素余缺情况，确定添加剂的种类和数量。添加时一定要与饲料混合均匀。

3. 维生素

使用维生素添加剂时，应注意其稳定性和生物学效价，妥善保存，避免失效。大量饲喂青绿饲料时，可考虑少添或不添维生素添加剂。但在以黄干秸秆为主要粗料，无青绿饲料或用酒糟育肥牛时，要注意维生素 A、维生素 D、维生素 E 的补充。因为牛机体自身能够合成维生素 B、维生素 K 及维生素 C，因此，除犊牛外，日粮中不用额外添加上述维生素。

每千克肉牛日粮干物质维生素添加量为：维生素 A 添加剂(含 20 万 IU/g)14 mg，维生素 D_3 添加剂(含 1 万 IU/g)28 mg，维生素 E(含 20 万 IU/g)0.38～3 g。另外，烟酸(尼克酸)对肉牛的生产性能也有较大影响。肉牛每千克日粮干物质中可添加 100 mg，有利于提高日增重和饲料转化率。

4. 缓冲剂

当给牛饲喂大量能产酸的饲料，如精料以及含酸量大的饲料如酒糟、青贮等时，会影响体内酸碱平衡和食欲，瘤胃微生物的活力也会被抑制，降低对饲料的消化利用率，严重的会导致瘤胃酸中毒。

常用的缓冲剂是碳酸氢钠(小苏打)和氧化镁。可单独添加，小苏打用量为占精料的 1%～2%，氧化镁为 0.3%～0.6%，也可同时添加。

5. 氨基酸添加剂

目前，在饲料中经常使用的氨基酸添加剂主要有赖氨酸、蛋氨酸。它们已被广泛用于家禽和养猪业，用于反刍动物才刚刚开始。牛因其消化生理上的特点，氨基酸如果直接添加到饲料中，就会在瘤胃被微生物分解成氨态氮，起不到添加氨基酸的作用，造成资源的浪费。但氨基酸添加剂可以用于犊牛的代乳品或开食料中，并取得良好的促生长效果。对于成年牛或育肥牛的氨基酸添加剂必须用特殊的方法补加才能见效。将氨基酸用保护剂处理，使它们在瘤胃中不受微生物的分解，顺利到达小肠被吸收利用，目前市场已有经保护处理的氨基酸产品。

6. 中草药饲料添加剂

我国地域辽阔，中草药资源十分丰富，利用中草药饲料添加剂具有得天独厚的条件。现在已知有100多种中草药可以作为饲料添加剂。中草药饲料添加剂，不但可以补充营养，另外还有简便价廉、功能多样、无毒副作用、无抗药性等优点。

二、肥育牛饲养管理技术要点

（一）饲养技术

1. 饲喂时间

牛在黎明和黄昏前后，是每天采食最紧张的时刻，尤其在黄昏采草频率最大。因此，无论舍饲还是放牧，早晚两头是喂牛的最佳时间。多数牛的反刍时间在黑夜进行，特别是天刚黑时，反刍活动最为活跃。因此在夜间应尽量减少干扰，使其充分消化粗饲料。

2. 饲喂次数

肉牛的饲喂可采用自由采食或定时定量饲喂两种方法。我国肉牛专家蒋洪茂等的研究表明，犊牛、架子牛自由采食的饲喂效果均优于定时定量饲喂；定时定量饲喂时，无论是增重还是饲料报酬，每天饲喂一次的效果均最理想。目前，我国肉牛企业多采用每天饲喂2次的方法。

自由采食牛可根据其自身的营养需求采食到足够的饲料，达到最高增重，并能有效节约劳动力，一个劳动力可管理100～150头牛，同时也便于大群管理，适合机械化、电子化管理。而采用定时定量饲喂时，牛不能根据自身要求采食饲料。因此，限制了牛的生长发育速度，但饲料浪费少，粗饲料利用量高，并便于观察牛只采食、健康状况。

3. 饲喂顺序

随着饲喂机械化程度越来越高，应逐渐推广全混合日粮（TMR）喂牛，提高牛的采食量和饲料利用率。

不具备条件的牛场，可采用分开饲喂的方法。为保持牛的旺盛食欲，促其多采食，应遵循“先干后湿，先粗后精，先喂后饮”的饲喂顺序，坚持少喂勤添、循环上料，同时要认真观察牛的食欲、消化等方面的变化，及时做出调整。

4. 饲料更换

在育肥牛的饲养过程中，随着牛体重的增加，各种饲料的比例也会有调整，在饲料更换时应采取逐渐更换的办法，应该有3～5 d的过渡期。在饲料更换期间，饲养管理人员要勤观察，发现异常，应及时采取措施。

5. 饮水

育肥牛采用自由饮水法最为适宜。在每个牛栏内装有能让牛随意饮到水的装置，位置最好设在牛栏粪尿沟的一侧或上方。冬季北方天冷，只能定时饮水，但每天至少3次。

6. 新引进牛只的饲养

对新引进牛只饲养，重点是解除运输应激，使其尽快适应新环境。

7. 育肥期的分阶段饲养

生产中常把育肥期分成两个阶段，即生长肥育阶段和成熟育肥阶段。

(二)管理技术

1.肉牛育肥管理的“五看”、“五净”、“一短”

“五看”指对育肥的肉牛看采食、看饮水、看粪尿、看反刍、看精神状态是否正常。发现异常情况,及时采取相应措施;“五净”指草料净、饲槽净、饮水净、牛体净、圈舍净。要求饲草饲料不含沙石、泥土、铁钉、铁丝、塑料布等异物,不发霉腐败,不受有毒物质(如农药)污染。牛下槽后要及时清扫饲槽,防止草料残渣在槽发酵或霉变。注意饮水卫生,避免有毒有害物质污染饮水。要经常刷拭牛体,保持体表卫生,特别在春秋季预防体外寄生虫的发生,坚持每天上下午刷拭牛体各1次,每次5~10 min,以增加血液循环,提高代谢效率。圈舍要勤垫草、勤除粪,保持舍内空气清洁、冬暖夏凉;“一短”指短绳。即在舍饲条件下,用1~1.2 m长的绳子拴系饲养,减少牛因运动造成的能量消耗,以利于提高增重。采用1头牛1根桩或1头牛2根桩,后者是把牛挂在2根桩中间,中头左右距桩35 cm左右,用绳固定,牛只能起卧、站立或睡觉,不能左右游走,达到限制运动的目的。

2.合理分群

育肥前应根据育肥牛的品种、体重大小、性别、年龄、体质强弱及膘情情况合理分群。采用圈群散养时,一群牛头数15~20头为宜。牛群过大易发生争斗,过小不利于劳动生产力的提高,临近夜晚时分群易成功,同时要有人不定时的观察,防止争斗。

3.及时编号

编号对生产管理、称重统计和防疫治疗工作都具有重要意义。编号可在犊牛出生时进行,也可在育肥前进行。采用易地育肥时,应在牛购进场后立即编号,并换缰绳。编号方法多采用耳标法。

4.定期称重

增重是肉牛生产性能高低的重要指标。为合理分群和及时了解育肥效果,要进行肥育前称重、肥育期称重及出栏称重。肥育期最好每月称重1次,既不影响育肥效果,又可及时挑选出生长速度慢甚至不长的牛,随时处理。称重一般是在早晨饲喂前空腹时进行,每次称重的时间和顺序应基本相同。

5.定期驱虫

寄生虫病的发生具有地方性、季节性流行特征,且具有自然疫源性。因此,加强预防尤为重要。肉牛转入育肥期之前,应做一次全面的体内外驱虫和防疫注射;育肥过程中及放牧饲养的牛都应定期驱虫。外购牛经检查健康后方可转入生产牛舍。下面提供预防肉牛寄生虫病的用药程序,仅供参考。

3月,丙硫咪唑口服,驱杀体内由越冬幼虫发育而成的线虫、吸虫及绦虫成虫。

5月,氨丙啉或磺胺喹啉口服,预防夏季球虫病发生。

6月,定期(可每周1次)用敌杀死等溶液喷雾进行环境消毒,以驱杀蚊蝇。

7月,丙硫咪唑口服,防治夏季线虫、吸虫及绦虫感染。

10月,阿维菌素口服或注服,预防当年10月至次年3月牛的疥癣、虱等体外寄生虫病的发生,同时可杀灭体内当年繁殖的幼虫、成虫。

寄生虫病的治疗,要采取“标本兼治,扶正祛邪”的原则,采用特效药物驱虫和对症治疗。使用驱虫、杀虫药物要剂量准确、对症。在进行大规模、大面积驱虫工作之前,必须先小群试验，取得经验并肯定其药效和安全性后，再开展全群的驱虫工作。

6. 加强防疫、消毒工作

每年春秋检疫后对牛舍内外及用具进行消毒；每出栏一批牛，都要对牛舍进行一次彻底清扫消毒；严格防疫卫生管理，谢绝参观；结合当地疫病流行情况，进行免疫接种。

7. 适时去势

目前国际上育肥牛场普遍采用不去势公牛育肥。2 岁前出栏的公牛宜采取公牛肥育、生长快、瘦肉率高，饲料报酬高；2 岁后出栏的公牛及高档牛肉的生产，宜去势后肥育，否则不便管理，会使肉脂有膻味，影响胴体品质。去势时间最好在育肥前半个月进行。

8. 及时出栏

判断肉牛最佳结束期，及时出栏，对提高养殖经济效益及保证牛肉品质都具有极其重要的意义。判断肉牛是否达到最佳肥育结束期，一般有以下几种方法：

(1)从肉牛采食量来判断　在正常肥育期，肉牛的饲料采食量有规律可循，即：①绝对日采食量随着肥育期的增加而下降，如下降量达正常量的 10%～20%或更少；②按活重计算，日采食量(以干物质为基础)为活重的 1.5%或更少。这时认为已达到肥育的最佳结束期。

(2)用肥育度指数来判断　利用活牛体重和体高的比例关系来判断，指数越大，肥育度越好。但也不是无止境的，据研究认为，阉牛的肥育指数以 526 为最佳。具体计算方法：

$$\text{肥度指数}=\frac{\text{体重(kg)}}{\text{体高(m)}}\times 100\%$$

(3)从肉牛体型外貌来判断　利用肉牛各个部位脂肪沉积程度进行判断，具体可通过“五看三摸”来实施。五看：一看牛体膘，体膘丰满、看不到明显的骨头外突；二看牛尾根，牛尾根两侧可见明显的脂肪突起；三看牛臀部，牛臀部丰满平坦(尾根下的凹沟消失)；四看牛胸前端，牛胸前端突出并且圆大丰满；五看走动，牛不愿意活动或很少活动，行动迟缓，四肢高度张开。三摸：一摸牛肷部，有厚实感；二摸肘部，有厚实感；三摸(压)背部与腰部，厚实有弹性。实践证明，当胴体皮下脂肪的厚度达到 3.5 cm 时，肉的大理石花纹等级最高，即肉的质量最好。

三、肉牛生长发育的一般规律

(一)体重增长规律

1. 体重的一般增长

表示牛只生长情况最常用的方法是增重。增重受遗传和饲养两方面影响。增重的遗传能力较强，断奶后增重速度的遗传力为 0.5～0.6，是选种上的重要指标。

妊娠期间，胎儿在 4 个月以前的生长速度缓慢，以后生长变快，分娩前的速度最快。犊牛的初生重与遗传、孕牛的饲养管理和妊娠期长短有直接关系。初生重与断奶重呈正相关，也是选种的重要指标。

胎儿身体各部分的生长特点，在各时期有所不同。一般的，胎儿在早期头部生长迅速；以后四肢生长加快，在整个体重中的比重不断增加。维持生命的重要器官如头部、内脏、四肢等发育较早，肌肉次之，脂肪发育最迟。因为初生犊牛的肌肉、脂肪和体躯等这些在生产上直接需要的部分发育较差，所以，把初生犊牛用来肉用是很不经济的。

在充分饲养的条件下，出生后到断奶生长速度较快，断奶至性成熟最快，性成熟后逐渐变慢，到成年基本停止生长。从年龄看，12 月龄前生长速度快，以后逐渐变慢（图 6-2-1）。

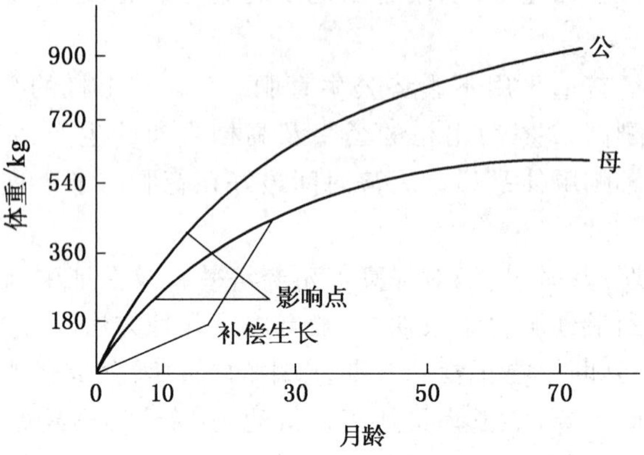

图 6-2-1　肉牛的生长曲线

生长发育最快的时期也是把饲料营养转化为体重的效率最高的时期。掌握这个特点，在生长较快的阶段给予充分的营养，便可在增重和饲料转化率上获得最佳的经济效果。

2. 补偿生长

在生产实践中，常见到牛在生长发育的某个阶段，由于饲料不足造成生长速度下降，当一旦恢复高营养水平饲养，则其生长速度比未受限制饲养的牛只要快，经过一定时期的饲养后，仍能恢复到正常体重，这种特性叫补偿生长。

根据这一特性，生产中我们常选择架子牛进行育肥，往往获得更高的生长速度和经济效益。

（二）体组织生长规律

牛体组织的生长直接影响到体重、外形和肉的质量。肌肉、脂肪和骨为三大主要组织。

1. 肌肉的生长

从初生到 8 月龄强度生长，8～12 月龄生长速度减缓，18 月龄后更慢。肉的纹理随年龄增长而变粗，因此青年牛的肉质比老年牛嫩。

2. 脂肪的生长

12 月龄前较慢，稍快于骨，以后变快。生长顺序是先贮积在内脏器官附近，即网油和板油，使器官固定于适当的位置，然后是皮下，最后沉积到肌纤维之间形成“大理石”花纹状肌肉，使肉质变的细嫩多汁，说明“大理石”状肌肉必须饲养到一定肥度时才会形成。老年牛经肥育，使脂肪沉积到肌纤维间，亦可使肉质变好。

3. 骨骼的生长

骨骼在胚胎期生长速度快，出生后生长速度变慢且较平稳，并最早停止生长。三大组织的生长模式如图 6-2-2 所示。

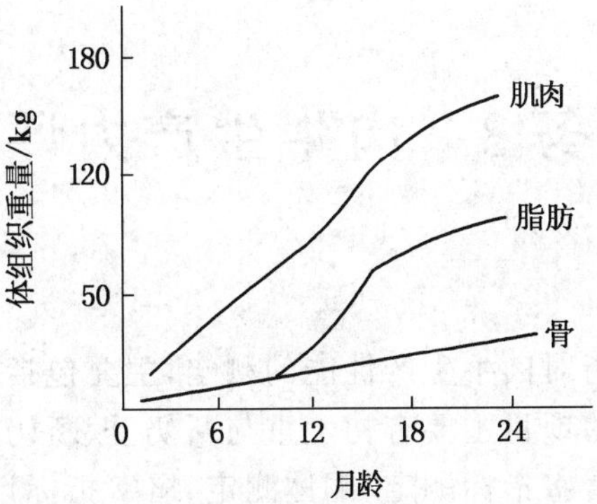

图 6-2-2　体组织生长规律

四、肉牛生产体系

1. 草原肉牛生产体系

肉牛生产的一切环节均在草原进行，繁殖母牛、犊牛、架子牛在草原饲养，且肉牛一直饲养到出栏屠宰。基本采用放牧补饲方式，其生产性能与草地质量有极强的相关性。一般来讲，效率较低，牛只出栏晚，产肉量低，肉质也较差。

2. 农区肉牛生产体系

农区饲养的母牛繁殖犊牛，犊牛断奶后继续饲养，直到出栏屠宰，这又可分为两种方式：

(1)犊牛、育肥牛直到出栏都在农户家中或以半放牧半舍饲或全舍饲的方式饲养。

(2)犊牛在农民家中养到一定体重后交易到本地或异地集中至育肥场育肥饲养后出栏，集中育肥的肉牛场多在气候、饲养、销售条件较好的地区，生产效率较高。

我国肉牛产业流程表如图 6-2-3 所示。

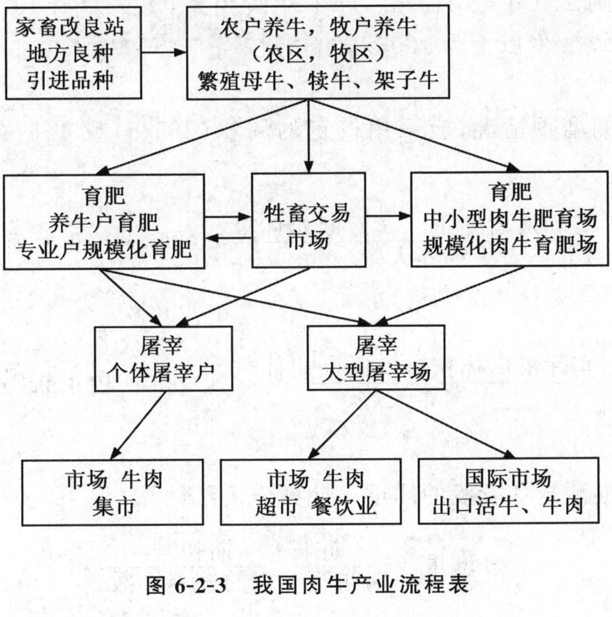

图 6-2-3　我国肉牛产业流程表

任务3　肉牛生产力评定

【任务描述】

肉牛生产力评定主要是指对肉牛生产性能的测定，主要包括生长肥育期评定、肥度评定和屠宰测定。生长肥育期评定的项目主要有初生重与断奶重、断奶后增重、平均日增重及饲料利用率。屠宰测定项目主要有屠宰指标测定、胴体测定、屠宰指标计算。

【任务分析】

了解影响肉牛肥育效果的因素，熟悉肉牛生产性能指标项目的测量方法和计算方法，能准确进行肉牛生长肥育期评定、肥度评定和屠宰测定。通过正确的肉牛生产力评定，可以有效反映出各阶段肉牛饲养管理水平，对提高肉牛生产效益具有重要的指导意义。

【任务实施】

一、生长肥育期评定

1.初生重与断奶重

初生重是指犊牛被毛擦干，在未哺乳前的实际重量。断奶重是指犊牛断奶时的体重。肉牛一般都随母哺乳，断奶时间很难一致。因此，在计算断奶重时，须校正到统一断奶时间，以便比较。另外，因断奶重除遗传因素外，受母牛泌乳力影响很大，故计算校正断奶重时还应考虑母牛年龄因素。计算公式：

$$\text{校正断奶重}=\left[\frac{\text{实际最后体重}-\text{初生重}}{\text{实际断奶天数}}\times\text{校正断奶天数}+\text{初生重}\right]\times\text{母牛年龄因素}$$

断奶天数多校正到 200 d 或 210 d。母牛年龄因素：2 岁为 1.15，3 岁为 1.10，4 岁为 1.05，5～10 岁为 1.00，11 岁以上为 1.05。

2.断奶后增重

为了比较断奶后的增重情况，应采用校正的周岁(365 d)或 1.5 岁(550 d)体重。计算公式：

$$\text{校正的 365 d 体重}=\frac{\text{实际最后体重}-\text{实际断奶体重}}{\text{饲养天数}}\times(365-\text{校正断奶天数})+\text{校正断奶重}$$

$$\text{校正的 550 d 体重}=\frac{\text{实际最后体重}-\text{实际断奶体重}}{\text{饲养天数}}\times(550-\text{校正断奶天数})+\text{校正断奶重}$$

3.平均日增重

计算日增重须定期测定各阶段的体重。计算公式：

$$\text{日增重}=\frac{\text{期末重}-\text{期初重}}{\text{期初至期末的饲养天数}}$$

4. 饲料利用率

饲料利用率与增重速度之间存在着正相关，是衡量牛对饲料的利用情况及经济效益的重要指标。应根据总增重、净肉重及饲养期内的饲料消耗总量来计算每千克体重（或净肉重）的饲料消耗量，多用干物质或能量表示。计算公式：

$$增重\ 1\ kg\ 体重需饲料干物质(kg)或能量(MJ)=\frac{饲养期内共消耗饲料干物质(kg)或能量(MJ)}{饲养期内净增重(kg)}$$

$$生产\ 1\ kg\ 肉需饲料干物质(kg)或能量(MJ)=\frac{饲养期内共消耗饲料干物质(kg)或能量(MJ)}{屠宰后净肉重(kg)}$$

二、肥度评定

1. 目测

绕牛一圈，仔细观察牛体各部位的发育情况。重点是体躯的宽窄深浅，腹部状态及尻部、大腿等处的肥满情况。

2. 触摸

结合目测，用手探测颈、垂肉、下肋、肩、背、腰、肋、臀、耳根、尾根和阉牛的阴囊等部位的肉层厚薄以及脂肪蓄积的程度。通过肥度评定，结合体重估测，可初步估计出肉牛的产肉量。

肉牛肥度评定分为 5 个等级，其具体评定标准见表 6-3-1。

表 6-3-1　肉牛宰前肥度评定标准

等级	评定标准
特等	肋骨、脊骨和腰椎横突都不明显，腰角与臀端呈圆形，全身肌肉发达，肋部丰满，腿肉充实，并向外突出和向下延伸
一等	肋骨、腰椎横突不显现，但腰角与臀端未圆，全身肌肉较发达，肋部丰满，腿肉充实，但不向外突出
二等	肋骨不甚明显，尻部肌肉较多，腰椎横突不甚明显
三等	肋骨、脊骨明显可见，尻部如屋脊状，但不塌陷
四等	各部关节完全暴露，尻部塌陷

三、屠宰测定

1. 屠宰指标测定

(1)宰前活重　称取停食 24 h、停水 8 h 后临宰前体重。

(2)宰后重　称取屠宰放血后的重量或宰前重减去血重。

(3)血重　称取屠宰放出血的重量，即宰前活重与宰后重之差。

(4)胴体重　称取屠体除去头、皮、尾、内脏器官、生殖器官、腕跗关节以下四肢而带肾脏及周围脂肪的重量。

(5)净肉重　称取胴体剔骨后的全部肉重。

(6)骨重　称取胴体剔除肉后的全部重量。

2.胴体测定

测量方法见图 6-3-1。

(1)胴体长　自耻骨缝前缘至第 1 肋骨前缘的长度。

(2)胴体深　自第 7 胸椎棘突体表至第 7 胸骨体表的垂直深度。

(3)胴体胸深　自第 3 胸椎棘突的胴体体表至胸骨下部体表的垂直深度。

(4)胴体后腿围　在股骨与胫腓骨连接处的水平围度。

(5)胴体后腿长　耻骨缝前缘至跗关节的中点长度。

(6)胴体后腿宽　去尾的凹陷处内侧至同侧大腿前缘的水平距离。

(7)大腿肌肉厚　大腿后侧胴体体表至股骨体中点垂直距离。

(8)背脂厚　第 5～6 胸椎处的背部皮下脂肪厚。

(9)腰脂厚　第 3 腰椎处皮下脂肪厚。

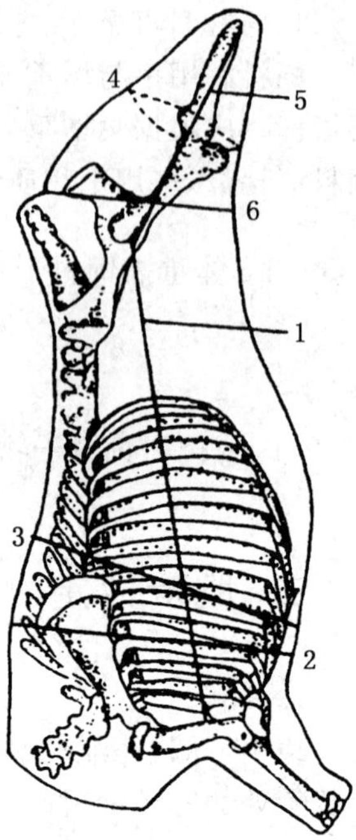

图 6-3-1　胴体测量示意图

1.胴体长　2.胴体胸深　3.胴体深　4.胴体后腿围　5.胴体后腿长　6.胴体后腿宽

3.屠宰指标计算

(1)屠宰率　计算公式：

$$屠宰率=\frac{胴体重}{宰前活重}\times 100\%$$

肉用牛的屠宰率为 58%～65%，兼用牛为 53%～54%，乳用牛为 50%～51%。肉牛屠宰率超过 50%为中等，超过 60%为高指标。

(2)净肉率　计算公式：

$$净肉率=\frac{净肉重}{宰前活重}\times 100\%$$

良种肉牛在较好的饲养条件下，肥育后净肉率在 45%以上。早熟品种、幼龄牛、肥度大和骨骼较细者净肉率高。

(3)胴体产肉率　计算公式：

$$胴体产肉率=\frac{净肉重}{胴体重}\times 100\%$$

胴体产肉率一般为 80%～88%。

(4)肉骨比　又称产肉指数。计算公式：

$$肉骨比=\frac{净肉重}{骨重}\times 100\%$$

肉用牛、兼用牛、乳用牛的肉骨比分别为 5.0、4.1 和 3.3。肉骨比随胴体重的增加而提高，胴体重 185～245 kg 时，肉骨比为 4∶1，310～360 kg 时为 5.2∶1。

(5)眼肌面积　是指倒数第一和第二肋骨间脊椎上背最长肌(眼肌)的横截面积(单位：cm^2)。眼肌面积是评定肉牛生产潜力和瘦肉率大小的重要技术指标之一。

测定方法：在第12、13肋骨间切开，在第12肋骨后缘用硫酸纸将眼肌面积描出，用求积仪或方格透明卡片（每格1 cm^2）计算出眼肌面积。

【知识拓展】

影响肉牛肥育效果的因素

影响肉牛肥育效果的因素很多，主要包括品种和类型、年龄、性别、饲养水平、营养状况及杂交组合形式、健康状况等。

1.品种与类型

品种与类型是影响产肉性能最主要的因素。肉用品种牛比乳用牛、乳肉兼用牛、役用牛品种产肉性能高，肉的质量也好。

在同等饲养环境条件下，一般大型肉牛品种比小型肉牛品种的初生重大、日增重高；成年母牛体重大小对犊牛的生长也有明显效应。

早熟性品种牛，生长早熟，发育早熟。利用早期生长快的特点，进行育肥生产犊牛肉已受到国际肉牛业的广泛重视。

2.经济杂交

牛的经济杂交是提高肉牛生产效益的主要手段。肉牛经济杂交的主要方式有：肉牛品种间杂交、改良性杂交（肉用牛×本地牛）及肉用品种与乳用品种间的杂交等。

目前，我国采用外国优良肉牛与本地黄牛杂交，利用杂交后代育肥是我国肉牛生产的理想方式。如夏洛来与本地黄牛杂交，周岁体重提高50%，屠宰率提高5%，净肉率可提高10%。若进行三元杂交，效果更为显著。前苏联和美国的研究都表明，杂交后代的产肉能力比纯种牛要提高10%～20%。

3.性别

牛的性别能影响肉的产量和质量。公母犊牛在性成熟前的发育几乎没有差别。但从性成熟开始，公犊的增重速度明显超过母犊。其原因是雄性激素促进公犊生长，而雌性激素抑制母犊的生长。育成公牛比阉牛有较高的生产率和饲料转化率。公牛比阉牛有较多的瘦肉、较高的屠宰率和较大的眼肌面积。当前，我国肉用母牛主要是用来繁殖后代，很少用于肥育。

据试验，生产牛的增重速度以公牛最快，阉牛次之，母牛最慢。肌肉的增重速度也是公牛最快。但脂肪的沉积则以阉牛最快。目前，多数国家采用公牛不去势育肥，以提高生产效率，尽早出栏。但性成熟以后屠宰，会因雄性激素分泌影响肉的质量和风味。因此，一般都在12～15月龄时屠宰。

4.年龄

肉牛增重速度、胴体质量和饲料消耗与年龄关系十分密切。年龄越大，增重速度越慢，饲料转化率越低。年龄较大的牛，增加体重主要依靠在体内贮积高热能的脂肪，年龄较小的牛主要依靠肌肉、骨骼和多种器官的生长增加其体重。一般是1岁内增重最快，2岁时仅为1岁前的70%，3岁时只有2岁时的50%。从肉质看，幼牛肉质细嫩，水分含量高，脂肪少，肉色淡，可食部分多；年龄越大，肉质越差。专门肉牛品种最佳出栏时间为1～1.5岁，最晚不超过2岁。改良牛以及我国地方黄牛最好选择1.5岁前的育成牛进行肥育，出栏时间可比肉牛品种适当延迟0.5～1年。

5. 营养水平

日粮营养是转化牛肉的物质基础。肉牛肥育阶段，营养水平高低对不同体重阶段的肌肉、脂肪、骨骼的发育有明显影响（表 6-3-2）。

表 6-3-2 营养水平对胴体组织的影响

胴体组织	前后期的营养水平				差异
	高—高	高—中	中—高	中—中	
胴体重/kg	347.3	329.2	308.7	338.7	$P<0.05$
肌肉组织/%	55.2	59.2	56.2	58.7	
脂肪组织/%	30.6	25.5	29.0	26.2	
骨/%	11.8	12.8	12.3	12.7	
肌肉/骨	4.7	4.6	4.6	4.6	

日粮高营养水平时，脂肪占的比例较高，肌肉的比例较低；低营养水平时，肌肉的比例较高，骨骼占的比例最高。肉牛肥育阶段，前期粗饲料要高，后期精饲料要高。幼牛和肥育前期要求蛋白质含量高，成年牛和肥育后期要求能量含量高。

6. 管理状况

适宜的温度有利于牛的生长发育。肉牛生产最适宜的温度是 10～21℃。在正常情况下，以冬季产的犊牛初生重最大，夏季产的次之，秋季最小；但出生后的体重增长以秋季产的最快，夏季次之，冬季最小。这主要是与母牛妊娠后期的营养情况及犊牛所处的环境条件有关。

此外，圈舍卫生，经常刷拭牛体，肥育前驱虫防疫，均有利于提高肥育效果。生长期加强运动和光照有利于机体各器官的生长发育，增强体质，提高生活力，但催肥期要限制运动，保持较暗的环境有利于休息，降低能量消耗，利于催肥。

7. 饲养方式

肉牛生产力的发挥与饲养方式及肥育期有关。放牧肥育在牧草生长旺盛的夏季效果好，最经济，进入枯草期前把肥育牛出栏；半舍饲能充分利用草场和粗饲料，结合补饲部分精料，肥育效果会更好；舍饲肥育的好处是少受自然条件影响，可以进行一年四季的牛肉生产，但投资规模较前两种方式大，技术水平要求相对较高，育肥效果幼牛比成年牛好。

8. 健康状况

牛的采食、消化能力影响营养的摄取和吸收。健康牛被毛光亮、精神十足、眼大而明亮有神，鼻镜湿润，肛门周围干净。牙齿结构不良、长期患有消化器官疾病、寄生虫病或其他疾病的个体，体型有严重缺陷如大头、犬腹、“X”状或“O”状肢势的个体以及僵牛、老牛等均不具有好的育肥能力。

【学习自测】

一、选择题

1. 在肉牛生产中，架子牛的最佳年龄是____岁。

A. 0.5～1.0　　B. 1.0～1.5　　C. 1.5～2.0　　D. 2.0～2.5

2. 在肉牛生产中，可用做保姆牛，哺育犊牛的是____。

A. 干乳奶牛　　B. 高产奶牛　　C. 中产奶牛　　D. 低产奶牛

3. 架子牛肥育体重达500 kg左右出栏，肥育期一般为____。

A. 50～100 d　　B. 100～150 d　　C. 150～200 d　　D. 200～250 d

4. 从肉牛的局部看，与产肉性能相关最重要的部位是____。

A. 头部　　B. 尻部　　C. 颈部　　D. 腹部

5. 肉牛肥育最常用的能量饲料是____。

A. 豆粕　　B. 棉籽粕　　C. 胡萝卜　　D. 玉米

6. 幼牛肥育又称为小牛肉生产，其出栏的时间应不晚于____。

A. 6月龄　　B. 8月龄　　C. 12月龄　　D. 18月龄

7. 在小白牛肉生产中，犊牛饲养出栏屠宰体重最低需要达到____。

A. 90 kg　　B. 200 kg　　C. 300 kg　　D. 400 kg

8. 肉牛的背脂厚是指第____胸椎处的背部皮下脂肪厚。

A. 3～4　　B. 4～5　　C. 5～6　　D. 6～7

9. 自第7胸椎棘突体表至第7胸骨体表的垂直深度是指____。

A. 胴体深　　B. 胴体胸深　　C. 胴体长　　D. 胴体宽

10. 在肉牛饲养管理过程中关于尿素的使用，说法不正确的是____。

A. 尿素不能单饲喂或溶于水中饲喂，喂后2 h不能饮水，以避免引起中毒。

B. 精料中添加尿素饲喂时，同时喂生豆饼，效果会更好。

C. 尿素只能在瘤胃机能成熟后添加，犊牛不能饲喂非蛋白质含氮料，以避免尿素中毒。

D. 利用尿素补充蛋白质时，必须同时补充能量、矿物质和维生素，这样效果会更明显。

二、判断题

1. 胴体重是指称取屠体除去头、皮、尾、内脏器官、生殖器官和腕跗关节以下四肢后的重量。（　　）

2. 眼肌面积是指第一和第二肋骨间脊椎上背最长肌（眼肌）的横截面积。（　　）

3. 尿素安全用量不要超过日粮干物质的3%，或按每100 kg体重添加20～30 g计算。（　　）

4. 宰前活重是指称取停食24 h、停水12 h后临宰前体重。（　　）

5. 肉牛的补偿生长在牛的任何年龄段都能发挥起作用。（　　）

6. 在小白牛肉生产过程中，如果出现贫血现象，要使用铁制剂。（　　）

7. 生产牛的增重速度以阉牛最快，公牛次之，母牛最慢。肌肉的增重速度是公牛最快，但脂肪的沉积则以阉牛最快。（　　）

8. 架子牛育肥的时间一般为一年的时间。（　　）

9. 架子牛卸车后应立即给予饮饱水。（　　）

10. 幼牛和肥育前期要求蛋白质含量高，成年牛和肥育后期要求能量含量高。（　　）

11. 肉牛屠宰率超过40%为中等，超过50%为高指标。（　　）

12. 良种肉牛在较好的饲养条件下，肥育后净肉率在45%以上。晚熟品种、幼龄牛、肥度大和骨骼较细者净肉率高。（　　）

13. 日粮中能量水平高、蛋白质水平低（低于12%）时添加非蛋白氮效果好，而当日粮中蛋白质水平超过14%时，添加后效果不明显。（　　）

14. 肉牛肥育阶段，前期精饲料要高，后期粗饲料要高。（　　）

15. 胴体长是指自耻骨缝前缘至第 1 肋骨前缘的长度。 ( )

三、案例分析

1. 华丰肉牛场是一个新建的牛场，牛场计划从外地购买一批架子牛，请你为该场长提供一些关于架子牛选购方面的合理化建议。

2. 某肉牛养殖户，在电视上看到关于尿素可以用来饲喂肉牛信息，自己便也尝试着在饲料中添加了部分尿素，结果却造成了牛的中毒，请你为该养殖户讲解一下在生产中应如何正确使用尿素，并且应该注意哪些事项？

3. 黑龙江一养殖户在 10 月底将一批育肥完成的肉牛售出，获利颇丰；在 11 月初，又购入 100 头架子牛，进行育肥，其饲料配方和饲养方案与前一批相同，但其增重效果明显低于前一批次。请分析一下原因，并写出你的解决方案。

【课外学习指要】

1. 陈幼春. 现代肉牛生产. 2 版. 北京：中国农业出版社，2011.

2. 莫放，李强，赵德兵. 肉牛肥育生产技术与管理. 北京：中国农业大学出版社，2012.

3. 莫放，李强. 繁殖母牛饲养管理技术. 北京：中国农业大学出版社，2012.

4. NY/T 5128—2002 无公害食品　肉牛饲养管理准则.

5. GB/T 19477—2004 牛屠宰操作规程.

6. GB/T 17238—2008 鲜、冻分割牛肉.

7. GB/T 29392—2012 普通肉牛上脑、眼肉、外脊、里脊等级划分.

8. NY/T 676—2010 牛肉等级规格.

9. GB 2707—2005 鲜(冻)畜肉卫生标准.

10. GB 18394—2001 畜禽肉水分限量.

项目七 牛群繁殖

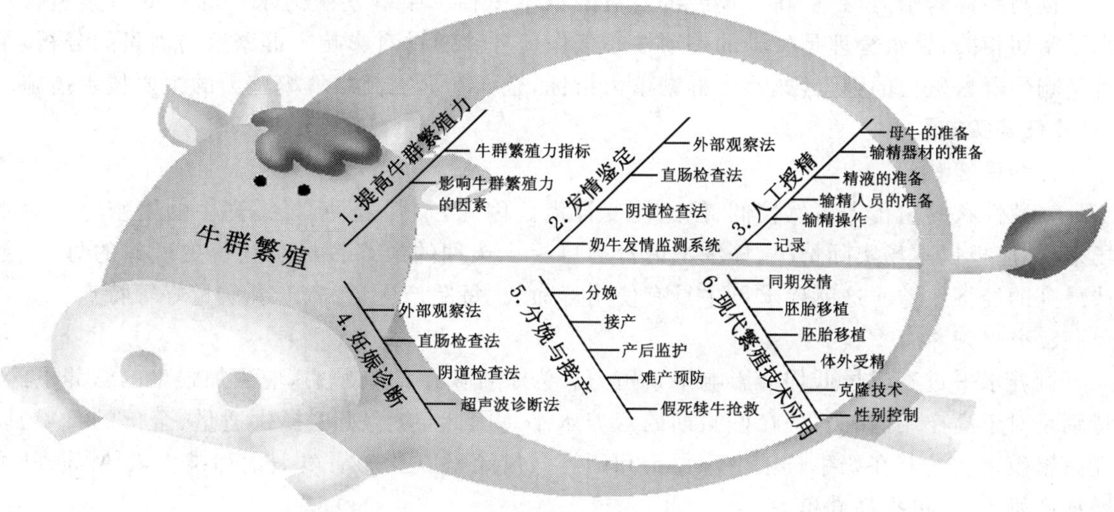

知识目标

- 熟悉不同品种母牛发情周期及妊娠期的相关参数。
- 掌握影响牛群繁殖力的主要因素和提高牛群繁殖力的主要技术措施。

技能目标

- 能通过母牛的发情症状准确判断其发情阶段及最佳配种期。
- 能正确实施牛的直肠把握子宫颈输精，并能准确进行牛的妊娠诊断。
- 会推算牛的预产期，能准确判断母牛难产症状，并正确实施助产。

繁殖技术是养牛生产中的一个非常关键的环节，在奶牛生产中表现更为突出，奶牛只有产犊才能泌乳，产犊是产奶的前提，是提高产量、改善乳质、保证足够可更新优质后备牛的主要途径。牛群繁殖力受多种因素影响，犊牛成活率直接与繁殖管理水平有关。如果用A表示发情鉴定，B为母牛繁殖力，C为公牛（精液）繁殖力，D为授精（人工或自然交配）的时间和技术，E为疾病及难产情况，那么，活犊牛可由下面的公式来表示，式中任何一项为零，其结果产品将都为“零犊牛”。因此，在生产中一定要加强繁殖管理。

$$活犊牛 = A \times B \times C \times D \times E$$

任务 1　提高牛群繁殖力

【任务描述】

母牛的繁殖力主要是指生育后代和哺育后代的能力，其与性成熟的迟早、发情周期正常与否、发情表现、排卵多少、卵子受精能力、妊娠、泌乳量高低等密切相关。提高牛群繁殖力是提高牛场竞争力的核心手段

【任务分析】

提高牛群繁殖力，是提高牛场经济效益的根本途径。牛群繁殖力水平的高低与繁殖管理水平密切相关，繁殖管理是牛场的一项核心工作任务。通过对影响牛群繁殖力因素的分析，了解影响牛群繁殖力的因素，熟悉牛群繁殖力指标，全面掌握提高牛群繁殖力的主要技术措施。

【任务实施】

1. 加强选种

繁殖性状的遗传力虽然较低，但遗传变异大。因此，加强选种，可提高牛的繁殖力。对牛场来说，应根据本场实际情况，仔细考虑育种目标。选种的最终目标是获得更理想的母牛，创造最高的经济效益。这就要求母牛具有使用寿命长、每胎产乳量高、产乳质量好等特点。

2. 合理饲养

饲养水平过高或过低均会影响牛繁殖力。为了提高牛的繁殖力，应当加强牛的营养供给，特别是对于高产牛（如奶牛）在妊娠期的营养水平。因此，应给奶牛提供适量、全价的日粮，以提高繁殖率。尤其在奶牛日粮中添加钼和硒等微量元素以及β-胡萝卜素和维生素 A 等，既可增加产奶量，又可提高繁殖力。

对初情期的牛，应注重蛋白质、维生素和矿物营养的供应，以满足其性机能和机体发育的需要。但过高的营养水平，常可导致公牛性欲及母牛发情的异常。种用牛体质，不应过度肥胖或消瘦。青饲料供应对于非放牧的青年牛很重要，应尽可能给初情期前后的公、母牛提供优质的青饲料或牧草。

全棉籽和棉籽饼中都含有棉酚，对生殖细胞和胚胎发育有不良影响。所以，在奶牛日粮中的比例不宜过高，每天每头奶牛可饲喂 1.0～2.0 kg 全棉籽。此外，由于豆科牧草和豆科作物中含有植物雌激素，对奶牛发情和妊娠有干扰作用，故一次饲喂量不宜过多。

3. 加强管理

（1）做好防暑降温工作　在牛的繁殖管理上，要注意牛场环境的影响，尽可能避免炎热或严寒，特别是炎热对牛的影响。

（2）缩短产犊至受胎间隔　采用定时人工授精方法可以缩短产犊至受胎间隔时间，即在奶牛产后 50 d 注射促性腺激素释放激素，第 57 天注射前列腺素 $F_{2\alpha}$，第 58 天再次注射促性腺激素释放激素，16～24 h 后进行人工授精。

（3）生殖疾病监控　测定奶或血中孕酮水平，是监测生殖疾病的常用方法。

（4）保证精液质量　对配种前的精液，每批均应检查精子活率、畸形率、精子的密度及微生物含量等指标，以保证精液品质，提高受胎率。

(5)做好母牛的发情观察　为尽可能提高发情母牛的检出率，每天至少于早、中、晚进行3次定时观察。

(6)适时输精　适时而准确地把一定量的优质精液输到发情母牛子宫内的适当部位，对提高奶牛受胎率至关重要。因此，要求人工授精技术员通过外部观察和直肠检查确定卵泡成熟度，推测发情的持续时间和排卵时间，对每头奶牛的发情特点了如指掌，并对每一发情周期做好繁殖配种记录。

(7)提高输精效果　除了适时输精外，尚可在输精的同时净化子宫，以提高受胎率。

(8)积极治疗繁殖机能障碍　对异常发情、产后50 d内未见发情的牛只，应及时进行生殖系统检查。对确诊患有繁殖机能障碍的牛只，应及时进行治疗，并对这些奶牛做病史记录，跟踪观察。人工授精员应熟练掌握治疗繁殖机能障碍的药物、药理作用、剂量及用法。

(9)加速繁殖新技术的推广和普及　目前，我国在奶牛的早期妊娠诊断、同期发情、胚胎移植等繁殖新技术方面做了不少工作，取得了一定成效。今后，除继续加强繁殖新技术的研究外，还须根据我国的实际，推广和普及繁殖新技术，以期较大幅度地提高奶牛的繁殖力。

(10)实施丰富饲养，实现早期配种　加强犊牛和育成牛的饲养管理，使其尽早达到初配适龄的标准体重和标准体尺。

【资料卡】

异性孪生母牛不育

母牛怀双胎，胎儿是一雌一雄的情况下，所生的雌性有近91%～95%的个体生殖器官发育不良，不能生殖；而雄犊一般均能正常产生精子和繁殖后代，不能繁殖者很少，但不宜留种用。

【知识拓展】

一、牛群繁殖力指标

牛群繁殖力是指母牛维持正常繁殖机能、生育犊牛的能力。衡量母牛繁殖力的指标主要有受胎率、配种指数、产犊率、产犊间隔、犊牛成活率、繁殖率等。奶牛繁殖力指标见表7-1-1。

1.第一情期受胎率

第一情期受胎率指配种第一个情期后，妊娠的母牛占配种母牛的百分率。奶牛后备牛的第一期受胎率一般要求达65%～70%，经产牛一般要求为55%～60%。其计算公式为：

$$第一情期受胎率=\frac{第一情期受胎母牛头数}{第一情期配种母牛头数}\times 100\%$$

2.情期受胎率

情期受胎率指妊娠母牛头数占总配种情期数的百分率。一般成母牛的情期受胎率为40%～60%。奶牛要求达55%以上。其计算公式为：

$$情期受胎率=\frac{年受胎母牛头数}{配种总情期数}\times 100\%$$

3. 总受胎率

总受胎率是指经过一次或多次配种后，妊娠母牛头数占全年参加配种母牛头数的百分率。一般成年母牛的牛总受胎率为 75%～95%。奶牛总受胎率一般要求≥90%，其公式为：

$$总受胎率=\frac{年内受胎母牛总头数}{年内配种母牛总头数}\times 100\%$$

4. 配种指数

配种指数指参加配种母牛每次妊娠的平均配种情期数。奶牛配种指数一般要低于 1.7 次，最高不能高于 2.0 次。

$$配种指数=\frac{配种情期数}{任娠母牛头数}\times 100\%$$

5. 平均产犊间隔

产犊间隔又称胎间距，其计算方法是成母牛产后配准天数与妊娠期(280 d)的和。平均产犊间隔表示繁殖母牛的连产性。奶牛的平均产犊间隔以 365 d 为最好，尽量不要超过 380 d。产后空怀天数是最重要的繁殖管理评价标准之一。

$$平均产犊间隔=\frac{总个体产犊间隔(天数)}{产犊母牛总数}\times 100\%$$

6. 产犊率

产犊率是衡量奶牛繁殖性能的综合指标。总受胎率与产犊率之间的差异就是流产率。

$$产犊率=\frac{本年度出生犊牛总数}{上年度末成年母牛头数}\times 100\%$$

7. 犊牛成活率

指出生后 3 个月时成活的犊牛数占产活犊牛数的百分数。由此可以看出犊牛培育的成绩。

$$犊牛成活率=\frac{先后 3 个月犊牛成活数}{总产活犊牛数}\times 100\%$$

8. 不再发情率(不再返情率)

不再发情率指受配后一定期限内不再发情的母牛数占该期限内配种母牛总数的百分率，不再发情率又可分为 30 d 不再发情率、60 d 不再发情率、90 d 不再发情率及 120 d 不再发情率。

$$N 天不再返情率=\frac{配种 N 天后未再发情母牛数}{配种 N 天内受配母牛头数}\times 100\%$$

9. 繁殖成活率

繁殖成活率是指本年度内断奶成活的犊牛数占该年牛群中适繁母牛总数的百分率。这是一个总效率的反映，有时也把该指标叫做牛群的繁殖效率。

$$繁殖成活率=\frac{年内断奶成活犊牛总数}{年内适繁母牛数}\times 100\%$$

10. 年繁殖率

是指年度内出生的犊牛头数占本年度初应繁殖母牛头数的百分率。一般在下年度初统计，主要反映牛群增殖效率。成年母牛的年繁殖率一般为70%～90%，平均为85%。

$$年繁殖率=\left[\frac{年内分娩总头(次)数+足月死胎+出售牛中预测年内分娩头数-购入母牛年内分娩头数}{年初满18月龄以上母牛头数+年初18月龄以下在年内分娩头数}\right]\times100\%$$

注：①分娩头数指生下的活犊和279 d以上所生的死犊头数。

②出售母牛必须验胎确孕。

③双胎算一头。

表7-1-1　奶牛繁殖力指标一览表

指标	参考值	指标	参考值
年总受胎率	≥95%	正常发情周期的比率	≥90%
年情期受胎率	≥58%	半年以上未妊牛只比率	≤5%
年空怀率	≤5%	年繁殖率	≥92%
产犊后50 d内出现第一次发情的母牛比率	≥80%	产后第一次配种受胎率	≥65%
配种三次以下(含三次)即孕母牛比率	≥94%	胎间距	≤385 d
年流产率	≤6%	初产月龄	≤30月龄
年综合受胎指数	≥0.55	产后第一次配种的平均天数范围	70～90 d
年漏情率	≤15%	母牛每受孕一次的平均精液耗量	≤3个剂量
初配受胎率	≥75%		

注：资料来自奶牛饲养管理技术规范(北京市地方标准，DB11/T 150—2002)。

二、影响牛群繁殖力的因素

1. 遗传因素

繁殖力受遗传的影响，不但品种之间存在差异，而且同一品种内不同个体间也存在明显的差异。近年奶牛产奶性能不断提高，但繁殖力却有逐渐降低的趋势。

2. 营养水平

营养对奶牛的发情、配种、受胎以及犊牛成活起决定性的作用。其中，以能量和蛋白质对繁殖影响最大。

(1)能量　能量不足，会推迟后备牛的性成热和适配年龄；干奶期体况不良会使产后乏情期延长；泌乳早期能量负平衡可能降低繁殖力，严重时会出现发情周期停止，或有发情周期但不表现发情；对于妊娠的母牛，能量不足会造成胎儿早期死亡或流产、分娩无力、生出弱犊等。而能量过高又会使奶牛肥胖，使生殖道周围脂肪沉积过多，卵巢周围脂肪浸润，阻碍卵泡发育，甚至阻塞或压迫输卵管，影响受精。

(2)蛋白质　蛋白质不足可能导致生殖器官发育受阻和机能紊乱，后备母牛发情推迟，卵巢和子宫发育不全，成年母牛发情失常，影响受胎和妊娠，出现死胎、流产；而蛋白质水平过高，会使尿素或氨的水平升高。

(3)矿物质　矿物质中，磷对奶牛的繁殖力影响最大。缺磷会推迟性成熟，影响成年母牛的受胎率。此外，一些微量元素，如硒、钼、铜、镁、碘、钴、锰等，对奶牛的繁殖和健康都起作用，不可缺少。

(4)维生素　脂溶性维生素对奶牛繁殖的影响主要与提供方式有关。通常，长期提供脂溶性维生素，可以提高繁殖力。

3. 环境因素

气候和环境因素，如季节、温度、湿度和日照等，都会影响奶牛的繁殖，尤其在夏季，高温、高湿对奶牛造成的热应激，将导致奶牛不发情或发情症状不明显、受胎率直线下降、胚胎死亡或流产数量增加等。为了提高奶牛的繁殖力，应尽可能给奶牛提供适宜的饲养环境条件。

4. 疾病

子宫炎、卵巢囊肿、肢蹄病、乳腺炎、真胃移位、乳热症、胎衣滞留以及跛行（包括蹄叶炎、腐蹄病和趾间纤维乳头瘤等引起的跛行）等症均影响繁殖力。尤其是患乳腺炎的奶牛，如果在配种后 3 周内发生，受胎率下降 50%以上。患子宫炎、卵巢囊肿、胎衣滞留、乏情以及流产的奶牛，产犊间隔延长，每次受胎平均输精数增加。酮病对繁殖力也有影响，主要表现在酮病患牛产后至首次配种的间隔时间延长。

对于先天性和生理性的不孕，如生殖器官发育不正常，子宫颈狭窄、位置不正、阴道狭窄、两性畸形、异性孪生母犊、种间杂交后代不育、幼稚病、功能性不孕等，应注意选择、淘汰。此外，老龄母牛繁殖力减退，也应及时淘汰更新。

对患传染性疾病（如布氏杆菌病或滴虫病）的病牛，应严格执行传染病的防疫和检疫规定，按规定及时处理。对疑因传染病引起的难孕牛或流产牛，应尽快查明原因，采取相应措施，以减少传染病的蔓延。对于子宫或卵巢炎症等一类非传染性疾病，应根据发病的原因，从管理、激素治疗等方面着手，做好综合防治工作。

5. 产奶量

产奶量与繁殖力呈负相关。高产奶牛的繁殖力降低，主要表现在产后发情间隔延长，受胎率降低。

6. 牛群管理

牛群的管理好坏对繁殖力的影响很大。管理工作涉及面广，包括熟练掌握牛群的发情规律和繁殖情况，制定科学的配种计划和精液供应，以及合理的牛群结构和生产利用、保胎等工作。甚至犊牛的哺乳和成母牛的饲养方式都与繁殖力有关。

7. 精液品质

精液的品质好坏，以及精液的保存、取用及解冻过程是否科学都会直接或间接影响繁殖力。其中，检查精液品质最常用的方法是检查精子活率。刚采出的牛精子的正常活率应不低于 0.7，即 70%的精子为呈直线前进运动的精子。冻精活率不低于 0.3 时，方可用于输精。

8. 输精技术

输精员的操作技术是否过硬，能否适时将精液输入子宫体深部，各个环节是否严格按规程操作，以及早期妊娠诊断的准确性等都会影响牛群的受胎率。

任务2 发情鉴定

【任务描述】

根据母牛发情时生殖器官的内部变化和外部行为表现，对牛发情状况进行准确判定。

【任务分析】

发情鉴定是繁殖工作中一项重要技术环节，是确定适宜配种期的前提基础。通过对发情母牛体内生殖激素变化规律的了解及卵泡发育过程的认识，并结合牛的外部行为变化的观察，能准确判断出牛的最佳配种期，从而有效提高牛的受胎率。

【任务实施】

牛发情鉴定的方法主要有外部观察法、直肠检查法和阴道检查法等。具体实施方法如下。

1.外部观察法

是母牛发情鉴定的主要方法之一。主要是根据母牛的精神状态、外阴部变化及阴户内流出的黏液性状来判断是否发情。母牛表现发情的时间分布为：18:00～24:00 占 25%，0:00～6:00 占 43%，6:00～12:00 占 22%，12:00～18:00 占 10%，说明母牛出现发情征状多是在夜间。

发情早期母牛刚开始发情，征状是鸣叫、离群，沿运动场内行走，试图接近其他牛；爬跨其他牛；阴户轻度肿胀，黏膜湿润、潮红；嗅闻其他牛后躯；不愿接受其他牛爬跨；产奶量减少。

发情盛期持续约 18 h，特征是母牛外阴部充血、肿胀，子宫颈松弛、充血、颈口开放，阴道黏液显著增多，稀薄透明，能拉成丝状，排出体外俗称“吊线”；站立接受其他牛爬跨，爬跨其他牛，母牛臀部、尾根有接受爬跨造成的小伤痕或秃斑；鸣叫频繁、兴奋不安、食欲不振或拒食；产奶量下降。

发情即将结束母牛表现拒绝其他牛爬跨，食欲正常，产奶量回升；多数在发情后期有从阴道排出血黏液的现象，处女牛 90%，经产牛 50%以上有此现象。

在生产中应建立发情预报制度，每个配种员每天至少观察牛群 4 次，具体时间为：6:00、12:00、16:00、20:00，检出率可达 86%。

2.直肠检查法

是术者将手伸进母牛的直肠内，隔着直肠壁触摸检查卵巢上卵泡发育的情况。是目前判断母牛发情比较准确而最常用的方法。根据母牛卵巢上卵泡的大小、质地、厚薄等来综合判断母牛是否发情。

(1)检查前的准备　将被检母牛牵入保定架保定，把尾巴拉向一侧。术者穿上干净的工作服先将手指甲剪短磨光，消毒手臂后戴上长臂形的塑料手套，用水或润滑剂涂抹手套。

(2)检查方法　检查时，术者五指并拢成锥状，慢慢插入母牛肛门并伸至直肠，先掏出直肠内的宿粪，然后根据母牛卵巢在体内的解剖部位寻找卵巢，触摸卵泡的发育情况。

牛的卵巢、子宫部位较浅，生殖器官集中在骨盆腔内。检查时一般手掌展平，掌心向下，将手伸入直肠约一掌左右，用力按下且左右抚摸，在骨盆底的正中感到前后长而稍扁的棒状物，即为子宫颈。试用拇指、中指及其他手指将其握在手里，感受其粗细、长短和软硬。将拇指、食指和中指稍分开，顺着子宫颈向前缓缓伸进，在子宫颈正前方由食指触到一条浅沟，此为子宫角间沟。沟的两旁各有一条向前弯曲的圆筒状物，粗细近似于食指，即为左右两子宫角。摸到后手继续前后滑动，沿子宫角的大弯，向下向侧面探摸，可以感到有扁圆、柔软而有弹性的肉质，即为卵巢。摸完右(左)侧卵巢后，再将手移至子宫分叉部的左(右)侧，并以同样的方法触摸另一侧卵巢。找到卵巢后，可用食指和中指夹住卵巢系膜，然后用拇指触摸卵巢的大小、形状、质地和其表面卵泡的发育情况，判断发情的时期及输精时间。牛的卵泡发育可分为 4 期，详见表 7-2-1。

3.阴道检查法

主要根据母牛生殖道的变化，来判断母牛发情与否。其方法是将母牛保定，用 0.1%高锰酸钾溶液或 1%～2%来苏儿溶液消毒外阴部，再用清水冲洗，用消毒过的毛巾擦干。开膣器先用2%～5%来苏儿溶液浸泡消毒，再用温清水冲洗干净。然后一手持开膛器将阴道打开，借助手电筒光源，观察子宫颈口、黏液量及色泽等的变化。发情母牛子宫颈口开张，黏膜潮红，黏液多。此法作为生产中发情鉴定的辅助手段。操作时要严格消毒，打开阴道时，如母牛努责时，插入动作应停止。检查时间不宜太久。

表 7-2-1　母牛卵泡发育不同时期变化情况一览表

序号	名 称	主要特征
第一期	卵泡出现期	卵泡直径 0.5～0.7 cm，突出于卵巢表面，波动性不明显，此期内母牛开始发情，时间 6～12 h。
第二期	卵泡发育期	卵泡直径 1.0～1.5 cm，呈小球状，明显突出于卵巢表面，弹性增强，波动明显。此期母牛外部发情表现明显—强烈—减弱—消失过程，全期 10～12 h。
第三期	卵泡成熟期	卵泡大小不再增大，卵泡壁变薄，弹性增强，触摸时有一压即破之感，此时 6～8 h。此期外部发情表现完全消失。
第四期	排卵期	卵泡破裂排卵，卵泡壁变为松软皮样，触摸时有一小凹陷。

4. 奶牛发情监测系统

电子计步器能测母牛发情。发情的母牛有个特点，就是行走的步数增多。平时每天行走 2 000～3 000 步，发情时会增加到 8 000～12 000 步。在大多数牛群中使用计步器收集发情期母牛信息的试验成功率可达 90%～100%。

在实际生产中，牛发情鉴定的最常用方法是外部观察结合直肠检查进行综合判断。正确的发情鉴定可进行适时输精，判断母牛的发情阶段以及发情是否正常，发现疾病及时治疗，从而达到提高母牛繁殖率的目的。对一个牛群而言，只要失误 13.5 个发情周期（即 283.5 d），就相当于少产了 1 头犊牛，损失掉一个泌乳期，会直接影响到牛场的经济效益。所以，在生产中对超过 14 月龄未见初情的后备母牛，必须进行产科检查和营养学分析；对产后 60 d 未发情的牛、间情期超过 40 d 的牛、妊检时未妊娠的牛，要及时做好产科检查，必要时要使用激素诱导发情。

【知识拓展】

不同品种母牛发情周期有关参数

不同品种的母牛发情周期有共性，亦有个性，因此必须了解其各自的特点，分别采取不同的管理措施，才能达到提高繁殖率的目的。不同品种母牛发情周期的有关参数见表 7-2-2。

表 7-2-2　不同品种母牛发情周期的有关参数

发情周期参数	奶牛	黄牛	水牛
初情期	8～12 月	6～8 月	10～15 月
性成熟	12～14 月	12～14 月	15～20 月
产后发情	产后 30 d(10～110 d)	产后 30 d(10～110 d)	产后 75 d(35～180 d)
发情持续期	18 h(12～30 h)	18 h(12～30 h)	21 h(17～24 h)
排卵时间	发情开始后 28 h(26～32 h)	发情开始后 28 h(26～32 h)	发情开始后 32 h (18～45 h)
发情周期	21 d(18～24 d)	21 d(18～24 d)	21 d(18～24 d)
发情季节	常年	常年	常年

任务3 人工授精

【任务描述】

利用特定的器械采集公牛的精液，经检查和处理后，再用器械把精液输入到发情母牛生殖道内，以代替公母牛自然交配而繁殖后代的一种技术。

【任务分析】

人工授精是目前牛配种最常用的方法。人工授精技术的基本技术环节包括采精、精液品质检查、精液的稀释、分装、保存（液态保存、冷冻保存）、运输及冷冻精液的解冻与检查、输精等。通过对以上各环节的掌握，能独立完成牛的人工输精技术。

【任务实施】

直肠把握子宫颈输精法是目前牛人工授精最常用的输精方法。下面将重点介绍牛的人工输精技术环节。

1.母牛的准备

配前要进行母牛产科检查，对阴道分泌液呈中度以上不洁的牛不能予以配种，应及时给予治疗。对呈轻度不洁或酸度偏高（6.2＞pH＞5.8）或有难配史的母牛，可酌情配种，但应进行配前或配后清宫。输精前要用清水洗净外阴部，用消毒毛巾（或纱布、卫生纸）每头每次一块由里向外擦干。

2.输精器材的准备

人工授精用的器材有精液运输时保存精液的设备、输管或输精枪等。输精器械应清洗干净并消毒，消毒常用恒温（160～170℃）干燥箱开膣器等金属用具可冲洗后浸入消毒液中消毒或使用前酒精火焰消毒。输精器每头牛1支，不得重复使用。使用带塑料外套细管输精器输精时，塑料外套应清洁，不被细菌污染，消毒后仅限使用1次。

3.精液的准备

（1）颗粒型精液的准备　通常把解冻用稀释液（2.9％的1～1.5 mL）置入40℃温水中，取二水柠檬酸钠1～1.5 mL解冻液放入小试管内，浸入40℃热水中，经2～3 min后投入1～2颗粒精液颗粒。待溶化1/2～1/3时，取出精液试管，在常温下轻轻摇动至完全解冻，解冻后应镜检精子活力，合格后方可置入输精管（枪）备用。

（2）细管冷冻精液的准备　由液氮罐内迅速取出一支细管冷冻精液，将细管冷冻精液立即投入37～40℃热水中，待精液溶化2/3时取出。用灭菌小剪剪去细管的封口端，取一滴进行精液活率检查，活率达0.3以上的精液方可装入细管输精器中。

（3）性控精液的准备　由液氮罐内迅速取出一支性控冷冻精液，将其立即投入36～37℃热水或36.5℃的恒温水浴锅内，待精液全部溶化取出。

注意事项：一是精液解冻后必须保持所要求的温度，严防温度出现回升或回降；二是冷冻精液解冻后不宜存放时间过长，应在15 min内输精。

4.输精人员的准备

输精人员的指甲须剪短磨光，洗涤擦干，用75％的酒精消毒，手臂也应消毒，消毒手臂后戴上长臂形的塑料手套,用水或润滑剂涂抹手套。

5.输精操作

直肠把握子宫颈深部输精法,是目前普遍采用的输精方法。输精员一手五指合拢呈圆锥形,左右旋转,从肛门缓慢插入排净宿粪,寻找并把握住子宫颈口处,同时直肠内手臂稍向下压,阴门即可张开;另一手持输精器,从阴门先倾斜向上插入阴道 5～10 cm,再向前水平插入抵子宫颈外口,再稍向下方缓慢推进,右手从肛门插入直肠,隔着直肠壁寻找子宫颈,将子宫颈半握在手中并注意握住子宫颈后端,使输精管送至子宫颈深部 2/3～3/4 处,然后注入精液。输精完毕,稍按压母牛腰部,防止精液外流。在输精过程中如遇到阻力,不可将输精器硬推,可稍后退并转动输精器再缓慢前进。如遇有母牛努责时,一是助手用手掐母牛腰部;二是输精员可握着子宫颈向前推,以使阴道肌肉松弛,利于输精器插入。青年母牛子宫颈细小,离阴门较近;老龄母牛子宫颈粗大,子宫往往沉入腹腔,输精员应手握宫颈口处,以配合输精器插入。

在使用直肠把握输精法时必须要掌握的技术要领:适深、慢插、轻注、缓出,防止精液倒流或回吸。

(1)输精部位　一般要求将输精管插入子宫颈深部输精,即在子宫颈的 5～8 cm 处。

(2)输精量与有效精子数　与所用精液类型有关,如用常温精液,则输精量一般为 1～2 mL,有效精子数应在 3 000 万～5 000 万个;如用冷冻精液,则输精量只有 0.25 mL,有效精子数为 1 000 万～2 000 万个。一个发情期输精 1～2 次,每次用一个剂量精液。

(3)输精时间　从行为上看,当发情母牛接受其他母牛爬跨而站立不动时,再向后推迟 12～18 h 配种效果较好;从流出黏液分析,当黏液由稀薄透明转为黏稠微浑浊状。可用拇指和食指蘸取少量黏液,若牵拉 5～7 次不断(距离 5～7 cm),此时母牛已接近排卵,应在之后 3～4 h 输精。最可靠的方法是通过直肠检查,在发情末期,此时母牛拒绝爬跨,卵泡增大,直径在 1.5 cm 以上,波动明显,泡壁薄,有一触即破的感觉,此时适宜配种。

在生产中,如果在一个发情期输精一次,一般在母牛拒绝爬跨后的 6～8 h 内输精受胎率较高。通常在早上发现牛发情的,应在下午输精;在下午发现发情的,应在次日早晨输精。如果在一个发情期输精两次,可在母牛接受爬跨后 8～12 h 进行第一次输精,间隔 8～12 h 后再进行第二次输精。若上午发现母牛发情,则下午 4～5 点进行第一次输精,第二天上午进行第二次输精;若下午发现母牛发情,则在第二天上午 8 点左右进行第一次输精,下午进行第二次输精。为了做到适时配种,应仔细观察牛群,及时检出发情牛,最好能掌握每头牛的发情规律(发情周期、发情持续期和排卵时间),使输精时机更合适,受胎率更高。

(4)输精结束　输精完毕,将所用器械清洗消毒备用。

6.记录

每次输精后应及时按 DHI 要求填写配种记录。内容包括:母牛号、发情日期、开始观察到发情的时间、产后第几次发情、第几次配种、发情症状及表现程度、子宫状况、卵泡侧卵巢和卵泡位置及发育程度、与配公牛、输精时间、输精量、精子活率、排卵时间、操作人等。

【知识拓展】

配种方法

牛配种方法中除人工授精法外,还有比较原始的自然交配法。自然交配法是任公牛与母牛直接交配的方法。常用的自然交配法又分为本交和人工辅助交配两种。

1. 本交

在20～40头母牛群中放入一头种公牛，任其自然交配。这种方式常用于粗放管理的草原或山区，是最省人力的一种方式。但公、母牛在组群前必须保证是没有患生殖道疾病的个体。配种季节结束后，将公牛隔离，单独喂养。一般母牛的配种使用年限为9～11胎，公牛为5～6年。

2. 人工辅助交配

在没有人工授精的条件下，配种站配备一定数量的公牛，为来站的母牛配种。在人工辅助交配的情况下，应做好母牛的外阴部清洗和消毒，也要做好公牛阴茎和包皮的洗涤工作。

任务4 妊娠诊断

【任务描述】

根据母牛妊娠时体内生殖激素和生殖器官的内部变化及外部表现，对牛是否妊娠作出准确判定。

【任务分析】

通过对妊娠母牛体内生殖激素变化规律的了解及生殖器官的内部变化的认识，并结合外部征状变化的观察，正确判断出母牛是否妊娠。

【任务实施】

做好母牛早期妊娠诊断工作，可有效防止母牛空怀和对未孕牛及早进行配种。母牛输精后进行两次妊娠诊断，分别为配种后2～3个月和停奶前。妊娠诊断主要有外部观察法、直肠检查法、阴道检查法和超声波诊断法等，其具体实施方法如下。

1. 外部观察法

母牛配种后，如已妊娠，表现不再发情，行动谨慎，食欲增加，被毛光亮。另外，母牛妊娠后还表现为性情安静，膘情好转。经产牛妊娠5个月后腹围增大，泌乳量显著下降，脉搏、呼吸频率增加。妊娠6～7个月时，用听诊器可听到胎儿的心跳，一般母牛的心跳为75～85次，而胎儿的心跳为112～150次。初产母牛到妊娠4～5个月后，乳房、乳头逐渐增大，7～8个月后膨大更加明显。外部观察不能做早期妊娠诊断，并且只能作为一种辅助的诊断方法。

2. 直肠检查法

隔着直肠壁触诊子宫、卵巢及其黄体变化，以及有无胚泡（妊娠早期）或胎儿的存在等情况来判定是否妊娠，这是早期妊娠检查最为准确可靠的方法。在诊断时，对这些变化要随妊娠时期的不同而有所侧重；如妊娠初期，主要是子宫角的形态和质地变化；30 d后以胚胎的大小为主；中后期则以卵巢、子宫的位置变化和子宫动脉特异搏动为主。在具体操作中，探摸子宫颈、子宫和卵巢的方法与发情鉴定相同。

(1)母牛配种19～22 d，胎泡不易感觉到，子宫变化也不明显，若卵巢上有成熟的黄体存在则是妊娠的重要表现。

(2)母牛妊娠1个月时，两侧子宫大小不一，孕侧子宫角稍有增粗，质地松软，稍有波动，用手握住孕角，轻轻滑动时可感到有胎囊。未孕侧子宫角收缩反应明显，有弹性。孕侧卵巢有较大的黄体突出于表面，卵巢体积增加。

(3)母牛妊娠2个月时，孕角大小为空角的1～2倍，犹如长茄子状，触诊时感到波动明显，角间沟变得宽平，子宫向腹腔下垂，但可摸到整个子宫。

(4)母牛妊娠3个月时，孕侧卵巢较大，有黄体；孕角明显增粗(周径10～12 cm)，波动明显，角间沟消失，子宫开始沉向腹腔，有时可摸到胎儿。

3. 阴道检查法

根据阴道黏膜的色泽、黏液分泌及子宫颈状态等判断奶牛是否妊娠。母牛配种后30 d检查已妊娠的母牛，用开膣器插入阴道时阻力明显；打开阴道可见阴道黏膜干燥、苍白无光泽，子宫颈口偏向一侧，呈闭锁状态，有子宫颈塞。妊娠1.5～2个月时，子宫颈口及其附近即有黏稠的黏液，但量较少；在妊娠3～4个月后就明显增多，并且变得黏稠，如稀糨糊，呈灰白色或灰黄色；6个月后变得稀薄而透明，有时可排出阴门外，黏附于阴门及尾上。

4. 超声波诊断法

B超诊断法是利用超声波的物理特性和不同组织结构特性相结合的物理学诊断方法。50 s Tringa DownFire便携式超声波诊断仪是世界上最小最轻的超声波扫描仪。50 s Tringa DownFire的重量仅有800 g。在配种24 d后可检测到胎儿并能够确诊怀孕；在配种55～77 d可检测到胎儿性别。

妊娠诊断方法虽然很多，但直肠检查法是判断是否妊娠和妊娠时间的最常用而且最可靠的方法。通过利用B超仪器对母牛进行妊娠诊断，提高牛妊娠诊断的准确性将是今后养牛业发展的一种趋势。

任务5　分娩与接产

【任务描述】

妊娠期满，母牛把成熟的胎儿、胎衣及胎水排出体外的生理过程，即为母牛的分娩；接产是对分娩母牛和胎儿进行观察，并在必要时加以帮助胎儿产出的过程。

【任务分析】

通过对孕牛预产期的推算、分娩预兆的观察及生产中常见难产类型的掌握，能独立开展孕牛接产。

【任务实施】

一、分娩

1. 分娩征兆观察

分娩前约半个月，乳房迅速发育膨大，腺体充实，乳头膨胀，至分娩前1周变为极度膨胀，个别牛在临产前数小时至1 d左右，有初乳滴出。阴唇从分娩前约1周开始逐渐柔软、肿胀、增大，阴唇皮肤上的皱褶展平，皮肤稍变红；阴道黏膜潮红，黏液由浓厚黏稠变为稀薄滑润。子宫颈在分娩前1～2 d开始肿大松软，黏液塞软化，流入阴道而排出阴门之外，呈半透明索状；

骨盆韧带从分娩前1～2周即开始软化，至产前12～36 h，尾根两旁只能摸到松软组织，且荐骨两旁组织塌陷。母牛临产前活动困难，精神不安，时起时卧，尾高举，头向腹部回顾，频频排尿，食欲减少或停止。上述各种现象都是分娩即将来临的预兆，要全面观察综合分析从而做出正确判断。

2. 分娩过程

母牛分娩过程一般分为开口期、胎儿产出期和胎衣排出期三个阶段。

(1)开口期　指从子宫开始阵缩到子宫颈口充分开张为止，一般需2～8 h(范围为0.5～24 h)。特征是只有阵缩而不出现努责。初产牛表现不安，时起时卧，徘徊运动，尾根抬起，常作排尿姿势，食欲减退；经产牛一般比较安静，有时看不出有什么明显表现。在这一阶段不宜进行产道检查，否则结果只会干扰母牛正常分娩、增加生殖道感染概率和人为提高难产率。

(2)胎儿产出期　从子宫颈充分开张至产出胎儿为止，一般持续3～4 h(范围0.5～6 h)，初产牛一般持续时间较长。产科临床上的难产即发生在该期。若是双胎，则两胎儿排出间隔时间一般为20～120 min。特点是阵缩和努责同时作用。进入该期，母牛通常侧卧，四肢伸直，强烈努责，羊膜绒毛膜形成囊状突出阴门外，该囊破裂后，排出淡白或微带黄色的浓稠羊水。胎儿产出后，尿囊才开始破裂，流出黄褐色尿水。因此，牛的第一胎水一般是羊水，但有时尿囊可先破裂，然后羊膜囊才突出阴门破裂。在羊膜破裂后，胎儿前肢和唇部逐渐露出并通过阴门。伴随分娩的不断阵缩和努责，整个胎儿顺产道滑下，脐带则自行断裂。

(3)胎衣排出期　此期特点是当胎儿产出后，母牛即安静下来，经子宫阵缩(有时还配合轻度努责)而使胎衣排出。从胎儿产出后到胎衣完全排出为止，一般需4～6 h(范围0.5～12 h)。若超过12 h，胎衣仍未排出，即为胎衣不下，需及时采取处理措施。

二、接产

1. 接产前的准备工作

首先，临产母牛应在预产期前1～2周送入产房，以便使其熟悉产房环境，并能随时注意观察分娩预兆。产房应宽敞、光照充足，通风良好。产房地面铺上清洁、干燥的垫草，并保持安静的环境。其次，要准备好接产用具和药品。如脸盆、剪子等接产用具。以及2%～5%的碘酒、75%酒精等消毒剂。产房里最好还备有一套常用的已经消毒的手术助产器械(剪刀、纱布、麻绳和产科用具)，以备急用。另外，还应准备毛巾、肥皂和温水。第三，接产人员应当受过接产训练，熟悉牛的分娩规律，严格遵守接产的操作规程及值班制度。分娩期尤其要固定专人，并加强夜间值班制度，接产人员对分娩母牛后躯用消毒剂清洗消毒，并争取母牛左侧躺卧在产房适当位置，以避免胎儿受到瘤胃的压迫。

2. 接产方法

母牛分娩前要派专人值班，在正常分娩时，不要过早去帮助。

在产出期开始时，接产人员穿好工作服及胶围裙、胶鞋，并消毒手臂准备做必要的检查。

母牛正产时，胎儿两前肢夹着头先出，倒生时，两后肢先出，这时应及早拉出胎儿，防止胎儿腹部进入产道后，脐带可能被压在骨盆底下，造成胎儿窒息死亡。

当母牛开始努责、胎膜已经露出、胎儿的前置部分开始进入产道时，可用手伸入产道，隔着胎膜触摸胎儿的方向、位置及姿势是否正常。如果胎儿正常，正生时，应三件(唇及二前蹄)俱全,可等候其自然排出。除检查胎儿外,还可检查母牛骨盆有变形,阴门、阴道及子宫颈的松软扩张程度,以判断产道反常而发生难产的可能。如果方向、位置及姿势不正常,就应顺势将胎儿推回子宫矫正,这时矫正比较容易。

一般胎膜露出,胎儿的前蹄会将胎膜顶破,如果胎膜露出而未破,可以把它弄破,用桶将羊水接住,产后喂给母牛 3～4 次,可预防胎衣不下。但也不要过早撕破,以免胎水过早流失。

若母牛阵缩、努责微弱,应进行助产,用消毒过的助产绳缚住胎儿两腿系部,并用手指擒住胎儿下颌,随着母牛阵缩和努责时一起用力拉,当胎头经过阴门时,一人用双手捂住阴唇及会阴部,避免撑破。胎头拉出后,再拉的动作要缓慢,以免发生子宫翻转脱出。当胎儿腹部通过阴门时,将手伸到胎儿腹下,握住脐带根部和胎儿一起向外拉。胎儿产出后,如脐带还未断,应将脐带内的血液挤入犊牛体内,这对增进犊牛的健康有一定好处。断脐时,脐带断端不宜留得太长。断脐后,可将脐带断端在碘酒内浸泡片刻或在其外面涂以碘酒,并将少量碘酒倒入羊膜腔内。如脐带有持续出血,须加以结扎。

3.助产时机选择

出现下面情况中的任何一种情况时,都应立刻进行产道检查,以便确定具体情况、进行相应的治疗处理,否则将会贻误产道检查和助产的时机。

(1)当胎水排出后 1 h 仍未看见胎儿,则必须进行产道检查,确定胎儿胎位、胎势、胎向等情况。

(2)分娩过程行为表现异常;

(3)努责出现后 6 h,胎儿仍未能外露。因为胎儿大多在努责开始后 6～12 h 发生死亡。

(4)努责弱或停止。

(5)阴门外只露出一只腿。阴门外露出的二条腿明显一长一短。露出的二条腿掌心朝向相反。

(6)只看见胎儿的嘴或头而不前蹄;前肢露出较长时间后仍未看到嘴巴;产道外露出三条腿。

(7)流出的胎水腐败、恶臭。

对兽医而言,保证母仔双全和母牛繁殖机能健康,是母牛助产过程中同等重要的两个目标,母体繁殖机能的健康甚至比胎儿的存活更为重要 。

注意事项:

①接产工作一定要根据分娩的生理特点进行,不要过早过多地干预。

②在助产过程中,手及手臂有伤时不能操作。操作时先清洗手及手臂消毒并戴上一次性手套,以预防布病及其他人畜共患病。助产中要防止粗暴,切不可用力过猛,强拉胎儿,以防止子宫翻转脱出,并注意避免脐带断在脐孔内。

③助产时除挽救母牛和胎儿外,要注意保持母牛的繁殖力,防止产道的损伤和感染。为便于矫正和拉出胎儿,特别是当产道干燥时,应向产道内灌注大量滑润剂。

④为了便于矫正胎儿异常姿势,应尽量将胎儿推回子宫内,否则产道空间有限不易操作,要力求在母牛阵缩间歇期将胎儿推回子宫内。拉出胎儿时,应随母牛努责而用力。

⑤凡经过助产的牛,必须子宫投药预防感染。

三、产后监护

(1)产后 6 h 内,观察母牛产道有无损伤,发现损伤要及时处理。产后 12 h 内观察母牛的努责状态。母牛努责强烈时,要注意子宫内是否还有胎儿和有无子宫脱征兆,发现子宫脱要及时处置。

(2)产后 24 h 内,观察胎衣排出情况。产后 5 h 胎衣未下时,应予以处理。推荐方法:肌注催产素或前列腺素。产后 24 h 胎衣仍未下时,行剥离术或保守疗法。胎衣剥落后,检查胎膜是否完整,尤其要注意子宫角尖端的检查,如发现有部分绒毛膜或尿膜仍留在子宫内未排出,要及时向子宫内投药,以防残留胎膜腐败。产后 48 h 无异常情况时牛方可离开产房。

(3)产后 3 d 内,观察产道和外阴部有无感染,同时观察母牛有无生产瘫痪,并及时治疗。产后子宫复旧好坏和时间长短是影响产犊间隔的最主要因素。在产后 3 d 肌肉注射 $PGF_{2\alpha}$,产后 15 d 给牛子宫内注入 50%葡萄糖液 80 mL,间隔半个月再投入一次,可有效促进子宫复旧。

(4)产后 7 d 内,监视恶露排出情况。一旦发现恶露异常或急性炎症表现要立即诊治。

(5)产后 14 d,进行第一次产科检查。主要检查阴道黏液的洁净程度。发现黏液不洁时,较轻微的可先行记录,暂不处理,严重的进行治疗。同时,可进行子宫隐性感染的监测,具体方法:产后 14 d 内,用 4%苛性钠溶液 2 mL 取等量子宫黏液混合于试管内加热至沸点,冷却后根据颜色进行判定,无色为阴性,呈柠檬黄色为阳性。

(6)产后 30～35 d,进行第二次产科检查,主要通过直肠检查子宫恢复程度和卵巢机能状况,同时对第一次检查做先行记录的牛只进行复查。此次检查发现的子宫疾病,不论轻重均要治疗。

(7)产后 50～60 d,对一检、二检的治疗牛只进行复查,如未愈,继续治疗。对卵巢静止或发情不明显的牛只,采用诱导发情法催情处理。

总之,牛场应根据产后情况设立产后监控卡,把产后监控作为技术管理的一项常规内容。对母牛的发情、配种、妊娠、产犊等情况用专门的表格记录下来。从而使牛场的繁殖管理做到精细化、规范化和制度化。

四、难产预防

1. 注意配种管理

不要让母牛过早配种,由于青年母牛仍在发育,分娩时常因骨盆狭窄导致难产;在进行种间杂交时,个体较小的初配母牛不能输入大型品种公牛的精液或胚胎,以防止初生胎儿过大造成难产。

2. 合理的饲养

妊娠期间要进行合理饲养,防止母牛过肥、胎儿过大造成难产。

3. 安排适当运动

不但可以提高营养物质的利用率,使胎儿正常发育,还可提高母牛全身和子宫的紧张性,使分娩时增强胎儿活力和子宫收缩力,并有利于胎儿转变为正常分娩胎位、胎势,以减少难产、胎衣不下及产后子宫复位不全等的发生。

4.做好产前检查

在临产前及时对孕牛进行检查、矫正胎位也是减少难产发生的有效措施。

【资料卡】

家畜中牛发生难产的概率最高

孕牛在分娩的过程中，通常出现难产的概率要比其他家畜高。其主要原因在于牛的骨盆入口呈竖椭圆形，倾斜度小，骨盆底下凹，荐骨突出于骨盆腔内，骨盆侧壁的坐骨上棘很高而且斜向骨盆腔。因此，横径小，荐坐韧带窄、坐骨粗隆较大，妨碍胎儿的通过；同时，牛的骨盆轴是先向上再水平，然后又向上呈现为“S”形一条曲折弧线，胎儿通过较为困难，从而造成难产。

五、假死犊牛抢救

假死，即动物的生理功能（如心跳、呼吸等）处在极其微弱情况下的一种状态，从外表来看似乎已经死亡，但如能及时抢救仍有生还希望。

1.临床症状

口腔和鼻腔内充满黏液和羊水，黏膜呈紫蓝色，舌头垂于口外，呼吸微弱而急促，脉搏快而弱，但角膜反射仍然存在；严重时黏膜苍白，全身松软，角膜反射消失，呼吸停止，摸不到脉搏，但心脏仍有微弱跳动。

2.急救方法

(1)清除口腔、鼻孔内的羊水和黏液：方法是提举后肢抖动犊牛，拍打或轻度压迫胸腹部，促进黏液排出，并用纱布将口腔、鼻孔擦干净。也可将胶管插入鼻腔及气管内，吸出其中的黏液和羊水。

(2)诱发呼吸：用草秆刺激犊牛的鼻腔黏膜，有节奏地按压胸腹壁，使胸腔交替地扩张和缩小，同步拉推两前肢，使其向外扩张和向里压拢。也可捂住犊牛的嘴及一个鼻孔，每隔 6～8 s 通过橡胶管向另一鼻孔吹气 1 次，然后再按压胸壁，使空气排出。同时，可将酒精涂抹在牛犊的鼻内刺激其恢复呼吸。如果心跳刚刚停止，体外按摩心脏数分钟至 30 min。假死程度严重的，还应配合使用安钠咖、樟脑磺酸钠等强心剂和其他兴奋呼吸中枢的药物，如肾上腺素 3 mL，皮下注射或用 25%尼可刹米 1.5 mL，皮下注射。

(3)辅助治疗：经过抢救恢复了呼吸的犊牛，可静脉注射 10%葡萄糖 500 mL，纠正酸中毒时，静注 5%碳酸氢钠 100 mL，防止继发肺炎可肌肉注射抗生素。

【知识拓展】

妊娠期与预产期推算

从母牛配种受胎至胎儿产出的这段时间称为妊娠期。妊娠期的长短受品种、年龄、季节、饲养管理和胎儿性别等因素的影响。早熟品种比晚熟品种的妊娠期短；乳牛比肉牛、役牛短；青年母牛比成年母牛约短 1 d；冬春季分娩的母牛比夏秋季分娩长 2～3 d；饲养管理条件差的母牛比饲养管理条件优越的母牛妊娠期长，怀母犊比怀公犊的妊娠期短 1 d；怀双胎比怀单胎短 3～6 d。

为了做好分娩前的准备工作，必须较准确地计算出母牛的预产期。在利用公式推算时，若配种月份不够减，需借一年(加 12 个月)再减。若配种日期加 6 的天数超过 1 个月，则减去本月天数，余数移到下月计算(表 7-5-1)。

例一：A 奶牛配种日期为 2013 年 7 月 18 号，则预产期为：预产月份为 7－3＝4；预产日期为 18＋6＝24，则该牛的预产期为 2014 年 4 月 24 日。

例二：B 奶牛配种日期为 2013 年 1 月 27 号，则预产期为：预产月份为 1＋12－3＝10；预产日期为 27＋6－30＝3，则该牛的预产期为 2013 年 11 月 3 日。

表 7-5-1　不同品种母牛妊娠期及预产期推算方法

品种	平均妊娠期/d	妊娠期范围/d	预产期推算方法
奶牛	280	276～290	配种月减 3，配种日加 6
黄牛	280	276～290	配种月减 3，配种日加 6
水牛	300	295～315	配种月减 1，配种日加 2
牦牛	255	226～289	配种月减 4，配种日加 10

任务 6　现代繁殖技术的应用

【任务描述】

主要介绍同期发情、胚胎移植、胚胎分割、体外受精、克隆技术、性别控制等现代繁殖技术的基本内容。

【任务分析】

通过对生殖激素调节机理的理解及胚胎生物工程技术的学习，进一步了解牛的现代繁殖技术现状及未来发展趋势。

【任务实施】

一、同期发情

同期发情又称同步发情，即通过利用孕酮或前列腺素等外源激素处理，人为地控制并调整一群母牛在预定的一定时间内集中发情，以便有计划地合理组织配种。有利于人工授精的推广，按需生产牛奶，集中分娩，组织生产管理。同时，同期发情还可使处于乏情的奶牛出现正常的发情周期，提高繁殖率。另外同期发情可以使供体母牛和受体母牛的生殖器官处于相同的生理状态，为胚胎移植创造条件。

二、胚胎移植

胚胎移植又称受精卵移植，也称为“借腹怀胎”或“人工授胎”，其含意为将一头良种母牛的早期胚胎用冲洗子宫的方法取出，或是经体外受精获得的胚胎，移植到另一头生理状态相同的母牛体内，使之继续发育成为新个体的技术。提供胚胎的个体称为“供体”，接受胚胎的个体称为“受体”，通常仅将优良的母牛作为“供体”。

胚胎移植的基本过程包括：供体和受体的选择、供体和受体的发情同期化、供体母牛的超数排卵和受精及胚胎的采集、检出、鉴定、保存和移植等。

三、胚胎分割

家畜胚胎分割是 20 世纪 80 年代发展起来的一项生物工程技术。应用这项技术可以人为地将一枚胚胎通过显微手术分割成 2 个，甚至分割成 4 个或 8 个，经体外培养和移植后，以获取同卵双生或多生后代的方法。这是胚胎移植中扩大胚胎来源的一个重要途径。

四、体外受精

体外受精就是使精子和卵子在母体外实现受精而结合成为有生命合子的一种技术。1982 年在美国成功产下世界上第一头体外受精犊牛。目前，该项技术已在多种家畜和人类中获得成功。体外受精技术的主要操作程序包括精子的采集、精子的获能、卵子的采集和卵子的成熟、受精、受精卵培养和移植等。受精的成功与否，主要在于精子的获能和卵子的成熟这两个环节。

五、克隆技术

克隆(Clone)又称无性繁殖，是一个生物体或细胞通过无性繁殖而产生的一个群体，组成这种群体的每一个个体在基因型上应该都是相同的。动物克隆包括孤雌激活生殖、同卵双生、胚胎分割以及核移植等。通常所指的克隆大多为核克隆，它是通过显微操作、电融合等一系列特殊的人工手段，将供体核(胚胎分裂球或体细胞)植入成熟去核的卵母细胞(受体细胞)中，构成一个重组胚胎的过程。

六、性别控制

家畜胚胎的性别鉴定和后代性比例的控制，是现代畜牧科学研究和生产的重大课题之一。它对提高畜牧生产的经济效益有着十分重要的意义。

1. 胚胎性别鉴别

目前，胚胎性别鉴定主要是通过细胞学方法和免疫学方法两条途径。

(1)细胞学方法　用显微外科手术将胚胎内的细胞取出一些，在体外培养来观察 X、Y 染色体。10～12 d 的牛胚胎性别鉴定可靠性可达 70%左右。多态性(简称 RSP)，利用性染色体

DNA 酶谱进行性别的鉴定。RSP 对遗传育种水平的提高、缩短后裔测定的时间,具有重要意义。

(2)免疫学方法　用特异抗体来测定雄性胚胎细胞表面上的 H-Y 抗原(一种组织相容性抗原)。它是只有雄性细胞才能产生的特异蛋白抗原,这种特异蛋白是由 DNA 翻译在 Y 染色体上,而且是每个雄性细胞膜上有成千上万个这种翻译过来的复本。所以,测定这种蛋白比观察性染色体(DNA)更为灵敏,因为 DNA 只有一个复本。

2.后代性别比例的控制

近年来人们在控制后代性别比例方面,进行了一系列研究。大致可分为:处理精液(分离 X 精子、Y 精子)和控制环境因素使其有利于所需要精子受精。分述如下。

(1)处理精液(分离 X 精子、Y 精子)　近代研究证明,X 精子与 Y 精子在许多方面存在着一定差异。如 X 精子比 Y 精子头部大而圆,体及核也较大,Y 精子头部小而尖;X 精子与 Y 精子的 DNA 有含量差异,在牛方面差异为 3%～9%;精子膜的分布也有差异,Y 精子尾部膜电荷量较高,X 精子头部膜电荷量较高;Y 精子带有 H-Y 抗原,X 精子则无;Y 精子对 H－Y 抗原的抗力有反应,X 精子则无。利用 Q-M 法,发现染色体长臂末端的强荧光点,这些亮点称为荧光小体。用这种方法可以分离精子,也可用以鉴定其他方法分离的精子。但经过 Q-M 法处理的精子已被破坏而无受精能力。X 精子与 Y 精子的运动能力也不相同,Y 精子运动能力较强,在含血清蛋白的稀释液中呈直线前进运动。Y 精子较耐弱碱而不耐酸性,X 精子则较耐弱酸性而不耐碱性等。

其主要方法有:离心法、沉降法、过滤法、荧光色素标记法、电泳法、免疫法、流式细胞光度法等。但总结以上精子的各种分离方法,均尚未达到实用阶段。在有些方法及理论上也有争议。目前,国内外的研究正在继续开展,期待有较大突破。

(2)利用配种受精环境条件控制后代性别比例

①精氨酸法　日本黑木常春 1978 年以生理盐水稀释精氨酸分为高、中、低浓度,输精前 20～30 min 向阴道输入某一浓度溶液 1～2 mL,结果高、低浓度产雄性多,中等浓度的产雌性多。该方法具有取材容易、方法简单、操作方便、成本低廉、效果稳定等优点,便于在基层大面积推广。

②pH 与性别比例的关系　由于决定雄性的基因位于 Y 染色体上,含有 Y 染色体的精子耐酸性差,在微酸环境中精子活率很快下降;含有 X 染色体的精子,其耐酸能力相对较强。当解冻液的 pH 低于 6.8 时,含有 Y 染色体的精子活力减弱,运动缓慢,在它还未到达受精部位、并经获能后具有受精能力时,卵子可能已与含有 X 染色体的精子结合,故母牛妊娠后就多产母犊。如果解冻液 pH 高于 7 时,则含有 Y 染色体的精子活力增强,运动迅速,能较快地到达受精部位,与卵子结合的机会增多。所以,母牛妊娠后多产公犊。

【资料卡】

MOET

MOET (Multiple Ovulation and Embryo Transfer)指的是以超数排卵和胚胎移植技术为繁殖技术的育种体制。后来又产生了胚胎分割、未成熟卵培养、体外受精、体细胞克隆、DNA 遗传标记以及建立在胚胎生物工程技术和工艺上的家畜育种体制。这是胚胎生物工程和育种相结合的方法。

【资料卡】

JIVET 技术

JIVET(Juvenile In Vitro Embryo Transfer,牛羊幼畜超排技术)是集犊牛的超数排卵、卵母细胞体外成熟、体外受精、胚胎体外培养和胚胎移植等技术为一体的生物高技术体系。其技术关键是利用幼龄(8～10 周龄)犊牛进行超数排卵,然后对卵母细胞进行成熟培养,并用优质精液进行体外受精,受精卵进一步培养发育至囊胚,胚胎移植或冷冻保存的技术体系。

【学习自测】

一、选择题

1. 成年母牛年总受胎率一般要求不低于____。

A. 75%　　B. 80%　　C. 85%　　D. 90%

2. 奶牛的平均产犊间隔以 365 天为最好,尽量不要超过____。

A. 370　　B. 380　　C. 390　　D. 400

3. 总受胎率与产犊率之间的差异就是____。

A. 繁殖率　　B. 流产率　　C. 平均受胎率　　D. 平均繁殖率

4. 牛的预产期推算公式为____。

A. 月－3,日＋6　　B. 月－3,日＋15　　C. 月－2,日＋6　　D. 月－2,日＋15

5. 成年母牛的年繁殖率平均为____。

A. 85%。　　B. 75%。　　C. 95%。　　D. 65%。

6. 犊牛成活率指出生后____个月时成活的犊牛数占产活犊牛数的百分数。

A. 3　　B. 2　　C. 1　　D. 6

7. 生产中奶牛的发情持续时间平均为____ h。

A. 8　　B. 18　　C. 25　　D. 28

8. 生产中母牛最常用的发情鉴定方法为____。

A. 外部观察法并结合直肠检查综合判断　　B. 外部观察法

C. 阴道检查法　　D. 阴道检查法结合发情计步器监测

9. 用常规冷冻精液输精时要求每个输精剂量里含有的有效精子数为____万个。

A. 1 000～2 000　　B. 2 000～3 000　　C. 500～1 000　　D. 300～500

10. 中国荷斯坦牛母牛达到适宜配种年龄时的理想体重为______ kg,体高______ cm,胸围______ cm。

A. 350～400　122～126　148～152　　B. 300～350　122～126　148～152

C. 350～400　130～135　155～160　　D. 300～350　130～135　155～160

二、判断题

1. 年繁殖率是指年度内出生的犊牛头数占本年度内参加配种母牛头数的百分率。(　　)

2. 常规的细管冷冻精液与性控精液的解冻水温相同。(　　)

3. 总受胎率是指经过一次或多次配种后，妊娠母牛头数占全年应繁殖母牛头数的百分率。（　）

4. 母牛分娩开口期进行产道检查是完全没有必要的。（　）

5. 产科临床上的难产即发生在开口期。（　）

6. 冷冻精液解冻后，镜检时精子活率不低于 0.5 时，方可用于输精。（　）

7. 同期发情的激素处理，最常用的是孕酮和促卵泡素。（　）

8. 异性孪生母犊不能留作种用，公犊可以。（　）

9. 初配牛的人工授精受胎率通常高于经产母牛。（　）

10. 奶牛产奶量与繁殖力呈正相关。（　）

11. 阴道检查法是判断母牛是否妊娠和妊娠时间的最常用而又可靠的方法。（　）

12. 在对牛的接产过程中，手及手臂有伤时不宜操作。操作时应先进行手臂消毒并戴上一次性手套，以有效预防布病等人畜共患病。（　）

三、综合测试

1. 某犊牛刚初生时，口腔和鼻腔内充满黏液和羊水，舌头垂于口外，黏膜苍白，全身松软，角膜反射消失，呼吸停止，摸不到脉搏，但心脏仍有微弱跳动，出现此现象该如何救治？

2. 牛是所有家畜中发生难产率最高的，在生产中怎样才能及时准确地判断出牛出现了难产？当确认牛已出现难产时，应如何进行助产？

3. 某奶牛养殖户养了 52 头成年奶牛，其中有 13 头牛产犊已超过 4 个月，但仍未妊娠。请分析一下原因，并写出你的解决方案。

【课外学习指要】

1. GB 4143—84 中华人民共和国国家标准——牛冷冻精液.

2. 侯放亮. 牛繁殖与改良新技术. 北京：中国农业出版社，2005.

3. 陈伟生. 牛冷冻精液生产质量管理手册. 北京：中国农业出版社，2006.

项目八 疾病防治

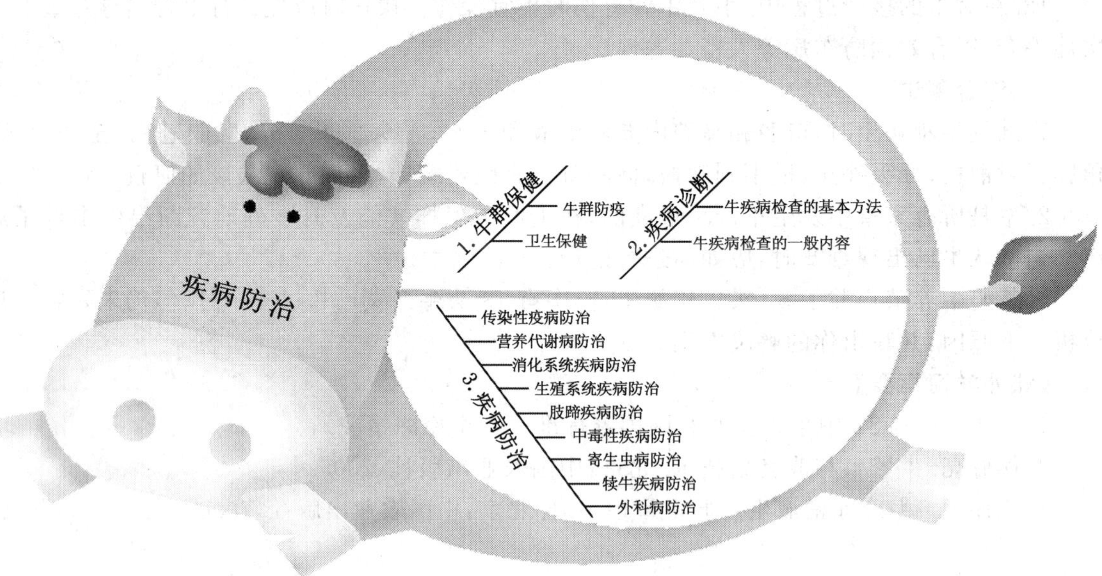

知识目标

- 熟悉牛的疾病发生与饲养管理的关系。
- 熟悉牛的正常生理指标和行为，掌握疾病的临床检查方法。
- 了解当地危害较大的牛疾病的流行规律，掌握其综合防制措施。

技能目标

- 能正确开展牛群防疫和卫生保健工作。
- 能够对牛疾病发生的原因做出正确分析，并进行准确诊断。
- 能够运用兽医诊疗器械、药物，对允许治疗的疾病进行正确治疗。

保证牛的健康是使养牛生产顺利进行和提高生产效益的一项重要措施。许多疾病的发生与饲养管理有着直接的因果关系，因此，一定要加强日常的饲养管理，并搞好保健工作。牛场保健工作的原则是防重于治，治疗相对于个体来讲是必要的，但就群体而言，预防则是控制疾病的最好方法。治疗病牛应看作只是在一定程度上相对减少损失的工作。

任务1　牛群保健

【任务描述】

牛群保健是指为保证牛群健康而使用的一系列技术手段和采取的措施。包括牛场的消毒、免疫、检疫、疫病扑灭与净化和卫生保健等工作。

【任务分析】

牛群保健主要由牛群防疫和卫生保健组成,完成该任务要严格执行牛场的消毒、免疫、检疫制度,杜绝重大疾病的发生。做好奶牛的乳房保健、蹄部保健、营养代谢病监控、繁殖障碍预防、瘤胃健康管理等工作能有效降低相关疾病的发生率,使牛场的效益最大化。做好疾(疫)病预防是该任务的核心工作。

【任务实施】

一、牛群防疫

牛场要严格执行国家和地方政府制定的有关动物防疫卫生法规。定期进行消毒,保持饲养环境清洁卫生,制订并执行科学的免疫程序。经常观察牛的精神状态、食欲、粪便等情况,及时防病、治病。按照动物卫生监督机构的要求做好检疫工作。

(一)严格执行消毒

1.环境消毒

牛舍周围环境包括运动场,每周用2%火碱消毒或撒生石灰一次;场周围及场内污水池、排粪坑和下水道出口,每月用漂白粉消毒1次。牛场和牛舍出入口必须设立消毒池,使用2%的火碱溶液(冬季加防冻盐)。消毒液要定期更换,保持有效浓度。一切人员、车辆进出门口时,必须从消毒池通过。

2.牛舍消毒

牛槽在饲喂后应彻底清扫干净,定期用高压水枪冲洗,并进行喷雾消毒或熏蒸消毒。每天清扫牛舍、运动场的粪便、污物,无害化处理。

3.人员消毒

工作人员进入生产区应更衣和紫外线消毒5 min,工作服不应穿出场外。外来参观者进入场区参观应彻底消毒,更换场区工作服和工作鞋,并遵守场内防疫制度。

4.用具消毒

定期对饲喂用具、料槽和饲料车(TMR搅拌车)等进行消毒,可用0.1%新洁尔灭或0.2%~0.5%的过氧乙酸消毒,日常用具如兽医用具、助产用具、配种用具、挤奶设备和奶罐车等在使用前应进行彻底消毒和清洗。

5.带牛环境消毒

定期进行带牛环境消毒,有利于减少环境中的病原微生物。可用于带牛环境消毒的药物有:0.1%的新洁尔灭,0.3%的过氧乙酸,0.1%次氯酸钠,以减少传染病和蹄病的发生。带牛环境消毒应避免消毒剂污染到饲料中。

6.操作性消毒

挤奶、助产、配种、注射治疗及任何对牛进行接触操作时,应先将牛有关部位如乳房、阴道口和后躯等进行消毒擦拭,以避免外源性感染。要对奶牛排泄物、流产胎儿、胎衣、死亡牛尸体进行无害化处理。产房每次产犊后都要消毒。

7.重视灭蚊、蝇、鼠工作

清除杂草和水坑等蚊蝇滋生地,定期喷洒消毒药物,或在牛场外围设诱杀点,消灭蚊蝇。定期投放灭鼠药,控制啮齿类动物,投放灭鼠药应定时、定点,及时收集死鼠和残余鼠药,做无害化处理。

8.消毒药物的选择与使用

消毒药物的选择应符合《无公害食品 畜禽饲养兽药使用准则》(NY 5030—2006)的规定。对人、牛和环境比较安全、没有残留毒性,对设备没有破坏和在牛体内不产生有害积累的消毒剂。可选用的消毒剂有:甲醛溶液、次氯酸盐、有机氯、有机碘、过氧乙酸、生石灰、氢氧化钠、高锰酸钾、硫酸铜、新洁尔灭、酒精等。牛常用消毒药物见表8-1-1。

表8-1-1 牛常用消毒药物

药品名称	常用浓度	作用和用途	注意事项
碘酊	2%、5%	2%注射部位消毒;5%外科手术部位涂擦消毒	棕色瓶中密封保存,本品不可与甲紫溶液、汞溴红等溶液混合使用
碘伏	0.5%、1%	0.5%用于奶牛乳头浸泡消毒;1%用于皮肤的消毒;治疗可直接涂擦	禁止与红汞等拮抗药物同用。碘伏原液应该室温下避光保存
硫酸铜	4%~7%	蹄浴液	
过氧乙酸	0.5%	喷雾熏蒸牛舍、食槽	本品稀释后不能久存,应现用现配,蒸气有刺激性
高锰酸钾	0.05%~0.1%	浸泡,皮肤及创伤消毒,洗涤口腔、阴道及深部化脓疮	不能和酒精、甘油等有机物或易被氧化物质一起使用,否则易发生爆炸
NaOH(烧碱)	2%~4%	发生病毒性疾病的牛舍、饲槽、场地消毒;10%~30%溶液用于芽孢菌污染物消毒	腐蚀作用强;消毒后饲槽应用清水冲洗干净后使用;空舍消毒使用热水溶液消毒效果好
生石灰	10%~20%	喷洒牛舍墙壁、天棚、地面	干燥处保存,现用现配
新洁尔灭	0.1%、0.001%~0.002%	0.1%溶液用于手和皮肤的消毒、外科器械消毒需浸泡30 min;0.001%~0.002%溶液用于冲洗黏膜及深部感染伤口	使用时不能接触肥皂、合成洗涤剂及盐类;配好的溶液最多保存1个月;颜色改变后禁止使用
漂白粉	0.5% 10%~20%	器具及饲槽等表面消毒 用于细菌、病毒污染的牛舍、场地消毒	保存于阴暗、干燥、通风处;现用现配;喷洒消毒时应做好个人防护
酒精	70%~75%	消毒皮肤及涂擦外伤	易挥发;不能杀灭芽孢型细菌
福尔马林	5%~10%	喷洒消毒牛舍、用具、排泄物;蹄浴	对皮肤、眼、鼻黏膜有刺激性,低于13℃时无抑菌效果

使用消毒药应根据消毒对象、不同病原及其特性，选择适宜的药物、浓度、作用时间和温度，确定合适的用药方法，如喷雾、泼洒、浸泡、涂擦、冲洗等。

(二)免疫

(1)有计划地给健康牛群进行免疫接种，可以有效地预防相应传染病的发生。兽医必须掌握本地区传染病特点和牛群的生产等情况，以便根据需要制订相应的免疫计划，适时地进行免疫接种。对国家兽医行政管理部门不同时期规定需强制免疫的疫病，疫苗的免疫密度应达到100%。根据免疫进行时机不同，可分为预防免疫和紧急免疫2类。

预防免疫是在经常发生传染病地区，某些传染病潜在地区，为了防患于未然，在生产中有计划地给健康牛群进行免疫接种。如牛的口蹄疫疫苗预防注射。

紧急免疫是在发生传染病时，为了迅速控制和扑灭疾病的流行，而对受威胁地区尚未发病的畜禽应用疫苗或血清进行的紧急接种。

(2)使用的疫苗应符合《中华人民共和国兽用生物制品规程》、《兽用生物制品质量标准》要求，同时也符合《无公害食品 畜禽饲养兽医防疫准则》(NY/T 5339—2006)的规定。布鲁氏菌病不免疫、实行检疫净化的措施。因疫情防控工作需要，确需免疫的，必须经过农业部批准。牛常用疫苗的保存和使用见表8-1-2。

表8-1-2 牛常用疫苗的保存和使用

疫苗名称	预防疾病	使用方法	保持期限	免疫期
无毒炭疽芽孢苗	炭疽	颈部皮下注射，1岁以上1 mL，1岁以下0.5 mL	2～8℃，有效期2年	注射后14 d产生免疫力，免疫期1年
Ⅱ号炭疽芽孢苗	炭疽	颈部皮下注射，1 mL	2～15℃，有效期2年	同上
牛口蹄疫A型灭活疫苗	牛A型口蹄疫(奶牛、种公牛)	肌肉注射，6月龄以上成年牛每头2 mL，6月龄以下犊牛每头1 mL	2～8℃，有效期1年	免疫期6个月
口蹄疫O型—亚洲I型二价灭活疫苗	牛O型—亚洲I型口蹄疫	肌肉注射，2 mL	冷藏(但不得冻结)	免疫期为4～6个月
口蹄疫O型、亚洲1型、A型三价灭活疫苗	O型、亚洲1型、A型口蹄疫	肌肉注射，1 mL	2～8℃，有效期1年	免疫期为6个月
气肿疽明矾菌苗	气肿疽	不论大小均皮下注射5 mL，6月内小牛在满6月时加强免疫一次。	2～8℃，有效期1年	注射后14 d产生免疫力，免疫期1年
牛出血性败血症氢氧化铝菌苗	牛巴氏杆菌病	体重100 kg以下5 mL，100～200 kg以上的牛10 mL，200 kg以上皮下或肌肉注射20 mL	2～15℃，有效期1年	注射后21 d产生免疫力，免疫期9个月，怀孕后期的牛不宜使用
破伤风明矾沉淀类毒素	破伤风	成年牛1 mL，1岁以下0.5 mL，颈中央上1/3处皮下注射	2～10℃，3年	注射后1个月产生免疫力，免疫期1年
牛流行热灭活疫苗	牛流行热	成年牛4 mL，6月龄以下犊牛2 mL，颈部皮下注射(3周后再注射一次)	2～8℃，有效期4个月	注射后15 d产生免疫力，免疫期6个月

(3)免疫程序和免疫方法适宜。每年至少需接种口蹄疫疫苗2次。新入场的疫苗,在大规模使用前,均应根据牛场免疫,适当进行小范围试验后大批使用。

(4)免疫实行免疫标识管理制度。凡国家规定对动物疫病执行强制免疫的,对按规定免疫过的奶牛必须加挂免疫耳标,并建立免疫档案。

给奶牛注射疫苗时应注意的事项:

①有明显的临床症状或患有疾病的奶牛、怀孕后期奶牛、体质瘦弱奶牛暂不注射免疫。

②疫苗使用前要检查其时效期,过期的疫苗不能使用。瓶塞松动、出现水乳分离的疫苗不能使用。色泽异常、瓶内有异物、发霉的疫苗均不得使用。

③疫苗使用前自然恢复到室温,疫苗在使用中避免日光直射。在使用前充分混合均匀,避免剧烈晃动,以免产生气泡,影响剂量的准确性。

④稀释或抽取疫苗时,切忌拔开瓶塞,应先用碘酊棉球消毒瓶塞,然后将消毒过的针头插入并固定在瓶塞上,将稀释液注入或吸取疫苗后拔出针头,再用浸有消毒液的棉球盖好针孔。吸出的疫苗不可回注于瓶内,针筒排气溢出的疫苗液应吸积于酒精棉球上,用过的一次性注射用品、酒精棉球、碘酊棉等应集中无害化处理。

⑤稀释冻干疫苗时,应严格按照说明书要求操作。当向瓶内加入稀释液时没有向瓶里吸气时,说明瓶内已非真空,该瓶疫苗废弃,不得使用。

⑥免疫接种过程,必须注意消毒剂不要与疫苗接触。注射部位须彻底消毒,注射剂量准确,避免打飞针。

⑦每瓶疫苗开启后,必须当天用完。应对使用的每批次疫苗留样2瓶,保存至少半年。

(三)检疫

(1)牛场要接受各级动物防疫监督机构的监督和疫病监测,按照《布鲁氏菌病防治技术规范》、《动物结核病诊断技术》(GB/T 18645)和《牛结核病防治技术规范》、《动物布鲁氏菌病诊断技术》(GB/T 18646)的要求,每半年进行一次全群布鲁氏菌病、结核病的净化工作。在健康牛群中检出的阳性牛应扑杀,深埋或火化;非健康牛群的阳性牛及可疑阳性牛可隔离分群饲养,逐步淘汰净化。

(2)兽医人员要定期对饲养的牛做健康检查,并详细填写健康记录,结合当地实际情况开展疫病监测,发现疑似疫病时要向当地动物防疫部门报告,协助诊断,并按有关规定处理。

(3)牛场应按《无公害食品 畜禽饲养兽医防疫准则》(NY/T 5339—2006)的规定、并符合所在地动物疫病监测方案的要求,定期开展口蹄疫、炭疽、蓝舌病、结核病、布鲁氏菌病等疫病的监测,同时注意监测我国已扑灭的疫病和外来病的传入,如牛瘟、牛海绵状脑病、牛传染性胸膜肺炎等。疫病检测每年不少于2次。

(4)省内异地引进牛必须经当地县级以上动物防疫监督机构审核批准,并且是来自非疫区的已取得《动物防疫条件合格证》的牛场,奶牛要有《奶牛健康证》、《动物产地检疫合格证明》或《出县境动物检疫合格证明》和《动物及动物产品运载工具消毒证明》,牛只运出前应按《反刍动物产地检疫规程》(农医发[2010] 20号)的要求进行产地检疫,口蹄疫、布鲁氏菌病、牛结核病、炭疽、牛传染性胸膜肺炎检测结果合格方可运出。

(5)从省外引进牛时应向引入省动物防疫监督机构报批、报验,按照《跨省调运乳用种用动物产地检疫规程》(农医发[2010] 33号)的要求,奶牛要做口蹄疫、布鲁氏菌病、牛结核病、牛传染性鼻气管炎、牛病毒性腹泻—黏膜病的检测。审核批准后方可调入。引入奶牛必须直接运至隔离场所，隔离观察 45 d，检疫合格无异常后，方可混群饲养。布鲁氏菌病免疫区的牛禁止向非免疫区调运。

(6)中国允许进口奶牛的国家有澳大利亚、新西兰和乌拉圭。从国外引进的奶牛按进口检疫程序进行 45 d 隔离检疫观察。口岸检验检疫机关对检疫合格的奶牛出具《动物检疫证书》和相关单证，准许入境。对检疫不合格的奶牛进行无害化处理。

(四)疫病扑灭与净化

牛场应根据监测结果，制定场内疫病控制计划，隔离并淘汰病牛，逐步消灭疫病。牛场发生疫病或怀疑发生疫病时，应依据《中华人民共和国动物防疫法》，立即向当地兽医行政管理部门报告疫情。确诊发生国家或地方政府规定应采取扑杀措施的疾病时，牛场必须配合当地兽医行政管理部门，对发病牛群实施严格的隔离、扑杀措施。发生传染病时，牛场应对发病牛群及饲养场所实施净化措施，对全场进行彻底的清洗消毒，病死或淘汰牛的尸体按《病害动物和病害动物产品生物安全处理规程》(GB 16548—2006)和《病死动物无害化处理技术规范》(农医发[2013]34 号)进行无害化处理，消毒按《畜禽产品消毒规范》(GB/T 16569—1996)进行。

(五)记录

牛场要建立规范的档案和记录，包括奶牛饲养档案、兽药使用及免疫接种情况、日常消毒措施、发病情况、实验室检查及结果、死亡率及死亡原因、无害化处理情况等。所有记录应有相关负责人员签字并妥善保存两年以上。

二、卫生保健

对于规模化牛场，必须把预防疾病的发生作为牛场卫生保健工作的重中之重。要加强饲养管理和卫生保健工作，提供全价合理的日粮，及时治疗和隔离发病牛只，重视环境因素，对牛实行个性化管理，从而有效降低牛群的发病率。

(一)乳房卫生保健

奶牛生产的最终目的是产高质量的奶，因此，保护好奶牛乳房在奶牛生产中就显得至关重要。为此应做好以下几个方面的保健工作。

1. 营养保健

保证奶牛产犊后的能量摄取，避免血液中升高的酮体降低吞噬细胞抵抗细菌入侵乳房的能力，补充足量的硒、维生素 A 和维生素 E。

2. 环境卫生

保证牛舍、运动场卫生干燥。经常用相关的消毒药进行消毒。牛床舒适松软。挤奶员必须保持个人卫生，指甲勤修，工作服勤洗，每挤完 1 头牛应洗手臂。待挤厅铺设橡胶垫。

3. 挤奶程序及方法正确

温和地对待泌乳牛，按照淋洗、擦干、按摩的顺序清洗乳头。使用 40～45℃温水，淋洗面积不要太大，避免乳房上部的脏物随水流下，集中到乳头，使乳头感染的机会增加。淋洗后用消毒过的干净毛巾擦干(一牛一巾)。然后按摩乳房,促使乳汁释放。这一过程要轻柔、快捷,建议在15～25 s内完成。废弃每一乳头的最初3把奶,对每一乳头进行药浴。擦干乳头挤奶,正确使用挤奶设备,避免乳房机械性损伤。挤奶后乳头药浴。

4.做好挤奶设备的维修与保养

坚持对挤奶系统的每日监测,对挤奶系统的所有零部件、橡胶制品应进行定期维修与保养,对老化、损坏的零部件要及时更换使其保持正常的工作状态。每年对挤奶系统进行彻底全面的评估2次。

5.积极预防和治疗乳房炎

在乳房炎流行季节(7～9月份),每月对泌乳牛进行一次隐性乳房炎的监测。干奶前10 d检测隐性乳房炎,治疗阳性或临床乳房炎,在停奶前3 d再检测1次,阴性方可停奶。干乳期间,采用长效抗菌素灌注乳房。预产前一周,开始药浴乳头,每天2次。

(二)蹄部卫生保健

牛的运动器官发病最多的部位便是蹄部。做好蹄部卫生保健工作能使奶产量提高1.5%～4%,提高奶牛使用年限,降低淘汰率。使养殖场的效益最大化。因此,在生产中一定要做好蹄部卫生保健工作。

1.营养合理

加强饲养管理,保证营养平衡。提供营养合理的全价日粮,特别注意矿物质、微量元素和维生素的补充。以防止瘤胃酸中毒引起蹄叶炎。

2.环境卫生

牛舍、运动场地面应保持平整、干净、干燥。及时清理粪便,保持牛舍污水顺利排除,运动场和通道无尖锐、硬杂物,以避免造成蹄底的伤害。

3.蹄浴

在挤奶厅出口的通道上设两蹄浴池,先清水池,后药液池,蹄浴池大小为长×宽×深=(3～5)m×0.75 m×0.15 m,一般用3%～4%福尔马林或4%～7%硫酸铜溶液交替使用。对干奶牛和青年牛清除趾间污物后,用药液喷蹄,每次蹄浴需进行2～3 d。当药浴液过脏时应及时更换新的药液。在舍饲情况下,蹄浴后,间隔3～4周再进行1次。

4.修蹄

每年对全群牛的肢蹄普查1～2次,春末夏初对牛群进行一次蹄修整。对蹄变形和蹄病的牛只应随时修整。要求修蹄人员熟练掌握修蹄技术,正确修蹄。对蹄病及时治疗。

5.加强选育

淘汰肢蹄有严重缺陷公牛,使用已知可以提高肢蹄质量的验证过的公牛精液。

(三)营养代谢病监控

奶牛的营养代谢病多发生在产犊前后及产乳高峰期,这与奶牛的生理特点、日粮结构、营养平衡、饲养管理关系密切。在生产上必须加强对营养代谢疾病的监控,改进饲养管理,做好预防工作,尽量避免或减少对奶牛健康和生产造成影响和损失。

1.加强管理

保持牛舍清洁、卫生、通风、采光良好,无冷、热应激,运动场干燥、宽敞,保证奶牛每天有足够的活动量。供应合理日粮,严格控制饲料质量。

2.定期进行血样抽查

定期监测牛群血液中的某些成分,可预报1个牛群的代谢性疾病的发生。每年高产牛在停奶时和产前10 d左右随机抽检30～50头高产牛做血钙、血磷、天门冬氨酸氨基转移酶等项目监测。根据分析结果,提出监测预报。

3.建立产前和产后酮体监测制度

产前和产后奶牛的健康,是影响奶牛产奶量的一个重要因素,故应对其加强检查。产前1周,产后一个月内每隔1～2 d监测一次,用奶牛血酮体检测仪进行尾静脉全血β-羟丁酸定量测定,以检测结果大于1.2 mmol/L为亚临床型酮血病诊断标准(也有资料将标准定为1.4 mmol/L)。也可隔日测尿pH,当其小于7.0,尿(乳)酮体阳性者,可静脉注射葡萄糖液和碳酸氢钠溶液。

4.营养补充

加强对临产牛监护,对高产、体弱、食欲不振的牛在产前1周可适当补20%葡萄糖酸钙1～3次,增强抵抗力。

5.高产期管理

注意奶牛高产期的护理,在产奶高峰时,可在日粮中添加干物质量1%～1.5%的碳酸氢钠。日粮含有21%～27%的淀粉和4%～6%的糖。青贮料控制在每天每头30～35 kg,保证优质干草日采食量不低于4～5 kg 。

6.特殊时期的控制

母牛围产期、干乳期、特别是妊娠后期不宜喂酸性的糟渣饲料和品质不良的青贮料。为防止干奶牛过肥,应限制或降低高能浓度饲料的进摄入。采用全混合日粮(TMR)法。同时日粮中也应补加一些碳酸氢钠、氧化镁、氢氧化钙等物质,以平衡日粮,产前21 d饲喂阴离子盐或阳阴离子差的饲料。

(四)繁殖障碍预防

高产奶牛给养殖者带来的效益要远大于中低产奶牛,但高产牛群的子宫、卵巢疾病和不孕症发病率较一般牛群高。为此,必须采取综合措施预防繁殖障碍性疾病的发生。

1.产前管理

牛在泌乳初期和产乳高峰期,由于能量负平衡可导致体重下降、影响卵泡发育和激素分泌,受孕率明显下降,因此一定要注意日粮营养全面、易消化,产前降低日粮钙的浓度,产前钙饲喂量为40～50 g/(头·d),钙磷比为1∶1,注意在围产期补充维生素A、维生素D、维生素E和微量元素硒,可有效减少胎衣不下和子宫复旧延迟。饲喂苜蓿的奶牛,应适当减少食盐量,并补阴离子盐,使尿液pH从8.0～8.5降至6.2～6.8水平。避免霉菌毒素污染饲料对奶牛造成流产。

2.产房管理

产房管理是奶牛健康管理的重点。接产人员必须培训合格后才能上岗,大型奶牛场的产房要24 h有人值守。产房应保持安静,干燥、通风良好,无贼风,冬季应保温良好。每周进行一次大扫除和大消毒。当牛出现临产征兆时,应尽快移至分娩牛床位。接产时遵守自然分娩为主,助产为辅的原则。难产时检查胎位、胎势,找到产力不足原因,提出方案并能合理解决,难产奶牛助产时操作应规范，接产器械严格消毒，防止产道损伤和感染。

3. 产后监护

产后及时清洗并擦干牛外阴、肛门、尾部、后躯及乳房等，清除褥草、胎衣(一经排出马上无害化处理)等污物，并铺好洁净褥草。产后 6 h 内，注意观察母牛产道有无损伤，发现损伤应及时处理。产后 12 h 内观察母牛努责情况，对努责强烈的母牛，要注意子宫内是否还有胎儿或有无子宫脱征兆，并及时处理。产后 24 h 内，观察胎衣排出情况。产后 3 d 内观察产道和外阴部有无感染，同时观察母牛有无生产瘫痪症状，并及时治疗。产后 10 d 内，应于早晚各测体温一次，监视恶露排出情况，发现恶露不正常或有隐性炎症表现，应立即治疗。产后 15 d，进行第一次产科检查，检查子宫复旧情况和阴道黏液的洁净程度；发现黏液不洁时，轻微的可先记录，暂不处理，严重的进行治疗。产后 35 d，进行第二次产科检查，直肠检查子宫恢复的程度和卵巢健康状况，并重视对第一次检查有异常征兆记录的牛进行复查。对检查中发现子宫疾病的牛，都要进行治疗。产后 50～60 d，对一检、二检的治疗牛进行复查，如未愈，应继续治疗。对卵巢静止或发情不明显的牛，采用诱导发情法催情处理。严格遵守人工授精的操作规程。

4. 建立繁殖记录档案

记录母牛的发情、配种、妊娠、产犊等情况。牛场应根据产后内容设立产后监控卡，把产后监控作为技术管理的一项常规内容。

(五)瘤胃健康管理

俗语说养牛养瘤胃，这是因为瘤胃功能的好坏可以影响奶牛的产奶性能、繁殖性能、免疫性能等其他所有的功能，因此瘤胃健康管理是牧场管理的核心。其中维持瘤胃 pH 的稳定是管理奶牛瘤胃的关键。

1. 提供稳定的饲料来源

瘤胃微生物对日粮变化的适应需要 1 周的时间，饲料来源的经常变化将破坏瘤胃环境的 pH 的恒定，导致奶产量下降。采用全混合日粮(TMR)法，同时日粮中补加缓冲剂避免酸中毒。小苏打是缓冲剂的首选，一般添加量占干物质采食量的 1%～1.5%。对于高产奶牛，可在此基础上再添加 0.3%～0.5%的氧化镁。

2. 保证粗纤维采食

奶牛日粮中要求至少含有 15%～17%的粗纤维。一般高产奶牛日粮中要求粗纤维超过 17%，干乳期和妊娠末期牛日粮中的粗纤维为 20%～22%。粗纤维具有一定的硬度，能刺激瘤胃壁，促进瘤胃蠕动和正常反刍。通过反刍，瘤胃内重新进入的食团中混入了大量碱性唾液，因而使瘤胃环境的 pH 保持在 6～7，保证瘤胃内细菌正常繁殖和发酵。

3. 恰当使用宾州筛、粪便评分

用宾州筛对 TMR 日粮检查，对粪便进行评分，根据结果，调整日粮配方。

4. 加强饲养管理

避免饲喂变质的青草、青贮饲料、酒糟等饲料或冰冻饲料。减少应激的发生，如饥饿、疾病、创伤、剧烈疼痛等。此外，在兽医临床上，注意合理用药，避免药物对瘤胃内微生物区系破坏。

任务2　疾病诊断

【任务描述】

诊断就是当病牛的症状、体征、实验室检查符合某个疾病的诊断依据，而对此疾病做出病名的判断。不同的疾病有不同的诊断依据。

【任务分析】

准确的诊断是进行疾病治疗的必备前提条件。牛的疾病诊断常用的方法有临床症状诊断、实验室诊断、手术探查诊断和治疗诊断等。完整的临床诊断应包括病因、病理形态和病理生理3方面的内容。对疾病要做出准确的判断，首先要明确疾病检查程序、内容及方法，并且要熟悉牛只的各项正常生理指标及行为，掌握牛正常生理状态下的体温、呼吸、脉搏等数值，能借助兽医器械对表现异常牛只进行检查，提出诊断结论。该任务主要是使学生全面掌握牛疾病的诊断方法。

【任务实施】

一、牛疾病检查的基本方法

作为兽医技术人员在对牛进行临床检查前必须熟知牛的正常生理行为，并与繁育和饲养技术人员经常性沟通或看生产报表，以了解所检查牛当前的生产周期和饲喂状况。以免出现诊疗失误。

在检查病牛时，一般应用问诊、视诊、触诊、叩诊、听诊和嗅诊，六种基本检查方法，去搜集症状，进行综合分析。

1.问诊

问诊就是以询问的方式，听取病畜所有者或饲养人员关于病牛发病情况和经过的介绍。

2.视诊

视诊是用视觉观察牛群和个体的发育程度，营养状况，躯体结构，胸腹与肢体的匀称性等。先距离病牛一定距离（2 m），观察判断其精神及体态、姿势与运动、行为，然后再做细致的检查，发现其体表组织的病变，检查与外界直通的体腔，观察其黏膜的完整性和颜色变化，注意其分泌物、排泄物的数量、性状，再行牵遛，以发现运动过程和步态的改变。

3.触诊

是通过检查者手的感觉进行判断的一种诊断方法。多用指腹和掌指关节掌面检查可疑部位。一般可用来检查动物的体表、浅在动脉、胃、直肠。判断胃肠内容物的多少、性状，腹腔的状态（腹水），也可对动物机体某一部位给予机械刺激，并观察其对刺激所表现的反应。

4.叩诊

是用手指或器械对牛体表进行叩击，根据所产生的震动和声响，来判断被检部位的脏器有无异常的一种检查方法。几乎所有的胸腹腔器官都可作为叩诊检查的对象。检查时，一手持叩诊板，将其紧密贴于被检查的部位上，另一手持叩诊锤，用腕关节做轴上下摆动，使之垂直的向叩诊板上叩击2～3下，以分辨其产生的音响。

5. 听诊

听诊是用耳朵听取机体各部位发出的声响，而判断其正常与否的一种检查法。多用听诊器进行听诊。听诊包括听牛的咳嗽、呃逆、嗳气、呼吸、心脏跳动、胃肠蠕动、呻吟、喘息、骨摩擦音、关节活动音、鸣叫等声音。判断其频率、强度、性质和病理性音响。

6. 嗅诊

嗅诊是以检查者的嗅觉判断来自病牛的异常气味的方法。嗅诊时将病牛散发的气味扇向自己的鼻部，然后仔细的判断来自皮肤、黏膜、呼吸道、排泄物、脓液等病理性产物的气味。

二、牛疾病检查的一般内容

(一)整体状态检查

1. 体格与发育

体格与发育可根据骨骼与肌肉的发育程度判定。发育不良多见于营养不良以及一些慢性消耗性疾病(如传染病、寄生虫病等)。

2. 营养程度

营养的好坏根据肌肉的丰满程度以及皮下脂肪的蓄积量而定。可划分为良好、中等及不良三类。

3. 精神状态

牛在静止时安定，运动时灵活，经常注意外界，对刺激反应敏捷。当中枢神经系统机能障碍时，表现出兴奋或抑制。

4. 姿势与体态

牛在相对静止或运动时其姿态表现。如起卧异常、站立异常、跛行、强迫卧位等，可为诊断某些疾病提供重要的线索。

(二)被毛、皮肤及皮下组织的检查

1. 被毛

正常被毛应平整有光泽，不易脱落。营养不良，慢性消耗性疾病均可导致被毛失去光泽、蓬松、粗乱等。皮肤寄生虫病、湿疹、缺锌等可出现局部脱毛。

2. 皮肤的温度、湿度及弹性

(1)温度　检查皮温一般用手背触之。皮温升高是全身发热的结果；局部增温是炎症反应的表现。皮温下降，多是衰竭症、大失血、重度贫血或严重脑病所致。

(2)湿度　皮肤湿度主要受汗腺分泌影响。牛多汗主要见于高热性疾病、中暑、中毒。牛鼻镜在正常情况下湿润有水珠，一旦鼻镜干燥，则表示健康受到影响，如发热、重度消化不良及全身性疾病。

(3)弹性　用手将颈部侧面的皮肤提起并旋转90°，松开后很快恢复原状，表明皮肤弹性良好，弹性减退主要见于脱水。老龄牛会出现生理弹性减退。

3. 皮肤及皮下组织的肿胀

(1)水肿(非炎性肿胀) 多发生于胸腹下、阴囊、四肢末端、牛的垂肉等部位。轻压呈面团样硬度并留压痕,无痛无热。见于重度贫血、衰竭、心衰、肾炎。牛的严重胸腹及颈部垂肉水肿,提示创伤性心包炎。

(2)炎性肿胀 多为局部性,触之敏感,有热、疼反应,易鉴别。

(3)气肿 常见于肘后、颈侧处,按压有捻发感,无热痛反应,主要见于间质性肺气肿或外伤。如深部组织感染厌氧菌时,也出现气肿。

此外还有血肿、淋巴外渗、创伤、溃疡、皮肤疹块、肿瘤与疝等,在检查中应予以注意。

(三)体温、脉搏及呼吸数的测定

1. 体温

牛的正常体温及变动范围:犊牛 38.5～39.5℃,奶牛 38～39.2℃,水牛 36～38.5℃。一般健康牛的体温上午较低,午后稍高,其昼夜温差变动在 1.0℃以内。

体温测定的方法:测温时,先将温度计甩至 35.0℃以下;用消毒棉清拭之并涂以润滑剂,测温人员用一手将动物尾根部提起并推向对侧,另一手持体温计经肛门徐徐插入直肠中,并固定于尾侧,停留 3～5 min,取出擦拭后,记录读数,然后甩水银柱至35.0℃以下,消毒备用。

根据体温升高的程度可分为微热、中等热、高热及最高热。

微热:体温升高 0.5～1.0℃,仅见于局限性的炎症及轻微的病症时,如感冒、口腔炎等。

中等热:体温升高 1～2.0℃,见于消化道、呼吸道的一般性炎症及某些亚急性、慢性传染病,如胃肠炎、支气管炎、牛结核等。

高热:体温升高 2～3.0℃,见于急性感染性疾病与广泛性的炎症,如大叶性肺炎等。

最高热:体温升高 3.0℃以上,见于某些严重的急性传染病及内科病,如炭疽、中暑等。

根据体温曲线的变化可将发热分为以下 5 种热型。

稽留热:高热持续数天或更长时间,且每昼夜温差在 1.0℃以内。临床常见于传染性胸膜肺炎、犊牛副伤寒等急性热性传染病。

弛张热:体温升高后维持时间较长,昼夜温差在 1.0℃以上,而不降至常温。临床上常见于小叶性肺炎、许多化脓性疾病及败血症等。

间歇热:发热期和无热期有规律地相互交替,间歇时间较短且重复出现的一种热型。临床上常见于焦虫病、慢性结核病等。

回归热:与间歇热相似,只是发热期和无热期间隔的时间较长,并且发热期和无热期的出现时间大致相同。

不定型热:体温变动极不规则,无一定规律。见于许多非典型的疾病。

体温降低:体温低于常温的下限,见于老龄、重度营养不良、严重贫血的病畜,也可见于中毒、内脏破裂以及多种疾病的濒死期等。

2. 脉搏及心跳次数的检查

牛的脉搏检查在尾动脉,检查者站于牛的正后方,左手将牛尾稍举起,右手拇指放于尾根部背面,食指、中指在距尾根 10 cm 左右处的腹面检查。计算 1 min 的脉搏数。

健康牛每分钟的脉搏次数的正常数值(次/min)及变动范围如下:

犊牛 72～100 次/min，青年牛 70～90 次/min，成年牛 60～80 次/min，水牛 40～60 次/min。脉搏次数增多，见于呼吸器官疾病、热性病；脉搏次数减少，见于引起颅内压增高的脑病、胆血症、某些中毒性疾病等。多种环境因素和牛的状态（运动、采食等）均可影响脉搏次数。

3. 呼吸次数的测定

检查应在牛安静状态下进行。检查者站在牛的前侧面，观察牛胸、腹壁的起伏动作或鼻翼的开张动作，一起一伏或开张一次为一次呼吸，也可将手背放在鼻孔前方来感觉呼出的气流，在寒冷的冬季，可直接观看鼻孔呼出的热气来测定呼吸数。一般计数 1 min 的呼吸次数。

健康牛的呼吸次数（次/min）及正常变动范围：犊牛 20～40 次/min，成年牛 18～28 次/min，水牛 10～40 次/min。

正常的呼吸次数、深度受多种环境因素（气温等）和牛的状态（运动等）影响。呼吸次数增多，见于呼吸器官疾病，多数的热性病，心脏衰弱及贫血、失血性疾病，腹内压显著升高或胸壁疼痛的病理过程，脑及脑膜充血，炎症的初期及某些中毒性疾病（如亚硝酸盐中毒）等。呼吸次数减少，见于脑室积水等引起的颅内压显著升高，某些中毒与代谢紊乱，上呼吸道高度狭窄等。

（四）可视黏膜检查

可视黏膜包括眼结膜、鼻黏膜、口腔黏膜和阴道黏膜等，但在一般检查时，仅做眼结膜检查。检查眼结膜时，两手握住牛角并向一侧扭转，使牛头偏向侧方，即可露出结膜和巩膜。也可用大拇指将下眼睑压开，观察结膜。健康的牛眼结膜呈淡粉红色。病理变化有如下几种。

潮红：潮红是血液循环障碍的表现。普遍呈红色，见于热性病、结膜炎、肠炎及各种急性热性传染病等。

苍白：苍白是贫血的表现。急速苍白并伴有其他变化，见于大失血，肝、脾破裂；逐渐苍白，见于慢性营养不良或消耗性疾病，如营养性贫血、肠道寄生虫病等。

发绀：是血液中还原血红蛋白增多的结果，是机体缺氧的表现，见于肺水肿、上呼吸道狭窄、心力衰竭、亚硝酸盐中毒等。

黄染：是血液内胆红素增多的结果，见于肝炎、胆管阻塞及溶血性疾病等。

出血：结膜呈点状或斑点状出血，是血管壁通透性增大的结果，见于某些传染病和出血性疾病。

（五）浅在淋巴结的检查

可用视诊、触诊，必要时配合应用穿刺检查。注意其大小、温度、硬度、敏感性和移动性。对牛通常是检查下颌淋巴结、肩前淋巴结、膝上淋巴结和乳房上淋巴结。

急性肿胀并有热、痛反应，见于牛泰勒虫病。

慢性肿胀多无热、痛反应，较坚硬，缺乏移动性，见于结核病、放线菌病、白血病等。

淋巴结化脓表现为淋巴结显著肿胀，皮肤紧张，有热痛，脓肿成熟后，表面被毛脱落，触诊有波动感，最后破溃流出脓液。

任务3　常见疾病防治

【任务描述】

根据季节和牛所处生产阶段对常发疾病所采取的预防、治疗措施等。本任务主要包括了传染性疫病防制、营养代谢病防治、消化系统疾病防治、生殖系统疾病防治、肢蹄疾病防治、中毒性疾病防治、寄生虫病防治、犊牛疾病防治和外科病防治等9类疾(疫)病。

【任务分析】

能及时发现病牛异常表现，对发病原因做出正确分析，并根据临床症状做出初步判断，初步判定其是哪一类型疾病，根据情况需要可进一步采取剖检及实验室诊断，得出最终诊断结论，并制定出防制(治)措施。该任务主要是培养学生能独立进行牛的疾病预防和治疗。

【任务实施】

一、传染性疫病防制

(一)口蹄疫

口蹄疫是由口蹄疫病毒引起的以偶蹄动物为主的急性、热性、高度传染性疫病，世界动物卫生组织(OIE)和我国都将其列为一类动物疫病。

1.诊断方法

根据本病的流行特点，患病动物的口腔和蹄部有水疱和烂斑，死后剖检可见虎斑心病变等特点，可做出初步诊断。确诊需要进行病原学诊断。

(1)临床症状观察　特征是口、鼻、蹄及乳房等无毛部位出现水疱，水疱破裂后会形成溃疡、结痂，痂块脱落后形成斑痕。病牛首先是体温升高，精神抑郁，脉搏加快，结膜潮红，反刍减弱，流涎，跛行。奶牛在泌乳期发病后，产奶量会下降，乳房浮肿、触摸有疼痛感。怀孕奶牛有流产、产死胎等症状。新生犊牛发病较急，不形成水疱，表现高热、极度衰弱、心功能紊乱，有时可见腹泻，1～2 d后会因心肌炎而死亡。部分犊牛会不见任何症状而死亡，剖检可见瘤胃溃疡和心肌炎。潜伏期2～4 d，最长7 d左右。

(2)剖检变化观察　咽喉、气管、支气管和反刍动物前胃黏膜可见圆形烂斑和溃疡，皱胃和肠黏膜有出血性炎症。具有重要诊断意义的是心肌病变及心包膜有弥漫性点状出血，心肌切面有灰白色或淡黄色斑点或条纹俗称“虎斑心”，质地松软呈熟肉样变。

2.防制措施

①改进饲养方式和饲养环境，提高饲养管理水平，这是预防口蹄疫的根本措施。

②建立健全卫生防疫制度并认真执行，自觉遵守检疫规章制度。

③定期接种口蹄疫疫苗。疫苗种类：口蹄疫O型-亚洲Ⅰ型二价灭活疫苗、口蹄疫A型灭活疫苗。常规免疫每年可接种2～4次。建议：每间隔4个月免疫一次，一年3次。犊牛90日龄初免，剂量为成年牛的一半，间隔1个月进行一次强化免疫，以后每隔4个月免疫一次(也可

根据当地疫控部门的要求免疫）。两种疫苗同时接种如有副作用，可间隔两周。疫苗接种率应达到100%，免疫接种后21 d，免疫抗体护率不低于70%，液相阻断ELISA的抗体效价≥26判定为合格。

④口蹄疫O型、亚洲Ⅰ型、A型三价灭活疫苗目前也已经开始使用，该三价灭活疫苗具有免疫效果好，免疫应激反应小，免疫应激反应死亡数量少等特点。使口蹄疫的免疫由一年4次变为2次，能有效降低兽医防疫人员工作强度。

疑似口蹄疫的防控要点：封锁、隔离，彻底消毒；隔离患病牛只，避免与健康牛接触；认真处理患病牛破损部位，做好抗菌消炎。

已发生口蹄疫时的措施：参照《中华人民共和国动物防疫法》、《重大动物疫情应急条例》及《口蹄疫防治技术规范》等国家相关法律法规处理。

①尽快确诊，并及时上报动物卫生监督机关，按国家有关法规，对口蹄疫进行防制。

②及时扑杀病牛和同群牛只，在兽医人员的严格监督下，对病牛扑杀和尸体、污染物无害化处理。

③严格封锁疫点疫区，消灭传染源，杜绝疫病向外散播。受威胁区紧急免疫接种。

④疫区内最后1头病牛扑杀后，经一个潜伏期的观察，再未发现新病牛时，经彻底消毒，报有关单位批准，才能解除封锁。

3. 病原特点

口蹄疫病毒属微核糖核酸病毒科中的口蹄疫病毒属，根据病毒的血清学特性目前已知有7个主型，即A、O、C、南非Ⅰ、南非2、南非3型和亚洲Ⅰ型。每型之间没有交互免疫反应，而其病毒抗原易发生变异，给防疫工作带来很大麻烦。病毒主要存在于水疱液、水疱皮、淋巴液及发热期血液内。病牛是主要的传染源，病毒污染物也是传染源。本病主要经呼吸道和消化道感染，也能经黏膜和皮肤感染。其可发生于一年四季。病毒在外界的存活力很强，耐干燥，在污染物中可保持传染性达数月之久。阳光曝晒、一般加热都可杀灭口蹄疫病毒，牛奶经巴氏消毒能使病毒丧失感染力。2%～4%氢氧化钠、0.2%～0.5%过氧乙酸、10%的石灰乳、20%漂白粉、3%～5%福尔马林等常用消毒剂均能杀灭口蹄疫病毒。

（二）布氏杆菌病

布氏杆菌病是由布鲁氏菌引起的一种人畜共患，接触性传染病。以生殖器官和胎膜发炎，引起流产、不育和各种组织局部病状为特征。我国将其列入二类动物疫病。

1. 诊断方法

根据流行病学调查，流产胎儿和胎衣的剖检变化，胎衣不下以及长期不育，关节炎，公牛睾丸炎等都有助于本病的诊断。确诊时按《动物布鲁氏菌病诊断技术》（GB/T 18646—2002）要求进行。

（1）临床症状观察　最显著症状是怀孕母牛发生流产，流产后可能发生胎衣不下和子宫内膜炎，从阴道流出污秽不洁、恶臭的分泌物。新发病的牛群流产较多；老疫区牛群发生流产的较少，但发生子宫内膜炎、乳房炎、关节炎、胎衣不下、久配不孕的较多。公牛往往发生睾丸炎、附睾炎或关节炎。

（2）剖检变化观察　主要病变为生殖器官的炎性坏死，脾、淋巴结、肝、肾等器官形成特征性肉芽肿（布病结节）。有的可见关节炎。胎儿主要呈败血症病变，浆膜和黏膜有出血点和出血斑,皮下结缔组织发生浆液性、出血性炎症。

2.防制措施

①应坚持自繁自养　加强饲养卫生管理,购牛时必须从非疫区、健康牛群中选择,而且要经过严格的反复检疫,无布氏杆菌病的健康牛才能购入。购进后经45 d隔离并用凝集反应等方法做2次检疫,检疫结果为阴性者方可入群,发现疑似牛只时要及时采取措施。

②定期检疫　每年春季或秋季对全群牛进行布氏杆菌病的实验室检验(每年至少1～2次),检疫密度不得低于90%,在健康牛群中检出的阳性牛应扑杀、深埋或火化。非健康牛群的阳性牛及可疑阴性牛可隔离饲养,逐步淘汰净化。牛在8月龄以上,第1胎产后半个月至1个月间进行检疫;对三种布病疫苗(S2、M5、S19)中任1疫苗免疫接种过的牛,在接种后18个月进行。

免疫地区:对新生牛、未免疫牛、免疫一年半或口服免疫一年以后的牛进行检疫。监测至少每年进行一次。

非免疫地区:检疫至少每年进行一次。所有的奶牛和种牛每年应进行两次血清学监测。

③严格消毒　流产胎儿、胎衣、羊水和阴道分泌物应深埋,被污染的牛舍、用具等用3%～5%来苏儿、10%～20%石灰乳或3%苛性钠消毒。同时,要确实做好个人的防护。

④预防免疫　农业部许可可以免疫的地区,使用布病疫苗S2株、M5株、S19株疫苗。使用方法按说明书规定。

疫情发生时严格按照《布鲁氏菌病防治技术规范》和《病害动物和病害动物产品生物安全处理规程》(GB 16548—2006)处置。

奶牛布氏杆菌病现在尚未允许治疗,感染牛的实验性治疗可用金霉素、链霉素或磺胺类药物,需坚持用药。

3.病原特点

本病的病原为布鲁氏菌。本菌是一种微小、近似球状的杆菌,革兰氏染色阴性。本菌对热抵抗力不强,60℃时30 min即可杀死,巴氏灭菌法10～15 min杀死。常用的消毒剂如3%来苏儿、2%氢氧化钠可在1 h内将其杀死;5%石灰乳需2 h、2%福尔马林需3 h将其灭活。但本菌对干燥抵抗力较强,在干燥土壤中,可生存2个月以上。本菌有很强的侵袭力,可从黏膜、皮肤侵入机体。流产的胎儿、胎盘和羊水内含有大量的病菌。本病常呈地方性流行。新发病牛群,流产可发生于不同的胎次,在常发牛群,流产多发生于初次妊娠牛。

(三)结核病

结核病是由结核分枝杆菌引起的一种人畜共患的慢性传染病,其病理特征为多种组织器官中形成结核性肉芽肿(结核结节),结节中心干酪样坏死或钙化。我国将其列入二类动物疫病。

1.诊断方法

当病牛不明原因逐渐消瘦、顽固性下痢、咳嗽、肺部异常、产奶量逐渐降低等,可怀疑为本病。确诊需参照《动物结核病诊断技术》(GB/T 18645—2002)。

(1)临床症状观察　临床通常呈慢性经过,以肺结核、乳房结核和肠结核最为常见。潜伏期一般为3～6周,有的可长达数月或数年。

肺结核:以长期顽固性干咳为特征,且以清晨最为明显。病牛容易疲劳,逐渐消瘦,病情严重者可见呼吸困难，肺部听诊有干性或湿性啰音。

乳房结核：一般先是乳房淋巴结肿大，继而后方乳腺区发生局限性或弥漫性硬结，硬结无热无痛，表面凹凸不平。产乳量下降，乳汁变稀，严重时乳腺萎缩，产乳停止。

肠结核：消瘦，持续下痢与便秘交替出现，粪便常带血或脓汁。

(2)剖检变化观察　在肺脏、乳房和胃肠黏膜等处形成特异性白色或黄白色结节。结节大小不一，切面干酪样坏死或钙化，有时坏死组织溶解和软化，排出后形成空洞。胸膜、肺脏可发生密集的结核结节，形如珍珠状。

2. 防制措施

①应该建立以预防为主的防疫、消毒、卫生、隔离制度，防止疫病传入，净化污染群，培育健康牛群。

②健康牛群，每年春季或秋季进行结核检疫，发现结核阳性病牛，应立即隔离或淘汰，引入牛时需严格进行产地检疫，检疫结果阴性方可引进，运回后隔离观察 45 d，再进行 1 次检疫，确认健康后方可混群。

③对非健康的牛群阳性反应牛应立即淘汰。疑似阳性反应牛隔离观察，复检，如仍为可疑，按阳性牛处理。其余牛按假定健康的牛群处理。对结核菌素反应阳性母牛所产犊牛，出生后只吃 3 d 初乳，以后则由健康母牛供养或吃消毒乳。犊牛应在 1 月龄、6 月龄、7.5 月龄时进行 3 次检疫，凡阳性牛应扑杀。如果呈阴性反应，而且无任何可疑临床症状的，可放入假定健康的牛群培育。

3. 病原特点

牛结核病的病原体主要是牛型结核杆菌，其次为人型结核杆菌和禽型结核杆菌。革兰氏染色阳性。感染的途径主要是经呼吸道和消化道感染，也可经生殖道、胎盘和损伤的皮肤黏膜感染。一般认为排菌的重症病牛是本病的主要感染源。本菌对外界环境抵抗力很强，但对热敏感，70～80℃经 5～10 min 即可死亡。除碘化物外一般消毒剂对结核杆菌杀菌力不大。

(四)炭疽

炭疽是由炭疽杆菌引起的一种急性、热性、败血性传染病。本病能传染给人和其他家畜，我国近年有人发病报道。世界卫生组织(OIE)和我国都将其列为二类动物疫病。

1. 诊断方法

病牛死亡后如果怀疑为炭疽，禁止剖检。可取末梢血液作血涂片镜检，若见有多量单个或成对有荚膜、两端平直粗大的杆菌，结合临床表现，可诊断为炭疽。实验室病原学诊断必须在相应级别的生物安全实验室进行。

(1)临床症状观察　本病主要呈急性经过，多以突然死亡、天然孔出血、尸僵不全为特征。

急性型：突然发病，体温 41℃以上，可视黏膜呈暗紫色，心动过速、呼吸困难，不久出现虚脱，濒死期天然孔出血。急性病例一般经 24～36 h 后死亡，亚急性病例一般经 2～5 d 后死亡。

慢性型：病牛颈、胸前、肩胛、腹下或外阴部常见水肿；皮肤病灶温度增高，坚硬，有压痛，也可发生坏死，有时形成溃疡；颈部水肿常与咽炎和喉头水肿相伴发生，导致呼吸困难。

(2)剖检变化观察　严禁在非生物安全条件下进行疑似炭疽尸体剖检。病死牛天然孔有血样泡沫液体流出，黏膜发绀、出血。皮下、肌间、咽喉等部位有浆液性渗出及出血。淋巴结肿大、充血，切面潮红。脾脏高度肿胀，达正常数倍。血液黑红色，凝固不良，黏稠似煤焦油状。

2.防制措施

预防本病的根本措施是建立严格的卫生(消毒)管理制度。各地根据当地疫情流行情况，按农业部制定的免疫方案，确定免疫接种对象、范围。使用国家批准的炭疽疫苗，并按免疫程序进行适时免疫接种，建立免疫档案。当发现疑似病例，应立即封锁发病现场，上报当地动物卫生监督机构。

3.病原特点

炭疽杆菌为革兰氏阳性菌，菌体对外界环境抵抗力不强，本菌在病牛体内和未剖开的尸体中不形成芽孢，但暴露于充足氧气和适当温度下能在菌体中央处形成芽孢。芽孢的抵抗力很强，在土壤中可生存20年以上且具有感染力，在干燥状态下可存活40年以上。草食动物对炭疽杆菌最易感，本病可以通过消化道、呼吸道及伤口感染，本病世界各地均有发生，一般呈散发性，但有时也可呈地方性流行，多发生于炎热多雨的季节。

(五)牛病毒性腹泻-黏膜病

牛病毒性腹泻-黏膜病是由牛病毒性腹泻-黏膜病病毒引起的一种急性、热性、接触性传染病。其特征是发热、鼻漏、腹泻、咳嗽、消瘦、白细胞减少、消化道和鼻腔黏膜发生糜烂和溃疡及淋巴组织显著损伤。我国将其列入三类动物疫病。

1.诊断方法

根据临床症状和食道特征性病理变化可做出初步诊断。本病确诊须进行病毒分离，血清中和试验及补体结合试验。在诊断时应注意与恶性卡他热、口蹄疫、水疱性口炎等相鉴别。

(1)临床症状观察　牛潜伏期自然感染为7～10 d，短的2 d，长的可达14 d。

急性型：多见于幼犊。体温升高到40～42℃，持续2～3 d，水样腹泻，粪带恶臭，含有黏液或血液。大量流涎、流泪，口腔黏膜(唇内、齿龈和硬腭)和鼻腔黏膜糜烂或溃疡，严重者整个口腔覆有灰白色的水煮样坏死上皮。妊娠牛可引起流产，木乃伊胎。

慢性型：较少见，病程2～6个月，有的达1年。病牛消瘦，呈持续或间歇性腹泻，里急后重，粪便带血或黏膜。鼻镜糜烂。蹄叶炎及趾间皮肤糜烂坏死，致使病牛跛行。

(2)剖检变化观察　鼻镜、鼻孔黏膜、齿龈、上腭、舌面两侧及颊部黏膜有糜烂及浅溃疡，严重病例在咽喉头黏膜有溃疡及弥散性坏死。特征性病变是食道黏膜糜烂，出现大小不等形状与直线排列。瘤胃黏膜偶见出血和糜烂，皱胃炎性水肿和糜烂。肠壁因水肿增厚，肠淋巴结肿大，小肠急性卡他性炎症，空肠、回肠较为严重，盲肠、结肠、直肠有卡他性、出血性、溃疡性以及坏死性等不同程度的炎症。

在流产胎儿的口腔、食道、皱胃及气管内可能有出血斑及溃疡。运动失调的新生犊牛，有严重的小脑发育不全及两侧脑室积水。蹄部趾间皮肤及蹄冠有急性糜烂性炎症或溃疡及坏死。

2.防制措施

必须采取检疫、隔离、净化、预防等综合性防制措施。主要应用弱毒疫苗和灭活苗进行免疫接种来预防本病，犊牛在断乳前后进行1次免疫接种，配种前3周再进行1次免疫接种，多数牛可获得终生免疫，但妊娠期不能进行接种。

本病目前尚无有效治疗方法，发病时应进行对症治疗和加强护理，增强其抵抗力。防止继发感染，应给予营养剂和抗生素药物。为了缓解其下痢引起的脱水症状要进行补液。

3.病原特点

牛病毒性腹泻-黏膜病病毒属于黄病毒科、瘟病毒属。病毒对外界环境的抵抗力很弱，56℃很快被灭活。常用消毒药能迅速杀死病毒，但在冻干状态下可存活数年。本病主要经消化道感染，直接或间接接触均可传染本病。病毒能够通过胎盘感染妊娠期为30～150 d的健康妊娠母牛，引起母牛流产、死产或者犊牛未成年死亡。幸存下来的犊牛对该病毒产生“免疫耐受”现象，并转化为持续感染牛。

(六)副结核病

副结核也称副结核性肠炎，是由副结核分支杆菌引起的仅次于牛结核病的一种慢性传染病。以顽固性腹泻和逐渐消瘦，剖检可见肠黏膜增厚并形成皱褶为特征。我国将其列入二类动物疫病。

1.诊断方法

根据本病的临床表现，如长期顽固性腹泻，渐进性消瘦和水肿等结合肠黏膜增厚，脑回样皱褶等剖检变化，一般可做出初步诊断。确诊需靠实验室诊断。注意与牛肠结核、牛沙门氏杆菌病等加以区别。

(1)临床症状观察　本病早期症状为间断性腹泻，体温正常，与其他腹泻疾病在临床症状上不易区分，经对症治疗后或者妊娠时可以短期控制症状，但遇应激反应后出现腹泻，经几次反复发作后，变为顽固性的腹泻，经14～21 d的间歇性下痢后很快恶化成持续性下痢，在下痢粪中含有明显的血液、气泡、黏液并伴有恶臭味，严重者呈喷射状下痢，对药物治疗不再敏感。症状也逐渐加重，被毛脱色、颌下和腹部出现水肿。被毛脱落，并出现明显消瘦，产乳量和乳汁质量下降或产乳停止，空怀期延长。到后期病牛出现食欲不振、眼球下陷、高度脱水等症状。

(2)剖检变化观察　病牛的尸体消瘦。主要病变在消化道和肠系膜淋巴结。空肠、回肠和结肠前段，特别是回肠呈现慢性肥厚性肠炎，回肠黏膜增厚3～20倍，发生脑回样皱褶，黏膜上面紧附有稠而混浊的黏液，但无结节和坏死，也无溃疡，肠腔内容物少。浆膜下淋巴管和肠系膜淋巴管常肿大，呈索状。浆膜和肠系膜显著水肿。肠系膜淋巴结肿大变软，切面浸润，上有黄白色病灶，但无干酪样病变。

2.防制措施

本病重点在于预防，在引进奶牛时，进行副结核病检疫，确认健康后方可引入，对本地感染的病牛进行及时检出、及时淘汰，对被病牛污染物，要用生石灰、来苏儿、氢氧化钠、漂白粉、石炭酸等消毒液进行喷雾、浸泡或冲洗。粪便无害化处理。

3.病原特点

副结核分支杆菌属于分枝杆菌属，为革兰氏染色阳性小杆菌。本菌对外界环境和消毒药有中等抵抗力。病菌可长时间在环境中存活。2%石炭酸溶液2 h、5%福尔马林溶液5 min、5%氢氧化钠溶液2 h可将其杀死。

副结核分枝杆菌主要引起奶牛发病，尤其是幼牛最易感染。副结核分支杆菌主要存在于病牛和带菌牛的肠黏膜和肠系膜淋巴结、粪、尿和乳液中，可大量的排出体外，本病的传播途径主要是采食了被污染的饲料、饮水。本病的传播比较缓慢，在感染初期不出现任何症状，经过6个月到数年的潜伏期后，由于不良因素的刺激，在牛体抵抗力降低的情况下才发病。高产牛的症状较低产牛严重。

(七)牛流行热

牛流行热是由牛流行热病毒引起牛的一种急性、热性传染病。其临床特征为突发高热、流泪、有泡沫样流涎、鼻漏、呼吸促迫、后躯僵硬、跛行,一般取良性经过,发病率高,死亡率低。我国将其列入三类动物疫病。

1. 诊断方法

本病的特点是大群发生,传播快速,有明显的季节性,发病率高,死亡率低,结合病牛的临床表现,不难做出诊断。但确诊本病,要分离病原,用已知血清作中和试验,或用已知病毒做病牛双份血清中和试验。

(1)临床症状观察　本病特征是突然发高烧 41～42℃,持续 1～3 d。同时并发剧烈的呼吸急促,肺部听诊肺泡音高亢,支气管音粗粝。精神沉郁,食欲减退,全身战栗、流涎、流泪、反刍停止,产乳量减少以至停止,待体温下降到正常后再逐渐恢复。病牛不爱活动,站立不动,强使行走,步态不稳,尤其后肢抬不起来,常擦地而行。病牛喜卧,甚至卧地不起,四肢关节轻度肿胀与疼痛,以致发生跛行。病牛有时出现便秘或腹泻,发热期尿量减少,排出暗褐色浑浊尿。妊娠牛可能发生流产、死胎。多数病例呈良性经过,病程 3～4 d,很快恢复,病死率一般在 1%以下,急性病牛可于发病后 20 h 内死亡。潜伏期 3～7 d。

(2)剖检变化观察　气管内积有大量的泡沫状黏液,肺间质气肿,有时会出现肺充血与肺水肿。肺气肿的肺脏高度膨隆,间质增宽,内有气泡,压迫呈捻发音。肺水肿病例胸腔积有多量暗紫红色液体,两侧肺肿胀,间质增宽,内有胶冻样浸润,肺切面流出大量暗紫红色液体。全身淋巴结充血、肿胀和出血。实质器官浑浊、肿胀。皱胃、小肠和盲肠呈卡他性炎症和渗出性出血。关节、腱鞘、肌膜发炎。流产胎儿体表有出血点。

2. 防制措施

在本病的常发区,除做好人工免疫接种外,还必须加强消毒,扑灭蚊、蠓等工作,切断本病的传播途径。发生本病时,及时隔离病牛,对假定健康的牛群及受威胁牛群可采用高免血清进行紧急预防接种。

本病尚无特效疗法,主要采取对症治疗来降低本病对生产的影响,如解热消炎、强心利尿、镇静、整肠健胃等措施。为防止脱水,可用葡萄糖生理盐水或复方生理盐水静脉注射。对呼吸困难者应及时应用强心利尿药物或采用放血疗法。对四肢疼痛、跛行的,可用水杨酸钠或安乃近、复方氨基比林等药物。对瘫痪病牛要加强护理,不时翻动位置,尽可能防止发生褥疮,可用盐酸士的宁类药物兴奋运动神经。重症病牛给予大剂量的抗生素,常用青霉素、链霉素,并用葡萄糖生理盐水、林格氏液、维生素 B_1 和维生素 C 等药物,静脉注射,每天 2 次。治疗时,切忌灌药,因病牛咽肌麻痹,药物易流入气管和肺内引起异物性肺炎。

3. 病原特点

牛流行热病毒属于弹状病毒科、暂时热病毒属的成员。本病毒耐寒不耐热,对低温稳定,4℃冻干和－70℃保存几年仍具有活性。病毒对酸碱敏感,一般的消毒药能杀死病毒。

本病主要侵害牛,不同性别、年龄的牛均可感染,高产奶牛症状较严重。病毒主要存在于病牛的血液中、呼吸道分泌物及粪便中。本病的发生有明显的季节性,主要于蚊蠓多生的季节流行,北方于 8～10 月,南方可提前发生,多雨潮湿容易流行本病。

【行业标准链接】

牛场常规监测疾病的种类要求

根据国家规定和产地及周边地区疫病流行状况，对于牛场应选择以下疫病进行常规监测：口蹄疫、炭疽、蓝舌病、结核病、布鲁氏菌病。

摘自《NY/T 5339—2006 无公害食品 畜禽饲养兽医防疫准则》

二、营养代谢病防治

（一）瘤胃酸中毒

瘤胃酸中毒是由于突然采食了大量含碳水化合物丰富的精料（谷物和豆类），或长期大量饲喂酸度过高的青贮饲料，从而引起瘤胃内以生成乳酸为主的异常发酵，使瘤胃内微生物的活性降低的一种急性消化不良综合征。

1. 诊断方法

主要是通过临床症状的观察进行诊断。

(1)临床症状观察　在临床上常表现为三种类型。

最急性型：病牛精神高度沉郁，极度虚弱，侧卧而不能站立，双目失明，瞳孔散大，体温低下、脱水、腹部显著膨胀，瘤胃蠕动停滞、内容物稀软或水样，瘤胃 pH 低于 5，无纤毛虫存活，循环衰竭，心跳 110～130 次/min，微血管再充盈时间延长，通常死于内毒素中毒引起的休克。

急性型：

①结膜潮红，微血管再充盈的时间延长，一般 2～3 s。

②全身症状，体温多正常或下降，脉搏增数，脉细弱，心跳加快(100 次/min)。

③食欲废绝，精神沉郁，瞳孔轻度散大，反应迟钝。

④磨牙虚嚼，不反刍，瘤胃膨满、蠕动音消失，触诊瘤胃（左侧）有弹性，冲击性触诊有震荡音，瘤胃液的 pH 在 5～6，无存活的纤毛虫。排稀软酸臭粪便，有的排粪停止。

⑤脱水明显，眼窝凹陷，血液黏滞，尿少色浓或无尿。

⑥后期出现明显的神经症状，步态蹒跚，或卧地不起，头颈侧屈曲，或后仰呈角弓反张样，昏睡或昏迷。若不及时救治，多在 24 h 内死亡。

亚急性型：

①结膜潮红。

②体温正常，脉搏加快(80 次/min)。

③食欲减退或废绝，瞳孔正常，精神委顿。

④微血管再充盈的时间延长。

⑤瘤胃中等充满，收缩无力，触诊瘤胃内容物呈生面团样或稀软，pH 在 5.5～6.5，有一些活动的纤毛虫。常继发或伴发蹄叶炎或瘤胃炎而使病情恶化，病程 24～96 h 不等。轻度脱水(4%～6%)全身症状明显。

(2)发病原因分析

①采食过量或误食大量易发酵产酸的精料,使瘤胃液 pH 降低,导致消化功能紊乱,并引起全身代谢性酸中毒。

②饲料配比不合理、饲养管理不善,突然变换饲料或长期饲喂低劣精料也能诱发该病。

2.防治措施

(1)预防措施 加强饲养管理,合理调配饲料。不要单纯饲喂大量易发酵产酸的碳水化合物类饲料及酸度高的青贮料和糟粕料,每天保证供给牛 4~5 kg 干草,并给予充足的饮水和适当的运动。在日粮中添加 2%碳酸氢钠、0.8%氧化镁等(按混合料量计算),以促进瘤胃正常的消化功能,预防酸中毒的发生。

(2)治疗方法 尽快彻底清除有毒的瘤胃内容物,制止产酸,纠正脱水和酸中毒,提高肝脏解毒能力,恢复胃肠机能。

清洗瘤胃,排除瘤胃内产酸发酵的内容物用 1∶5 石灰水上清液,1%氯化钠溶液或 1%碳酸氢钠溶液用粗胃管反复洗胃,直至瘤胃内容物无酸臭味,pH 呈中性为止。

缓解酸中毒,可用 5%碳酸氢钠注射液 1 500~2 000 mL 一次静脉注射,新斯的明或毛果芸香碱皮下注射。当上述方法无效时应及时实施瘤胃切开术,取出瘤胃内容物,用水冲洗瘤胃,然后接种适量健康的牛瘤胃液并给予健胃剂。

为预防继发蹄叶炎,可用扑尔敏 300 mg,肌肉注射;美洛昔康 15 mL,肌肉注射。出现休克症状时,用地塞米松肌肉或静脉注射。

(二)奶牛酮血病

奶牛酮血病是高产母牛产犊后 6 周内最常发生的一种以碳水化合物和挥发性脂肪酸代谢紊乱为基础的代谢病,临床上以精神异常、消化功能障碍、血酮、尿酮及乳酮增高为特征。

1.诊断方法

主要采用临床症状观察法。本病的主要症状是精神沉郁、食欲减退、奶量急剧下降、尿或奶呈现酮体阳性反应。

(1)临床症状观察 本病在临床上的特征性症状是呼出气、尿液和乳汁中有烂苹果气味,乳汁、尿液易形成泡沫。临床上可分为 2 种类型。

消耗型症状:临床上大部分是这种类型,此型多发生于分娩后的 2~4 周以内。病牛呈现顽固性消化障碍,厌食精料和青贮,只喜欢吃干草,体重迅速下降,腹围缩小。反刍减少,瘤胃蠕动减弱或消失。粪便硬少、附着伪膜或黏液。乳汁易形成泡沫,体温一般无变化,产奶量明显下降。

神经型症状:此型病牛兴奋,流涎,磨牙,狂躁、意识障碍。

(2)发病原因分析

①奶牛高产、能量负平衡:母牛分娩后的 4~6 周出现产乳高峰,但其食欲恢复到采食量的高峰在产犊后 8~10 周。在产犊后 10 周内,如能量和葡萄糖的摄入不能满足产乳消耗的需要,造成了奶牛血糖过低而引发酮病,所以高产奶牛酮病的发病率较高。

②日粮营养不平衡和供应不足:使机体的生糖物质缺乏,可引起能量负平衡,产生大量酮体而发病。

③产前过度肥胖:严重影响分娩后采食量的恢复,同样会使机体的生糖物质缺乏,引起能量负平衡,产生大量酮体而发病。

④其他疾病:当病牛患消化器官、子宫炎、胎衣不下和肝脏疾病时,也可引起继发性酮病。

2. 防治措施

(1)预防措施

①坚持合理的饲养制度,随时调整日粮组合。在酮血病的高发期,饲喂丙酸钠,每次120 g,每天2次,连用10 d。

②防止干乳期奶牛过度肥胖,酌情减少些精料,产前要调整好消化机能,精料中蛋白不宜过高,一般不超过16%。

③根据牛场DHI测定报告,筛选可能发生酮血病的奶牛,用奶牛血酮检测仪进行尾静脉血β-羟丁酸定量测定。发现亚临床酮血病进行治疗。

④复方布他磷注射液,静脉、肌肉或皮下注射10~25 mL,有较好的预防及治疗效果。

(2)治疗方法　50%葡萄糖溶液500~1 000 mL静脉注射,同时用丙二醇350~500 mL口服。每天1次,连用5 d。缓解酸中毒,5%碳酸氢钠注射液500 mL,一次静注,连用3 d。

(三)产后瘫痪

产后瘫痪又称生产瘫痪,是母牛分娩后1~3 d内突然发生的以知觉丧失、昏迷及四肢瘫痪为特征的急性低血钙症。此病多发生于高产奶牛。

1. 诊断方法

根据发病特点及临床症状进行诊断。当实验室检查血清总钙低于2 mmol/L或血液离子钙低于1.05 mmol/L时,结合临床症状可确诊。

(1)临床症状观察　本病在临床上主要表现为发病迅速,食欲减少或废绝,不愿走动,肌肉震颤,最终卧地不起。出现特殊的趴卧姿势,四肢屈于躯干之下,头颈向后弯至胸部一侧呈"S"状。意识抑制、闭目昏睡、瞳孔散大、对光反应迟钝。不能起立。调节体温能力降低,直肠温度随环境而变化。有时发生喉头及舌麻痹,奶牛在头部周围有刺激时伸舌,呼吸时出现明显的喉头呼吸声。吞咽发生障碍。

(2)发病原因分析

①低血钙。分娩前后大量血钙进入初乳以及动用骨钙的能力降低,是引起血钙浓度急剧下降的主要原因。

②怀孕后期胎儿发育较快,消耗很多钙,骨骼沉积钙的能力减弱,钙的贮备量明显减少。怀孕子宫占据腹腔大部分空间,影响胃肠道消化机能,钙吸收量减少。

③在分娩过程中,大脑皮质过度兴奋,其后即转为抑制状态。分娩后腹内压突然下降,腹腔的器官被动性充血,以及血液大量进入乳房,引起暂时性的脑贫血,因此使大脑皮质抑制程度加深。

2. 防治措施

(1)预防措施　奶牛产犊时和产犊后12 h各投服博威钙一粒,可以有效防止该病发生。

(2)治疗方法　复方布他磷注射液静脉、肌肉或皮下注射10~25 mL。钙剂疗法:静脉注射20%的葡萄糖酸钙300~500 mL,用药后6~12 h,如无反应,可重复注射一次。乳房送风疗法：使用乳房通风器，按要求操作。

加强对患牛护理，天冷时要注意保温。防止发生褥疮。患牛站立不稳，必须注意加以防护，避免跌倒引起挫伤。

（四）奶牛妊娠毒血症

奶牛妊娠毒血症也称母牛肥胖综合征，是由于干奶期或妊娠期的奶牛日粮能量水平过高，导致牛体过度肥胖而引起的消化、代谢、生殖等机能失调的一种综合征。

1. 诊断方法

（1）临床症状观察　本病在临床上主要表现为患牛肥胖，产犊后突然停止采食、躺卧时应怀疑本病。应与真胃左方变位、单纯性酮病和生产瘫痪相区别。

急性型：随母牛分娩而出现精神沉郁，食欲废绝，瘤胃蠕动微弱，少奶或无奶，可视黏膜发绀、黄染。肌肉震颤，卧地不起昏睡，粪便干黑或腹泻，气味恶臭。

亚急性型：多于分娩 3 d 后发病，患牛主要表现出产后酮病。

（2）发病原因分析　干奶期的奶牛缺乏运动，精料饲喂量过高导致体况过肥。本病多发于 3～5 胎干奶期肥胖母牛。

2. 防治措施

（1）预防措施　加强饲养管理，保持妊娠期间良好体况，干奶前牛群体况控制在 3.2～3.5 分。产后用大牛输液灌服器补液至瘤胃充盈。同时还要及时治疗产前、产后的其他常发病。复方布他磷注射液静脉、肌肉或皮下注射 10～25 mL，一次量。可起到预防的效果。

（2）治疗方法　提高血糖浓度，补充糖源：50％葡萄糖 500～1 000 mL，静注；促脂肪氧化，可用 10％氯化胆碱溶液 250 mL，一次皮下注射；口服丙二醇 500 mL/（次 · d），连用 5～7 d；还可一次性灌服复合维生素 B 液 200～250 mL，每日两次，增进食欲，改善瘤胃功能。

（五）母牛躺卧不起综合征

母牛躺卧不起综合征是泌乳母牛分娩前后发生的一种以“卧地不起”为特征的临床综合征。本病主要发生于高产乳牛，通常在产犊后 2～3 d 最易发生。

1. 诊断方法

排除其他原因引起的瘫痪，同时病牛有产后瘫痪的病史，经过 2 次钙制剂治疗 24 h 仍不能站立的，结合直肠检查及神经肌肉检查可做出诊断。

（1）临床症状观察　本病在临床上主要表现为体温正常或稍高，瞳孔反射及意识正常。前肢正常，后躯的肌肉和腹肌弛缓呈严重的无力状态，球节部向后侧屈曲呈指关节状，尤其是在想要起立时这种状态更为突出。

（2）发病原因分析　本病的多数病例与母牛分娩活动和产乳有密切关系。

①生产瘫痪并发症：发生生产瘫痪的母牛治疗后，腿部肌肉或髋关节周围组织受到损伤。或治疗生产瘫痪的时间延误、使用钙制剂剂量不足使母牛躺卧时间延长（4～6 h 以上），继发筋膜间隔综合征。

②损伤性躺卧：荐神经或闭孔神经损伤，由于胎儿或母牛原因的难产助产，强行拉出胎儿及使用产科助产器械不慎等原因造成。在光滑的地面上行走而后肢叉开或滑跌所造成。

③其他疾病：如低镁血症、低钾血症和严重的子宫炎、急性毒血性乳房炎以及骨折等都可

引起母牛不能站立。

2.防治措施

(1)预防措施　尽量杜绝生产瘫痪的发生。对难产母牛，手术助产时，必须按手术助产的基本原则进行，助产用力适度，以免发生产伤。慎用固醇类抗炎药物。任何躺卧不起发生后6 h内必须立即救治，以避免肌肉压迫损伤。牛舍地面应防滑。

(2)治疗方法

①药物注射：发病初期注射2次钙剂还不能起立的病牛，要立刻进行静脉注射20%磷酸二氢钠300 mL，复方生理盐水1 000 mL，混合1次静脉注射；怀疑低血钾症时(母牛机敏，爬行和挣扎，但又不能站立起来)，10%氯化钾溶液30～50 mL加入5%葡萄糖溶液1 000～2 000 mL中静脉注射(每100 mL液体中10%氯化钾不超过3 mL)，补钾的液体浓度不能过高，注射速度不宜过快，药液温度要大于20℃，否则可导致心搏停止。

②可疑疾病检查：检查是否有骨折、子宫疾病，阴道检查，以判断是否有未排出腐败分解犊牛滞留子宫。直肠检查，以判断是否有骨盆骨折现象或急性败血性子宫炎。患牛处于围产期，检查是否有急性毒血性乳房炎。

③正确护理：如发生侧卧，要及时纠正成胸卧姿势。否则会造成瘤胃鼓气、异物性肺炎等。侧卧时慎用钙制剂。患牛躺卧处铺垫厚褥草，并每隔2 h将患牛从一侧翻换到另一侧，以避免发生筋膜间隔综合征。如患牛欲起立，应主动辅助其站立。提供充足新鲜饲料和饮水。

④适时合理用药：全身给予抗生素3 d以上，并适时注射能量药和非固醇抗炎药物。也可用复方布他磷注射液静脉、肌肉或皮下注射10～25 mL。

三、消化系统疾病防治

(一)食道阻塞

食道阻塞是指由吞咽物过于粗大和/或吞咽机能紊乱所导致的物体突然阻塞于食管内所致的一种疾病。其特征为咽下障碍、流涎和瘤胃臌气。

1.诊断方法

根据突发病史、流涎和吞咽障碍、瘤胃臌气、视诊、触诊、胃管探诊和食道X线检查，不难做出诊断。

(1)临床症状观察　采食过程中突然发病，口腔和鼻腔大量流涎，低头伸颈，咳嗽，由于瘤胃内发酵产生的气体不能通过嗳气排出，而发生急性瘤胃臌气。颈部食道梗塞时，用手可摸到梗塞物。胸部食道阻塞，触摸不到阻塞物，可用胃管探诊感知阻塞物的位置。

(2)发病原因分析

原发性病因　堵塞物除日常饲料外，主要与牛采食习性有关，如牛采食萝卜、马铃薯、大头菜、甜菜、玉米棒等不细咀嚼就强行咽下造成，采食较大块根类饲料过程中受到惊吓会增加发病几率。患有异食癖也会引发本病。

继发性病因　继发于食管痉挛、食道狭窄、食道憩室、食道麻痹等疾病过程中。

2.防治措施

(1)预防措施　首先要加强饲养管理，搞好饲料的加工调制，饲喂块根类饲料应切碎到

4 cm 以下大小的碎块。对于继发急性瘤胃臌气的牛,应首先进行瘤胃穿刺放出气体。如是原发性病因,可根据异物在食道中的位置及阻塞物的性质采用不同的治疗方法。

(2)治疗方法

①直接掏取法:阻塞物在咽部或靠近咽部时。可将牛站立保定,用开口器打开口腔,一手拉出舌头,另一手从口角内伸入咽部,掏出阻塞物。也可用长柄镊子慢慢夹取掏出。

②直接推送法:若是阻塞物在食道的中、下部时。牛站立保定,2%的普鲁卡因 10～20 mL 配合 100～200 mL 石蜡油或植物油灌入食管,再插入胃导管,慢慢用力向下推送。

③打气推送法:将胃导管插入食道后,吸出食道内食糜,灌入 100～200 mL 石蜡油或植物油,将胃管末端连接打气筒,使病牛头尽量降低,适量打气,并顺势推动胃管,靠气体压力和胃管推力将阻塞物推入胃内。

④物理破坏法:如果颈部阻塞物不易向下推送,将牛右侧卧保定,在颈部底放平板或砖垫,同侧垫上布垫,用木槌对准阻塞物用力捶打几下,将阻塞物捶破后,即可顺利推送下去。

经以上方法治疗无效时,采用手术治疗,切开食管,取出阻塞物。如阻塞物是金属或玻璃类只能采取手术治疗。

(二)前胃弛缓

前胃弛缓是指由各种原因所致的前胃兴奋性降低,蠕动机能减弱,瘤胃内容物迟滞,所引起的消化障碍,食欲、反刍减退以及全身机能紊乱现象的一种疾病。

1.诊断方法

根据发病原因,食欲、反刍障碍,消化机能障碍等病情分析判定。通过检测瘤胃内容物性质的变化,可作为诊断和治疗的依据。

瘤胃内 pH 6.5～7.0,前胃弛缓时降至 5.5 或更低,少数病例可达 8.0。原发性病因引起的,经过对症治疗,症状缓解或消失,如治疗后病情反复可考虑继发性病因。

(1)临床症状观察

急性原发性前胃弛缓:

①初期食欲减退,反刍缓慢、无力,反刍次数减少,瘤胃收缩力减弱,蠕动次数减少,精神沉郁,体温、脉搏和呼吸均无明显变化,全身反应不明显。

②随病情发展,食欲废绝,反刍停止,嗳气有酸臭味,奶牛产乳量下降,目光呆滞,步态缓慢。胃肠蠕动机能减弱,蠕动次数减少,蠕动音减弱甚至消失,左侧肷窝平坦或凹陷,触诊瘤胃内容物松软,多呈面团样,粪便干硬,深褐色。

③后期伴发有瘤胃炎或瘤胃酸中毒时,可排出具有恶臭味的棕褐色水样黏稠粪便。患牛体温下降,呈现脱水状态。

慢性前胃弛缓:多为继发性因素所致,病情顽固,也有由急性转为慢性病理过程。多数病例食欲时好时坏,常出现鼻镜干燥,龟裂、磨牙,有时呈现异嗜现象。还出现慢性瘤胃臌气,或周期性瘤胃臌气。便秘与腹泻交替发生,病牛日见消瘦,皮毛蓬乱、无光泽,精神沉郁,皮肤干燥无弹力。病情严重者陷于脱水与自体中毒状态。

(2)发病原因分析

原发性前胃弛缓病因:属于单纯性消化不良,主要是由饲养管理不当造成的。

①长期饲喂粗硬难以消化的劣质饲料(如豆秸、豆皮、玉米秆等),如饮水不足,这些内容物

在胃内缠结，形成难以移动的团块，影响微生物正常活动，影响消化。

②长期饲喂柔软或粉碎过细的饲料或饲草，不足以引起瘤胃的兴奋，蠕动减弱。

③饲料配比不合理，如采食冻结的块根饲料，变质青贮及变质的糟粕饲料（如酒糟、豆腐渣、豆饼、糖糟等），都易导致消化障碍而发生本病。

④饲料单一，配合的饲料中缺乏矿物质和维生素，特别是低钙，影响到神经体液调节机能，成为前胃弛缓主要发病因素之一。

⑤牛舍环境卫生不良或过度拥挤。

⑥缺乏日光照射，神经反应性降低，运动不足，消化机能减退。

⑦应激作用：严寒、酷暑、饥饿、疲劳、断乳、离群、恐惧、感染与中毒等应激因素的影响。

继发性病因：

①消化系统疾病，如前胃疾病、创伤性网胃炎和皱胃病都会继发本病。

②产科疾病，如乳房炎及子宫炎等。

③传染病和寄生虫病，如布氏杆菌病、巴氏杆菌病、口蹄疫、传染性胸膜炎、结核及肝片吸虫病。

④营养代谢病，如钙、磷代谢障碍病、生产瘫痪及酮血病等。

⑤用药不当，长期大量使用磺胺类和抗生素制剂干扰瘤胃内的微生物群系。

2. 防治措施

(1)预防措施　加强饲养管理，日粮搭配合理，积极治疗原发病。

(2)治疗方法

对因治疗：改善饲养管理，消除病因，防腐止酵、消导、健胃。

对症治疗：强心、输液、防止脱水和自体中毒。

①原发性前胃弛缓，停饲 1～2 d 后，饲喂适量富有营养、容易消化的优质干草或放牧。

②促进瘤胃蠕动，可用氨甲酰胆碱 1～2 mg；新斯的明 10～20 mg；毛果芸香碱 30～50 mg，皮下注射。或 10%氯化钠溶液 100 mL，5%氯化钙溶液 200 mL，20%氨钠咖注射液 10 mL，静脉注射。

③清理胃肠，可用硫酸钠（或硫酸镁）300～500 g，鱼石脂 20 g，酒精 50 mL，温水 600～1 000 mL，一次内服。

④5%葡萄糖生理盐水注射液 500～1 000 mL，10%氯化钠注射液 100～200 mL，5%氯化钙注射液 200～300 mL，20%苯甲酸钠咖啡因注射液 10 mL，一次静脉注射。同时，肌肉注射维生素 B_1。

⑤调节瘤胃内容物的 pH，测定瘤胃内容物的 pH，然后再选用缓冲剂。pH 低时，用氢氧化镁 200～400 g，碳酸氢钠 50 g，配成水乳剂，一次灌服。pH 高时用稀醋酸 30～100 mL 或常醋 300～1 000 mL，灌服。必要时，采取健康牛瘤胃液 4～8 L，经口灌服接种。

(三)瘤胃膨胀

是因为前胃神经反应性能降低，收缩力减弱，采食了容易发酵的饲料，在瘤胃内菌群的作用下，异常发酵，产生大量气体，引起瘤胃和网胃急剧膨胀，膈与胸腔脏器受到压迫，呼吸和血液循环障碍，发生窒息现象的一种疾病。

1.诊断方法

本病根据临床症状较易确诊。但在临诊时也应与瘤胃积食、前胃弛缓、创伤性网胃腹膜炎、食管阻塞等进行鉴别。

(1)临床症状观察

原发性瘤胃膨胀:常在采食后不久发病,病牛表现不安,踢腹,嗳气停止,左腹部急剧膨大,甚至超过脊背,同时出现呼吸困难,按压有弹性,叩诊有鼓音。泡沫性瘤胃膨胀时嘴角沾附许多泡沫。随病情发展,呼吸高度困难,黏膜发绀、脉搏高达 140 次/min,体表静脉怒张,眼球突出,卧地不起,窒息而死。

继发性瘤胃膨胀:病初瘤胃蠕动亢进,不久便呈弛缓状态,左肷部突出,呼吸困难、脉搏数增加,可视黏膜发绀,食欲废绝,瘤胃蠕动和反刍机能减退,全身状态日趋恶化。继发性瘤胃膨胀反复发作,比原发性瘤胃膨胀难以治愈。

(2)发病原因分析

原发性病因:

①采食幼嫩牧草,如紫云英、苜蓿、三叶草、紫豌豆等豆科植物,或鲜萝卜缨、白菜叶和青草等,在瘤胃内迅速发酵产生气体而引起。

②采食堆积发热的青草,经霜、露、冰、雪冻结或雨淋的牧草,霉败的干草,多汁易发酵的青贮料,特别是舍饲牛突然饲喂这类饲料,往往引起发病。

③饲料配合和调制不当,精料过多、过细或未经调制,饲草不足,或钙磷比例失调,矿物质元素不足,都可能成为本病的发病原因。

④饲料突变,平时喂给干草的牛,如果在短时间内采食了大量的含氮豆科鲜草后,会导致瘤胃内的细菌异常繁殖,在瘤胃内产生过多的气体。

继发性病因:主要见于创伤性网胃腹膜炎、网胃或食道沟因异物导致的炎症、因调节瘤胃蠕动的迷走神经发生障碍所致的消化不良、食道梗塞以及食道狭窄等情况,使嗳气反射不能正常进行时,往往反复引起轻度或中等程度的气体蓄积。继发性瘤胃膨胀多发于 6 月龄前后的犊牛和圈养的育成牛。

2.防治措施

(1)预防措施　首先要加强饲养管理,避免突然到豆科草地去放牧;在更换多汁饲料时一定要逐渐更换,避免突然改变饲料。

(2)治疗方法　治疗原则是排气减压,缓泻止酵,消导健胃,强心输液。初期,病情轻者,可使牛处于前高后低姿势,按摩腹部,促进气体排出。

缓泻止酵:病初症状较轻者,用松节油 50 mL、鱼石脂 15 g、酒精 50 mL 加水适量一次灌服。

消导健胃:为了迅速排出内容物,可内服泻剂,硫酸镁 500～800 g 或人工盐 400～500 g,一次口服。或注射拟胆碱类药物,如新斯的明 10～20 mg 或毛果芸香碱 20～50 mg,兴奋瘤胃蠕动。

对急重病例,应立刻采取瘤胃穿刺术,放气进行急救。但放气不能过快,以免因大脑贫血而昏迷。放气后,瘤胃注入鱼石脂 15～25 g,酒精 100 mL,以制止继续发酵产气。

泡沫性膨胀:二甲基硅油,2～2.5 g,或用消胀片(15 mg/片)30～60 片,内服,也可应用植物油 300 mL,液体石蜡 500～1 000 mL 等。用药无效时,进行瘤胃切开,取出内容物。

在治疗过程中，应注意全身机能状态，及时强心补液、解毒，以增进疗效。为了防止膨胀症状复发，可用一根长 30～40 cm 的光滑的圆木棒，上面涂鱼石脂放在口中，然后将两端用细绳系在牛头角根后固定。

(四)瘤胃积食

瘤胃积食是指瘤胃内充满大量干燥的食物，引起瘤胃体积增大、胃壁扩张，致使瘤胃运动及消化机能紊乱的一种疾病。

1.诊断方法

根据本病临床症状的典型变化可以确诊，但应与创伤性网胃炎，前胃弛缓、瘤胃急性膨胀、真胃阻塞、真胃变位相鉴别。

(1)临床症状观察　病初表现食欲、反刍、嗳气减少或停止，有轻度腹痛表现，站立不安，拱背摆尾、回顾腹部、后肢踢腹，起卧时伴有呻吟。左侧下腹部轻度膨大，触诊可触到较硬的内容物，牛表现疼痛，叩诊浊音区扩大。听诊初期蠕动音增强以后减弱或消失。排粪迟滞，粪干少色暗，继发肠炎时，排少量稀软恶臭粪便，重症后期，呼吸急速、脉搏增数，结膜发绀，眼窝凹陷，呈现脱水和心力衰竭症状。

(2)发病原因分析

原发性病因：饲喂过量的优质饲料(精料及糟粕类)，适口性好的青草、胡萝卜、马铃薯等，引起发病；采食大量谷草、稻草、豆秸、花生秧等，而又饮水不足；或者是采食了易于膨胀饲料，又大量饮水，如玉米、大豆、豌豆、小麦等；突然变更饲料，由品质差，适口性不好的饲料突然变为品质好、适口性强的饲料；饲养管理不当，使牛偷吃了大量精料(豆饼、玉米)，而饮水又不足或采食塑料薄膜或长绳等。

继发性病因：可继发于其他前胃疾病，如前胃弛缓、瓣胃阻塞、创伤性网胃炎等。

2.防治措施

(1)预防措施　坚持合理的饲养制度，避免突然变换饲料，要坚持合理供应日粮，同时保证饮水充足。

(2)治疗方法　消除病因，促进瘤胃内容物转化，增强前胃兴奋，防止脱水与自体中毒。对轻症病例要停饲 1～2 d，对瘤胃进行按摩，每次 5～10 min，间隔 30 min 一次，按摩前先灌服大量温水，或内服酵母粉效果更好。然后进行驱赶运动，促使其瘤胃蠕动。

由粗硬饲料引起的灌服硫酸镁或硫酸钠 300～500 g；由谷物或豆类引起的灌服液体石蜡或植物油 500～1 500 mL。供给充足的饮水，促进瘤胃排空。瘤胃内容物泻下后，可兴奋瘤胃蠕动，新斯的明 0.01～0.02 g，皮下注射。瘤胃内容物已泻下，食欲仍不好转时，可酌情应用健胃剂，如番木鳖酊 15～20 mL，龙胆酊 50～80 mL，加水 500 mL，一次口服。瘤胃内容 pH 变化明显时进行胃冲洗治疗，然后移植健康牛瘤胃液 4～6 L。脱水严重时，用葡萄糖生理盐水 1 500 mL，25%葡萄糖 500 mL，5%碳酸氢钠 500 mL 静脉注射，防止酸中毒。严重病例进行手术治疗。

(五)创伤性网胃心包炎

创伤性网胃心包炎是因采食了混入饲料中的金属异物刺穿网胃，进而穿透膈肌损伤心包，致使心包发炎的疾病。

1. 诊断方法

通过临床症状、金属探测器和X射线检查可得到正确诊断。

(1)临床症状观察　病牛呈现顽固性的前胃弛缓症状，久治不愈。随着病情的进展，病牛的行动和姿势异常，站立时，肘头外展，肘肌震颤。喜站前高后低的地方，卧地时，表现非常小心；起立时，多先起前肢。网胃触诊，疼痛不安，抗拒检查。体温升高到40～41℃，脉搏增加。如症状缓解，炎症被限制或刺伤不甚严重，可转为慢性，病牛消瘦，产奶量下降，产犊时可能突然发病而死。

异物刺入心包时，心跳突然加快，全身状况恶化，呆立不动，头下垂，眼半闭，肩肘后方胸壁及臀部肌肉震颤，体温41℃以上，胸垂和下颌出现浮肿，在气管两侧的颈静脉明显怒张，心区触诊疼痛，有心包摩擦音，随着积液增多会出现与心搏一致的拍水音，最后因衰竭或败血症而死亡。

(2)发病原因分析　本病的病因与牛的采食特点和反刍动物胃的解剖学的构造位置有关。牛在采食的时候，用舌头将饲料卷入口中，不能把混在饲料中的金属异物排除掉而误食。异物从瘤胃进入网胃或直接到达网胃，由于网胃强有力的收缩，穿过胃壁而导致胃壁穿孔。向前可穿过胃壁而刺伤膈肌、心脏从而导致创伤性网胃心包炎。本病多在妊娠末期3个月和分娩期发病。

2. 防治措施

(1)预防措施　饲料中严防混有金属异物，对牛场内的铁丝和铁钉要随时清理。对10～12月龄的牛，向瘤胃中投放棒状磁铁，以吸着金属异物，并定时用金属探测器检查。注意牛的食欲和产奶量，如果发现长期表现食欲不振和产奶量降低的牛，就要怀疑是本病前期的创伤性网胃炎。

(2)治疗方法

①保守疗法：让牛站立在前方高出后方15～20 cm的斜面牛床上，同时肌肉注射大剂量抗生素，并应用可的松制剂，控制炎症发展。心包积液时，可在左侧第六肋骨前缘，肘突水平线上进行心包穿刺，排出积液。抽空后，用生理盐水反复冲洗，再灌注抗生素，同时进行对症治疗。

②手术疗法：进行瘤胃切开术，并通过网胃摘除金属异物，配合抗生素等抗菌消炎治疗。对已经形成腹腔脏器粘连和脓肿的病例，确诊后应当予以淘汰。

(六)真胃移位

真胃离开原来的位置移动到左腹侧部称为左方移位，反之向右腹侧或右前方移动称右方移位，这两种真胃移位都可引起消化紊乱，统称为真胃移位。

1. 诊断方法

根据临床症状，通过听叩诊结合的方法，以特征性的钢管音结合穿刺液体的变化确诊。

(1)临床症状观察

左方变位：在分娩后数日或3周以内出现症状，主要表现消化障碍。多数病牛仍有一些食欲，粪便稀薄或腹泻，个别病牛有腹痛或拒食。产奶量急剧下降或逐渐减少。左腹侧的最后肋骨部膨起，而紧接肋骨的腹壁反而凹陷。瘤胃蠕动音不清晰，同时在左侧可听到皱胃蠕动音，冲击触诊可听到振水音，患牛明显消瘦。如无并发症，其体温、脉搏、呼吸多正常。用听叩结合的方法，能在真胃嵌留的部位听到钢管音。在钢管音区域的直下方穿刺检查，可获得褐色带酸臭气味的混浊液体，pH 为 1～4，无纤毛虫。直肠检查瘤胃背囊明显右移，有时可摸到膨胀的皱胃壁。有些病牛会继发酮病。

右方变位：一般发生在分娩后 15 d 和临近干奶期两个阶段，大多数在变位的同时并发扭转。病牛腹痛不安，呻吟踢腹常拒食，贪饮，瘤胃蠕动音消失，粪软色暗，后变血样及黑色柏油样粪便，可发生重剧腹泻，视诊右腹肋弓部膨大，该部听诊并结合叩诊可听到钢管音。冲击触诊可听到振水音，穿刺可得到褐色血样 pH 为 1～4 的液体，发病 3～4 d后右肋弓部后侧明显膨大。不伴有扭转的右方变位的病牛，没有上述急性症状，只表现与左方变位相似的慢性经过。

(2)发病原因分析

①真胃扩张、积气、积液，由于扩张、积气造成真胃的不稳定，这是变位发生的关键。

②有真胃移动的空间位置，如瘤胃体积缩小，产犊后腹腔空间增大，从而给真胃的移动创造了条件。

③足以使真胃发生移动，如奶牛腹痛、起卧、产犊努责、突然跌倒、爬跨等的外力。

2.防治措施

(1)预防措施　加强奶牛干奶期和围产期饲养管理、合理配合日粮，产后用大牛输液灌服器灌服电解质和丙酸钙使瘤胃充盈，使真胃失去移动的空间。

(2)治疗方法

左方变位：

①滚转整复法：左侧横卧→转成仰卧→以背为轴心，向左滚转 45°→回到正中，向左转 45°→再回到正中，如此摇晃 3 min→最后左侧横卧→俯卧式→站立。用听诊和叩诊相结合的方法检查钢管音是否消退，若钢管音未消退，可再进行滚转。经多次滚转钢管音不消退，改为手术治疗。用此法前应使患牛饥饿数日，限饲，使瘤胃变小，成功率高。

②保守治疗：消积化滞，防腐止酵，缓解幽门痉挛，促进皱胃蠕动，排除积食，防止脱水和自体中毒。通过静脉注射钙制剂，皮下注射新斯的明等拟副交感神经药和投服盐类泻剂，以增强胃肠的运动性，促进真胃内气液的排空和复位。

③真胃盲针固定法：是国外兽医使用的一种治疗方法，国内近年也有应用。是在滚转整复的基础上实施的真胃固定手术。

④手术整复法：就是通过开腹手术，将真胃固定在腹底部的方法。

右方变位：须尽早实行开腹手术进行整复。

(七)真胃积食

真胃积食又称真胃阻塞，是由于迷走神经调节机能紊乱所导致的真胃弛缓，内容物滞留，胃壁扩张，胃体积增大的一种疾病。

1.诊断方法

右侧中腹部向后下方局限性膨隆，触诊真胃区，病牛表现敏感，皱胃区较硬，左肷窝部听叩诊结合检查呈较低调的钢管音。

(1)临床症状观察　初期临床症状不明显，或只表现前胃弛缓症状，易被忽视；中后期多数病例食欲废绝，饮水增加。口腔、鼻镜干燥，精神委顿，反刍与嗳气停止，腹部膨胀或下垂，瘤胃慢性膨胀或积液，瘤胃与瓣胃音消失，肠音微弱。排粪迟滞，有时呈排粪姿势，但仅排出少量糊状棕褐色恶臭味粪便，混有少量黏液或紫黑色血丝和血凝块(伴发皱胃炎)尿少而浓。眼球下陷，结膜发绀，血液黏稠，呈现严重的脱水和自体中毒症状，如治疗不当多在2～3周内死亡。

重症病例视诊右侧下腹部呈现局限性膨大；皱胃区触诊坚硬，拳头压诊有压痕，有痛感；

左侧倒数1～5肋弓或右侧倒数1～2肋弓听叩结合检查有钢管音，右腹底充实部穿刺为真胃液。

(2)发病原因分析

原发性病因：过食可消化蛋白质及能量都很低的粗饲料，如谷草、麦秸或稻草；过食带有泥沙的饲草或带根收割的干草；长期采食铡得很短的干草或长期饲喂粉末状饲料、麦糠；应激因素(如过劳，神情紧张)，会促进本病的发生。成年牛误食破布、麻线、木屑、塑料布等引起真胃积食。

继发性原因：主要继发于迷走神经损伤、纵膈疾病、前胃弛缓、创伤性网胃腹膜炎(腹腔脏器粘连)、皱胃炎、皱胃溃疡、小肠便秘等疾病过程中。

2.防治措施

(1)预防措施　加强饲养管理，去除致病因素，科学搭配日粮，给予全价饲料，防止因营养物质缺乏而发生异嗜癖。保证牛舍、运动场及饲草饲料的卫生洁净，严防异物混入草料中。

(2)治疗方法　消积化滞，防腐止酵，缓解幽门痉挛，促进皱胃蠕动，防止脱水和自体中毒。发病初期，皱胃运动机能尚末完全消失时，采用以下治疗。

①25%硫酸镁1 000 mL、乳酸20 mL、稀盐酸20 mL，皱胃或瓣胃注射(病的后期发生脱水时忌用泻剂)。

②5%葡萄糖注射液3 000～5 000 mL，10%氯化钠溶液300～500 mL，10%氯化钙溶液100～150 mL，维生素B_1 0.5～1 g，一次静脉注射。

③新斯的明，每次10 mg，每隔3 h皮下注射一次。

④采用左肷部做瘤胃切开进行瓣胃和皱胃冲洗或皱胃切开胃冲洗。病情重剧，病牛衰弱，如心跳过速达110～120次/min，建议淘汰。

(八)瓣胃阻塞

瓣胃阻塞是由于前胃运动机能障碍，瓣胃收缩力下降导致内容物不能顺利进入真胃而停滞于瓣胃小叶间，水分被吸收干涸，以致形成阻塞的一种前胃疾病。

1.诊断方法

结合临床表现，触压病牛右侧7～9肋间，肩关节水平线，表现痛苦不安，右肋骨弓下摸到阻塞的瓣胃。

瓣胃穿刺试验：穿刺部位在右侧第9肋间与肩关节水平线交点，第10肋骨处剪毛消毒，向前平移皮肤，用16号盐水针头，沿第10肋骨前缘垂直刺入皮肤，再略向对侧肘关节方向刺入10～12 cm。若感觉内容物较硬，进针阻力大，穿刺针内一般不会自行流出胃内液体。由穿刺针向内注入盐水时感觉阻力大。

瓣胃简易手术诊断：患牛站立保定后，在瓣胃穿刺部位，按常规手术操作，将皮肤切开2～3 cm，小范围钝性分离肋间肌后，用手指触诊，感到瓣胃坚实，指压无痕可确诊。

(1)临床症状观察　病初多呈现前胃弛缓症状，随病情发展，瓣胃蠕动减弱或消失，触诊瓣胃区(右侧7～9肋间)疼痛，叩诊浊音区扩大。呻吟，产奶量下降。粪便干暗，呈算盘珠样，表面光亮、附有黏液。心跳 80～100 次/min，呼吸急速，食欲和反刍消失。直检，直肠与肛门痉挛性收缩，直肠内空虚，有黏液和少量暗褐色粪便。晚期病例出现脱水症状，尿少色黄，眼球下陷。鼻镜干燥，空嚼磨牙。排粪停止，或仅排少量褐色恶臭粥状粪便。

当瓣胃小叶坏死，伴发肠炎和全身败血症时体温升高，呼吸和脉搏加快。全身症状恶化而死亡。

(2)发病原因分析

原发性阻塞

①长期饲喂坚硬难消化的饲料，如豆秸，花生秧、豆荚等，使瓣胃排空放缓。

②饲喂麸糠、粉渣、酒糟等含泥沙的饲料。

③突然换料、缺乏饮水、运动不足。

继发性阻塞　常继发于前胃弛缓、皱胃积食，皱胃变位、生产瘫痪、产后血红蛋白尿症，腹腔脏器粘连和创伤性网胃腹膜炎等疾病过程中。

2. 防治措施

(1)预防措施　加强饲养管理，减少坚硬的粗纤维饲料，增加青饲料和多汁饲料，保证足够饮水，适当运动。避免长期饲喂精饲料(如麸皮、谷糠、谷粉、酒糟、饼粕等)，及时治疗前胃弛缓等疾病，以免继发本病。

(2)治疗方法　缓泻止酵，增强胃肠收缩力，促进瓣胃内容物软化排出。

病的初期：可用硫酸钠或硫酸镁 800～1 000 g，加水 8 000～10 000 mL；或石蜡油 1 000～2 000 mL，一次内服。同时静脉注射促反刍注射液 200～300 mL，增强前胃神经兴奋性，促进前胃内容物的运转与排除。

瓣胃注入 25%硫酸镁溶液 30～40 mL，石蜡油 100 mL(交替注入瓣胃)，于第二日再重复注射 1 次。瓣胃注射后，可用 10%氯化钙 10 mL、10%氯化钠 50～100 mL、5%葡萄糖生理盐水 150～300 mL，混合一次静脉注射。待瓣胃松软后，皮下注射氨甲酰胆碱 1～2 mg，兴奋胃肠运动机能，促进积聚物排出。当以上方法无效时实施瘤胃切开术。

四、生殖系统疾病防治

(一)乳房炎

乳房炎是母牛乳腺组织受到物理、病原微生物刺激所发生的炎性反应。其特征是乳腺组织发生病理变化，乳中的体细胞数增多，乳汁性状异常。

1. 诊断方法

根据临床症状结合加利福尼亚乳房炎试验或苛性钠凝乳试验法的结果确诊。

(1)临床症状观察

①临床型乳房炎：前期，奶牛在挤奶时表现出“红肿热，硬痛踢”的现象。中期乳汁变稀，乳汁中含有絮状物或者凝乳块，后期表现为乳汁黄白色或者血清样，含有凝乳块，乳房发硬发烫，拒抗挤奶反应强烈，可能伴有全身症状，如发热、食欲下降、瘤胃功能降低、脉搏快、脱水、虚弱、精神萎靡。

②亚临床型乳房炎：无明显的临床表现。体细胞数大于 25 万/mL，如不及时治疗，则会转

为临床型。

(2)发病原因分析

①接触传染性病原菌:感染无乳链球菌、停乳链球菌、金黄色葡萄球菌和支原体等病原菌,并通过挤奶工或挤奶机相互传播。

②感染环境性病原菌:主要由于牛舍不洁,环境潮湿,牛在饲养管理中接触到大肠杆菌、肺炎克雷伯菌等病菌。

③挤奶设备使用不当、挤奶程序不正确

④乳房、乳头的机械性损伤,导致的屏障破坏。

2.防治措施

(1)预防措施

①提供合理的日粮配比,做到营养充分和平衡。避免因摄取能量不足,降低机体吞噬细胞吞噬入侵细菌的能力。

②保持环境舒适和牛体卫生。如运动场保持干燥。经常刷拭牛体,保持乳房清洁。定期用消毒药物对场地消毒,牛栏大小合理,卧床舒适。

③掌握正确挤奶程序及方法。温和地对待产乳牛,清洗乳头,废弃最初的 3 把奶,乳头正确药浴。病牛不得进入挤奶厅挤奶,最好用手工挤奶。

④定期对挤奶设备进行维修与保养。对挤奶系统的所有零部件、橡胶制品应进行定期维修与保养。坚持对挤奶系统的日常监测。

⑤有条件的奶牛场做 DHI 测定(奶罐 SCC),能简便、快速、发现乳房炎前期风险。

(2)治疗方法

急性乳房炎治疗:注射催产素,快速挤出感染乳区内的牛奶。选择敏感的能够快速释放的抗生素,乳区灌注,联合静脉注射,配伍非甾体类抗炎药物美洛昔康治疗,同时增加挤奶次数。也可根据情况结合下列方法治疗。

乳房肿胀严重病例:

①要减少多汁饲料、精料和富含蛋白质饲料的饲喂量。

②在急性期每小时挤乳 1 次。在挤乳的同时,对乳房进行按摩,由下而上按摩,每次 15～20 min,每日 2～3 次。

③病初红肿热痛时期冷敷,经过 2 d 后热敷,每日 4～5 次,每次 0.5 h。

④可用 80 万 IU 青霉素,分数次注入乳腺实质,每天 2 次,连用 2～4 d。也可将青霉素 80 万 IU,蒸馏水 100 mL,或 0.25%的普鲁卡因 100 mL,混合后注入乳头腔中。在注入前最好先将乳房内乳汁挤净(注意操作规程)。

⑤如患牛出现全身症状,应内服磺胺双甲基嘧啶,按每千克体重 0.15 g 的比例给药,每 6 h 一次,连续 2～3 d。也可静脉注射磺胺类药物。

⑥抗炎疗法:在应用抗生素的同时配合非甾体类抗炎药物美洛昔康抑制炎症,减少因炎症过程造成的乳腺组织结缔和瘢痕化引起的产奶损失。

干奶期的治疗:在干乳期间,采用长效抗菌素灌注乳房,使乳房在下个产奶期到来之前修复受损的乳腺组织。

在预产期前的 55～60 d 停奶,最少不得低于 40 d,最好采用一次性停奶,奶量高于 10 kg 的牛,在停止产奶前的 3～4 d,要逐步减少饲料及水的喂量,迫使其减少产奶量。

对于患临床型乳房炎的牛，应在停奶前先进行治疗，消除症状，然后停奶，停奶后要随时检查乳房情况，直到乳房完全空瘪。所灌注的药物，应根据细菌的种类及其药敏试验来选择。

(二)乳房水肿

乳房水肿是指液体蓄积于乳腺组织间。多发于头胎或高产奶牛，轻者产奶量下降，重者乳房组织永久损伤，或诱发乳房炎等其他乳房疾病。

1.诊断方法

根据病史和临床症状即可诊断，应与淋巴外渗、乳房血肿、腹壁疝等鉴别。

(1)临床症状观察　乳房水肿以乳牛多发。尤其是第一胎及高产奶牛最显著。初期乳房渐进性充血，乳房极度扩张膨胀，肿胀的乳房无热、无痛、指压留痕。严重时向后蔓延至乳镜、阴门，向前蔓延至腹下、胸下，甚至四肢也出现浮肿。乳房下垂，迫使病牛后肢张开，运动困难，由于运动时摩擦，常见乳房基部于股内侧溃烂。典型的乳房浮肿是4个乳区全部被侵害。乳汁无肉眼可见异常。精神食欲正常，全身反应轻微，一般在产后10 d左右自然消散。病时长者，乳房皮肤增厚而失去弹性，乳房内有硬块或乳腺萎缩，产奶量下降。严冬季节，有的会发生冻疮皮肤呈现暗紫色，并发生坏疽。

(2)发病原因分析

生理因素：妊娠后期母牛乳房血流量增加，乳静脉压增高而淋巴液积聚，雌激素分泌增强。

饲料因素：主要为干奶期的精料饲喂量过多，日粮中食盐用量过大。

管理因素：运动场狭小，牛群饲养密度过大，产前母牛运动不足。

2.防治措施

(1)预防措施　从分娩几日后就要开始让牛做适当运动。同时适当减少精料及多汁饲料，控制饮水量，增加挤奶次数，每次挤奶时用温水热敷，反复按摩乳房，每次挤奶按摩时间不少于20 min，奶要挤净。

(2)治疗方法　多数浮肿能自愈，无须治疗。病情严重者可参考以下方法。

①早期：乳房只有轻度浮肿时涂布刺激剂，促进血液循环。常用樟脑软膏，松节油，碘软膏，20%～50%酒精鱼石脂软膏，于乳房皮肤上涂抹。

②利尿：呋噻脒、速尿、双氢克尿噻等肌肉注射，已酰唑胺1 g肌肉注射，每日一次。初次给药时，可并用肾上腺皮质激素，给予利尿剂可丧失体内水分，所以，要注意及时观察脱水症状。

(三)乳头管狭窄及阻塞

乳头管狭窄及阻塞是由于乳头创伤而导致的乳腺肉芽组织增生、黏膜损伤或纤维化，引起乳头管狭窄及阻塞，临床特征是乳汁流出障碍。

1.诊断方法

(1)临床症状观察

部分乳池狭窄：挤奶时奶速缓慢，乳头基部或乳池壁上，摸到不移动的硬结样物，插入乳导管可遇到阻碍。手工挤奶时，可以感觉到脱落的黏膜在拇指与其他手指间“滑动”。

全部乳池狭窄：乳房中充满乳汁，但挤不出奶，触诊乳头黏膜厚硬，感到乳池内有一硬索状物。插入乳导管困难，会感到阻力。

乳头管狭窄:挤奶困难,乳汁呈点状或细线状排出;乳头管口狭窄时乳汁射向一方或射向四方,乳头管闭锁时,乳房充满,但挤不出奶。仔细捻转触摸乳头,感觉乳头管有增厚变硬的地方。

(2)发病原因分析 乳牛较多发生,先天性可能与遗传有关。后天性的主要是挤奶方法不正确,或长时间的使用乳导管,乳房及乳头的外伤。

2.防治措施

(1)预防措施 掌握正确的挤奶方法,避免乳房和乳头的损伤。

(2)治疗方法 外伤性的炎症,初期用乳导管导乳,每次导乳后,涂以青霉素软膏,并轻轻按摩,促进炎症消散和防止乳头管狭窄。如果乳头管狭窄属于器质性变化,可在挤奶前0.5 h,插入乳头管扩张器,挤奶时取下,至痊愈为止。使用扩张器时,必须严格消毒。视病情可采用外科手术治疗或将硅橡胶管植入乳池。

(四)流产

流产是由于各种原因导致的胎儿或母体的生理过程发生紊乱,或它们之间的正常关系受到破坏,而引起的妊娠中断。妊娠42 d之前的妊娠中断称之为胚胎早期死亡;妊娠42～260 d丢失胎犊称之为流产;260 d至足月分娩发生的丢失称之为死产。

1.诊断方法

发现妊娠母牛有分娩征兆时,先确定妊娠天数,判断是否为流产后再进行阴道、直肠检查以确诊。

(1)临床症状观察

胚胎早期死亡:胎儿的大部分或全部被母体吸收。配种后发情,周期延长30 d左右;发情排卵均正常,但出现习惯性久配不孕,临床上难以发现外观症状。

流产:多数在无分娩征兆的情况下排出不足月的活胎儿。常在排出胎儿前2～3 d乳腺及阴唇稍肿胀。

死产:排出未经变化的死胎。胎儿死亡时临床无明显症状。胎儿死亡后,胎儿作为一种异物,引起母体子宫收缩而排出。数天内将死胎及胎衣排出。

胎儿干尸化性流产:胎儿死在子宫中因黄体存在,子宫颈闭锁。胎儿未排出体外,水分被吸收,体积缩小变硬。发情周期停止。随时间增长。腹部并不增大。直检无胎动,子宫内无胎水,但有干涸胎儿。

胎儿浸溶性流产:胎儿死亡后,黄体萎缩,子宫颈部分开放,微生物从阴道侵入子宫及胎儿,胎儿的软组织分解液化而排出。母牛常努责、不安。努责时流出红褐色或棕褐色的黏稠恶臭液体。流出的液体带有小的骨片。严重时,并发子宫炎症。母牛表现败血症及腹膜炎的全身症状。阴道检查:子宫颈开放,子宫颈内或阴道内可摸到胎骨。直肠检查:子宫壁厚,可摸到胎儿的参差不平的骨片,触摸时还能感到骨片相互摩擦。卵巢黄体发生萎缩。

胎儿气肿性流产:胎儿死亡后,侵入产气菌,腐败并产生气体,积于胎儿皮下、胸腹腔、阴囊腔等处。在炎热天气,6～12 h即可产生气肿。胎儿及子宫极度膨大。子宫体积超过实际怀孕月龄。子宫无收缩能力。阴门中流出污红色、恶臭液体。母牛卧地呻吟、磨牙、食欲废绝。后期体温可能很快升高。

(2)发病原因分析

①传染性流产:由于感染细菌、病毒、寄生虫而引起,特别是在病原传播力较强的情况下,如感染牛胎毛滴虫病、布氏杆菌病、李氏杆菌、钩端螺旋体、牛病毒性腹泻病毒、传染性牛鼻气管炎病毒等。

②非传染性流产:非传染性流产的病因复杂,包括饲养管理不善、创伤、母体疾病、遗传缺陷、过强的冷、热应激,防疫注射等。如妊娠牛腹部的殴打、摔倒、顶伤等。在大量食入易发酵、发霉、冻结的饲料时引起的瘤胃臌胀和下痢,都易诱发流产。另外,糖皮质激素或前列腺素等药品的使用也可引起流产。

2.防治措施

(1)预防措施　如果在临床上发现流产的症状以后,往往无有效的办法保证妊娠的继续进行,因此,强化妊娠牛日常的饲养管理,预防流产才是工作重点。怀疑传染性流产时,仔细检查母牛的反应、胎儿和胎衣的变化,必要时做相关的实验室检测。对流产胎儿和胎衣要无害化处理,牛舍及其用具要进行彻底消毒,以达到防止传染其他妊娠牛的目的。

(2)治疗方法　对流产母牛的其他症状做必要的治疗,对习惯性流产的牛,从流产危险期大约1个月前,每隔1～2周注射1次黄体酮,必要时给以镇静剂。禁止进行阴道检查,尽量控制直肠检查,以免刺激母牛。还要进行牵遛,以抑制努责。

流产发生时,应尽快促使子宫内容物排出,以免胎儿死亡腐败引起子宫内膜炎,影响以后受孕。

胎儿干尸化时,首先应用雌激素、继之使用前列腺素或催产素,溶解黄体并促使子宫颈扩张及子宫收缩,在产道内灌注已消毒的润滑剂,以便于胎儿排出。必要时截胎。

胎儿浸溶时,如软组织已基本液化,应尽可能将胎骨逐块取净。分离骨骼有困难时,须根据情况先将其破坏后再取出,注射子宫收缩药,促使液体排出,并进行全身治疗,以免发生不良后果。操作过程中,术者须防止自己受到感染。

(五)胎衣不下

母牛产出犊牛12 h后胎衣仍未脱落称为胎衣不下,以奶牛最为多见。

1.诊断方法

根据临床症状即可诊断。

(1)临床症状观察

①全部胎衣不下:整个胎衣未排出,仅见一部分已分离的胎衣悬吊于阴门之外,滞留的胎衣腐败分解,从阴道内排出恶臭污红色液体,由于组织腐败分解与细菌的感染并产生大量的毒素,毒素被吸收,引起自体中毒,出现全身症状。体温升高,精神沉郁,食欲明显废绝,产乳减少或停止。也有的牛完全没有全身症状。

②部分胎衣不下:胎衣大部分已排出,只有一部分或个别胎儿胎盘残留在子宫内,从外部不易被发现。诊断的依据主要是恶露排出的时间延长,其中有胎衣碎片,恶臭。

(2)发病原因分析　胎衣不下原因很多,主要与产后子宫收缩无力、胎盘炎症和胎盘结构有关。

①产后子宫收缩无力:妊娠期间,日粮结构不合理,特别是维生素E、维生素A和微量元素硒缺乏,低血钙症、运动不足等。双胎,胎儿过大,胎水过多等,使子宫肌肉过度扩张,产后子

宫收缩无力致胎衣不下；流产、早产、难产、剖腹产、截胎、子宫扭转时，产出或取出胎儿后子宫收缩力微弱，因此发生胎衣不下。

②胎盘炎症：妊娠期间由于胎膜和子宫内膜感染，而引起胎儿胎盘和母体胎盘发炎，或只是由于母体子宫发炎引起结缔组织增生，胎儿胎盘与母体胎盘炎性粘连而造成胎衣不下。主要常见于布氏杆菌病的母牛。

③胎盘组织构造：牛胎盘属于上皮绒毛膜与结缔组织绒毛膜混合型，胎儿胎盘与母体胎盘形式上又是子叶型，所以容易发生胎衣不下。

2. 防治措施

(1)预防措施　胎衣不下可导致子宫复旧延迟、产后首次配种时间拖后、配种指数增加、妊娠率减低、空怀日数增多、整体繁殖能力降低等。此外，胎衣不下也可造成子宫炎、子宫内膜炎、酮血病、乳房炎、产奶量下降等，给养牛者带来很大的经济损失。做好预防才是根本。

①保证奶牛围产期舒适性。围产期的任何不舒适都可能引起胎衣不下。

②减少产房应激。产房应铺垫厚褥草、宽敞、干燥、无贼风、洁净、光线适中、安静、不远离牛群。

③合理搭配日粮。日粮中给予足够维生素 A、维生素 D、维生素 E 和微量元素硒。

④预防低血钙症。任何能有效预防低血钙症的办法包括产前应用阴离子盐日粮，可预防部分胎衣不下。

⑤预防难产和合理助产。正确选种选配，初配要达到要求体重，围产期日粮合理。

⑥加强对可引起胎盘炎症的传染性疾病的控制。如布鲁氏菌病、病毒性腹泻、李氏杆菌病等。

(2)治疗方法

①从阴门处剪去悬吊胎衣。

②恶臭严重时用 500～1 000 mL 生理盐水加 500 万～1 000 万 IU 青霉素冲洗阴道。冬季用温液，夏季用凉液。冲洗前注意外阴消毒，切忌冲洗子宫。

③每日检测体温，体温升高应立即全身给予抗菌素，连续 3～5 d；同时还要给予非固醇类抗炎药物。

④7～10 d 后轻拉已坏死脱落的胎衣出子宫。

⑤严禁手臂进入阴道或子宫。

在分娩后 1 个月左右，检查子宫恢复的状态，以便根据临床症状进一步的对症治疗。严禁人工剥离胎衣。

(六)子宫内膜炎

子宫内膜炎通常是子宫黏膜的炎症，为产后或流产后最常见的一种生殖器官疾病。

1. 诊断方法

(1)临床症状观察

①急性子宫内膜炎：一般发生于流产、难产、死产或胎衣不下时。体温升高，食欲减退，精神沉郁。严重时拱背，努责，常做排尿姿势，从阴道流出黏性或黏脓性分泌物，奶量明显降低，反刍减弱或停止。在夏季由于分泌物的不良气味更易吸引蚊蝇，加重感染和引起传染病的传播。直肠检查，发现子宫体积增大，子宫壁增厚，如果子宫内有渗出物积聚，尚可感到波动。同

时子宫复旧过程减缓，但一般不会引起死亡。

②慢性脓性子宫内膜炎：经常由阴门流出脓性分泌物、特别是在发情时排出较多，阴道和子宫颈黏膜充血，性周期紊乱或不发情 。

③隐性子宫内膜炎：病牛临床上不表现任何异常，性周期、发情和排卵均正常，但屡配不孕，或配种受孕后发生流产，发情时从阴道流出黏液中稍有混浊或混有很小的脓片。

(2)发病原因分析

①内源性感染：条件性病原微生物在母牛分娩时产道损伤、产后抵抗力降低的情况下，迅速繁殖或通过淋巴及血液进入子宫而表现出致病作用，一般认为细菌繁殖引起发病取决于子宫黏膜抵抗力的强弱及激素的状态。

②外源性感染：病原微生物经阴道和子宫颈进入子宫内而感染。胎衣不下、难产、阴道和子宫脱出、产后子宫颈开张和外阴松弛，输精、助产时器械或手臂及母牛外阴部消毒不严，阴道炎、子宫颈炎等都为病原微生物侵入子宫内创造了条件。

③诱因：饲养管理不当，日粮营养价值不全，维生素、微量元素及矿物质缺乏或不足，矿物质比例失调时，奶牛发生低血钙症、酮血症。

2. 防治措施

(1)预防措施

①产前管理：育成牛体重达 380 kg 以上进行配种，初产牛自妊娠 200 d 后，酌情停喂或少喂精料，供给足量中等质量粗饲料，限制胎儿生长过快，旨在避免头胎难产和提高第一产乳期产量。临产前 3 周，每日提供 5 mg 硒、1 000～2 000 IU 维生素 E 和 150 000 IU 维生素 A，增强生殖系统局部免疫功能和降低胎衣不下发病率。

②产中管理：分娩舍应宽敞、干燥、干净、通风良好。每次分娩后，应及时更换褥草，并消毒产栏。适时适度适力助产，小心谨慎正确使用助产器械，避免产道过度损伤。对无法实施助产的病例，及时进行剖腹产。助产或接产，必须对外阴和器械严格消毒。

③产后管理：对产道损伤和胎衣不下病牛，使用非固醇类镇痛、抗炎和解热药物，同时给予抗生素和支持疗法。对低血钙牛或酮血病牛应及时治疗。对产后努责严重的牛，做荐尾间隙或尾椎麻醉，防止子宫脱出。

(2)治疗方法

①对卵巢存在功能黄体的慢性子宫内膜炎病例，应该及时给予前列腺素 F_{2a} 溶解黄体，以增强子宫局部免疫功能而达到自动清除子宫内致病菌的目的。

②采用同期排卵技术，制造人工发情周期，提高子宫局部免疫功能。

③及时合理给予非固醇类抗炎药物，避免子宫内膜产生疤痕组织和输卵管发生粘连。

④根据全身症状，如有必要，可全身给予头孢类抗生素。

(七)阴道炎

1. 诊断方法

(1)临床症状观察　轻症时患牛仅阴门内流出黏脓性分泌物，阴门、尾根和臀部周围的被毛被分泌物黏附并形成干痂。阴道检查，可见黏膜微肿、充血或出血，常有分泌物黏附。一般无全身症状。

重症时患牛常拱背、举尾，努责作排尿状态，但每次排出的尿量不多，有时在努责之后从阴门中排出污红色腥臭的脓性分泌物。阴道检查黏膜充血肿胀、糜烂、坏死和出血，内有脓性分泌物。体温升高、精神沉郁、食欲下降，乳量减少。

(2)发病原因分析　原发性阴道炎是由于分娩时阴道黏膜受到损伤，细菌侵入感染。在难产时消毒不严的情况下，病原菌经助产人员的手，助产器械和产科绳带入阴道。母牛分娩后，由于阴门松弛外翻，黏膜与尾根和地面直接接触，病原沿黏膜上行蔓延或经伤口侵入。

继发性阴道炎常见于阴道脱出、子宫脱出和胎衣不下等。某些原虫感染，如滴虫病也可发生阴门及阴道炎。

2.防治措施

(1)预防措施　加强对母牛产中、产后的管理(见子宫内膜炎)。

(2)治疗方法　首先应以消毒液清洗尾部及母牛外阴部，将尾部缠上绷带并且系于一侧，以免刺激阴门。对轻症，可用防腐消毒药液(如0.1%高锰酸钾、0.1%雷佛奴尔、0.05%～0.1%新洁尔灭、0.1%洗必泰等)冲洗阴道。阴道水肿严重时，用2%～5%温盐水冲洗，有大量浆液性渗出时用3%的鞣酸或3%的明矾液冲洗。冲洗以后，黏膜溃疡可涂抹碘甘油溶液、磺胺软膏、洗必泰栓等。此外要根据病情给予抗生素治疗。

(八)卵巢囊肿

卵巢囊肿是指卵巢上长期存在体积大于成熟卵泡并内含液体的卵泡。其特点是在预期排卵时间不排卵，继续增大。卵巢囊肿分卵泡囊肿和黄体囊肿两种。

1.诊断方法

调查了解母牛的繁殖史结合异常发情或不发情可诊断。

(1)临床症状观察

①异常发情：黄体囊肿由于血中孕酮水平极度升高，表现长时间不发情。卵泡囊肿表现发情明显而频繁，严重时表现持续强烈的发情行为，病牛的荐坐韧带松软，尾根高举，尾根与坐骨结节间形成凹陷。

②阴部变化：无论是哪种类型的牛都表现阴唇肿胀、弛缓，阴唇增大、松弛。阴门经常排出多量灰白色、不透明的黏稠黏液。

③直肠检查：卵泡囊肿时卵巢上有1个或数个有波动的囊泡。直径为3～5 cm的囊肿，突出于卵巢表面，壁薄，有弹性。如果囊肿的大小与正常卵泡相同，可隔3 d再检查1次，正常卵泡届时会消失。给牛多次进行直检，可发现囊肿交替出现和萎缩，但不排卵，囊壁较正常卵泡壁厚。子宫角松软，不收缩。

黄体囊肿多为1个，大小与卵泡囊肿相似，但壁较厚而软，有波动感和轻微的疼痛感。黄体囊肿存在的时间比卵泡囊肿长，如超过1个发情周期，直肠检查的结果相同，并且母牛仍不发情，就可确诊。

(2)发病原因分析

FSH分泌过多或LH分泌不足、雌激素过多等则会扰乱正常的排卵和黄体发育甚至出现卵巢囊肿。饲料中缺乏维生素A或含有多量的雌激素；精料过多而又缺乏运动；长时间发情又不进行配种；垂体或其他激素腺体分泌失调或注射雌激素过多；子宫内膜炎、胎衣不下及卵巢其他疾病可引发本病。

2. 防治措施

(1)预防措施　改善饲养管理条件，增加运动。做到早发现、早治疗，发现越早越易治愈。极少数病例不经治疗也可以自行恢复。

(2)治疗方法

卵泡囊肿的治疗：

①促黄体素(LH)100～200 U，1 次肌肉注射，连续 5～7 d。

②绒毛膜促性腺激素(HCG)5 000～10 000 U，1 次静脉注射或加倍肌肉注射。

③促黄体素释放激素(LRH)类似物，常用 LRH-A_3，0.5～1 mg，1 次肌肉注射，连用 1～4 d。可配合黄体酮 100 mg 肌肉注射。

④孕酮 50～100 mg，每日或隔日 1 次肌肉注射，连续 2～7 d，但总量为 200～700 mg。

⑤前列腺素 $F_{2\alpha}$ 5～10 mg，1 次肌肉注射。

黄体囊肿的治疗：

①前列腺素 $F_{2\alpha}$ 5～10 mg，1 次肌肉注射。

②15 甲基前列腺素 $F_{2\alpha}$ 2 mg，氯前列烯醇 0.5～1.0 mg，1 次肌肉注射，必要时隔 7～10 d 再注射 1 次。

③催产素 200 U，1 次肌注，日注 2 次，总量为 400 U。

(九)持久黄体

持久黄体是指母牛在分娩后或性周期排卵后，妊娠黄体或周期黄体长期存在而不消失。并且由于其正常分泌孕酮，抑制卵泡发育而使发情周期停止，引起不育。本病多数继发于某些子宫疾病。

1. 诊断方法

根据临床症状结合直肠检查即可诊断为持久黄体。

(1)临床症状观察　其临床特征是发情周期停止，母牛不发情。直肠检查：一侧或两侧卵巢体积增大，卵巢内有持久黄体存在，并突出于卵巢表面。由于黄体所处阶段不同，有的呈捏粉感，有的质地较硬，大小不一。需要经过 2～3 次的检查，间隔(10～14 d)，在同一部位触摸到同样的黄体时，即可诊断为持久黄体。

(2)发病原因分析　舍饲时运动不足，饲料单一，缺乏矿物质及维生素等。子宫炎、子宫积脓、积水、胎儿死亡未被排出、产后子宫复旧不全、胎衣不下等，都可能引起黄体滞留而成为持久黄体。

2. 防治措施

(1)预防措施　改进饲养管理，增加运动，减少挤乳量，促使黄体消退，恢复发情，但所需时间较长。积极正确治疗子宫疾病。

(2)治疗方法

①前列腺素 $F_{2\alpha}$，牛 1 次注射 5～10 mg，或者按每千克体重 9 μg 计算用药。1 次用药后，绝大多数病牛，可于 3～5 d 内发情，配种并能受孕。

②15-甲基前列腺素 $F_{2\alpha}$ 2.5～6 mg，1 次肌肉注射，间隔 11 d 可再注 1 次。

③催产素 100 U，1 次肌肉注射，隔日 1 次，2～3 次。

④卵巢按摩，直肠内按摩卵巢，使之充血，每天 1 次，每次 5 min，连续 2～3 次。

⑤黄体穿刺或挤破法，手伸入直肠内，握住卵巢，使卵巢固定于大拇指与其余四指之间，轻轻挤破黄体。

五、肢蹄疾病防治

(一)蹄叶炎

蹄叶炎是蹄壁真皮弥散性无败性炎症。

1.诊断方法

(1)临床症状观察　本病前蹄发病比后蹄多，有时四肢往往同时发病，临床特征是疼痛、蹄变形和程度不同的跛行，食欲减少，肌肉震颤，拱背站立。蹄底检查：蹄底全部或特定部位出现出血。严重时，蹄底几乎从真皮分离，因新蹄底生长出来，故称为双层蹄底。

(2)发病原因分析

过食性蹄叶炎：产奶前后至产奶高峰时期采食高碳水化合物精料或饲料突变等引起瘤胃内异常发酵产生大量的乳酸和组织胺，它们作用于蹄组织上的毛细血管，引起瘀血和炎症，刺激局部神经而产生剧烈的疼痛。

产褥性蹄叶炎：多发生于分娩后1周以内，由于胎衣不下、子宫内膜炎引起蛋白质异常分解，产生的以组织胺为主的炎症产物被吸收，引起上述同样的病变。

负重性蹄叶炎：由于长途运输，或在坚硬的凹凸不平路面行走及坚硬的牛床上长时间的起卧等，均可使组织中产生大量乳酸与二氧化碳，吸收后导致末梢血管瘀血，引起蹄真皮的炎症。蹄底受到剧烈的机械性的损伤也会而引起本病。

过敏性蹄叶炎：由于预防注射，患全身性的光线过敏症、化脓性疾病及多发性关节炎等继发引起。

蹄变形性蹄叶炎：高蹄或低蹄，狭窄蹄或过长蹄等，使蹄的机能发生严重障碍，影响蹄部血液循环而发病。

2.防治措施

(1)预防措施

①加强对母牛的饲养管理。严格按母牛的营养需要饲喂，控制精料喂量，保证有足够的优质干草饲喂量。为了防止瘤胃酸中毒，日粮中加入0.8%氧化镁或1.5%碳酸氢钠(按干物质计)与饲料混合饲喂。

②加强对继发病的治疗，以减少继发性蹄叶炎。

③加强牛蹄保健，定时修蹄，减少和缓解蹄变形。

④定期对牛群进行运步评分，以判断牛群肢蹄健康状况，查找问题及原因。

(2)治疗方法　治疗原则是消除病因，消炎止痛，促进吸收，防止蹄骨变形。治疗时首先区分是原发性或继发性病因。

①采用蹄部冷浴，减少渗出，使扩张的血管收缩，病初2～3 d内，可行冷敷、冷蹄浴或浇注冷水，每日2～3次，每次30～60 min，以后改为温敷或温蹄浴。

②用0.5%盐酸普鲁卡因溶液30～60 mL分别注射于系部皮下指(趾)深屈肌腱内外侧，隔日1次，连用3～4次。静脉或患肢上方穴位封闭也可，以缓解疼痛。

③成年牛放血1 000～2 000 mL(体弱者禁用),然后静脉注入等量糖盐水,内加0.1%盐酸肾上腺素溶液1～2 mL或10%氯化钙注射液100～150 mL。

④采取脱敏疗法。病初可使用抗组织胺药物,如盐酸苯海拉明0.5～1 g内服,每日1～2次;10%氯化钙溶液100～150 mL,10%维生素C 10～20 mL,分别静脉注射;或皮下注射0.1%肾上腺素3～5 mL,每天一次。

(二)蹄糜烂

蹄糜烂是指蹄底和蹄球负面角质的糜烂。常因深部组织继发感染,临床上出现跛行。

1.诊断方法

根据跛行及蹄底检查可诊断,但应与蹄底溃疡和外伤性蹄皮炎相区别。

(1)临床症状观察　患牛频频倒步,球关节以下屈曲。有的患牛踢腹,患蹄打地。前蹄患病时前肢向前伸。在蹄底修整检查时,会发现有黑色的小洞,角质溃烂、溶解,削开黑洞会有黑色腐臭味浓汁流出来。炎症蔓延到蹄冠、球节时关节肿胀,皮肤增厚,失去弹性,疼痛明显。蹄球糜烂后继续感染转成蹄内化脓。化脓后,关节破溃,流出乳酪样脓汁。病牛全身症状严重,体温升高,食欲减退,产奶量下降,消瘦,运步时呈"三脚跳"或卧地不起。

(2)发病原因分析　蹄变形,牛舍和运动场潮湿、不洁,指(趾)间皮炎与发生在球部的糜烂有直接关系,结节状杆菌感染。

2.防治措施

(1)预防措施

①合理搭配日粮,以减少代谢性疾病的发生。

②运动场平整、干净、松软。挤奶、饲喂场地铺橡胶垫。

③坚持蹄部保健。夏季4%～10%的硫酸铜溶液、4%的福尔马林溶液蹄浴。每头成母牛每年应修蹄2次。

(2)治疗方法　对牛患蹄进行修理平整,找出溃烂的黑斑(小黑洞),先将溃烂的角质向内逐渐削刮,直至暗藏在内部的脓汁流出,然后用4%的硫酸铜溶液进行创口的清洗,用补蹄膏或10%的碘酊涂抹创口,高锰酸钾粉末或硫酸铜粉末打绷带包扎。蹄内化脓严重时必须从蹄底、指尖部打孔,然后从蹄冠部注入消炎药物,每天一次,到创伤愈合为止。可在患蹄的穴位进行穴位封闭(头孢噻肟钠2.5 g和普鲁卡因10 mL)。如有体温升高,食欲下降,可用头孢噻肟钠7.5 g和安乃近30～50 mL一次肌肉注射。

(三)腐蹄病

腐蹄病是由蹄部受到坏死杆菌、结节状拟杆菌、化脓性棒状杆菌、产黑色素拟杆菌、葡萄球菌和(或)链球菌感染所引起的奶牛指(趾)间皮肤及其深部组织的急性和亚急性炎症。

1.诊断方法

(1)临床症状观察　病初跛行不明显,但随病变扩大和侵害深部组织及关节,出现严重跛行。站立时交替负重,行走时因疼痛而跛行。患部趾间皮肤红、肿,触之敏感;蹄冠部皮肤红或紫色,肿痛发热。当深部组织的腱、趾间韧带、冠关节及蹄关节受到感染时,形成坏死组织的脓肿或瘘管,切开脓肿可见微黄色、灰白色恶臭的脓液和坏死组织,严重的化脓而形成溃疡、腐烂。此时全身症状明显,食欲减退甚至停食,奶产量剧减,明显消瘦,严重者蹄壳腐烂变形甚至脱落。

(2)发病原因分析

饲养不当：如日粮不平衡，日粮中精料过多或粗料不足(钙磷比例不当或供应不足，蛋白质或维生素缺乏)引起蹄角质发育不良。

管理不当：牛舍、运动场地面不平整或煤渣、石子、砖瓦块等坚硬异物引起蹄部损伤，致使蹄受到坏死杆菌、链球菌、化脓性棒状杆菌等病原菌的感染。

其他诱因：牛舍阴暗、潮湿，运动场泥泞。粪便不能及时清除，使蹄长期在粪、尿和泥水中浸泡变软。

2. 防治措施

(1)预防措施

①加强饲养管理。给予正确、合理的日粮配方。牛舍、运动场要清洁干燥，定期清除污物，及时移除可能造成奶牛蹄部损伤的碎石头、铁丝、玻璃碎片等异物。

②做好蹄部保健。定期用5%硫酸铜、0.1%高锰酸钾、0.1%新洁尔灭等药物浴蹄。定期修整牛蹄，减少腐蹄病发生的诱因，发现病例及时隔离治疗。

③合理运动、增加光照时间。适当、合理的运动可以促进奶牛蹄部的血液循环；增加光照时间可以增强机体对钙、磷的吸收。减少该病的发生。

(2)治疗方法　消除病因、加强护理、解热镇痛、消除炎症，加强饲养管理。视病程和损伤部位及全身反应，施以蹄部处理，辅以全身治疗。

①蹄部处理：清洗、蹄刀彻底清创后，用0.5%高锰酸钾溶液清洗，之后用10%～20%硫酸铜溶液或5%～10%福尔马林浸泡蹄部约10 min，并用消炎粉、高锰酸钾粉或松馏油棉球填塞，装上蹄绷带，隔日1次，连用2～4次可痊愈。群发时，可设消毒槽，槽中放入10%硫酸铜溶液，使病牛每天通过2～4次，圈舍进行消毒。

②蹄底出现溃疡性漏洞：用3%的双氧水溶液冲洗，然后用“补蹄膏”配合消炎粉调和成糊状涂抹红肿部位，并用棉球蘸取药膏填塞漏洞，每日1～2次，7 d后痊愈。

③解除酸中毒：可用5%葡萄糖生理盐水1 000～1 500 mL、5%碳酸氢钠500～800 mL、25%葡萄糖500 mL、维生素C 5 g，1次静脉注射，每日1～2次。

④对症治疗：若病牛出现全身症状，用抗生素治疗。同时应根据病情给予解热镇痛类药物，直至炎症消除，对于卧地不起的牛应切实做好护理工作，防止继发感染。

(四)趾间赘生

趾间赘生是趾间的皮肤疣状组织的增生疾病。可能因趾间组织受到持续性刺激而引起。本症也有由蹄叉腐烂和蹄底腐烂继发而来的，各品种的牛都可发生。

1. 诊断方法

根据患牛跛行检查指(趾)间隙，容易确诊。应与指(趾)间隙的炎性肿胀相区别。

(1)临床症状观察　本病多发生在后肢，初期不引起跛行，因而容易被忽略。当赘生物增大时，可见指(趾)间隙前部的皮肤红肿、脱毛，有时可看到破溃面。指(趾)间穹窿部皮肤进一步增殖时，形成“舌状”突起，突起随着病程发展，不断增大增厚，在指(趾)间向地面伸出，其表面可由于压迫坏死，或受伤发生破溃，引起感染，可见渗出物，气味恶臭。根据病变大小、位置、感染程度和患指(趾)所受的压力，出现不同程度的跛行。由于指(趾)间有增殖物，导致指(趾)

间隙扩大或出现变形蹄。有跛行时，产乳量可明显降低。本病与腐蹄病的区别是：病变在局部，肿胀范围小，深部组织未见坏死和化脓所形成的窦道，常并发趾间纤维瘤。

(2)发病原因分析　引起本病的确切原因尚不清楚。一般认为与遗传有关。两指(趾)向外过度扩张(开蹄)，引起指(趾)间过度伸展与紧张，或某些变形蹄，泥浆、粪尿等异物对指(趾)间皮肤的经常刺激，都易引起本病。微量元素锌、镁、钼缺乏或比例失调等，都是趾间皮肤赘生的重要条件。

2.防治措施

(1)预防措施　本病没有特殊的预防措施。

(2)治疗方法　根治的办法是手术切除，手术的方法是将患牛侧卧或在修蹄架中站立保定，洗刷蹄部，去除所有污物，然后用0.1%的新洁灭尔泡蹄，注射化学保定剂或电针麻醉，配合局部浸润麻醉，手术前在手术部位上方(球节)打止血带，用保定绳把两指尖向两侧拽开，用止血钳夹住暴露的赘生物，沿其基部做梭形切口，切开皮肤及结缔组织直到脂肪显露为止，术后30 min解除止血带。创口用土霉素粉或冰片撒布伤口。创缘用丝线做结节缝合，外涂松馏油，最后在两趾尖钻孔，用铁丝将内、外蹄系在一起。最后用绷带包扎，外装防水蹄套，3～4 d换药绷带1次，打蹄绷带时在趾间隙不要打的太多，把药粉敷住即可，2周后拆除绷带。

六、中毒性疾病防治

(一)黄曲霉毒素中毒

黄曲霉毒素中毒是由黄曲霉毒素引起的以全身出血、消化机能障碍和神经症状为特征的中毒性疾病，多发生于南方地区。

1.诊断方法

根据饲喂发霉饲料的病史，结合临床神经症状和病理变化(肝脏变性、坏死)等，可做出初步诊断。确诊必须对可疑饲料进行产毒霉菌的分离培养。

(1)临床症状观察　多见于3～6月龄的犊牛，主要表现为精神沉郁，角膜浑浊，磨牙，腹泻，里急后重和脱肛。成年牛出现厌食，消化功能紊乱，间歇性腹泻，腹水，多取慢性经过。乳牛产乳减少或停止，有的流产。病牛免疫反应性降低。犊牛病死率高。

(2)发病原因分析　黄曲霉和寄生曲霉等广泛存在于自然界中，当环境温度在24～30℃，相对湿度在80%以上时，收割、脱粒和贮藏谷物各环节处理不当被其污染并产生大量毒素，致使牛发生中毒。谷物含水量越高、越易被污染。牛采食被上述产毒霉菌污染的饲料而发病。

2.防治措施

(1)预防措施　预防本病的根本措施是做好饲料的防霉，谷物收割和脱粒过程中，防雨淋，并迅速烘干。被黄曲霉等轻度污染的饲料应进行脱毒处理。对重度发霉饲料应废弃。

(2)治疗方法　本病无特效疗法，以清理胃肠、保肝解毒、强心、止血为治疗原则。当中毒发生时，立即停止饲喂霉败饲料，改饲富含碳水化合物的青绿饲料和高蛋白饲料，并减少或不喂脂肪过多的饲料。轻症病牛可较快恢复。对重型病牛，除及时投服盐类泻剂排毒外，还要应用一般解毒、保肝和止血药物。应用25%～30%葡萄糖注射液，加维生素C制剂，或应用20%葡萄糖酸钙注射液500～1 000 mL，1次静脉注射。心脏衰弱病例，注射强心剂。

(二)酒糟中毒

酒糟中毒是牛长期采食或一次性大量采食酒糟引起的中毒病。临床上呈现流涎、腹痛、腹泻。

1.诊断方法

根据饲喂酒糟的病史,结合临床剖检,胃黏膜充血、出血;肠黏膜出血、水肿;胃肠内容物有酒精或酸败味。肺充血、水肿。肝肾肿胀,质地变脆,脑膜及脑实质充血出血。

(1)临床症状观察

急性中毒:首先表现兴奋不安,随后出现胃肠炎症状,食欲减退,腹痛、腹泻。心动过速,呼吸困难,共济失调,四肢麻痹,倒地不起,最后因呼吸衰竭死亡。

慢性中毒:表现为顽固性的消化不良,可视黏膜潮红、黄染,发生皮疹或皮炎,系部皮肤病变明显。病牛牙齿松动、脱落,而且骨质变脆,易骨折。母牛流产或屡配不孕。

(2)发病原因分析　突然饲喂大量酒糟、酒糟发酵酸败或长期饲喂酒糟。

2.防治措施

(1)预防措施　用新鲜酒糟喂牛时要搭配其他饲料,不能超过日粮的20%～30%。犊牛和妊娠母牛少喂或不喂。酒糟要保存好防止霉败变质。

(2)治疗方法　治疗原则是促进毒物排出,保护胃肠黏膜,对症治疗。

停喂酒糟,用8%硫酸钠,4 000～6 000 mL,灌服。纠正酸中毒,碳酸氢钠100～150 g,加水灌服;可用5%葡萄糖生理盐水1 000～1 500 mL、复方氯化钠溶液1 000～2 000 mL、25%葡萄糖溶液500 mL、5%碳酸氢钠溶液800～1 000 mL,一次静脉注射。镇静时用甘露醇或山梨醇注射液300～500 mL,一次静脉注射。针对机体表现,可用抗生素、强心剂治疗。

(三)霉稻草中毒

霉稻草中毒是牛采食发霉稻草引起的一种中毒病。其临床特征是跛行,蹄腿肿胀、溃烂及蹄匣脱落。

1.诊断方法

根据饲喂稻草的病史,结合蹄部、耳尖、尾梢坏死,蹄腿肿烂及蹄匣脱落等症状,可做出初步诊断。

(1)临床症状观察　蹄冠微肿,有痛感,波及腕关节、跗关节时出现跛行。蹄冠及系部脱毛、有黄色液体渗出,继而溃烂及蹄匣脱落。耳尖、尾梢等部位坏死,干硬,呈暗褐色,与健康部分界明显,最后脱落。体温、脉搏、呼吸基本正常。妊娠母牛可发生流产、死胎、胎衣不下及阴道外翻等。

(2)发病原因分析　由于稻草保管不当受潮,以致镰刀菌大量繁殖,引起稻草发霉、腐烂,同时产生大量的真菌毒素,采食被真菌毒素污染的稻草,引起牛发病。

2.防治措施

(1)预防措施　防止稻草发霉,已发霉的稻草,不能用做饲料。

(2)治疗方法　无特效疗法,主要采取对症治疗。立即停喂霉变饲料,加喂精料并防寒保暖。发病初期,为促进血液循环,可采用热敷、红外灯照射。有感染时,局部用高锰酸钾溶液清洗后涂抗生素软膏,肌肉或静脉注射抗生素。另外,配合静注葡萄糖、维生素C、安钠咖等药物，以提高机体抵抗力。

(四)棉籽饼中毒

棉籽饼中毒是因长期连续饲喂或过量饲喂生棉籽饼，致使摄入过量的棉酚而引起的中毒。临床特征为出血性胃肠炎、肺水肿、神经紊乱等。主要见于犊牛、少见于成年牛。

1.诊断方法

根据采食棉籽饼的病史，时间较长，量大。有出血性胃肠炎，神经症状及水肿表现。剖检见实质器官出血，结缔组织水肿，体腔积液，可做出初步诊断。确诊需要做实验室棉酚含量的检测。

(1)临床症状观察

犊牛：食欲和消化紊乱，胃肠炎、腹泻，黄疸，呼吸急促，流鼻液，肺部听诊有明显的湿啰音，视力障碍或失明，瞳孔散大。

成年牛：食欲下降或废绝，反刍减少，渐进性衰弱，心率加快，呼吸急促或困难，咳嗽，流泡沫性鼻液。严重时腹泻，排出稀薄恶臭的粪便，并混有黏液和血液甚至脱落的肠黏膜。全身性水肿，可视黏膜发绀，共济失调，严重的卧地抽搐。部分牛可发生血红蛋白尿或血尿，公牛易出现尿石症，妊娠牛流产。

(2)发病原因分析　棉籽饼饲喂时间过长或过量，棉籽饼未做去毒处理。过量采食棉叶或棉籽，棉花的茎、叶。饲料中维生素、矿物质含量不足，导致犊牛对棉酚的敏感性增强，也是引起发病的原因。

2.防治措施

(1)预防措施　饲喂棉籽饼时，牛不超过 1～1.5 kg/d，注意在日粮中补充足量的矿物质和维生素。可根据养殖量情况采取生棉籽饼加水煮沸 2～3 h 或 2%的小苏打与棉籽饼混合浸泡 24 h，取出后用清水冲洗的方法去毒。对犊牛和妊娠牛最好不要饲喂棉籽饼。

(2)治疗方法　解除病因，排出毒物，脱水利尿，防止继发感染。

发现中毒，立即停喂棉籽饼，禁饲 2～3 d，给予青绿多汁饲料和充足的饮水。洗胃、下泻等治疗措施，对出现出血性胃肠炎的病牛，可用止泻剂和黏浆剂，内服 1%的鞣酸溶液，硫酸亚铁 7～15 g。为了保护胃肠黏膜，可内服面粉等。

七、寄生虫病防治

(一)牛螨病

牛螨病是由于螨虫寄生皮肤所引起的剧烈的痒觉和各种类型的皮肤炎为特征的寄生虫病，多发生于隔离场及长途海上运输的高密度环境下。

1.诊断方法

根据发病季节、剧痒、患部皮肤病变等，可做出诊断。症状不明显时，需要采集病患和健康交界部的痂皮，检查有无虫体，才能确诊。

(1)临床症状观察　病初在牛的面部、颈部、背部、尾根等被毛较短的部位，出现粟粒大的丘疹，随着病情发展开始出现发痒的症状，病牛不断地在物体上蹭皮肤，而使皮肤出现灰白色鳞屑，粗糙、枯裂，被毛脱落，皮肤肥厚，失去弹性而形成皱褶。严重时，可蔓延至全身。

(2)发病原因分析　本病主要发生在冬季和秋末春初，厩舍潮湿、牛体卫生状况不良、皮肤表面湿度较高的条件下。

2.防治措施

(1)预防措施　首先要改善饲养管理，保持牛舍的通风干燥，注意牛群中皮肤有无发痒，掉毛现象，及时发现立即隔离饲养和治疗。引入牛时，应隔离观察，确认无螨病后再合群。

(2)治疗方法

药浴疗法：适于温暖季节的大群发病。药液可选用1%～2%敌百虫水溶液、0.05%蝇毒磷乳剂水溶液、0.05%辛硫磷乳油溶液等。药浴时，要特别注意防止中毒。

涂药疗法：适用病牛数量少、患部面积小的情况，患部需清除污垢及痂皮，清洗后反复涂药，可选择如1%敌百虫溶液、10%辛硫磷乳剂、10%亚胺硫磷、溴氰菊酯等药物，按说明涂擦使用。

注射疗法：用伊维菌素注射液，剂量与用法参照药物说明书。

工作人员的衣服及器械、场所等均须彻底清扫、洗刷及消毒。清除下来的所有东西要收集起来烧毁。

(二)牛皮蝇蚴病

牛皮蝇蚴病是由皮蝇科、皮蝇属的牛皮蝇和纹皮蝇的幼虫寄生于牛的皮下组织所引起的一种慢性寄生虫病。这两种皮蝇蚴病常同地发生。主要症状是消瘦、生产性能下降、幼牛发育不良、尤其是引起皮革质量下降。

1.诊断方法

春季可在牛背皮肤上摸到隆起(隆起或有小孔)，小孔周围有脓痂，用力挤压能挤压出虫体(不要挤破虫体)而确诊；夏秋季节可在牛体被毛发现虫卵确诊。

(1)临床症状观察　雌蝇侵袭牛体产卵时，引起牛只惊慌不安，竖尾奔逃，影响采食，患牛消瘦，产奶量下降。幼虫钻入皮下时，引起病牛搔痒，恐惧不安和局部疼痛，影响牛的休息和采食。皮蝇蚴的毒素使牛的血液和血管壁受到损害，因此出现贫血、消瘦、产奶量下降，严重感染时可导致病变部位血肿和皮肤蜂窝组织浸润，皮革质量下降。幼虫在背部皮下寄生时，牛背皮下形成一指头大的结节隆起，隆起上有绿豆大(直径为0.1～0.2 mm)的幼虫呼吸孔，用力能挤压出虫体。

(2)发病原因分析　本病感染来源为牛皮蝇和纹皮蝇，环境卫生不良会增加本病的发病机会。

2.防治措施

(1)预防措施　在流行区感染季节可用敌百虫、蝇毒灵等喷洒牛体，每隔15 d用药1次，防止成蝇产卵或杀死第1期幼虫。在春季检查牛背时，发现牛的皮肤皮孔增大，可看到幼虫的后端，以手指用力挤出虫体并焚烧。或在每个肿胀处注入2%敌百虫溶液。

(2)治疗方法　在严重的流行区，每年冬季用10%敌百虫溶液，每千克体重30～40 mg，进行肌肉注射；也可用倍硫磷，每千克体重4～7 mg，肌肉注射，伊维菌素或阿维菌素，每千克体重0.2 mg皮下注射。

(三)牛泰勒焦虫病

牛泰勒焦虫病是由泰勒焦虫寄生于牛单核巨噬细胞和红细胞所引起的血液原虫病。临床以高热、贫血、出血、消瘦和体表淋巴结肿大为特征。在蜱活动最强的季节流行。

1.诊断方法

在本病流行地区、流行季节,有病牛表现为体温升高且呈稽留热、体表淋巴结明显肿大、贫血等症状时,可怀疑为本病。采耳静脉血涂片,姬姆萨氏法染色,镜检,若在红细胞内见到环形、椭圆形、逗点形、卵圆形、杆形等各种形状的泰勒虫时,即可确诊。

(1)临床症状观察　初期体温升高至40~42℃、稽留热1~2 d,体表淋巴结肿大,尤其是下颌淋巴结和肩前淋巴结肿大明显,触诊有疼痛感。呼吸心跳加快,结膜潮红,随病情发展,病牛表现为精神委顿,食欲减退或废绝,先便秘后腹泻或二者交替,粪便常带黏液或血液,尿液淡黄或深黄色,血液稀薄呈淡红色,结膜和可视黏膜苍白、黄染。严重时病牛贫血严重,卧地不起,眼睑、尾根和薄皮肤上出现溢血斑点,病牛因衰竭而死亡。

(2)剖检变化观察　全身淋巴结肿大、化脓、出血、坏死,尤其下颌、肩前和腹主淋巴结严重;皱胃黏膜肿胀,有血斑或高粱到蚕豆大小的溃疡斑,边缘红色隆起,中间灰色;皱胃黏膜易脱落;脾肿大、变软,被膜上有出血点;肾肿大2~3倍、变软,被膜有出血点;肝肿大质脆,呈土黄色,表面有出血点;胆囊肿大;肺水肿,表面有出血点。

2.防治措施

(1)预防措施　在本病流行地区,应有组织、有计划的灭蜱,9~10月泥土中喷洒5%敌百虫溶液,牛舍墙壁离地面1 m高范围内的缝隙用泥堵死,这样可把幼蜱杀死洞穴中,牛体喷洒1%~20%敌百虫溶液5~7月杀成虫。

(2)治疗方法　贝尼尔,每千克体重7~10 mg配成7%的溶液,分点做一次深部肌肉注射,每日1次,必要时可连用3~4次。必要时按每千克体重5 mg配成1%溶液缓慢静脉注射,每日1次,连用2次。肌肉注射局部有刺激性;静脉注射有一定反应,但可自行恢复,严重者用阿托品缓解症状。对重危病例应进行补液、强心、输血等对症治疗,可提高治愈率。

八、犊牛疾病防治

(一)犊牛脐带炎

犊牛脐带炎是新生犊牛脐带及周围组织发生的炎症。多为细菌感染引起的化脓性炎症。

1.诊断方法

根据脐带局部的临床症状可诊断。要与脐疝进行鉴别诊断。

(1)临床症状观察　犊牛精神沉郁,经常弓背,不愿行走。脐孔周围充血、肿胀、疼痛。脐带残段脱落后形成瘘管,可挤出少量黏稠脓汁。脐孔处皮下可摸到小指粗硬索状物。有时可形成脓肿,破溃时流出带臭味的脓汁。病情恶化时体温升高、呼吸加快、心跳增加。

(2)发病原因分析　接产时对脐带消毒不严格,助产人员的手和器械消毒不严,脐带受到污染,或犊牛互相吸吮脐带,遭受病菌感染而致。

2.防治措施

(1)预防措施　保持产房清洁卫生,断脐方法正确并要严格消毒,为使脐带迅速干燥,可用干燥消毒剂对脐带断端干浴。加强犊牛护理避免相互吸吮脐带。

(2)治疗方法　对脐部用75%酒精或2%碘酊清洗,然后涂抹5%碘酊。每日2次。还可用100万IU青霉素溶于30 mL注射用水,做脐孔周围分点封闭,局部涂以松节油与5%碘酊合剂。化脓时,切开并冲洗排净脓汁,用5%碘酊擦涂内面创。根据全身状况采取对症治疗。

(二)犊牛肺炎

犊牛肺炎是犊牛严重呼吸障碍的肺部炎症性疾病。是引起犊牛死亡的第二大疾病。其临床特征是体温升高、咳嗽、呼吸困难和肺部听诊有异常呼吸音。

1.诊断方法

(1)临床症状观察　精神沉郁,神情呆滞,体温38℃以上,呼吸频率上升,采食量下降,禁止其他牛吃病牛剩下的食物,流涕,咳嗽。听诊,可听到肺泡音粗粝,症状加重后气管内渗出物增加则出现啰音。

(2)发病原因分析　机体缺乏抵抗力,没有按时饲喂足够的初乳导致自身免疫力低下;病毒、细菌、支原体、真菌、寄生虫感染;犊牛的应激反应。

2.防治措施

(1)预防措施

①做好初乳饲喂工作,增强犊牛抗病能力。

②降低饲养密度,加强通风,定期消毒。

③避免不同龄的犊牛混养,及时发现并隔离病牛,净化结核病。减少应激因素。

④定期监测犊牛健康,发现异常及时处理。

(2)治疗方法　由于犊牛肺炎的病因复杂,最好采集患牛病料和血清样本送实验室化验,鉴定出致病菌,有针对性治疗。

①病毒性肺炎:目前尚无农业部批准的疫苗,没有特效药,给予广谱长效抗生素控制细菌的继发感染。

②细菌性肺炎:选择敏感的长效抗生素配伍非甾体类抗炎药(美洛昔康)进行治疗,临床治愈后,再坚持治疗一个疗程。

③真菌性肺炎:要给予抗真菌性抗生素。

④支原体肺炎:10%拜有利注射液按说明书使用。

(三)犊牛腹泻

犊牛腹泻病因复杂,临床可表现为排稀软粪便至半昏迷状态。是引起犊牛死亡的第一大疾病。

1.诊断方法

(1)临床症状观察　发病初期,犊牛排出稀软、水样粪便;随着病程的发展,犊牛可能表现出脱水的症状(如眼窝下陷、黏膜干燥、被毛干燥等),随着脱水状况的加重,可能表现出末梢发凉、食欲减退或废绝、喜卧或难以站立、昏迷等症状。

大肠杆菌引发的新生犊牛腹泻多发于5日龄内,发病迅速,病程短,体温升高,脱水严重,酸中毒，粪便呈淡黄色、黄色水样，24 h 内死亡；犊牛常在腹泻前表现出严重的脱水症状，部分病例死亡前无腹泻症状。

沙门氏菌引发的犊牛腹泻多见于 15 d 以上犊牛，病犊粪便内可见血液和脱落的肠黏膜，呈灰色、巧克力色或绿色。有的犊牛并发腕关节和跗关节的肿大与跛行。

产气荚膜梭菌的典型病例，发病突然，可表现为猝死或虚弱，犊牛死亡前可见急性腹痛或神经症状，粪便中常混有气泡，带血，颜色由黄白迅速转向黄红，粪便呈粥状、恶臭。剖检可见典型的小肠出血症状。

轮状病毒腹泻多发于 5～15 日龄，冬季多发 病犊体温正常，脱水，粪便呈灰白色，内含黏液或新鲜血液，小肠出血明显。

冠状病毒多发于 7～10 d 犊牛，持续性腹泻，病犊排出淡黄色水样粪便，内含凝乳块和肠黏膜，脱水和衰弱。冠状病毒感染对犊牛肠道造成的损伤较轮状病毒更严重。

隐孢子虫发病犊牛多为出生后短期内感染，腹泻多见于 5～30 d 犊牛。

球虫引起的犊牛腹泻多发于 21 日龄后，也可见于 4～6 月龄，粪便表面附有鲜红血液和血凝块。

(2)发病原因分析

①非感染性原因

管理原因：妊娠后期母牛的营养不足，严重影响初乳的产量和质量。产犊环境和犊牛饲养环境不卫生、应激等环境因素。初乳质量差、饲喂量不足、饲喂时间不当等。

营养原因：常规饲喂习惯的变化，如饲喂时间间隔的延长，犊牛可能因过度饥饿而采食过量的牛奶，导致犊牛排出灰白色稀软粪便，呈营养性腹泻表现。所排出的灰白色稀软粪便为肠道未被消化的牛奶。

②感染性原因

感染大肠杆菌、沙门氏菌、产气荚膜梭菌，轮状病毒、冠状病毒，隐孢子虫、球虫等。

2.防治措施

(1)预防措施

①强化饲养管理：妊娠后期的日粮中能量、蛋白、微量元素和维生素配比应平衡。尽量避免应激的发生。

②保证初乳饲喂：保证初乳质量，执行良好的初乳饲喂规程。犊牛出生后 1 h 内饲喂优质初乳、第一次饲喂量(占体重 5%)，如 40 kg 的犊牛，饲喂 4 kg 的初乳。至少有 2 L 的初乳应该从母牛挤出，初乳 IgG 含量大于 50 mg/mL。饲喂做到“五定、四看”，即喂奶做到定温、定时、定量、定饲养员、定质；饲养员对犊牛要看精神、看粪便、看食欲、看体温。

③规范化管理：确保犊牛饲养环境干燥、通风、保暖、干净。牛场的规范化预防措施和标准化治疗规程，是降低犊牛腹泻发病率，减少犊牛死淘的重要保障。

(2)治疗方法　治疗犊牛腹泻时应以纠正脱水状况和调节电解质平衡为主。在控制感染性犊牛腹泻时，必须考虑非感染性因素。实验室诊断可有助于制定治疗方案。

治疗原则：补液、纠正酸中毒、调节胃肠机能和调整肠道微生态平衡。对有血痢症状者，可注射止血剂或内服磺胺脒、药用炭、云南白药。为防止并发感染可用抗生素类药物。

①液体疗法：轻度脱水的犊牛可通过口服方式补液(注意药液温度)；中重度脱水时，需口服补液结合静脉输液的方式纠正脱水状况和酸碱平衡。

口服补液盐处方：氯化钠 1.5 g，氯化钾 1.5 g，碳酸氢钠 2.5 g，葡萄糖粉 20 g，温水 1 000 mL。不能自吮时，可用 5%葡萄糖生理盐水或复方氯化钠液 1 000～1 500 mL，静脉注射。发生酸中毒时，可用 5%碳酸氢钠液 80～100 mL。注射时速度宜慢。

②抗生素疗法：除沙门氏菌引起的犊牛腹泻外，抗生素对腹泻犊牛多无治疗意义。但可作为防止继发感染时的用药。

③其他治疗方法：根据病情可选用以下药物。抗炎药物氟尼辛或美洛昔康；吸附剂可用次硝酸铋 5～10 g、白陶土 50～100 g、活性炭 10～20 g 等，乳酸菌素片 5～10 片、食母生 5～10 片，混合后一次内服，每日 2 次，连用 2～3 d；待病情好转时、停用抗生素，内服微生态制剂或其他乳酸杆菌制剂。

九、外科病防治

(一)脓肿

在组织或器官内形成外有脓肿膜包裹，内有脓汁积聚的局限性脓腔时，称为脓肿。

1.诊断方法

浅在性脓肿根据病史及临床症状可做出诊断，深在性脓肿可使用超声波检查。

(1)临床症状观察

初期，局部肿胀，温度增高，触摸时有痛感，稍硬固，以后逐渐增大变软，有波动感；脓肿成熟时，皮肤变薄，不久脓肿破溃，流出黄白色黏稠的脓汁；在脓肿形成时，有的可引起体温升高等全身症状，待脓肿破溃后，体温很快恢复正常。

发生在深层肌间及内脏的深在性脓肿，因部位深，波动不明显，局部有压痛，全身症状明显和脓肿发生器官的功能障碍。

本病需要与外伤性血肿、淋巴外渗、挫伤和某些疝的症状相区别。

(2)发病原因分析

①主要继发于各种局部性损伤如刺创、颈夹不合理等。

②静脉注射各种刺激性的药物(如 10%氯化钙、高渗盐水等)误注或漏注到静脉外，形成无菌性的皮下脓肿。

③皮下或肌肉注射药物时不遵守无菌操作规程而引起的注射部位脓肿。

2.防治措施

(1)预防措施　严格执行注射过程中的无菌操作，使用的注射针头及注射器要严格灭菌，牛舍定期消毒，保持牛体卫生。牛栏内无尖锐异物。

(2)治疗方法　消炎，止痛，促进炎症产物消散、吸收。

初期硬性肿胀，可涂敷复方醋酸铅散、鱼石脂软膏等，或以 0.5%盐酸普鲁卡因 20～30 mL，青霉素钾(钠)40 万～80 万 IU 进行病灶周围封闭，以促进炎症消退。

对已经成熟但未破溃的大脓肿，应及早以手术方法排脓进行治疗，可进行脓肿切开。在脓肿波动最明显处切开排脓，用 0.1%高锰酸钾水冲洗脓肿腔，切口的位置、大小、方向要有利于脓汁的排流，必要时配合抗生素等全身疗法。

小脓肿用注射器抽取脓汁后，由同一针头以生理盐水反复冲洗，排净冲洗液后，注入少量混有青霉素的普鲁卡因溶液。

(二)创伤

由于外力作用于机体组织或器官,使受伤部皮肤、黏膜及深在组织出现与外界相通的伤口称创伤。

1.诊断方法

根据临床症状和局部检查可确诊。

按创伤后的时间长短分为新鲜创(包括新鲜创和新鲜污染创)、陈旧创(包括感染创和肉芽创)。

新鲜创:是指创伤刚发生伤口未被污染,外科手术时的术部切开属于此类。

新鲜污染创:是指创伤发生在12 h内,伤部虽然被污染,但未出现感染症状的创伤,新鲜创的一般症状是创口裂开、出血、疼痛和机能障碍。若创伤面积大、创伤深,则可因疼痛剧烈、失血过多而引起全身反应,甚至出现休克以至死亡。

感染创:创伤局部肿胀、温度升高、疼痛,创腔内有脓汁,创伤周围有脓痂,严重引起全身化脓性感染,甚至发生败血症。

肉芽创:创腔内出现粉红色颗粒状的肉芽组织,肉芽表面黏附少量黏稠、灰白色的脓性分泌物。创伤肿胀消退、疼痛减轻、趋向愈合。

2.治疗方法

根据创伤的性质、组织破坏程度、是否感染以及牛的全身状况,采取不同的治疗方法。

①新鲜创的治疗:及时止血,防止休克。

清洁创围:用灭菌纱布将创口盖住,剪除周围被毛,用0.1%新洁尔灭溶液或0.1%高锰酸钾或生理盐水将创围洗净,然后用5%碘酊进行创围消毒。

清理创腔:除去覆盖的灭菌纱布,用镊子仔细的除去创内异物,用手术剪清理掉创内损伤严重或已经失去活性的组织,反复用0.1%新洁尔灭溶液或0.1%高锰酸钾洗涤创内,然后用灭菌纱布轻轻地吸蘸创内残存的药物和污物,最后用含有抗生素的生理盐水冲洗两遍。

缝合与包扎:对创面整齐,处理彻底的新鲜创,伤口能达到一期愈合条件时,进行密闭缝合;有感染危险时,进行部分缝合,并在创口下角留排液孔,并放置引流物;组织损伤严重或不便缝合时,可行开放疗法。

创伤用药:创伤局部可用抗菌消炎药,以防止局部感染,组织损伤或污染严重时,应及时注射破伤风类毒素、抗生素。必要时可全身给药。

②感染创的治疗:创口周围5~8 cm范围内剪毛,对皮肤消毒后,涂以5%碘酊。反复用0.1%高锰酸钾溶液或者3%过氧化氢溶液清洗创腔,切除坏死的组织。然后用灭菌纱布条埋进创腔内引流,接着撒上磺胺粉等抗菌消炎药粉,最后用消毒的纱布覆盖在创口上,用绷带或者胶布包扎固定。创口不能缝合,施行开放疗法。当出现全身症状时,还要结合使用青、链霉素等抗生素或磺胺治疗,同时进行输液、强心、解毒等对症治疗。为促进肉芽组织的生长,保护肉芽组织不受损伤和感染,可使用磺胺软膏、10%磺胺鱼肝油涂布。

③肉芽创的治疗:用0.1%雷弗奴尔清洗创面,然后3%龙胆紫或者水杨酸磺胺软膏等刺激性小、能促进肉芽组织和上皮生长的药剂,涂在创面。对创面较大的肉芽创,为加快愈合并缩小瘢痕的形成,当创面形成肉芽面时,经必要的处理和修整后,撒布青霉素粉,进行密闭缝合

或创缘壁的结节缝合。

【行业公告】

中华人民共和国农业部公告

第1246号

依照《中华人民共和国动物防疫法》、《重大动物疫情应急条例》、《兽药管理条例》以及一类动物疫病防治技术规范规定，发生口蹄疫、高致病性禽流感等陆生动物疫病时，应当采取封锁、隔离、扑杀、销毁、消毒、无害化处理、紧急免疫接种等强制性措施，不得对发病动物采取治疗措施。兽药产品的质量标准、规程、标签和说明书不得标注对一类动物疫病具有治疗的功效。

特此公告

二〇〇九年八月三日

【法规链接】

我国正式实行执业兽医资格考试制度

2013年6月29日，第十二届全国人民代表大会常务委员会第三次会议通过了对《中华人民共和国动物防疫法》做出的修改方案。

将动物防疫法第五十四条第一款修改为："国家实行执业兽医资格考试制度。具有兽医相关专业大学专科以上学历的，可以申请参加执业兽医资格考试；考试合格的，由省、自治区、直辖市人民政府兽医主管部门颁发执业兽医资格证书；从事动物诊疗的，还应当向当地县级人民政府兽医主管部门申请注册。执业兽医资格考试和注册办法由国务院兽医主管部门商国务院人事行政部门制定。"

【学习自测】

一、选择题

1.《国家突发重大动物疫情应急预案》术语定义中，"我国已消灭的动物疫病"包括 ____。

A. 牛肺疫、牛瘟　　B. 牛结核病、牛瘟

C. 牛肺疫、牛结核病　　D. 牛肺疫、牛布鲁氏菌病

2. 牛在驱虫期间，对其粪便最适宜的处理方法是 ____。

A. 深埋　　B. 直接喂鱼　　C. 生物热发酵　　D. 使用消毒剂

3. 确定牛疫病封锁期长短的重要依据是 ____。

A. 最长潜伏期　　B. 最短潜伏期　　C. 平均潜伏期　　D. 传染期

4. 对患结核病的奶牛应作 ____。

A. 高温处理　　B. 化制处理　　C. 销毁处理　　D. 生物热处理

5. 健康牛肺叩诊区后界线应经过肩关节水平线与 ____。

A. 第7肋间的交叉点　　B. 第8肋间的交叉点

C. 第9肋间的交叉点　　D. 第10肋间的交叉点

6. 奶牛的正常体温范围是 ____。

A. 38.0～39.2℃　　B. 36.5～38.5℃

C. 37.0～38.0℃　　D. 37.5～39.0℃

7. 治疗牛急性瘤骨臌气时，瘤胃穿刺放气的正确做法是于 ____。

A. 左肷部刺入瘤胃腔　　B. 右肷部刺入瘤胃腔

C. 右腹壁中 1/3 刺入瘤胃腔　　D. 左腹壁中 1/3 处刺入瘤胃腔

8. 牛瘤胃积食时，叩诊左肷部出现 ____。

A. 鼓音　　B. 浊音　　C. 钢管音　　D. 过清音

9. 检查浅表淋巴结活动性的基本方法是 ____。

A. 视诊　　B. 触诊　　C. 叩诊　　D. 听诊

10. 一头奶牛偷食了大量玉米，随后食欲废绝，反刍停止，精神沉郁，鼻镜干燥，喜饮水，临床检查时重点诊断的部位是 ____。

A. 瘤胃　　B. 网胃　　C. 瓣胃　　D. 真胃

11. 以食道黏膜糜烂并呈线状排列为病理特征的牛传染病是 ____。

A. 口蹄疫　　B. 牛流行热　　C. 牛病毒性腹泻　　D. 牛出血性败血病

12. 某牛场遭受洪灾后，有一头牛出现体温升高至 42℃，全身抽搐，可视黏膜发绀，5 h 后死亡，口腔、鼻孔等流血且凝固不全。对该病死牛正确的生物安全处理方法是 ____。

A. 药物消毒　　B. 化制　　C. 焚毁　　D. 高温

13. 奶牛隐性乳房炎的特点是 ____。

A. 乳房肿胀，乳汁稀薄　　B. 乳房有触痛，乳汁稀薄

C. 乳房无异常，乳汁含絮状物　　D. 乳房和乳汁无肉眼可见异常

14. 一头 5 岁奶牛，产犊后第 3 周发病，仅采食少量粗饲料，先便秘后腹泻，迅速消瘦，乳汁、尿液和呼出的气体呈烂苹果味，需要进一步检查的项目是 ____。

A. 尿蛋白　　B. 血清钙　　C. 血清酮体　　D. 尿胆素原

15. 奶牛离分娩尚有 1 月余。近日出现烦躁不安，乳房胀大，临床检查心率 90 次/min，呼吸 30 次/min，阴门内有少量清亮黏液。最适合选用的治疗药物是 ____。

A. 雌激素　　B. 黄体酮　　C. 前列腺素　　D. 垂体后叶素

16. 奶牛，分娩正常，产后当天出现不安、哞叫、兴奋，不久出现四肢肌肉震颤、站立不稳、精神沉郁、感觉丧失，体温 37℃。最可能发生的疾病是 ____。

A. 酮血病　　B. 产后截瘫　　C. 生产瘫痪　　D. 产后败血症

17. 牛患有结核病时通常呈慢性经过，最为常见的结核类型不包括 ____。

A. 肺结核　　B. 淋巴结核　　C. 乳房结核　　D. 生殖器官结核

18. 影响奶牛营养代谢病发生的最主要因素是 ____。

A. 年龄　　B. 遗传　　C. 品种　　D. 生产与管理

19. 某奶牛，1 个月前曾发生急性乳腺炎，经治疗已无临床症状，乳汁也无肉眼可见变化，但产奶量一直未恢复，奶汁检测结果体细胞计数 55 万个/mL。对该牛的诊断是 ____。

A. 已恢复正常　　B. 有乳腺增生　　C. 有急性乳腺炎　　D. 有慢性乳腺炎

20. 牛食欲废绝，听诊瘤胃蠕动次数减少，蠕动音弱。触诊左侧腹壁紧张，瘤胃内容物坚实，叩诊瘤胃浊音区扩大。本病最可能的诊断是 ____。

A. 前胃弛缓　　B. 瘤胃积食　　C. 瘤胃臌气　　D. 皱胃变位

二、综合测试

1.临床上,如何判断动物发生的是中毒性疾病?中毒性疾病的诊断思路包括哪些内容?

2.配制75%的酒精200 mL,需要95%的酒精多少mL?需要加蒸馏水多少mL?

3.在生产实践中因为疫苗的保存、运送和使用出现问题而导致的免疫失败现象时有发生,作为兽医技术人员在此问题上应注意哪些事项?

4.一成年高产奶牛,分娩后呈现前胃迟缓症状,逐渐表现为精神沉郁,迅速消瘦,颌下、胸垂水肿,鼻镜湿润,粪便稀软、色暗、恶臭。左腹膨大,在左侧后3个肋骨区域内指弹或叩诊,可听到清晰的钢管音。在该区域进行穿刺检查,穿刺液棕褐色,pH为4。根据上述症状。确诊该牛患什么疾病?如何进行防治。

5.某奶牛场,近期牛群中出现少数患病奶牛,精神沉郁,食欲降低,个别的狂躁不安,产奶量降低,但奶的外观无明显的变化,加热后有烂苹果味,影响了奶的销售,尿中也有烂苹果气味。依此症状提出初步诊断,制定出防治措施。

6.一只牛分娩以后,还常常弓背努责,从阴道排出污红色恶臭液体,患牛卧下时排出量较多。液体内含胎衣碎块,现在已经分娩15 d,病牛出现体温升高,脉搏,呼吸加快,精神沉郁,食欲减退,瘤胃弛缓,腹泻,产奶量下降,阴门处还常有红色液体流出,并且有组织碎片流出,试分析是何疾病?引起的病因有哪些?如何进行治疗和预防?

【课外学习指要】

1.《中华人民共和国动物防疫法》(中华人民共和国主席令 第71号·2007年).

2.《动物检疫管理办法》(农业部令 第6号·2010年).

3. GB 16548—2006 病害动物和病害动物产品生物安全处理规程.

4. NY 5030—2006 无公害食品 畜禽饲养兽药使用准则.

5. NY/T 5339—2006 无公害食品 畜禽饲养兽医防疫准则.

6.《病死动物无害化处理技术规范》(农医发[2013]34号).

7.《反刍动物产地检疫规程》(农医发[2010]20号).

8.《跨省调运乳用种用动物产地检疫规程》(农医发[2010]33号).

9. 兽药停药期规定和不需要制订停药期的兽药品种(农业部公告 第278号·2003年).

10. 一、二、三类动物疫病病种名录(农业部公告 第1125号·2008年).

11.朴范泽.牛病类症鉴别诊断彩色图谱.北京:中国农业出版社,2008.

12.潘耀谦,吴庭才.奶牛疾病诊治彩色图谱.北京:中国农业出版社,2007.

13.王春傲.奶牛疾病防控治疗学.北京:中国农业出版社,2013.

项目九 牛场经营管理

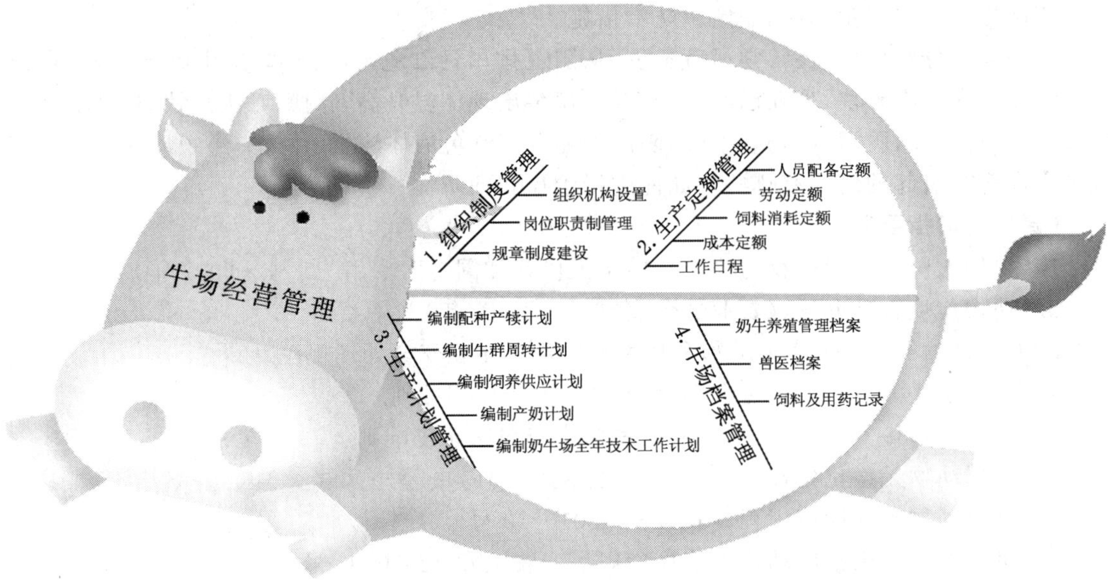

知识目标

- 了解影响养牛场经济效益的因素。
- 熟悉牛场生产定额管理。
- 熟悉规模牛场的组织机构设置。

技能目标

- 会编制牛场生产计划。
- 能够制定牛场的岗位责任管理制度。
- 初步具备牛场规范化经营管理的能力。

经营管理是养牛生产的重要组成部分。在养牛生产的过程中，要获得理想的经济效益，品种的使用是前提，营养环境是基础，疾病防治是保障，经营管理是关键。因此，牛场的经营者在解决技术问题的同时，还必须抓好牛场的经营管理，要善于进行成本分析，并不断谋求成本最小化，从而以最小的投入获取最大的经济效益、社会效益和生态效益。

任务1 组织制度管理

【任务描述】

牛场组织制度是牛场中全体员工必须遵守的行为准则，包括岗位职责、技术规程、规章制度及标准等。现代牛场组织制度规定了企业的组织指挥系统，明确了人与人之间的分工和协调关系，并规定各部门及其成员的职权和职责。本任务主要包括组织机构设置、岗位职责制管理和规章制度建设等。

【任务分析】

实施现代企业制度的牛场，在市场经济发展中已经形成一套完整的企业组织制度，主要特征为：所有者、经营者和生产者之间通过企业的权力机构、决策和监督机构形成各自独立、权责分明、相互制约的关系。每个完整的现代企业组织制度必须包括以下几项内容：一是有一个合理的组织机构，从而能保证企业决策的制定和执行；二是有一个合理的职能体系，使人们有效地实现专业化分工和协作；三是有一个有效的权利系统，使组织成员能够接受并执行管理者的决定。

【任务实施】

一、组织机构设置

根据不同的经营范围和规模，牛场应建立相应的组织机构。牛场的组织机构设置一是要精简，二是要责任明确。从而使牛场各项工作在有计划、有监督、能控制的条件下健康发展。

(一)奶牛场组织结构

奶牛生产企业的组织机构主要实行场长(或经理)负责制。一般包括场长1人、副场长2人(分管行政与业务)、主任或科长若干人、班组长若干人和质检员若干人等，这是属于指挥机构。职能机构包括办公室、财务科室、生产部门、质检科、加工车间、销售科、车队及后勤服务部门等。生产部门的生产主要包括奶牛生产、饲料生产及牛奶加工处理等。后勤服务部门主要负责生产、生活方面的物质供应、管理、维修等。后勤人员主要包括司机、保管、保安；质检科主要包括所有技术人员如畜牧师、兽医师、人工授精员、统计员、饲料分析与检测人员、乳品检测人员等若干人，质检科隶属于场部直接领导。各部门要责任明确，择优上岗。各奶牛场应根据规模的大小，来选择适合自己的机构设置模式。对规模较小的奶牛场或奶牛专业户，在管理机构设置上不可能配备各种专职人员，但各项工作必须要有人负责。

(二)肉牛场组织结构

肉牛场的组织机构设置应本着精简、高效的原则设置。人员编制本着高效高薪、鼓励兼职、以岗定编、以岗定薪的原则进行确定。肉牛场一般均实行场长负责制，主要行使决策、指挥、监督等职能。根据牛场规模的大小，还要相应设立其他管理人员，如牛舍(车间)管理人员、班组长等。规模较小的肉牛场可采用直线制的组织形式，即一切指挥和管理职能基本上都由场长自己执行，一般不设专门的职能机构，只有少数职能人员协助场长进行工作。对于规模较大的肉牛场，由于管理环节较多，因此，建议采用职能制的组织形式，职能机构主要包括生产、饲料加工、购销、后勤和财务等部门。人员主要包括场长、副场长、畜牧技术员、兽医、人工授精员、饲料加工员、饲养员、财务人员和后勤人员等。

二、岗位责任制管理

责任制是在生产计划指导下，以提高经济效益为目的，实行责、权、利相结合的生产经营管理制度。建立健全养牛生产岗位责任制，是加强牛场经营管理，提高生产管理水平，调动职工生产积极性的有效措施，是办好牛场的重要手段。

牛场生产责任制的形式可因地制宜，可以承包到牛舍（车间）、班组或个人，实行大包干；也可以实行目标管理，超产奖励。如“五定一奖”责任制，一定饲养量，根据牛的种类、产量等，固定每人饲管牛的头数，做到定牛、定栏；二定产量，确定每组牛的产乳、产犊、犊牛成活率、后备牛增重指标；三定饲料，确定每组牛的饲料供应定额；四定肥料，确定每组牛垫草和积肥数量；五定报酬，根据饲养量、劳动强度和完成包产指标，确定合理的劳动报酬，超产奖励和减产赔偿。一奖，超产重奖。实行目标管理时要注意工作定额的制定要科学合理，真正做到责、权、利相结合。

牛场的所有工作岗位都应制定相应的岗位职责，主要工作人员的岗位职责有：

（一）牛场场长主要职责

（1）认真贯彻执行国家发展畜牧业的法规和政策，依法纳税，服从国家有关机关的监督管理。负责全场日常工作，决定牛场的经营计划、投资方案及对外签订经济合同，负责向债权人提供牛场经营情况和财务状况报告。

（2）制订牛场的年度预算方案、决算方案、利润分配方案以及弥补亏损方案。

（3）制订牛场的基本管理制度，参与并协助债权人决定牛场的经营计划、市场定位及长远发展计划，审查生产基本建设和投资计划。

（4）决定内部管理机构的设置，负责全场员工的任免、调动、升级、奖惩，决定牛场的工资制度和奖励分配形式。

（二）畜牧主管主要职责

（1）按照本场的自然资源、生产条件以及市场需求，组织技术人员制定全场各项规章制度、技术操作规程、年度生产计划，掌握生产进度，提出增产措施和育种方案。

（2）负责检查全场各项规章制度、技术操作规程及生产计划的执行情况，对违反技术操作规程和不符合技术要求的事项有权制止和纠正。

（3）负责拟定全场各类饲料采购、贮备和调拨计划，并检查其使用情况。

（4）组织畜牧技术经验交流、技术培训和科学实验工作。

（5）对畜牧技术中的重大事故，要负责做出结论，并承担应负责任。

（6）对全场畜牧技术人员的任免、调动、升级、奖惩，提出意见和建议。

(三)兽医主管主要职责

(1)制定本场消毒防疫制度和制定免疫程序,并进行监督。

(2)负责拟定全场兽医药械的分配调拨计划,并检查其使用情况,在发生传染病时,根据有关规定封锁或扑杀病牛。

(3)组织兽医技术经验交流、技术培训和科学实验工作。

(4)及时组织会诊疑难病例。

(5)对兽医技术中的重大事故,要负责做出结论,并承担应负责任。

(6)对全场兽医技术人员的任免、调动、升级、奖惩,提出意见和建议。

(四)畜牧技术人员职责

(1)根据牛场生产任务和饲料条件,拟定生产计划。

(2)制定各类牛只的更新淘汰、产犊和出售以及牛群周转计划。

(3)按照各项牛场技术规程,拟订牛的饲料配方和饲喂定额。

(4)制定育种和选种选配方案,进行牛只(奶牛)体况评分和体型线性评定。

(5)负责牛场的日常畜牧技术操作和牛群生产管理,对生产中出现的畜牧技术事故,要及时报告,并组织相关技术人员及时处理。

(6)配合场长(经理)制定、督促、检查各种生产操作规程和岗位责任制贯彻执行情况。

(7)总结本场的畜牧技术经验,传授科技知识,填写牛群档案和各项技术记录,并进行统计整理。

(五)兽医职责

(1)负责牛群卫生保健,疾病监控和治疗,贯彻防疫制度,制订药械购置计划。

(2)认真细致地进行疾病诊治,充分利用化验室提供的科学数据,并认真填写病历和有关报表。遇疑难病例及时汇报。

(3)认真贯彻“预防为主”的方针,坚持每天巡视牛群,发现病牛,及时治疗。

(4)组织力量检修牛蹄,监测乳房炎,检查蹄部情况。

(5)普及奶牛卫生保健知识,提高员工素质,开展科研工作,推广应用先进技术。

(6)兽医应配合畜牧技术人员,共同搞好牛群饲养管理,减少发病率。

(7)严格执行药品存放的管理制度,易燃药品和剧毒药品要严格保管,并严格执行发放规定。

(8)要经常检查库存药品的存放情况,注意药品的有效期,严禁药品过期变质。

(六)人工授精员职责

(1)每年末制订翌年的逐月配种繁殖计划,每月末制订下月的逐日配种计划,同时参与制定选配计划。

(2)负责牛只发情鉴定、人工授精(胚胎移植)、妊娠诊断、生殖道疾病和不孕症的防治,以及奶牛进出产房的管理等。

(3)及时填写发情记录、配种记录、妊娠检查记录、流产记录、产犊记录、生殖道疾病治疗记录、繁殖卡片等。按时整理、分析各种繁殖技术资料，并及时、如实上报。

(4)经常注意液氮存量，做好牛精液(胚胎)的保管和采购工作。

(5)普及牛的繁殖知识，掌握科技信息，推广先进技术和经验。

(七)饲养员职责

(1)按照各类牛饲料定额，定时、定量顺序饲喂，少喂勤添，严格遵守上、下槽时间，让牛吃饱吃好。

(2)熟悉牛只情况，做到高产牛、头胎牛、体况瘦的牛多喂；低产牛、肥胖牛少喂；围产期牛及病牛细心饲喂，不同情况区别对待。

(3)细心观察牛只食欲、精神和粪便情况，发现病情及时报告给兽医，并协助配种员做好牛只发情鉴定。

(4)节约饲料，减少浪费，并根据实际情况，对饲料的配方、定额及饲料质量有权向技术人员提出意见和建议。

(5)每次饲喂前应做好饲槽的清洗卫生，以保证饲料新鲜，提高牛只采食量。

(6)负责牛体、牛舍内清洁卫生，经常刷拭牛体，做好后备牛调教工作。

(7)保管、使用喂料车和工具，节约水电，并做好交接班工作。

(八)挤奶员职责

(1)挤奶员应熟悉所管的牛只，遵守操作规程，定时按顺序进行挤奶。不得擅自提前或推迟挤奶时间，不得提早结束挤奶。

(2)挤奶前应检查挤奶器、挤奶桶、纱布等有关用具是否清洁、齐全，真空泵压力和脉动频率是否符合要求，脉动器声音是否正常等。

(3)做好挤奶卫生工作，并按挤奶操作要求，热敷按摩乳房，检查乳房并在挤奶前将头三把奶挤掉。

(4)发现牛奶异常或乳房异常要及时报告兽医。

(5)含有抗生素的奶以及乳房炎的奶应单独存放，另作处理，不得混入正常奶中。

(6)挤奶机器清洗及维护。

(九)清洁工职责

(1)负责牛体、牛舍内外清洁工作，做到“三勤”，即勤走、勤看、勤扫。

(2)牛粪以及被玷污的垫草要及时清除，以保持牛体和牛床清洁。

(3)牛床以及粪尿沟内不准堆积牛粪和污水。

(4)及时清除运动场粪尿，以保持清洁、干燥。

(5)注意观察牛只的排泄及分泌物，发现异常及时汇报，并协助配种员做好牛只的发情鉴定。

三、规章制度建设

为了不断提高经营管理水平，充分调动职工的工作积极性，保证各项工作有章可循，牛场必须建立一整套简明扼要的规章制度，如职工守则、考勤制度、安全制度、卫生制度、防疫及医疗保健制度、学习制度和饲养管理制度等，并遵照执行。

(一)考勤制度

由班组负责。由本人或专人逐日登记出勤情况，如迟到、早退、旷工、休假等，并作为发放工资、奖金、评选先进工作者的重要依据。

(二)劳动纪律

劳动纪律应根据各工种劳动特点加以制定。凡影响安全生产和产品质量的一切行为，都应制定出详细奖惩办法。

(三)防疫及医疗保健制度

建立健全牛场防疫消毒制度，同时对全场职工定期进行职业病检查，对患病者进行及时治疗，并按规定发给保健费。

(四)学习制度

为了提高职工思想和技术水平，奶牛场应制定和坚持干部、职工学习制度。定期交流经验或派出学习。每周要安排一定的时间学习有关技术理论知识。

(五)饲养管理制度

对养牛生产的各个环节，提出基本要求，制定简明的养牛生产技术操作规程。制定操作规程前，应先了解牛场生产过程，对各个生产环节应反复研究，同时要根据工人的技术水平、牛场的设备条件等加以制定。在制定操作规程时，既要吸收工人的工作经验，更要坚持以科学理论为依据。制定的规程要符合实际，切实可行，根据发展情况，每年做适当的增减。养牛生产技术操作规程是各项制度的核心，它一般主要包括：成年奶牛饲养管理操作规程、犊牛及育成牛的饲养管理操作规程、防疫卫生的操作规程、人工授精操作规程、牛乳处理室的操作规程、饲料加工室的操作规程等。现列举几项，仅供参考。

1. 成年奶牛饲养管理操作规程(以实施传统饲喂方式为例)

(1)根据饲养标准供给营养。首先用粗饲料满足其需要，不足部分由精料供给。青贮饲料和干草是日粮的基础。一般 100 kg 体重给 3～4 kg 青贮料，不低于 0.5 kg 干草；精料按 100 kg 体重，控制在 1 kg 左右，最大量 1.5 kg。

(2)实行 3 次上槽、3 次挤奶，工作日程和挤奶次数不得任意更改。

(3)饲喂次序掌握粗→精→粗顺序。运动场设粗饲料和矿物质补饲槽，自由采食。

(4)手工挤奶采用拳握式，要求坐姿自然，两腿夹桶，尾稍固定。挤奶速度按慢—快—慢程序进行，先挤后乳头，再挤前乳头，挤奶时中间不得中断，注意力要集中。

(5)机械挤奶前，先检查挤奶机和乳房情况，挤时注意挤奶频率，每分钟 70～80 次，头 3 把奶挤到固定的容器里。

(6)注意牛奶品质，异常牛奶、乳房炎奶、初乳和清洗设备的奶水，不得混入挤奶桶。挤奶时不得沾奶、涂油，挤奶前要洗手，注意修剪指甲。

(7)挤奶前要擦洗乳房,水温 45～50℃,每洗 1～2 头牛更换一次温水。挤奶的全过程需按摩乳房 2～3 次。

(8)每班挤奶,应按固定顺序进行,换人挤奶时,在挤前要向对方介绍牛只个体情况,并做好每天各班产奶量记录。

(9)注意牛只蹄肢的保健与护理,每年春季和秋季做好牛只的修蹄护蹄工作,个别异常蹄肢应及时处理。

(10)保持牛体、后躯、尾、乳房清洁。冬季干刷,夏季可湿刷,不得用水管直接冲洗牛体。

(11)干乳期 60 d,个别高产牛可延至 70～75 d。干乳方法,采取快速停奶法,1 周内把奶停住。中低产牛到干乳时,采用快速干乳法。

(12)停奶应根据配种受孕日期,按时停奶。干乳期饲养以优质粗饲料为主,防止饥饿停奶办法,停奶后立即恢复正常饲养定额。

(13)产前 10～15 d 经全身刷洗、消毒,送产房饲养管理。

(14)围产期要采取丰富饲养,产前维持干乳期饲养水平,产后根据个体食欲、体质及产奶量情况不断增加饲料,提高饲料营养。

(15)母牛在产房期,对个体产奶、体质、食欲、分娩期、停奶和乳房情况,以及上胎分娩情况予以了解并做好记录。

(16)母牛分娩应在产床或固定的产栏内进行,当母牛出现分娩征状时,做好产床消毒,备好消毒药和常用器械。尽量采取自然分娩,不宜过早地采用人工破水,发现异常情况时,及时请兽医诊治。分娩环境保持安静,非工作人员禁止围观。

(17)母牛产前、产后的牛体、后躯、外阴部、尾部,用干刷和消毒水洗刷干净(1%来苏儿或 0.1%高锰酸钾)。

(18)母牛分娩后,产床要铺垫褥草使产牛安静休息。犊牛擦干全身,除掉口、鼻腔黏液,去掉软蹄,对脐带做好消毒,不要结扎,称好犊牛初生重后,放置固定牛栏或运动圈内。

(19)母牛分娩后,应立即饮用温麸皮盐水汤 10～20 kg,夏季饮 1～2 d,冬季连续饮 3～4 d,同时要注意观察母牛的食欲。

(20)产后第一次挤的奶要立即喂给犊牛,并认真检查乳房情况,发现异常立即请兽医诊治。

2.犊牛、育成牛饲养管理操作规程

(1)犊牛出生后用毛巾清除口、鼻、身上的黏液,断脐,注射疫苗。出生 1 周内犊牛注意保温,保持犊牛栏清洁干燥。

(2)犊牛出生后 1 h 内哺喂初乳,第一次 1.5 kg,以后则按体重 8%～12%供给初乳,保持温度 35～38℃。

(3)按犊牛体重的 6%～10%供给常乳,对早期断奶犊牛按犊牛培育方案操作。

(4)出生 2 周后补喂精料 20～50 g/d,补喂 7～10 d 后逐渐增加,以不下痢为原则:1 月龄 250 g;2 月龄 0.5 kg;3 月龄 0.75 kg。7 d 后补给优质幼嫩青干草,让其自由采食。

(5)哺乳期 90～100 d,全程喂奶量在 300～400 kg。

(6)断奶后逐渐增加开食料 0.75～2.3 kg,以不下痢为原则。第六个月逐渐减少开食料,改为混合饲料。

(7)每天刷拭 2 次,保持体躯清洁,每月称重 1 次。出生 1 个月后可放入运动场,让其自由活动,防止阳光曝晒。

(8)保持牛体、圈舍、哺乳用具清洁卫生,饲喂后用干净毛巾擦净牛嘴,防止舔癖。

(9)12月龄前和12月龄后的牛分群饲养。

(10)饲喂制度实行3次上槽或2次上槽,并在运动场设饲槽,自由采食干草或自由采食犊牛用TMR及育成牛用TMR。

(11)每天刷拭2次,一般在12月龄开始按摩乳房,妊娠后每天2次用温水热按摩,不得进行试挤奶。

(12)15～16月龄体重达到350～400 kg,进行配种。

(13)日粮以干草、青贮为主。根据粗饲料质量,饲喂精料,一般每天2～3 kg,注意补充蛋白饲料。

(14)妊娠3个月后,应加强管理,观察食欲,注意生理变化,体质不宜过肥。

3.肉牛饲养管理技术操作规程(以实施传统饲喂方式为例)

肉牛饲养企业应从各地实际出发,以调动职工生产积极性、维持正常的生产秩序、提高饲养管理水平和经济效益为原则,制定一整套规章制度,其核心应是"量化责任制"。现介绍某牛场的操作规程,供参考。

(1)饲喂肉牛必须做到定时、定量、定序、定人,并掌握以下要点:

①饲喂次数:日喂2次,早晚各1次。

②喂料顺序:粗料→精料→饮水。每班饲养工在喂料前后都要清洗食槽。

③喂量:按不同饲养阶段设计饲料配方。精料定量,粗料可酌情放开,少喂勤添,真正做到使每头牛吃饱、饮足。

④饲料加工调制:稻麦草要求铡短后氨化或与酒糟类拌匀发酵。玉米秸秆青贮后饲喂。注意配合比例,谨防杂物混入饲料。

⑤饮水:每班饲养工在喂精料后一定要让牛饮足清洁水;晚间增加饮水1次;炎热夏季要保持槽内有充足的饮水;饲料中添加尿素时,喂料前后0.5～1 h杜绝饮水。

(2)管理上做到:

①五看五注意:看牛吃料注意食欲;看牛肚子注意吃饱;看牛动态注意精神;看牛粪便注意消化;看牛反刍注意异常,发现情况及时向技术员汇报。

②凡购进牛必须全部换缰绳,编号。并经常检查牛绳是否结实,随时更换。

③称重:购进牛2 d内称重入栏,以后每月定期抽样称重,最后称重出栏。称重在早晨喂料前空腹称重。

④驱虫:包括体内、外驱虫,分观察期和育肥前2次。

⑤清洁卫生做好以下几点:

a.每天上、下午刷拭牛体1次;

b.牛粪及时清运到粪场,清扫牛床,清洗牛床,夏季上下午各1次,冬季上午1次;

c.下班前清扫料道、粪道,保持清洁整齐;

d.工具每天下班应清洗干净,集中到工具间堆放整齐,清粪、喂料工具应严格分开,定期消毒;

e.牛舍周围应保持整洁,定期清扫,清除杂草;

f.夏季做好防暑降温工作,冬季做好防寒保暖工作;

g.保持牛舍环境安静。

(3)适应期饲养管理　新进肉牛第1天喂清洁水,并加适量食盐(每头牛约30 g);第2天喂干净草,最好饲喂青干草,并逐渐开始加喂酒糟或青贮料,至5～7 d时,可增加到正常量。架子牛进场以后4～5 d可以饲喂混合精饲料,混合精饲料的量由少到多。30 d观察期结束后,无异常时调入育肥牛舍。牛在观察期内要特别注意食欲、饮水、大小便情况,发现异常及时报告。

(4)严格遵守作息时间　作息时间可根据冬夏季节作适当调整。除上班时间外,肉牛场应留专人值班。见表9-1-1。

表9-1-1　肉牛场作息时间表

工种	上午	下午	工作内容
喂料工	6:00～6:30	17:00～17:30	清洗牛槽,检查牛缰绳
	6:30～8:30	17:30～18:30	运、喂粗料,并逐渐添加
	8:30～9:30	19:30～20:00	拌、运、喂精料,喂水
	9:30～10:00	20:30～21:00	清扫过道,交接班
辅助工	6:00～7:30	15:00～16:30	清运牛粪
	7:30～8:30	16:30～17:30	刷拭牛
	8:30～9:30	17:30～18:30	牛床刮粪清扫粪道
	9:30～10:00	—	牵牛下槽运动
	—	18:30～19:00	交接班

(5)操作上要做到"六净"　草料净、饲槽净、饮水净、牛体净、圈舍净和牛场净。

喂料工:按规定顺序喂料、喂水,少喂勤添,不喂发霉变质料,及时发现和清除料中铁钉、铁丝,塑料绳、袋及畜禽毛等杂物,保证清洁饮水;做好牛槽、中间过道的清洁卫生工作和场区主干道保洁;注意牛缰绳松紧和牛采食草料情况,发现异常及时汇报技术员。

辅助工:清除牛床牛粪,并装车运送到粪场,洗刷牛床,保持牛床清洁卫生,随时清粪,发现大小便异常及时汇报。牵牛下槽运动。

每天上、下午定时刷拭牛体,方法是从左到右,从上到下,从前到后顺毛梳刷,特别注意背线、腹侧的刷拭,清理臀部污物。注意牛体有无外伤、肿胀和寄生虫。刷拭工具要定期清洗消毒;定期大扫除、消毒和清理粪尿沟。

值班人员:负责本班的牛舍卫生,定时清理牛粪;观察牛群动态,检查缰绳,以防绞索和牛只跑出,确保牛群安全;保管好用具;保证牛槽内有充足饮水;夏季中午做好防暑降温工作,定时给牛床、牛体淋水,注意不要喷淋乳房。

拌料工:要求各种饲料称重准确,按配方比例,拌和均匀;对用量较少的矿物质和添加剂等,采用逐级混合方法充分拌匀。

交接班内容:肉牛动态要交接,清洁卫生要交接,工作用具要交接,安全保卫要交接。若交接不清,双方共同承担责任。

根据工作情况,采取适当的奖惩措施。

(六)建立日报制度

奶牛档案、生产记录及各项统计是奶牛场的一项基础工作。为了能给制定计划、检查生产、考察业绩、分析经济活动及进行财务核算等提供及时、准确的第一手资料，必须做好生产中的各项测定、记录、汇总及分析等工作，并建立日报制度。

任务2　生产定额管理

【任务描述】

牛场的生产定额种类很多，按用途分主要有人员配备定额、劳动定额、饲料贮备定额、机械设备定额、物资储备定额、产品定额和财务定额（包括资金占用定额、成本定额和费用定额）等。在生产管理中，制定科学合理的生产定额可有效提高牛场的经济效益。

【任务分析】

定额是编制生产计划的基础，是组织计划实施的前提，同时也是管理的依据，为了增强管理的科学性，提高经营管理水平，取得预期效果，一定要做好生产定额的制定工作。定额又是计划执行情况和决定劳动报酬分配的重要依据，是提高劳动生产率重要的手段。

【任务实施】

一、人员配备定额

人员配备定额，即完成一定任务应配备的生产人员、技术人员和服务人员标准。每个牛场均应根据各自的实际情况合理制订定额，配备人员，以发挥最大的劳动生产效率。

1.牛场人员组成

牛场的人员由管理人员、技术人员、生产人员、后勤及服务人员等组成。具体包括：场长、畜牧技术人员、兽医、人工授精员、统计员、会计、出纳、饲养员、挤奶员、饲料加工人员、奶处理人员、锅炉工、夜班工、司机、维修工、仓库管理、食堂及服务人员等。

2.人员配备定额

以某规模为600头的奶牛场为例，该牛场中成母牛350头，实施拴系式饲养，管道式机械挤奶，平均单产7 500 kg，需61人。其人员配备为：管理4人（其中：场长1人、场长助理1人、生产主管2人、行政主管1人、会计1人、出纳1人），占6.5%；技术人员5人（其中：人工授精员2人、畜牧技术员1人、兽医2人），占8.2%；直接生产人员45人（其中：饲养员17人、挤奶员10人、清洁工5人、接产员2人、轮休2人、饲料加工及运送人员5人、夜班2人、奶库及原料奶管理2人），占73.8%；间接生产人员7人（其中：机修3人、仓库管理及锅炉工1人、保安1人、绿化1人、司机1人），占11.5%。

另一规模为2 300头的奶牛场，其中成母牛1 500头，散栏式饲养，挤奶厅机械挤奶，传统饲喂方式，平均单产6 800 kg，需113人。其人员配备为：管理7人（其中：场长1人、场长助理1人、生产主管2人、行政主管1人、会计1人、出纳1人），占6.2%；技术人员19人（其中：人工授精员6人、畜牧技术员1人、兽医10人、统计2人），占16.8%；直接生产人员75人（其中：饲养员22人、挤奶员22人、清洁工20人、接产员3人、饲料加工及运送人员6人、夜班2人），占66.4%；间接生产人员12人（其中：机修3人、仓库管理1人、锅炉工2人、保安3人、洗涤工3人），占10.6%。

二、劳动定额

劳动定额是在一定生产技术和组织条件下，为生产一定的合格产品或完成一定的工作量，所规定的必要劳动消耗量，是计算产量、成本、劳动生产率等各项经济指标和编制生产、成本和劳动等项计划的基础依据。劳动工资是一项较大的支出，乳牛场在做好人员配备定额外，还应根据不同的劳动作业、每个人的劳动能力和技术熟练程度，机械化、自动化水平以及其他设备条件，规定适宜的劳动定额。在我国目前情况下，各乳牛场主要工种劳动定额如下：

1.饲养工

负责饲喂、清理饲槽、刷拭牛体，并经常观察牛只的食欲、反刍、排粪、发情及生长发育等情况。每人可管理成年母牛 100～120 头；犊牛饲养工每人管理犊牛 45～50 头，要求犊牛 2 月龄断奶，哺乳量 300 kg，日增重达 700～750 g，成活率不低于 95%；育成牛饲养工管理定额为 100～120 头，日增重达 700～800 g，15～16 月龄体重达 350～400 kg。饲料必须节约，按标准进行饲喂。

2.配种员

定额 250 头，负责母牛人工授精、孕检及保健工作。要按配种计划适时配种，保证受胎率在 96%以上，全年繁殖率不低于 85%，受胎母牛平均使用冻精不超过 3.5 粒(支)。

3.兽医

定额 200～250 头。负责检疫、治疗、接产、修蹄、牛舍消毒、医药和器械的购买及保管等。要求全年牛群死亡率不超过 3%。

4.饲料加工工

定额 120～150 头，手工和机械操作相结合。负责饲料称重入库，加工粉碎，清除异物，配制混合，并做到现喂现送。

5.产房工

每人定额 18～20 头，负责围产期母牛的饲养、清洁卫生、接产以及挤奶工作。要求管理仔细，不发生人为事故。

6.挤奶工

负责挤奶、清扫卫生、护理奶牛乳房以及协助观察母牛发情等工作。手工挤奶每人可管理泌乳牛 10～12 头；管道式机械挤奶时，每人可管理 35～45 头；挤奶厅机械挤奶时，每人可管理 60～80 头。挤奶员兼饲养员，在手工挤奶时每人可管理泌乳牛 8～12 头。可根据机械化程度、饲料条件及泌乳量进行调整。

7.清洁工

负责牛体、牛床、牛舍以及周围环境的卫生。每人可管理各类牛 120～150 头。

8.乳品处理工

负责乳品冷却、消毒、清洁盛乳器及鲜牛奶出售等，坏乳率及出售损耗率不超过 2%。

每个奶牛场均应根据各自的实际情况，合理制定定额，配备人员，提高劳动生产效率。

三、饲料消耗定额

饲料消耗定额是生产单位重量牛奶或增重所规定的饲料消耗标准，是确定饲料需要量、合理利用饲料、节约饲料和实行经济核算的重要依据。

在制订不同类别奶牛的饲料消耗定额时,首先应查找其饲养标准中对各种营养成分的需要量,参照不同饲料的营养价值确定日粮的配给量;再以日粮的配给量为基础,计算不同饲料在日粮中的占有量;最后再根据占有量和牛的年饲养头日数即可计算出年饲料的消耗定额。由于各种饲料在实际饲喂时都有一定的损耗,尚需要加上一定损耗量。

一般情况下,奶牛饲料消耗定额为:成年母牛每头每天平均需 5 kg 优质干草,玉米青贮料 20 kg;育成牛每头每天平均需干草 3 kg,玉米青贮料 15 kg。成年母牛精饲料除按 2.5～3.5 kg 奶给 1 kg 精饲料外,每头每天还需加基础料 2 kg;初孕牛平均每头每天 2.5～3 kg 精料,育成牛为 2.5 kg,犊牛为 1.5 kg。

四、成本定额

成本定额通常指生产单位奶量或增重所消耗的生产资料和所付的劳动报酬的总和,包括各年龄母牛群的饲养日成本、牛奶单位成本或增重单位成本。

牛群饲养日成本等于牛群饲养费用除以牛群饲养头日数。牛群饲养费定额,即构成饲养日成本各项费用定额之和。牛群和产品的成本项目包括:工资和福利费、饲料费、燃料费和动力费、医药费、牛群摊销、固定资产折旧费、固定资产修理费、低值易耗品费、其他直接费用、共同生产费、企业管理费等。这些费用定额的制订,可参照历年的实际费用、当年的生产条件和计划来确定。

生产定额是在一定条件下制定的,反映一定时期的技术和管理水平。由于生产的客观条件在不断发展变化,因此,在每年编制计划前,必须对上一年的定额进行一次全面的调查、收集、整理和分析,对不符合新条件的定额进行重新修订,从而使定额标准更为科学、准确和可行。

五、工作日程

合理的工作日程和适当的挤奶次数,是提高奶牛产奶量的重要环节。当奶牛场的工作日程规定以后,就要严格遵守,一切工作都要按规定的时间切实执行。如果随意变更奶牛场的工作日程,就会使奶牛已经形成的条件反射遭到破坏,会使奶牛感到不安,因而也就会影响奶的正常分泌。

牛场的工作日程,因饲养方式、劳动组织形式、挤奶次数和饲喂次数的不同而不同。目前,我国奶牛场所采用的饲养日程和挤奶次数,大致有以下几种:2 次上槽,2 次挤奶;2 次上槽,3 次挤奶;3 次上槽,3 次挤奶;自由采食,2 次或 3 次挤奶。前两种适合于产奶量较低的奶牛场,对总的营养物质和饲料量需要较少,采用 2 次上槽,2 次挤奶,可以保证牛有充分的休息时间,相对地也减轻了饲养员的劳动负担。对于产奶量较高的母牛,宜采用 3 次上槽,3 次挤奶制或自由采食制,既有利于高产牛的营养需求,又能提高产奶量。每次挤奶的间隔时间最好相等。目前,现代化规模牛场最好是采用 TMR 饲喂技术。

任务3 生产计划管理

【任务描述】

为了提高效益，减少浪费，各牛场均应有年度生产计划。牛场年度生产计划主要包括：配种产犊计划、牛群周转计划、饲料供应计划和产奶计划等。

【任务分析】

年度生产计划的制定是牛场经营管理中的一项重要任务。做好牛场生产计划管理工作，可以合理有效地分配使用资金，减少不必要的开支，科学预测牛场的经济效益与投入产出。年度生产计划的编制一般分为三个阶段：一是准备阶段，成立计划编制领导小组，分析上年度生产计划完成情况，总结经验，查找问题，调查研究市场，分析各种有利和不利的因素，提出增产措施，审定各项技术经济指标和定额；二是草案拟定阶段，根据上年度生产任务完成情况和牛群的生产实际，结合市场变化，拟定本年度生产计划草案；三是修订完善定稿阶段，计划草案编制以后，要经过反复商讨，并进行综合平衡。

【任务实施】

一、编制配种产犊计划

配种和产犊是奶牛生产的重要环节，奶牛没有产犊也就没有产奶。配种产犊计划是奶牛场年度生产计划的重要组成部分。是完成奶牛场繁殖、育种和产奶任务的重要措施和基本保证。同时，配种产犊计划又是制定牛群周转计划、牛群产奶计划和饲料供应计划的重要依据。

(一)编制配种产犊计划的必备资料

(1)上年度经产、初产、初配母牛最后一次实际配种日期和产后未配种的经产、初产母牛的产犊日期。查出各月份配种妊娠牛的头数。即上年度母牛分娩、配种记录。

(2)上年度的育成母牛出生日期、月龄及发育等情况。即前年和上年度所生的育成母牛的出生日期记录。

(3)本牛场配种产犊类型及历年的牛群配种繁殖成绩。

(4)计划年度内预计淘汰的成母牛和育成母牛的头数和时间。

(5)上年度繁殖母牛的年龄、胎次、营养、健康、繁殖性能等情况。

(6)当地气候特点、饲料供应、鲜奶销售情况及本场牛舍建筑设备情况，特别是产房与犊牛培育设施等方面的条件等。

(二)确定与编制计划有关的规定与原则

(1)经产、初产母牛产犊后的配种时期。

(2)育成母牛的初配年龄和其他有关规定。

(3)牛只淘汰原则和标准。如凡年龄超过10产，305 d产奶量低于4 500 kg，患有严重乳房疾病、生殖疾病而又屡治无效者均加以淘汰。

(4)牛群的情期受胎率、配种受胎率、情期发情率、流产死胎率与犊牛成活率等。

(三)编制配种产犊计划的方法与步骤

举例:某奶牛场2012年1～12月份受胎的成母牛和初孕牛头数分别为25、29、24、30、26、29、23、22、23、25、24、29和5、3、2、0、3、1、5、6、0、2、3、2;2012年11、12月份分娩的成母牛头数为29、24;10、11、12月份分娩的初产牛头数为5、3、2;2011年8月份至2012年7月份各月所生育成母牛的头数分别为4、7、9、8、10、13、6、5、3、2、0、1;2012年底配种未孕母牛20头。该牛场为常年配种产犊,规定经产母牛分娩2个月后配种(如1月份分娩,3月份配种),初产牛分娩3个月后配种,育成牛满16月龄配种;2013年1～12月份估计情期受胎率分别为53%、52%、50%、49%、55%、62%、62%、60%、59%、57%、52%和45%(一般是以本场近几年各月份情期受胎率的平均值来确定计划年度相应月份情期受胎率的估计值),试为该奶牛场编制2013年度全群配种产犊计划。

为了便于编制,假设该场各类牛的情期发情率为100%,流产死胎率为0,并且本年度没有淘汰母牛。其编制方法及步骤如下:

(1)编制2013年牛群配种产犊计划表。如表9-3-1。

(2)将2012年各月受胎的成母牛和初孕牛头数分别填入“上年度受胎母牛数”栏相应项目中。

表9-3-1　某奶牛场2013年度配种产犊计划表　　头

项目		月份											
		1	2	3	4	5	6	7	8	9	10	11	12
上年度受胎母牛数	成母牛	25	29	24	30	26	29	23	22	23	25	24	29
	初孕牛	5	3	2	0	3	1	5	6	0	2	3	2
	合计	30	32	26	30	29	30	28	28	23	27	27	31
本年度计划产犊母牛数	成母牛	30	26	29	23	22	23	25	24	29	29	28	30
	初产牛	0	3	1	5	6	0	2	3	2	2	4	5
	合计	30	29	30	28	28	23	27	27	31	31	32	35
本年度配种母牛数	成母牛	29	24	30	26	29	23	22	23	25	24	29	29
	初产牛	5	3	2	0	3	1	5	6	0	2	3	2
	初配牛	4	7	9	8	10	13	6	5	3	2	0	1
	复配牛	20	27	29	35	35	35	27	23	23	21	21	26
	合计	58	61	70	69	77	72	60	57	51	49	53	58
本年度估计情期受胎率/%		53	52	50	49	55	62	62	60	59	57	52	45
本年度妊娠母牛数	成母牛	29	28	30	30	37	37	33	31	28	27	28	26
	初孕牛	2	4	5	4	6	8	4	3	2	1	0	1
	合计	31	32	35	34	43	45	37	34	30	28	28	27

(3)根据受胎月份减3为分娩月份，则2012年4～12月份受胎的成母年和初孕牛将分别在本年度1～9月份产犊，则分别填入“本年度产犊母牛数”栏相应项目中。

(4)2012年11～12月份分娩的成母牛及10、11、12月份分娩的初产牛，应分别在本年度1～2月份及1、2、3月份配种，并分别填入“本年度配种母牛数”栏的相应项目内。

(5)2011年8月至2012年7月份所生的育成母牛，到2013年1～12月份年龄陆续达到16月龄，须进行配种，分别填入“本年度配种母牛数”栏的相应项目中。

(6)2012年底配种未受胎的20头母牛，安排在本年度1月份配种，填入“本年度配种母牛数”栏“复配牛”项目内。

(7)将资料中提供的2013年度各月估计情期受胎率的数值分别填入“本年度估计情期受胎率”栏的相应项目中。

(8)累加本年度1月份配种母牛总头数(即“成母牛＋初产牛＋初配牛＋复配牛”之和)，填入该月“合计”中，则1月份的估计情期受胎率乘以该月“成母牛＋初产牛＋复配牛”之和，得数29，即为该月这三类牛配种受胎头数。同法，计算出该月初配牛的配种受胎头数为2，分别填入“本年度妊娠母牛数”栏1月份项目内和“本年度计划产犊母牛数”栏10月份项目内。

(9)本年度1～10月份产犊的成母牛和本年度1～9月份产犊的初孕牛，将分别在本年度3～12月和4～12月份配种，则分别填入“本年度配种母牛数”栏相应项目中。

(10)本年度1月份配种总头数减去该月受胎总头数得数27，即58×(1－53%)＝27，填入2月份“复配牛”栏内。

(11)按上述第8和第10步骤，计算出本年度11、12月份产犊的母牛头数及本年度2～12月复配母牛头数，分别填入相应栏内。

(12)编制出成母牛和初孕牛1～12月份的妊娠头数，分别填入各月相应的栏目中，即完成了2013年全群配种产犊计划编制工作。

二、编制牛群周转计划

牛群在一年中，由于犊牛的出生、后备牛的生长发育和转群、各类牛的淘汰和死亡，以及牛只的买进、卖出等，致使牛群结构不断发生变化。在一定时期内，牛群结构的这种增减变化称为牛群周转。牛群周转计划是牛场的再生产计划，是指导全场生产、编制饲料供应计划、牛群产奶计划、劳动力需要计划和各项基本建设计划的重要依据。

(一)牛群结构

一般来说，母牛可供繁殖使用10年左右。成年母牛的正常淘汰率为10%，外加低产牛、疾病牛淘汰率5%，年淘汰率在15%左右。所以，一般奶牛场的牛群组成比例为：成年牛58%～65%，18月龄以上青年母牛16%～18%，12～18月龄育成母牛6%～7%，6～12月龄育成牛7%～8%，犊牛8%～9%。牛群结构是通过严格合理选留后备牛和淘汰劣等牛达到的，一般后备牛经6月龄、12月龄、配种前、18月龄等多次选择，每次按一定比例进行选留，有计划培育和创造优良牛群。

成年母牛群的内部结构，一般为一、二产母牛占成年母牛群的35%～40%，三至五产母牛占 40%～45%，六产以上母牛占 15%～20%，牛群平均胎次为 3.5～4.0 胎（年末成母牛总胎数与年末成母牛总头数之比）。常年均衡供应鲜奶的奶牛场，成牛母牛群中产乳牛和干乳牛也有一定的比例关系，通常全年保持 80%左右处于产乳，20%左右处于干乳。

（二）编制牛群周转计划须具备的资料

（1）上年度年末各类奶牛的实有头数、年龄、胎次、生产性能及健康状况。

（2）计划年度内牛群配种产犊计划。

（3）计划年度淘汰、出售或购进的牛只数量及计划年度末各类牛要达到的头数和生产水平；

（4）历年本场牛群繁殖成绩，犊牛、育成牛的成活率，成母牛死亡率及淘汰标准。

（5）明确牛场的生产方向、经营方针和生产任务。

（6）了解牛场的基建及设备条件、劳动力配备及饲料供应情况。

（三）编制方法与步骤

以某奶牛场为例：某奶牛场牛群规模为 1 000 头，其牛群结构比例为：成母牛占 63%，育成牛 24%，犊牛 13%。已知计划年初有犊牛 130 头，育成牛 310 头，成母牛 500 头，另知上年 7～12 月份各月所生犊牛头数及本年度配种产犊计划，试编制本年度牛群周转计划。如表 9-3-2。

①将年初各类牛的头数分别填入表 9-3-2“期初”栏中。计算各类牛年末应达到的比例头数，分别填入 12 月份“期末”栏内。

②按本年度配种产犊计划，把各月将要出生的母犊头数（计划产犊头数×50%×成活率%）相应填入犊牛栏的“繁殖”项目中。

③年满 6 月龄的母犊应转入育成牛群中，则查出上年 7～12 月份各月所生母犊头数，分别填入母犊“转出”栏的 1～6 月份项目中（一般这 6 个月母犊头数之和，等于期初母犊的头数）。而本年度 1～6 月份所生母犊头数对应地填入育成牛“转出”栏 7～12 月份项目中。

④将各月转出的母牛犊数对应地填入育成牛“转入”栏中。

⑤根据本年度配种产犊计划，查出各月份分娩的育成牛数，对应地填入育成牛“转出”及成母牛“转入”栏中。

⑥合计母犊“繁殖”与“转出”总数。要想使年末牛只数达 128 头，期初头数与“增加”头数之和等于“减少”头数与期末头数之和。则通过计算：（130＋220）－（220＋128）＝22，表明本年度母犊可出售或淘汰 22 头。为此，可根据母犊生长育情况及该场饲养管理条件等，适当安排出售和淘汰时间。最后汇总各月份期初与期末头数，“母犊”一栏的周转计划即编制完成。

⑦同法，合计育成母牛“转入” 与 “转出”栏总头数，根据年末要求达到的头数，确定全年应出售和淘汰的头数。在确定出售、淘汰月份分布时，应根据市场对鲜奶和种牛的需要及本场饲养管理条件等情况确定。汇总各月期初及期末头数，即完成该场本年度牛群周转计划。

表 9-3-2　某奶牛场牛群周转计划表

头

月份	犊牛								育成牛								成牛							
	期初	增加		减少				期末	期初	增加		减少				期末	期初	增加		减少				期末
		繁殖	购入	转出	出售	淘汰	死亡			转入	购入	转出	出售	淘汰	死亡			转入	购入	转出	出售	淘汰	死亡	
1	130	20		20				130	310	20		15				315	500	15					5	510
2	130	20		20				130	315	20		15	2			318	510	15						525
3	130	20		15				135	318	15		10	10	5		308	525	10						535
4	135	20		15	2			138	308	15		10	15	5		293	535	10			10			535
5	138	15		10				143	293	10		20	5		2	286	535	20			10			545
6	143	15		10			3	145	286	10		20	5			271	545	20						565
7	145	20		20		2	2	141	271	20		10		3		278	565	10						575
8	141	20		20		5	2	134	278	20		10		2	2	284	575	10						585
9	134	20		20		3	2	129	284	20		15		2		287	585	15						600
10	129	20		20			1	128	287	20		15	5	5	1	281	600	15						615
11	128	15		15				128	281	15		15	15	5		261	615	15				5		625
12	128	15		15				128	261	15		15	15	3	1	242	625	15			5	5		630
合计		220		200	2	10	10			200		170	72	30	6			170			25	10	5	

三、编制饲养供应计划

饲料是养牛生产的物质基础，编制饲料计划是安排饲料生产、组织饲料采购的依据。规模较大的牛场，除要制定年度饲料供应计划外，还应分别按季度或月份制定饲料供应计划，以保证饲料的常年均衡供应。饲料供应计划主要包括饲料需要量计划和饲料供需平衡计划两部分。先计算出饲料需要量，然后再与饲料供应量进行平衡。

(一)饲料供应计划编制依据

(1)饲料需要量计划与牛群发展计划相适应。

(2)根据日粮科学配方的要求，按饲料的种类分别计划各种饲料的需要量。

(3)牛场周围的自然资源情况，可安排牧草种植，建立饲料基地。

(4)根据市场可供应饲料量，安排饲料采购渠道和数量。

(5)饲料供应计划应根据牛群周转计划(明确每个时期各类牛的饲养头数)和各类牛群饲料定额等资料进行编制。

(二)编制饲料供应计划

按全年各类牛群的年饲养头日数(即全年平均饲养头数×全年饲养日数)分别乘以各种饲料的日消耗定额，即为各类牛群的饲料需要量。然后把各类牛群需要该种饲料总数相加，再增加5%～10%的损耗量，一般精饲料和矿物质的损耗量按5%计算，粗饲料、青贮饲料和青绿多汁饲料的损耗量按10%计算。混合精饲料中各种饲料供应量，可按混合精料配方中占有的比例计算。产奶料需要量是按奶料系数比为3，即每产3 kg奶需要1 kg精料进行计算的。

奶牛主要饲料的全年需要量，可按下式进行估算：

混合精饲料： 成母牛基础料需要量=年平均饲养头数×2 kg×365

产奶料需要量=全群全年计划总产奶量/3

青年母牛需要量=年平均饲养头数×3 kg×365

育成牛需要量=年平均饲养头数×2.5 kg×365

犊牛需要量=年平均饲养头数×1.5 kg×365

玉米青贮： 成母牛需要量=年平均饲养头数×20 kg×365

育成牛需要量=年平均饲养头数×15 kg×365

干 草： 成母牛需要量=年平均饲养头数×5 kg×365

育成牛需要量=年平均饲养头数×3 kg×365

犊牛需要量=年平均饲养头数×1.5 kg×365

矿物质饲料： 一般按混合精料量的3%～5%供应。

四、编制产奶计划

产奶计划是制定牛奶供应计划、饲料计划、联产计酬以及进行财务管理的主要依据。奶牛场每年都要根据市场需求和本场情况，制订每头牛和全群牛的产奶计划。

编制牛群产奶计划，必须具备下列资料：

(1)计划年初泌乳母牛的头数和去年母牛产犊时间。

(2)计划全年成母牛和育成牛分娩的头数和时间。

(3)每头母牛的泌乳曲线。

(4)奶牛胎次产奶规律。

由于影响奶牛产量的因素较多，牛群产奶量的高低，不仅取决于泌乳母牛的头数，而且决定于品种、遗传基础、年龄和饲养管理条件，同时与母牛的产犊时间、泌乳月份也有关系。因此，制订产奶计划时，应考虑以下情况：

①泌乳月：母牛现处于第几泌乳月，前几个月及本月的平均日产奶量。在正常饲养管理条件下，大多数母牛分娩后的奶量迅速上升，到第 2～3 个月达最高，以后逐渐下降，每月降 5%～7%，到泌乳末期逐月下降 10%～20%。但有的母牛在分娩后 2 个月内泌乳量迅速上升，以后便迅速下降，而有的母牛在整个泌乳期内能保持均衡的泌乳。因此，编制产奶计划时，必须考虑每头母牛的个体特性。

②年龄和胎次：荷斯坦牛通常第二胎次产奶量比第一胎高 10%～12%；第三胎又比第二胎高 8%～10%；第四胎比第三胎高 5%～8%；第五胎比第四胎高 3%～5%；第六胎以后奶量逐渐下降。即荷斯坦牛 1～6 胎的产奶系数分别为：0.77、0.87、0.94、0.98、1.0、1.0。

③干奶期饲养管理情况以及预产期。

④母牛体重、体况以及健康状况。

⑤产犊季节，尤其南方夏季高温高湿对奶牛产奶量的影响。

⑥考虑本年度饲料情况和饲养管理上有哪些改进措施。

例如：9503 号母牛上胎次(3 胎)产奶量为 7 000 kg，其 1～10 泌乳月的产奶比率分别为：14.4%、14.8%、13.8%、12.6%、11.4%、10.1%、8.3%、6.2%、5.1%及 3.3%。则该牛在计划年度产奶量估计为：7 000 kg×0.98(第四胎产奶系数)/0.94(第三胎产奶系数)＝7 298 kg，第一泌乳月产奶量为 7 298 kg×14.4%＝1 051 kg，第二泌乳月产奶量为 7 298 kg×14.8%＝1 080 kg，其余各月依次为 1 007 kg、920 kg、832 kg、737 kg、606 kg、452 kg、372 kg、241 kg。若该牛在计划年的 3 月份以前产犊，泌乳期产奶量在计划年度内完成；如若其于上年度 11 月份初产犊，则在计划年度 1 月份为其第三泌乳月的产奶量，其余类推。如若母牛不在月初或月末产犊，则需计算月平均日产奶量，然后乘以当月产奶天数。将全场计划年度所有泌乳牛的产奶量汇总，即为年产奶计划。

若本奶牛场无统计数字或泌乳牛曲线资料，在拟定个体牛各月产奶计划时，可参考表 9-3-3 和母牛的健康、产奶性能、产奶季节、计划年度饲料供应等情况拟定计划日产奶量，据此拟定各月、全年、全群产奶计划。

表 9-3-3　奶牛各泌乳月平均日产奶量分布表　kg

305 d 产奶量 \ 日产乳量 \ 泌乳月	1	2	3	4	5	6	7	8	9	10
4 200	17	19	17	16	15	14	13	11	10	9
4 500	18	20	19	17	16	15	14	12	10	9
4 800	19	21	20	19	17	16	14	13	11	9
5 100	20	23	21	20	18	17	15	14	12	10
5 400	21	24	22	21	19	18	16	15	13	11
5 700	22	25	24	22	20	19	17	15	14	12
6 000	24	27	25	23	21	20	18	16	14	12
6 600	27	29	27	25	23	22	20	18	16	14
6 900	28	30	28	26	24	23	21	19	17	16
7 200	29	31	29	27	25	24	22	20	18	16
7 500	30	32	30	28	26	25	23	21	19	17
7 800	31	33	31	29	27	26	24	22	20	18
8 100	32	34	32	30	28	27	25	23	21	19
8 400	33	35	33	31	29	28	26	24	22	20
8 700	34	36	34	32	30	29	27	25	23	21
9 000	35	37	35	33	31	30	28	26	24	22
9 300	36	38	36	34	32	31	29	27	24	23
9 600	37	39	37	35	33	32	30	28	25	24

五、编制奶牛场全年技术工作计划

奶牛场的工作千头万绪，为了有计划地开展各项工作，对全年的技术工作必须统筹兼顾，全面安排。由于我国地域辽阔，气候生态条件差异较大，因此，必须结合当地实际情况进行妥善安排。现以东北某奶牛场的全年技术工作安排为例，供参考：

1 月份　1. 填报上年度生产统计报表，进行上年度工作总结。
　　2. 研究部署本年度生产计划，制订各项实施细则。
　　3. 加强牛舍防寒保暖，预防犊牛呼吸道疾病。

2 月份　1. 安排好春节期间的生产，避免劳力、饲料脱节及人为灾害。
　　2. 检查配种工作及存在问题。
　　3. 继续搞好防寒越冬，积极开展春季防疫和检疫工作。

3 月份　1. 牛舍、运动场进行春季大消毒，同时进行植树造林、美化环境。
　　2. 进行牛群春季修蹄工作。
　　3. 落实青贮玉米播种工作。

4 月份　1. 做好牛群炭疽芽孢疫苗的注射。

2. 进行上半年布氏杆菌病和牛结核病的防检疫工作。
3. 在雨季前垛好露天干草，以防止雨淋使饲草霉烂变质。
4. 检查青贮玉米播种的数量与质量。

5 月份　1. 对不孕牛进行复查，并采取相应技术措施。
2. 加强牛奶的初步处理，防止鲜奶变质。
3. 做好青贮玉米的中期田间管理。
4. 检查、维修青贮机械及青贮窖(塔)。
5. 预防过量饲喂青草而导致牛腹泻。
6. 地沟、低湿处喷洒杀虫剂，以消灭蚊蝇的滋生。

6 月份　1. 进行防暑降温设备检修，做好防暑降温准备。
2. 组织青贮工作临时班子，做好青贮的准备工作。
3. 加强挤奶器械、管道系统的清洗消毒工作，严把产品质量关。
4. 进行牛舍维修。

7 月份　1. 检查上半年生产计划完成情况及存在问题。
2. 搞好玉米青贮工作。
3. 进行防暑降温，尽量减少产奶量下降的幅度。

8 月份　1. 做好青贮饲料的收尾工作，对全场进行卫生消毒。
2. 进行不孕牛的普查及治疗工作。
3. 对工人进行技术培训。

9 月份　1. 整理产房，做好产犊高峰季节的准备工作。
2. 做好青贮窖的防漏(水、气)检查工作。

10 月份　1. 进行牛群普查鉴定工作。
2. 进行秋季牛群修蹄工作。
3. 安排下半年布氏杆菌病和牛结核病的防疫和检疫工作。
4. 进行牛群驱虫工作，成母牛在干乳期进行。

11 月份　1. 总结年度配种工作。
2. 做好冬季防寒保暖的准备工作。
3. 做好块根、块茎饲料以及其他饲料的贮备工作。

12 月份　1. 制订来年生产计划。
2. 进行年终总结的准备工作。
3. 实施冬季防寒保暖措施。
4. 调整牛群结构，淘汰老弱病残牛。

【知识拓展】

一、提高肉牛场经济效益主要措施

产品成本主要受费用支出和产品率的影响。因此，提高产品率和以节约饲料消耗为主的费用支出，是降低产品成本，增加收益的根本途径。

1. 选择优良的肉牛品种

品种的优劣直接关系到养牛的盈亏。选择饲养优良品种是提高养牛效益的前提。在引进种牛时一定要注意选择优良品种，作为繁殖用的种牛一定要是纯种。杂交牛本身生产性能虽好，但不能留作种用，只可作商品生产。

2. 实施科学的饲养管理

生产出数量多、质量好的商品牛肉及皮毛产品是提高养牛效益的关键。除了要有优良的牛群品种外，还要有科学的饲养管理，包括合理搭配饲料、科学饲喂、精心管理、预防疾病等。在南方夏季高温多雨季节要特别注意防暑降湿。商品牛生产场可采用"全进全出"的饲养制度，有利于消毒和防疫，减少死亡率。

3. 实行预防为主，加强卫生防疫

牛病是影响养牛生产及其经济效益的重要因素之一。牛病发生多由饲养管理不善、防疫不严造成。因此，预防疾病发生最有效的办法是加强饲养管理，实行预防为主，平时要细心检查，注意对牛群粪便、精神状态、食欲情况等方面的观察，发现异常及时治疗。慎重引种，定期消毒，对牛群进行定期接种疫苗，病牛要及时隔离。

4. 合理配合日粮，提高饲料转化率

饲料是形成牛产品的原料。因此，提高饲料利用率，节约饲料费用是提高生产效益的重要途径。精料应使用配合饲料，营养要全面。饲料要适量投喂，不仅可以减少饲料浪费，提高饲料转化率，还可减少消化道疾病的发生。

5. 注意控制有效饲养时间，商品肉牛要及时出栏

在养牛生产中要注意减少无效和低效饲养时间，以降低成本。夏季气温高，种牛停止繁殖，这段时间不需要饲喂很好很多饲料，以维持代谢安全度夏为原则；种牛群要经常检查，对那些不发情、屡配不孕、习惯性流产、繁殖性能低下的种母牛要及时淘汰或转入商品牛生产群；肉用牛最佳产肉年龄为1.5～2岁，2岁以后产肉性能明显下降，因此，一定要及时出栏。在行情差效益低时也可适当减少投喂量，压缩成本，减少亏损。

6. 保持合理的牛群结构

牛群结构是发展养牛生产，扩大再生产的重要基础条件，关系养牛产品的质量。一般以繁殖为主的牛场，牛群组成比例为公牛2%～3%，繁殖母牛60%～65%，育成母牛20%～30%，犊母牛8%左右。采用冻精配种的牛场，可不考虑公牛的淘汰更新，但要计划培育和创造优良后备种公牛。必须坚持按不同经济类型种牛标准留种和更新淘汰制度，始终保持牛群结构最佳水平。每年更新淘汰15%～25%为宜。

7. 充分利用劳动力资源，提高劳动生产率

节约活劳动消耗，防止无效劳动是降低养牛成本的重要途径。劳动生产率越高，单位产品的劳动消耗量也就越少，经济效益就越高。作为一个养牛场，一是加强职工培训，提高劳动者的技术水平和熟练程度，尽可能增加饲养数量。二是尽可能减少非生产人员支出，管理人员要实行多行兼职。三是采取岗位责任制与生产效益挂钩的奖罚承包制度，调动劳动者的积极性，提高工作效率。农户和养牛专业户应充分利用闲散劳力或工余时间，兼业饲养，主业副业两不误，用较少的劳动时间获得较好的经济效益。

8. 牢固树立增收节支的观念

节支与增收一样是提高养牛效益的重要途径，它贯穿于整个生产过程。这里重点阐述以

下几点。

(1)广辟饲料来源,降低原料价格。饲料费用是繁殖母牛生产中支出最大的一个项目,一般要占总费用的55%～65%,直接影响到养牛场的经济效益。饲料原料价格居高不下,无疑会增大饲料开支。要因地制宜,大力开发饲料资源。农户养牛可利用工余时间割刈宅前屋后、田边闲地的青草,专业户养牛还可种植玉米等饲料,某些作物秸秆也可作冬季的饲料。

(2)减少饲料浪费。喂料时一定要遵循少给勤添的原则,更换饲料要由少到多,湿拌料要现拌现喂,以防变质。喂料时,要防止抛撒现象,食槽结构要合理,既要使牛采食方便,又要防止牛扒料。

(3)降低医药费及低值易耗品支出。要执行严格的防疫消毒制度,科学合理使用消毒药,搞好预防接种,减少疾病发生,治病要对症下药,切忌盲目滥用,节省医药费用。生产用具及低值易耗品也要爱护,尽可能核定指标包干到人。

(4)节省固定资产投入,降低折旧。因为投入越大折旧越高。对专业户来说,建造牛舍应就地取材,尽量减少支出。较大规模的牛场,也要科学设计,在符合防疫要求、便于管理的基础上尽可能地节省投资,降低折旧。

(5)减少非生产费用,节省一切不必要开支。在生产中要严格控制间接费用,节约非生产性开支,减少不必要的管理人员,改进和提高经营管理水平。

(6)提高固定资产的利用率,加速流动资金的周转。这也是降低养牛成本的有效措施。

9.采取适度规模饲养

规模饲养可以有效提高劳动生产效率,降低单位产品成本,发挥规模效益。当然,也并非饲养规模越大越好,应结合自身的实际情况,选择适宜的生产规模。养牛专业户饲养规模应由小到大,逐步发展。适度规模经营有利于抵御市场冲击。

10.根据市场波动规律及时调整牛群结构和养殖规模

牛肉市场行情具有一定的波动性,养殖者要认真总结其波动规律,在生产低潮时保留种牛,购进架子牛,保本经营甚至亏本经营,当复苏时迅速催肥出售,获得较好的经济效益,当市场价格有下跌苗头时,迅速出售种牛,压缩牛群。反之,则会出现亏损。要获得较高的生产效益,不仅要生产出更多更好的产品,而且还要卖出好价钱。这就要求养牛者必须注意市场动态,善于分析市场行情,同时注意市场产品变化,生产者只有顺应市场需要发展生产,才能做到高产高效。

二、提高奶牛场经济效益主要措施

奶牛场经营是一项比较复杂、技术性比较强的工作,需要将奶牛科学的理论及企业经营管理的理论应用于奶牛场的生产实践,合理地将人和资源结合起来,达到人尽其才,物尽其用,地尽其利。

奶牛生产能否获得更好的经济效益,受许多因素的影响。除有关经济政策外,如前所述,奶牛场的布局与设计,生产及自然资源条件、奶牛场的规模、奶牛场的组织机构、种公牛质量、牛群质量与结构、饲料与牛奶价格、管理制度与计划等,都是经营好奶牛场的先决条件。此外,奶牛场为提高经济效益,还应考虑以下几个方面。

1. 利用优秀公牛配种以改良牛群质量

在奶牛生产过程中要充分利用优秀种公牛配种，尽快改善牛群质量，以提高群体产奶水平。

2. 加强牛群繁殖管理，缩短产犊间隔

产犊间隔的长短主要决定于产后空怀天数。实践证明，经营管理好的奶牛场，乳牛的平均空怀天数为 60～90 d，但多数奶牛场空怀天数在 120 d 左右。所以繁殖管理不好的牛群经济损失是巨大的。例如，某奶牛场饲养成母牛 500 头，以每头成母牛平均空怀 120 d 计，则较正常空怀天数多 30 d，因此，只是产后空怀天数一项一年将多花费 30 万元[500 头×20 元/(头·d)×30 d]。

3. 重视牛群健康管理

保持奶牛良好的健康状况是提高经济效益的重要一环。如患乳房炎牛的单产不仅比正常牛大为减少，而且临床乳腺炎牛乳无法出售。在抗生素治疗期间，牛乳的用途极大地受到限制，特别是因不及时治疗，将会导致奶牛全身感染被迫淘汰，造成较大的经济损失；又如蹄病不及时治疗，牛的体况和产奶量将会锐减；再如，生殖器官疾病，会造成不孕和难孕，导致低产，甚至淘汰。因此，奶牛场必须重视牛群的健康管理。

4. 努力提高母牛单产水平

提高成母牛单产是增加经济效益最主要的途径。从引进良种(包括冻精)、加强后备牛培育，规范饲养管理，做好牛群繁殖和疫病防治工作等各方面努力，以提高牛群的单产水平。一头奶牛从出生至投产，该期间的饲养费用投入在 6 000 元左右。该牛单产水平越高则收回其在后备期的投入所需时间越短。此外，由于奶牛的维持需要是相对恒定的，其分解到牛奶单产中的份额随着单产的提高而减少。因此，不断提高奶牛的单产和延长成母牛的有效利用年限可以获得更高的经济效益。

5. 降低成母牛更新率，调整成母牛的更新胎次

成母牛更新率是年内死亡、淘汰、出售成母牛数与年内存栏成母牛数之比。在生产过程中，一是要控制青年母牛的转群头数，也就是降低育成母牛的饲养头数；二是要降低成母牛更新率，调整成母牛的更新胎次。成母牛群平均胎次由三胎提高到四胎，即意味着增加一年的使用年限，产值和效益可提高 33%。调整平均胎次的工作，一定要引起经营者的重视，成母牛的年均更新率最好不超过 15%。

6. 降低饲养成本，开展综合利用

奶牛场饲料消耗费用，一般占总生产费用的 64%～65%。饲料费用的高低，直接影响牛乳成本的升降及经济效益的好坏，因此，对饲料的采购、运输、保管必须高度重视。一是饲料消耗定额应该按照饲养标准严格执行。在饲养过程中，既要充分发挥奶牛的产乳性能，尽可能满足其营养需求，使其多产乳，同时又要考虑到某一阶段，因过量投料所造成的不必要的经济损失和对奶牛健康造成的危害。二是要合理搭配日粮。日粮应以粗饲料为主，这既符合奶牛生理特点，又价格低廉。营养均衡的日粮可以有效提高饲料转化效率。

此外，出售种牛、淘汰低产奶牛(指经产牛产奶低于成母牛平均产奶量 10%以上或初产牛产奶低于成母牛产奶 30%以上的牛)、发育差的牛及公犊牛肉用等也是一项重要的收益。这既可以提高牛群质量、降低饲养成本、节约其他费用，又可提高经济效益。可见，开展各类牛的综合利用，是一条切实可行的经营方法。

7. 加强管理，充分提高劳动生产率

工资和福利费用一般占总成本的15%～20%。因此，为取得良好的经济效益，必须要充分调动劳动人员的积极性，提高劳动生产率。并按照不同的工作岗位，规定适当的劳动定额，按劳取酬，多劳多得。

8. 压缩经营费用，减少设备投资

经营奶牛场，除饲料费用、工资费用外，设备费及其折旧费也是一项较大的支出。奶牛场在可维持正常生产的条件下，牛舍和设备不必花钱太多，尤其在贷款的情况下更应压缩开支。牛舍及设备要依本场的资金情况进行安排。或逐步更新、或改造现有房舍，也可利用旧料建造。同时应加强保护和维修，尽量延长房舍和仪器设备的使用年限。生产中任何一项开支的加大，都会使成本提高，而盈利减少。所以，奶牛场必须精打细算，增收节支。

9. 重视记录与记账工作

簿记是经营工作的一面镜子，为了提高经济效益，不断改进经营管理方法，奶牛场必须重视记录和记账工作。通过对账簿中资料的统计分析，可以比较经营成绩，不断总结经营过程中的优点和缺点，以便扬长避短。奶牛场每经一定时期（月终或年终）应进行结账与决算。奶牛场记录和簿记，一般主要包括财产记录、劳动记录、饲料记录、生产记录、用品记录、奶牛群育种资料记录及奶牛疾病及其防治记录等。

10. 坚持学习研究不断进行经验交流

为了不断提高奶牛场经营管理水平，奶牛工作者应经常坚持学习专业知识和出外考察学习。开展各项试验研究，并不断总结经验，进行交流。

任务4　牛场档案管理

【任务描述】

牛场养殖档案是根据农业部发布的《畜禽标识和养殖档案管理办法》，结合牛场的实际情况建立的生产记录制度。记录资料主要包括：规模化牛养殖场（小区）备案表、牛养殖园区养殖情况表、出入记录、卫生防疫与保健记录、饲料兽药使用记录、育种与繁殖记录、兽医记录、生产记录等。在牛场的生产经营活动中，实行经济责任制、定额管理、成本核算等都要建立在原始记录数据的基础上才能完成。

【任务分析】

《畜禽标识和养殖档案管理办法》中明确规定：畜禽养殖场养殖档案及种畜个体养殖档案格式由农业部统一制定。养殖档案和防疫档案保存时间牛只为20年，种牛的要长期保存。国家实施牛标识及养殖档案信息化管理，以期将来真正实现牛及牛产品的可追溯性管理，并实现重大动物疫病的有效防控。

牛群档案与生产记录是牛育种和生产管理的重要组成部分，是制定各项生产计划及发展生产等各项经济活动的重要依据。规模牛场建立健全养殖档案，实行数据化管理，是提高劳动生产率、增加经济收入的重要手段。生产情况及数据资料的记录是牛场的一项非常重要的基础工作，奶牛场相对育肥场，记录资料更为繁多，要配有专（兼）职的记录员或统计员，对日常生产、活动等进行记录，以便及时掌握奶牛的生产情况。随着牛场信息化水平的不断提高，牛场数据的统计与分析也将逐步实现计算机自动化，对牛场的档案建设与管理将起到重要的保障作用。牛场数据资料的记录一定要及时、全面、准确，养殖档案记载的信息要连续、完整、真实。现以奶牛场为例介绍档案建设与管理。

【任务实施】

一、奶牛养殖管理档案

奶牛养殖场应当建立养殖档案，载明以下内容：奶牛的品种、数量、繁殖记录、来源和进出场日期等。见表 9-4-1 至表 9-4-8。

表 9-4-1　规模化奶牛养殖场(小区)备案表

奶牛养殖场养殖代码：

牛场名称		奶牛品种		规模	
负责人		联系电话		邮政编码	
地址				占地面积(m^2)	

规模化奶牛养殖场(小区)有关情况简介

一、生产场所和配套生产设施(主要生产工艺)：

二、畜牧兽医技术人员数量和水平(专业技能)：

三、《动物防疫合格证》编号：

四、环保设施：

现场验收意见：

验收组长签字：

县(区)畜牧局(盖章)

年　　月　　日

中华人民共和国农业部监制

表 9-4-2　奶牛场职工情况

序号	姓名	性别	民族	政治面貌	籍贯	入场日期	出生日期	部门	岗位名称	最高学历	现有职称

表 9-4-3　生产记录(按变动记录)

时间	圈舍号	变动情况(数量)				存栏数	饲养员签字	备注
		出生	调入	调出	死淘			

注:1. 奶牛标识编码:填写 15 位畜禽标识编码中的标识顺序号,按批次统一填写。

2. 圈舍号:填写奶牛饲养的圈、舍、栏的编号或名称。不分圈、舍、栏的此栏不填。

3. 时间:填写出生、调入、调出和死淘的时间。

4. 变动情况(数量):填写出生、调入、调出和死淘的数量。调入的需要在备注栏注明动物检疫合格证明编号,并将检疫证明原件粘贴在记录背面。调出的需要在备注栏注明详细的去向。死亡的需要在备注栏注明死亡和淘汰的原因。

5. 存栏数:填写存栏总数,为上次存栏数和变动数量之和。

表 9-4-4　配种记录

日期	牛舍	牛号	配种时间		卵泡		与配公牛号	配次	受孕与否	备注
			初配时间	复配时间	左	右				

表 9-4-5　奶牛基本情况记录

奶牛场名称　　　　　　奶牛场代码　　　　　　记录日期　　　　　　记录人

牛号	父号	母号	外祖父	外祖母	外曾祖父	出生日期	出生场	出生重	毛色	品种

表 9-4-6　奶牛生产性能(DHI)记录

牛号	胎次	配妊日期	与配公牛	产犊日期	产犊难易	干奶日期	全期产量	305 d 产奶量	乳脂率	乳蛋白率	体细胞数	是否 DHI

表 9-4-7　奶牛配种、干奶、分娩记录

母牛号	上次分娩日期			配种日期		干奶日期		分娩日期		产犊		备注
	年	月	日	公牛号	第一次	计划	实际	计划	实际	性别	编号	

表 9-4-8　奶牛体尺测量记录

项目/年龄	测量日期	体重	体高（十字部高）	腹围	尻宽	胸围	管围	体斜长	
								杖尺	皮尺
初生									
6 月龄									
12 月龄									
18 月龄									
一胎									
三胎									
五胎									
犊牛期喂奶量/kg			哺乳期/d			日增重/g			

二、兽医档案

奶牛场兽医档案，主要载明检疫、免疫、监测、消毒及奶牛发病、诊疗、死亡、无害化处理等情况。见表 9-4-9 至表 9-4-15。

表 9-4-9　免疫记录

时间	圈舍号	存栏数量	免疫数量	疫苗名称	生产厂	批号（有效期）	免疫方法	免疫剂量	免疫人员	备注

注：1. 时间：填写实施免疫的时间。

2. 批号：填写疫苗的批号。

3. 免疫数量：填写同批次免疫畜禽的数量，单位为头、只。

4. 备注：记录本次免疫中未免疫动物的耳标号。

5. 免疫方法：填写免疫的具体方法，如喷雾、饮水、滴鼻点眼、注射部位等方法。

表 9-4-10　防疫监测记录

采样日期	圈舍号	采样数量	监测项目	监测单位	监测结果	处理情况	备注

注：1. 监测项目：填写具体的内容如布氏杆菌病监测、口蹄疫免疫抗体监测。

2. 监测单位：填写实施监测的单位名称，如：某某动物疫病预防控制中心。企业自行监测的填写自检。企业委托社会检测机构监测的填写受委托机构的名称。

3. 监测结果：填写具体的监测结果，如阴性、阳性、抗体效价数等。

4. 处理情况：填写针对监测结果对畜禽采取的处理方法。如针对结核病监测阳性牛的处理情况，可填写为对阳性牛全部予以扑杀。针对抗体效价低于正常保护水平，可填写为对畜禽进行重新免疫。

表 9-4-11　消毒记录

日期	消毒场所	消毒药名称	生产厂家	用药剂量	消毒方法	操作员签字

注:1. 时间:填写实施消毒的时间。
2. 消毒场所:填写圈舍、人员出入通道和附属设施等场所。
3. 消毒药名称:填写消毒药的化学名称。
4. 生产厂家:指消毒药生产企业。
5. 用药剂量:填写消毒药的使用量和使用浓度。
6. 消毒方法:填写熏蒸、喷洒、浸泡、焚烧等。

表 9-4-12　疾病诊疗记录

时间	奶牛标识编码	圈舍号	日龄	发病数	病因	诊疗人员	用药名称	用药方法	诊疗结果

注:1. 奶牛标识编码:填写 15 位畜禽标识编码中的标识顺序号,按批次统一填写。
2. 诊疗人员:填写做出诊断结果的单位,如某某动物疫病预防控制中心。执业兽医填写执业兽医的姓名。
3. 用药名称:填写使用药物的名称。
4. 用药方法:填写药物使用的具体方法,如口服、肌肉注射、静脉注射等。

表 9-4-13　病死奶牛无害化处理记录

日期	数量	处理或死亡原因	奶牛标识编码	处理方法	处理单位(或责任人)	备注

注:1. 日期:填写病死奶牛无害化处理的日期。
2. 数量:填写同批次处理的病死奶牛的数量,单位为头。
3. 处理或死亡原因:填写实施无害化处理的原因,如染疫、正常死亡、死因不明等。
4. 处理方法:填写《畜禽病害肉尸及其产品无害化处理规程》GB 16548 规定的无害化处理方法。
5. 处理单位:委托无害化处理场实施无害化处理的填写处理单位名称;由本场自行实施无害化处理的由实施无害化处理人员签字。

表 9-4-14　奶牛粪便及污染物无害化处理记录

日期	种类	数量	处理方法	处理地点	处理单位	责任人签字	备 注

注:1. 日期:填写粪便及污染物无害化处理的日期。
2. 种类:填写处理物为粪便或污染物(被病原微生物污染或可能被污染的垫料、饲料和其他物品)。
3. 数量:若有具体数量者,填写具体数值,以立方米为单位;不清楚者,填写全部或部分。
4. 处理方法:填写深埋、焚烧、堆积发酵或其他方法。
5. 处理地点:填写场内或场外具体地点,若有特定处理场所者,填写具体名称。
6. 处理单位:委托无害化处理场实施无害化处理的填写处理单位名称;由本场自行实施无害化处理的填“本场”。
7. 责任人签字:指畜禽养殖场负责实施无害化处理的人员签字。

表 9-4-15　购入奶牛隔离观察记录

时间	数量	购入地	奶牛检疫合格证号	隔离观察情况	畜主签字	监管人员签字

三、饲料及用药记录

饲料及用药记录主要包括饲料、饲料添加剂等投入品和兽药的来源、名称、使用对象、时间和用量等有关情况。目前，规模化奶牛场大多采用了全混合日粮（TMR）饲养技术，为确保TMR配制质量，应做好使用记录。同时，奶牛场也要做好药品采购记录、兽药使用记录等。每次购药要索取进货单和收款发票，与购药记录同时保存3年以上。必须从正规厂家或合法兽药店（具有《兽药经营许可证》和《工商营业执照》）购药，不准选购农业部公告560、596、627、709、720号所公布的废止和禁用兽药品种。见表9-4-16至表9-4-19。

表 9-4-16　饲料和饲料添加剂购进记录

购进日期	产品名称	生产厂家	生产日期	饲料中含药物添加剂的名称及含量	单位	数量	购货地点	购货人

注：1. 本表记录应包括购进的饲料、饲料添加剂，不包括药物饲料添加剂。
2. 产品名称：指购进的饲料（包括单一饲料、配合饲料、浓缩饲料、精料补充料、添加剂预混合饲料）和饲料添加剂名称。
3. 生产厂家：指生产饲料和饲料添加剂的厂家。如是原粮型的单一饲料记供应商即可。
4. 饲料中含药物添加剂的名称及含量：指饲料厂家在配合饲料、浓缩饲料、精料补充料、添加剂预混合饲料等饲料产品中加入的药物添加剂。

表 9-4-17　饲料、饲料添加剂使用记录

领料日期	饲料名称	生产厂家	生产日期	领料量	牛群类别	饲喂数量	饲养员签字

注：1. 本表仅记录配合料、精料补充料的使用情况。不包括浓缩料、预混合饲料、饲料添加剂及药物饲料添加的使用情况。
2. 饲料名称：指不同饲养阶段所用的配合饲料名称，如犊牛料、育成牛料、干奶牛料、高产奶牛料、低产奶牛料等。
3. 牛群类别：按奶牛饲养阶段填写，如犊牛群，育成牛群、干奶牛群、高产奶牛群、低产奶牛群。
4. 饲喂数量：指饲喂此料的一个圈舍中奶牛的数量。

表 9-4-18　兽药购进记录

购进日期	兽药通用名称	生产厂家	生产批号	数量	包装规格	有效期至	购货地点	购货人

注:1.本表登记的兽药要包括疫苗、消毒剂和药物饲料添加剂。

2.兽药通用名称:指兽药典或农业部有关规定的名称,不填商品名称。

3.包装规格:指件、盒、瓶、袋等,由养殖场根据购进不同的兽药产品实际描述单位情况。

4.数量:指购进兽药的数量,要与“包装规格”中的单位标志相对应。

5.有效期至:指购进的兽药失效日期。

表 9-4-19　兽药使用记录

用药日期	牛群类别	兽药名称	用药原因	生产厂家	生产批号	给药途径和剂量	停药日期	兽医签字

注:1.鉴于另有免疫记录、消毒记录,本表记录不包括疫苗、消毒的使用。

2.用药原因:简短描述用药的原因,如诊疗或预防什么病等。

3.给药途径和剂量:途径指用药的方式,如注射、拌料、饮水等。剂量指对一头或一群奶牛实际用的药量,可用注射几毫升、每吨饲料或每百公斤水中加多少克药来进行描述。

4.停止用药日期:指停止用药日期。奶牛场要在产乳期严格执行休药期。

【知识拓展】

计算机技术在养牛业中的应用

随着养牛业生产技术的不断发展,计算机技术在牛场管理中所起的作用就显得越来越重要。现代牛场在实现自动化、数字化、智能化和网络化管理的过程中都必须依赖于计算机技术。目前,计算机技术已在规模化牛场中广泛应用。

(一)肉牛生产管理软件系统

现在用于肉牛生产管理的软件系统,主要有以气候造成围栏肥育肉牛应激为指数的计算机系统程序,围栏肥育肉牛的饲料摄取量和增重的预测系统及 FBEEF 培育牛预算和盈利预测系统等。该类软件系统主要都是根据气候变化,以增重、饲料摄取量和饲料转化率为评价项目,预测饲养成本和育肥效果。

(二)奶牛生产管理软件系统

计算机技术在奶牛场管理中的应用相对于肉牛场来讲更为广泛。目前,奶牛场管理软件一般包括生产管理信息和生产管理决策支持两个系统。

1.生产管理信息系统

该系统包括奶牛生产信息库、育种管理库、生产管理库及规范化饲养库等若干个相互独立的子系统。

(1)奶牛生产信息库　在该库中设有奶牛个体记录、牛奶生产与质量(群体情况)、奶牛个体情况、牛群保健数据等栏目,包括日报表和月报表,可以提供个体牛在泌乳期间奶质量变化,使有关生产技术人员及时了解奶的质量、牛群情况,并提供DHI报告单。通过分析结果,可以了解奶牛场的整体生产情况,反映和提示牛群中的异常问题,对许多生产环节起到有效的分析与指导,对存在的问题可以及时采取对策,改进饲养管理措施,在生产上起到监控作用,对奶牛场的稳产、高产具有重要的意义。

(2)育种管理库　设有奶牛系谱档案管理、奶牛育种数据、后裔测定信息、奶牛繁殖数据等栏目。通过分析结果,可以了解奶牛个体的生产性能,在培育高产奶牛群方面有了较好的手段。目前在欧美各国,最佳线性无偏预测法在奶牛育种工作中已达到了系统化和规范化,成为现代统计遗传学与计算机相结合的典范。以最佳线性无偏预测法为基础的"方差组分估计(VCCE)"方法,已被公认为最精确的遗传参数估计方法,在家畜育种和数量遗传学中广为应用。

(3)生产管理库　包括牛群日记、产奶记录、饲料消耗记录、生产情况月报等栏目。通过分析结果,可以了解奶牛繁殖业绩、饲料消耗,确定饲料采购计划及采购量。

(4)规范化饲养库　设有高产奶牛饲养管理规范、阶段饲养操作规程、典型日粮配方等栏目。根据当日产奶情况,进行分析,提供监测信息,可以直接用线性规划程序来优化和设计奶牛饲料配方,计算饲料配方的营养价值,根据奶牛饲养标准和每头奶牛的具体体重、产奶量、乳脂率、产奶阶段等情况计算个体日粮的饲喂量,并可对饲喂的营养是否符合营养标准进行验证评定。

同时,该系统还具有信息查询、数据输入与更新、计算与分析、输出打印等功能。

2.生产管理决策支持系统

该系统设有信息查询库、生产分析模块、生产预测模块、生产决策模块等。其中,生产分析模块包括生产函数建立、数据的统计、生产消长趋势图形分析、生产诊断等子模块;生产预测模块包括奶牛发展规模、牛群结构、产奶量等的预测;生产决策模块包括生产区划布局、牛群结构优化、牛群周转、牛群发展规模、饲料配方、经济分析等决策过程。该系统的核心在于构造和选择奶牛生产管理决策支持系统的任务和所要进行的决策要求,模型系统主要包括分析判断模型、生产函数模型、综合平衡模型、经济分析模型、预测模型和决策模型等。

(三)计算机技术在我国养牛业中的应用情况

目前国产奶牛场管理软件技术水平提升快速,并在奶牛管理中进行了广泛应用。主要有奶牛场管理专家系统、牛场技术管理软件系统、奶牛养殖专家咨询系统、奶牛生产管理控制一体化系统(主要包含个体识别系统、奶牛发情监测系统、自动饲喂系统、计算机管理系统)等。现已投入使用的软件有《奶业之星》、《丰顿奶牛场管理信息系统(DMS3.0)》及《乳业专家》养牛场(小区)管理信息系统等。DMS3.0系统的核心业务功能包括:智能预警、决策支持、牛群管理、繁殖管理、产奶管理、DHI分析、兽医保健、饲料配方与营养、物资管理等。《乳业专家》系统主要包括:牛群管理、产乳管理、饲料与饲养管理、统计与分析、养牛场(小区)管理、系统管理等几大模块。国产的肉牛生产管理的软件也已投入市场,如丰顿肉牛场管理信息系统(BMS3.0)。

此外，计算机技术在牛舍建筑设计与环境控制、人事管理、物资管理、市场信息管理以及牛场的自动化管理（自动清粪、自动给料）等方面都进行了广泛的应用，现已成为实现畜牧业现代化的重要手段。

【学习自测】

一、选择题

1. 负责制定牛场的年度预算方案、决算方案、利润分配方案以及弥补亏损方案工作的人员应该是____。

A. 牛场场长　B. 畜牧主管　C. 兽医主管　D. 畜牧技术员

2. 负责制定本场消毒防疫制度和制定免疫程序，并进行监督的人员应该是____。

A. 牛场场长　B. 畜牧主管　C. 兽医主管　D. 兽医

3. 负责制定各类牛只的更新淘汰、产犊和出售以及牛群周转计划的人员应该是____。

A. 牛场场长　B. 畜牧主管　C. 兽医主管　D. 畜牧技术员

4. 负责牛群卫生保健，疾病监控和治疗，贯彻防疫制度，制订药械购置计划的人员是____。

A. 牛场场长　B. 兽医主管　C. 兽医　D. 畜牧技术员

5. 按照本场的自然资源、生产条件以及市场需求，组织技术人员制定全场各项规章制度、技术操作规程、年度生产计划，掌握生产进度，提出增产措施和育种方案。

A. 牛场场长　B. 畜牧主管　C. 兽医主管　D. 畜牧技术员

6. 配种员在生产中主要是负责母牛人工授精、孕检及保健工作，一般其工作定额为____头奶牛。

A. 50　B. 150　C. 250　D. 350

7. 兽医在生产中主要是负责检疫、治疗、修蹄、牛舍消毒等。要求全年牛群死亡率一般不超过____。

A. 1%　B. 3%；　C. 5%　D. 10%

8. 产房工在生产中主要是负责围产期母牛的饲养、清洁卫生、接产以及挤奶工作，每人的工作定额一般为____头。

A. 8～10　B. 10～15　C. 18～20　D. 22～25

9. 配种员要按配种计划适时配种，保证受胎率在96%以上，全年繁殖率不低于85%，受胎母牛平均使用冻精不超过____粒（支）。

A. 1.5　B. 2　C. 2.5　D. 3.5

二、判断题

1. 成年母牛群的内部结构，一般为一、二产母牛占成年母牛群的35%～40%，三至五产母牛占40%～45%，六产以上母牛占15%～20%为宜。（　）

2. 常年均衡供应鲜奶的奶牛场，成牛母牛群中产乳牛和干乳牛也有一定的比例关系，通常全年保持65%左右处于产乳，35%左右处于干乳。（　）

3. 一般情况下，奶牛饲料消耗定额为：成年母牛每头每天平均需5 kg优质干草，玉米青贮20 kg；育成牛每头每天平均需干草3 kg，玉米青贮15 kg。（　）

4. 牛群结构是通过严格合理选留后备牛和淘汰劣等牛达到的，一般后备牛经6月龄、12月龄、配种前、18月龄等多次选择，每次按一定的淘汰率选留，有计划培育和创造优良牛群。（　）

5. 一般来说，母牛可供繁殖使用15年左右。成年母牛的正常淘汰率为10%，外加低产牛、疾病牛淘汰率5%，年淘汰率在15%左右。 （ ）

三、综合测试

1. 某规模为1 000头的奶牛场，其中成母牛600头，拴系式饲养，管道式机械挤奶，平均单产7 000 kg。请问该场各个工作岗位的人员应如何配备？同时，请为其制定出全年的饲料供应计划。

2. 参观一个中型的奶牛场，并详细了解该场的有关生产和繁殖数据，请为其编制下年度的生产计划。

3. 通过理论学习和现场的实践，请谈一谈如何提高养牛场（奶牛场或肉牛场）的经济效益？

【课外学习指要】

1. 畜禽标识和养殖档案管理办法（农业部令 第67号·2006年）

2.（美）Robert A. Luening. 奶牛场经营与管理. 李胜利，孙文志主译. 北京：中国农业大学出版社，2009.

3. 中国畜牧业信息网 http://www.caaa.cn.

附录 1　相关政策法规与行业标准

一、政策法规

1. 中华人民共和国畜牧法（中华人民共和国主席令 第 45 号 · 2005 年）
2. 中华人民共和国动物防疫法（中华人民共和国主席令 第 71 号 · 2007 年）
3. 畜禽规模养殖污染防治条例（中华人民共和国国务院令 第 643 号 · 2013 年）
4. 乳品质量安全监督管理条例（中华人民共和国国务院令 第 536 号 · 2008 年）
5. 重大动物疫情应急条例（中华人民共和国国务院令 第 450 号 · 2005 年）
6. 兽药管理条例（中华人民共和国国务院令 第 404 号 · 2004 年）
7. 动物源性饲料产品安全卫生管理办法（农业部令 第 40 号 · 2004 年）
8. 动物检疫管理办法（农业部令 第 6 号 · 2010 年）
9. 动物防疫条件审查办法（农业部令 第 7 号 · 2010 年）
10. 畜禽标识和养殖档案管理办法（农业部令 第 67 号 · 2006 年）
11. 农业部公告（第 278 号 · 2003 年）：兽药停药期规定和不需要制订停药期的兽药品种
12. 农业部公告（第 2061 号 · 2014 年）：国家级畜禽遗传资源保护名录
13. 农业部公告（第 1125 号 · 2008 年）：一、二、三类动物疫病病种名录

二、行业标准

1. NY/T 1567—2007 标准化奶牛场建设规范
2. NY/T 2079—2011 标准化奶牛养殖小区项目建设标准
3. NY/T 682—2003 畜禽场场区设计技术规范
4. NY/T 1755—2009 畜禽舍通风系统技术规程
5. NY/T 388—1999 畜禽场环境质量标准
6. GB/T 19525.2—2004 畜禽场环境质量评价准则
7. NY/T 1167—2006 畜禽场环境质量及卫生控制规范
8. NY/T 1169—2006 畜禽场环境污染控制技术规范
9. GB 16568—2006 奶牛场卫生规范
10. NY 5027—2008 无公害食品 畜禽饮用水水质
11. HJ/T 81—2001 畜禽养殖业污染防治技术规范
12. GB 16548—2006 病害动物和病害动物产品生物安全处理规程
13. GB 14554—1993 恶臭污染物排放标准
14. GB 18596—2001 畜禽养殖业污染物排放标准

15. GB 7959—2012 粪便无害化卫生要求
16. NY/T 1168—2006 畜禽粪便无害化处理技术规范
17. NY/T 1334—2007 畜禽粪便安全使用准则
18. GB/T 26622—2011 畜禽粪便农田利用环境影响评价准则
19. GB/T 25169—2010 畜禽粪便监测技术规范
20. 病死及死因不明动物处置办法(试行)(农医发[2005]25 号)
21. 病死动物无害化处理技术规范(农医发[2013]34 号)
22. NY/T 1176—2006 休牧和禁牧技术规程
23. NY/T 1177—2006 牧区干草贮藏设施建设技术规范
24. NY/T 1178—2006 牧区牛羊棚圈建设技术规范
25. GB/T 27622—2011 畜禽粪便贮存设施设计要求
26. NY/T 1237—2006 草原围栏建设技术规程
27. GB 3157—2008 中国荷斯坦牛
28. GB/T 2415—2008 南阳牛
29. GB 19166—2003 中国西门塔尔牛
30. GB 5797—2003 秦川牛
31. GB 19374—2003 夏洛来种牛
32. GB 19375—2003 利木赞种牛
33. NY 22—1986 新疆褐牛
34. NY 24—1986 中国草原红牛
35. GB/T 5946—2010 三河牛
36. NY 1658—2008 大通牦牛
37. NY 1659—2008 天祝白牦牛
38. GB/T 24865—2010 麦洼牦牛
39. GB/T 27986—2011 摩拉水牛种牛
40. GB/T 27987—2011 尼里—拉菲水牛种牛
41. NY/T 34—2004 奶牛饲养标准
42. NY/T 815—2004 肉牛饲养标准
43. NY 5032—2006 无公害食品 畜禽饲料和饲料添加剂使用准则
44. NY/T 471—2010 绿色食品 畜禽饲料及饲料添加剂使用准则
45. NY/T 1245—2006 奶牛用精饲料
46. GB/T 20804—2006 奶牛复合微量元素维生素预混合饲料
47. 奶牛标准化规模养殖生产技术规范(试行)(农办牧[2008]3 号)
48. NY/T 5049—2001 无公害食品 奶牛饲养管理准则
49. GB/T 20014.8—2013 良好农业规范 第 8 部分:奶牛控制点与符合性规范
50. NY/T 1242—2006 奶牛场 HACCP 饲养管理规范
51. NY/T 1450—2007 中国荷斯坦牛生产性能测定技术规范
52. DB13/T 994—2008 奶牛系谱登记操作规程
53. NY/T 2363—2013 奶牛热应激评价技术规范

54. NY/T 1172—2006 生鲜牛乳质量管理规范
55. GB 12693—2010 乳品厂卫生规范
56. GB 19301—2010 生乳
57. NY/T 800—2004 生鲜牛乳中体细胞测定方法
58. NY 5045—2008 无公害食品 生鲜牛乳
59. NY/T 5050—2001 无公害食品 牛奶加工技术规范
60. NY/T 5298—2004 无公害食品 乳粉加工技术规程
61. NY/T 1569—2007 畜禽养殖场质量管理体系建设通则
62. NY/T 5128—2002 无公害食品 肉牛饲养管理准则
63. NY/T 1339—2007 肉牛育肥良好管理规范
64. NY/T 1336—2007 肉用家畜饲养 HACCP 管理技术规范
65. NY/T 1446—2007 种公牛饲养管理技术规程
66. GB/T 19477—2004 牛屠宰操作规程
67. NY/T 676—2010 牛肉等级规格
68. GB/T 29392—2012 普通肉牛上脑、眼肉、外脊、里脊等级划分
69. GB 18406.3—2001 农产品安全质量 无公害畜禽肉安全要求
70. GB 12694—1990 肉类加工厂卫生规范
71. GB/T 17238—2008 鲜、冻分割牛肉
72. GB/T 9960—2008 鲜、冻四分体牛肉
73. NY 5044—2008 无公害食品 牛肉
74. NY/T 1333—2007 畜禽肉质的测定
75. GB 18394—2001 畜禽肉水分限量
76. SBJ/T 08—2007 牛羊屠宰与分割车间设计规范
77. GB 4143—2008 牛冷冻精液
78. NY/T 1234—2006 牛冷冻精液生产技术规程
79. NY/T 1335—2007 牛人工授精技术规程
80. NY/T 1445—2007 奶牛胚胎移植技术规程
81. NY/T 1572—2007 牛胚胎移植技术规程
82. GB/T 26938—2011 牛胚胎生产技术规程
83. NY/T 1674—2008 牛羊胚胎质量检测技术规程
84. NY 5030—2006 无公害食品 畜禽饲养兽药使用准则
85. NY/T 5339—2006 无公害食品 畜禽饲养兽医防疫准则
86. NY/T 1892—2010 绿色食品 畜禽饲养防疫准则
87. GB 16567—1996 种畜禽调运检疫技术规范
88. 反刍动物产地检疫规程(农医发[2010]20 号)
89. 跨省调运乳用种用动物产地检疫规程(农医发[2010]33 号)

附录2 相关技术参数

表一 健康奶牛生理常数参考表

项 目	常数	项 目	常数
体温/℃	38.0～39.5	咀嚼/(次/min)	20余
呼吸/(次/min)	10～30	唾液分泌量/(L/24 h)	50～180
母牛心跳/(次/min)	60～80	血钙/(mg/100 mL)	10.0(8.6～11.1)
公牛心跳/(次/min)	36～60	血磷/(mg/100 mL)	3.0～6.44
犊牛心跳/(次/min)	80～100	嗳气/(次/ h)	17～20
心脏每搏输出量/(mL/次)	400～500	反刍/(次/24 h)	9～16,每次持续40～50 min
心脏血液输出量/(L/min)	40～50	瘤胃内容物pH	5～8.1,一般为6～6.8

表二 各种饲料的年计划储备量

饲料种类	供应天数/d	头日量/kg	年总量/kg	备注
干草或秸秆	365	4～5	1 500～1 900	
青饲青贮	365	25～30	9 200～11 000	
块根、茎、瓜皮类	365	4～6	1 500～2 200	
糟渣	365	5～10	1 800～3 700	
混合精饲料	365	6～9	2 200～3 200	
矿物质	365	0.18～0.2	66～75	混合料3%计

注:资料来自“奶牛饲养管理技术规范(北京市地方标准,DB11/T 150—2002)。”

表三 奶牛场建设用地面积(以600头奶牛场为例)

建筑分类	建筑名称	面积定额/(m^2/头)	建筑面积/m^2	建筑总面积/m^2
牛舍用房	成奶牛舍	8	3 200	5 054
	育成牛舍	7	420	
	初孕牛舍	6.6	400	
	犊牛舍	4.5	360	
	分娩舍	9.5	494	
	病牛舍	18	180	
辅助用房	挤奶厅	16只牛位	250	950
	饲料车间		250	
	兽医室		80	
	车库		100	
	冷冻机房		60	
	锅炉房		100	
	变配电室		40	
	维修车间		70	

续表

建筑分类	建筑名称	面积定额/(m^2/头)	建筑面积/m^2	建筑总面积/m^2
行政管理用房	办公室		100	700
	食堂		200	
	宿舍		300	
	厕所、浴室		100	
场地总面积	100 m^2/头×600 头=60 000 m^2(总建筑面积 6 704 m^2)			

引自孙晓征,2002。

表四　卫生质量指标

名称	指标
结核、布病、牛传染性鼻气管炎、牛病毒性腹泻-黏膜病	阳性检出率为 0
普通病牛发病率	≤10%
国家公布的一类病情	发生率为 0
上市鲜奶每毫升含细菌总数	≤50 万个

注:资料来自"奶牛饲养管理技术规范(北京市地方标准,DB11/T 150—2002)。"

表五　奶牛干物质采食量测算表

产奶量/kg	奶牛体重/kg				
	410	500	545	600	680
	占体重的百分比/%				
9	2.6	2.3	2.2	2.1	2.0
14	3.0	2.7	2.6	2.5	2.3
18	3.4	3.1	2.9	2.8	2.5
23	3.8	3.4	3.2	3.1	2.8
27	4.1	3.7	3.5	3.4	3.1
32	4.6	4.0	3.8	3.6	3.3
36	5.1	4.3	4.1	3.8	3.5
41		4.7	4.4	4.1	3.7
45		5.0	4.7	4.4	3.9

参考文献

[1] 邱怀.现代乳牛学.北京:中国农业出版社,2002.

[2] 宋连喜.牛生产.北京:中国农业大学出版社,2007.

[3] 李建国.现代奶牛生产.北京:中国农业大学出版社,2007.

[4] 梁学武.现代奶牛生产.北京:中国农业出版社,2004.

[5] 陈幼春.现代肉牛生产.2版.北京:中国农业出版社,2012.

[6] 刘国民.奶牛散栏饲养工艺及设计.北京.中国农业出版社.2007.

[7] 农业部奶业管理办公室、中国奶业协会组编.全混合日粮(TMR)操作员.北京:中国农业出版社,2011.

[8] 莫放.养牛生产学.北京:中国农业出版社,2003.

[9] 莫放,李强,赵德兵.肉牛肥育生产技术与管理.北京:中国农业大学出版社,2012.

[10] 朴范泽.牛病类症鉴别诊断彩色图谱.北京:中国农业出版社,2008.

[11] 潘耀谦,吴庭才.奶牛疾病诊治彩色图谱.北京:中国农业出版社,2007.

[12] 王春傲.奶牛疾病防控治疗学.北京:中国农业出版社,2013.

[13] 莫放,李强.繁殖母牛饲养管理技术.北京:中国农业大学出版社,2012.

[14] 靳胜福.畜牧业经济与管理.2版.北京:中国农业出版社,2010.

[15] 崔春兰.畜禽普通病诊疗.北京:中国农业大学出版社,2011.

[16] 张忠诚.家畜繁殖学.4版.北京:中国农业出版社,2004.

[17] 王锋,王元兴.牛羊繁殖学.北京:中国农业出版社,2003.

[18] 宋连喜,田长永.畜禽繁育.北京:化学工业出版社,2011.

[19] 侯放亮.牛繁殖与改良新技术.北京:中国农业出版社,2005.

[20] 昝林森.牛生产学.2版.北京:中国农业出版社,2007.

[21] 王福兆.乳牛学.3版.北京:科学技术文献出版社,2004.

[22] 王加启.现代奶牛养殖科学.北京:中国农业出版社,2006.

[23] 陈幼春,吴克谦.实用养牛大全.北京:中国农业出版社,2007.

[24] 秦志锐.科学养牛指南.北京:金盾出版社,2003.

[25](美)泰勒,恩斯明格.奶牛科学.张沅,等主译.北京:中国农业大学出版社,2007.

[26] 常明雪.畜禽环境卫生.2版.北京:中国农业大学出版社,2011.

[27] 中华人民共和国农业部.肉牛饲养标准(NY/T 815—2004),2004.

[28] 中华人民共和国农业部.奶牛饲养标准(NY/T 34—2004),2004.

[29] 美国农业部.美国奶牛饲养标准(NRC—2001),2001.

[30] 中华人民共和国国家标准.良好农业规范 第8部分:奶牛控制点与符合性规范(GB/T

20014.8—2013),2013.

[31] 张文志,董杰,惠小强.中国荷斯坦牛体型线性鉴定性状及评分标准.第二届中国奶牛发展大会报告暨论文集:70-83.中国·包头,2006.

[32] Edmondson A J,Lean I J, et al.黑白花奶牛的体况评分图.奶牛科学学报.1989(总期第72期):68-78.

[33] 宋连喜.关于我国应用奶牛TMR饲养技术的探讨.中国草食动物,2004(6):42-44.

[34] 翟少伟,刘建新,刁其玉.不同国家成年泌乳牛蛋白质需要量标准的比较研究.中国饲料,2006(2):19-21.